彩图 1 泰山日观峰探海石　　　　　　　彩图 2 黄山风景名胜区

彩图 3 江西庐山风景名胜区　　　　　　　彩图 4 济南大明湖

彩图 5 济南趵突泉　　　彩图 6 济南千佛山弥勒胜苑　　　彩图 7 青岛崂山风景名胜区

彩图 8　湖南张家界森林公园　　　　　　　彩图 9　四川九寨国家森林公园

彩图 10　山西五台山森林公园

彩图 11　亚丁自然保护区　　　　　　　　彩图 12　王朗自然保护区

彩图 13　台湾垦丁国家公园

彩图 14　伯恩利公共屋顶花园

彩图 15　成都天府大厦屋顶花园

彩图 16　自然式屋顶花园 1

彩图 17　自然式屋顶花园 2

彩图 18　规则式屋顶花园

彩图 19　屋顶花园中的花坛

彩图 20　天安门广场前大型模纹花坛

彩图 21　集会性广场——圣彼得广场

彩图 22　纪念性广场——青岛五四广场

彩图 23　纪念性广场——青岛五四广场夜景

彩图 24　文化娱乐休闲广场——济南泉城广场

彩图 25　济南泉城广场喷泉夜景

彩图 26　商业性广场绿化景观

彩图 27　商业性广场绿化效果图

彩图 28　香港金紫荆广场主题雕塑

彩图 29　大连星海广场中央景观轴线　　　彩图 30　大连星海广场夜景

彩图 31　城市综合公园——纽约中央公园

彩图 33　上海辰山植物园旱溪花境 1

彩图 34　上海辰山植物园旱溪花境 2

彩图 36　晋中体育公园主题雕塑

彩图 32　苏州法治文化主题
公园法治主题雕塑

彩图 35　加拿大蒙特利尔
植物园主题雕塑

彩图 37　酒文化主题公园主题雕塑

彩图 38　长沙谷山体育公园运动主题雕塑

彩图 39　动物园动物主题雕塑

彩图 40　居住区绿地

彩图 41　居住区带状花坛

彩图 42　居住区宅间绿地

彩图 43　居住区广场绿地

彩图 44 东南大学体育馆附属绿地

彩图 45 上海东方体育中心附属绿地

彩图 46 国家大剧院附属绿地

彩图 47 自来水厂附属绿地

彩图 48 高架桥绿地社会主义核心价值观主题雕塑

彩图 49 高架桥绿地规划设计鸟瞰图

彩图 50 行车隔离带中的模纹花坛

普通高等教育"十三五"规划教材 风景园林与园林系列

风景园林绿地规划设计方法

鲁 敏 李东和 刘大亮 ◉ 等著

 化学工业出版社

·北京·

《风景园林绿地规划设计方法》全书共分附属绿地规划设计、防护绿地规划设计、公园绿地规划设计、风景名胜区规划、森林公园规划和自然保护区规划等四章内容。书中详细阐述了屋顶花园规划设计、居住区绿地规划设计、城市广场绿地规划设计、单位附属绿地规划设计、防护绿地的特点、防护绿地设计的主要内容，总结了公园绿地规划设计的基本知识以及综合公园规划设计、专类公园规划设计、主题公园规划设计、风景名胜区规划、森林公园规划、自然保护区规划等知识与方法。理论结合实践，图文并茂。

《风景园林绿地规划设计方法》可作为园林绿化、园林工程、城市林业、园艺、景观建筑等专业人员参考用书，也可作为风景园林、园林、园林工程与技术、建筑学、城乡规划及环境艺术设计等专业师生的教材。

图书在版编目（CIP）数据

风景园林绿地规划设计方法/鲁敏等著. —北京：化学工业出版社，2017.9（2025.3重印）
风景园林与园林系列
普通高等教育"十三五"规划教材
ISBN 978-7-122-30252-6

Ⅰ.①风… Ⅱ.①鲁… Ⅲ.①园林设计-绿化规划-高等学校-教材　Ⅳ.①TU986.3

中国版本图书馆 CIP 数据核字（2017）第 170311 号

责任编辑：尤彩霞　　　　　　　　　　　　文字编辑：李　曦
责任校对：王素芹　　　　　　　　　　　　装帧设计：韩　飞

出版发行：化学工业出版社（北京市东城区青年湖南街 13 号　邮政编码 100011）
印　　装：北京科印技术咨询服务有限公司数码印刷分部
787mm×1092mm　1/16　印张 17　彩插 4　字数 441 千字　2025 年 3 月北京第 1 版第 3 次印刷

购书咨询：010-64518888　　　　　　　　售后服务：010-64518899
网　　址：http://www.cip.com.cn
凡购买本书，如有缺损质量问题，本社销售中心负责调换。

定　　价：49.80 元

本书著者人员名单

鲁　敏　李东和　刘大亮　程正渭　高　鹏　王　菲　李　成

尚　红　布凤琴　陈　强　徐艳芳　郭天佑　赵学明　宗永成

景荣荣　王恩怡　陈　昊

前　言

风景园林是一门建立在广泛的自然科学和人文艺术学科基础上的应用学科，其核心是协调人与自然的关系，担负着自然环境和人工环境建设与发展、提高人类生活质量、传承和弘扬中华民族优秀传统文化的重任。

科学合理地进行风景园林绿地的规划设计，是提高园林绿地生态效能、改善人居环境质量、营造高品质空间景观的重要手段和基本保障。《风景园林绿地规划设计方法》研究如何应用艺术手法和技术手段，融生物科学、工程技术和艺术美学理论于一体，提出各类绿地的规划设计方法，从而正确处理自然、建筑空间和人类活动之间的复杂关系，创造生态健全、景观优美、反映时代文化和可持续发展的人类生活环境。

《风景园林绿地规划设计方法》包括附属绿地规划设计、防护绿地规划设计、公园绿地规划设计、风景名胜区、森林公园和自然保护区规划四大章节。书中理论与实践相结合，既包括了风景园林绿地规划设计的基本知识及理论，又有最新的详细规划设计的方法、应用技术及研究成果。

《风景园林绿地规划设计方法》涉及的知识面较广，涵盖经济、文学、艺术、生物、生态、环保、工程技术、建筑等诸多领域，同时，又要求综合各学科的知识统一于园林艺术之中。不仅要考虑经济、技术和生态等问题，还要借助建筑美、绘画美、文学美和人文美来增强自身的表现力。所以，在学习本门课程之前，应先学习风景园林规划设计及风景园林植物学等课程，尤其是本作者主编且由化工出版社出版的"十三五"规划教材《风景园林规划设计》一书作为本书的基础篇，作为先修课程。

《风景园林绿地规划设计方法》内容丰富、翔实，图文并茂，附有百余幅黑白图片和彩图，使读者能够直观、形象、生动、系统全面地学习掌握相关知识。本书是为了适应当前生态环境建设和风景园林、园林、建筑、规划、环保、环境设计等专业技术人员及其高等院校教学的迫切需要而撰写的著作。可作为园林绿化、园林工程、城市林业、园艺、景观建筑等专业人员参考用书，也可作为风景园林、园林、建筑学、城市规划及环境艺术设计等专业师生的教学用书。

本书撰写过程中，陈嘉璐、贺中翼、丁珍、李达、闫红梅、赵鹏、张凌方、卢佳欢、刘敏敏、孙保山、程洁、高鑫、裴翡翡、杨盼盼、刘顺腾、郭振、刘峥、杨东兴等也参与了文字整理等工作，在此一并致谢。

风景园林绿地规划设计方法涉及面十分广泛，书中难免有疏漏或不妥之处，敬请广大读者提出宝贵意见。

著　者

2017 年 6 月

目　录

第一章

附属绿地规划设计

第一节　屋顶花园规划设计

一、屋顶花园概述

随着近年来我国城市建设的发展，大中型城市有进一步高密度化和高层化的发展趋势，多、高层建筑的大量涌现，使人们的工作与生活环境越来越拥挤，城市绿地也越来越少。屋顶花园可以开拓城市绿化空间、改善城市气候，是包装建筑物和改变城市面貌的有效办法，是建筑与艺术的结合。营建屋顶花园不仅可为居民提供一个休息的场所，对一个城市来说，它更是保护生态、改善气候、净化空气、调节室温的一项重要措施，也是美化城市的一种方法。

1. 屋顶花园的概念

屋顶花园是指在各类建筑物的顶部（包括屋顶、楼顶、露台或阳台）栽植花草树木、建造各种园林小品所形成的绿地。它是人们根据屋顶的结构特点及屋顶上的生境条件，选择生态习性与之相适应的植物材料，通过一定的艺术技法，从而达到丰富园林景观的一种形式。它是在一般绿化的基础上，进行园林式的小游园建设，为人们提供观赏、休息、纳凉的绿化场所。

2. 屋顶花园的产生与发展现状

屋顶花园可以开拓城市绿化空间、改善城市气候，是包装建筑物和改变城市面貌的有效办法，是建筑与艺术的结合。城市的发展促使绿色空间与建筑空间相互渗透，屋顶花园已成为现代绿色生态建筑的一种表现方法，这种发展趋势使得屋顶花园有着广泛的发展前景。

作为一种立体绿化的形式，屋顶花园也有它自己本身的发展历程，它并不是现代建筑发展的产物，更不是现代园林中新出现的绿化形式，它的历史可以追溯到距今近4000年以前。

屋顶花园的雏形，最早可追溯到公元前2000年左右，在古代幼发拉底河下游地区（即现在的伊拉克）的古代苏美尔人最古老的名城之一，曾建造了雄伟的亚述古庙塔，被后人称为屋顶花园的发源地。经过考古发现，该塔三层台面上有种植过大树的痕迹。亚述古庙塔主要包括层层叠进并种有植物的花台、台阶和顶部的一座庙宇。它并不是真正的屋顶花园，因为它仅在其塔身上种一些植物而不是在建筑物的屋顶上。

被称为真正屋顶花园的是古代巴比伦的"空中花园"（图1-1-1）。公元前604~562年，新巴比伦国王尼布用尼撒二世在巴比伦堆筑土山，并用石柱、石板、砖块、铅饼等垒起边长125m、高25m的台，在台上层层建造宫室，处处种花草树木。为了使各层之间不渗水，就在种植花木的土层下，先铺设石板，在板上铺设浸透柏油的柳条垫，再铺设二层砖和一层铅饼，最后盖上厚达4~5m的腐殖土，可以栽植一般花草灌木和一些较高大的乔木，并动用人力将河水引上花园内，除了灌溉作用外还可以形成人工瀑布。由于空中花园是建造在人造建筑之上，成为具有居住、游乐功能的园林式建筑，其实用功能在现在也可以称为建筑与园林绿化的佳作，被称为古代世界七大奇迹之一。

20 世纪 20～30 年代，当西方建筑工业化尚处于初期时，有人分析称平屋顶优于老式坡屋顶，提出平屋顶可被利用作"地面"，为我们提供重新调节城市气候的条件，每一块被占用来建设房屋的地块，均可以在屋顶上得到补偿。

世界上近代第一座真正意义上的屋顶花园，是 1959 年美国在奥克兰凯泽中心建造的（图 1-1-2），其面积为 12000m²，采用轻型栽培基质，乔木定植于支承柱之上，植物类型以草本为主，乔木以浅根树种为主，这些做法是其成功的主要因素。

图 1-1-1　古巴比伦空中花园

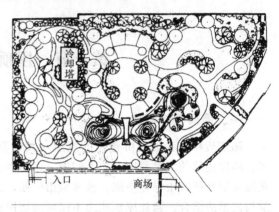

图 1-1-2　美国奥克兰凯泽中心屋顶花园

西方发达国家在 20 世纪 60 年代以后，相继建造各类规模的屋顶花园和屋顶绿化工程，如美国华盛顿水门酒店屋顶花园（图 1-1-3）、美国标准石油公司屋顶花园、英国爱尔兰人寿中心屋顶花园、加拿大温哥华凯泽资源大楼屋顶花园、德国霍亚市牙科诊所屋顶花园。

由于我国古代的建筑形式是传统的坡屋顶，并且采用木构架的结构承重，在坡屋顶上不易实施植物的种植，木结构很难承受较重的种植土，加上木质的梁板不耐腐蚀，因此在我国古代建筑屋顶上大面积种植花木来营造花园的尚不多见。据记载，古代南京的城墙上曾栽种过树木，春秋时期，吴王夫差在太湖边建造的高 20m 的姑苏台，其上不仅有美丽的花木，而且还修建了一个人工湖。在距今 500 年前，明代建造的山海关长城上种有成排的松柏树，山西平定县的娘子关长城上亦有树木种植。在明代嘉靖年间建造的上海豫园中的大假山上及快楼前均有较大的乔木。清朝乾隆年间在河北承德普宁寺大乘阁外，用砖石砌体修筑的平台上亦种有各种树木，但是这些都不能算严格意义上的屋顶花园。

由于建筑工程技术的进步，新型建筑材料和施工技术的发展，在屋顶上建造花园已经是轻而易举的工程。自 20 世纪 50 年代以来，在英国、美国、德国、日本等国家不断建起了屋顶花园，近二三十年来更为普遍。屋顶花园最初建造在公共建筑上，后来逐渐应用于居住建筑，其与建筑的功能和外观相结合，建造形式多样，面积也越来越大。

美国加特维大楼为一座 6 层台阶式建筑，分别在各层均建造花园，高低错落，连成一片，构成多姿多彩的立体景观，使各层都能观赏窗外屋顶的花园，打破高层建筑远离地面绿地的局限性；俄罗斯涅瓦河畔圣彼得堡的冬宫的二层顶部前苏联期间建造的屋顶花园，其上不仅栽种花草树木，而且还设置喷泉和雕塑，成为世界闻名的冬宫一景；在法国巴黎一幢幢高楼大厦的平顶上，栽种着各种树木与花卉，在近千平方米的屋顶建造花园，建人造草坪、圆形拱顶小屋，夏天在"空中花园"中避暑，冬日则在用白雪装点的圆形拱顶内欢度良宵。

绿色屋顶在德国有很长的历史，开始于 20 世纪 70 年代，在世界一直处于领先地位。联

邦德国的每秒有 $20m^2$ 的绿地因修建道路、停车场、住宅和工厂而消失，为此，园艺师和建筑师要把这些消失的绿地从住宅或其他建筑物的屋顶上复活。据联邦德国屋顶园艺师协会的调查，约有 100 万平方米屋顶已绿化。汉诺威市（图 1-1-4）应用清一色草皮屋顶住宅组成居民区，每户屋顶都种有 0.6m 高的绿篱，居民认为这种环境里没有汽车噪声和污染，冬暖夏凉，优美而舒适。

图 1-1-3　美国华盛顿水门酒店屋顶花园

图 1-1-4　德国汉诺威市屋顶花园

日本东京规定，凡是新建建筑物占地面积超过 $1000m^2$ 者，屋顶必须有 20％被绿色植物覆盖，否则要被处以罚款。目前，该市屋顶绿化率已经达到 14％以上。

屋顶花园呈现出勃勃生机，一些发达国家新营造的建筑群中，在设计楼房图纸时就考虑到了屋顶花园项目，造园水平越来越高，如新加坡皇家花园酒店的屋顶花园设计（图 1-1-5）。

近年来，我国有些大中城市也开始了屋顶花园建设（图 1-1-6、图 1-1-7）。设计师们也开始有意识地在建筑设计中考虑屋顶花园的设计。实践证明，屋顶花园是节约土地、开拓城市空间、改善人居环境的有效办法。但是对于不少城市的建设来说，屋顶花园至今还处于被忽视的境地，这实际上也是一种资源浪费。据测定，一座城市如果把屋顶都利用起来进行绿化，那么这座城市中的 CO_2 浓度较之绿化前要低 70％。因此，开发屋顶花园的前景十分广阔。深圳、广州、上海、重庆等城市，已经对屋顶

图 1-1-5　新加坡皇家花园酒店屋顶花园

和楼群顶作为新的绿源进行普遍开发，取得了良好的环境效益、生态效益和社会效益。

3. 屋顶花园的发展趋势

从我国屋顶花园发展状况中遇到的问题来看，人们对屋顶花园还缺乏较全面的认识，对屋顶花园的安全性也抱有疑虑，这些问题在一定程度上阻碍了我国屋顶花园的发展步伐。但随着我国屋顶花园推广政策、统一技术标准的逐步制订出台以及相关技术的深入研究，加上 2010 年屋顶花园在世博会上的优异表现（图 1-1-8）及国际上的大力推崇，屋顶花园建设相继在国内各大中城市加速开展，拥有广阔的发展前景。

总体来说，屋顶花园的绿化发展方向主要体现在以下三个方面。

（1）注重综合性功能　随着人们对生活环境的日益关注，对绿化景观的要求也越来越高，因此屋顶花园的设计建造更趋向其综合的功能，它们所带来的综合效益将更趋量化和具体化。未来的屋顶花园将实现艺术与技术、经济和环境的完美融合，既能发挥生态、社会与

图 1-1-6　国内某小区的屋顶花园（一）　　　　图 1-1-7　国内某小区的屋顶花园（二）

经济效益，还能形成独特的美景，体现艺术效果，成为城市环境中一道靓丽的风景线。

位于美国芝加哥市南部的加里·卡莫青少年中心，其屋顶花园为周边的孩子和老人们提供了一个活动的天堂。一方面，孩子们可以兴高采烈地拔萝卜、摘黄瓜，不仅能使青少年在亲身操作的过程中学习知识，提高农业和环保教育质量；另一方面，园艺师还能通过这些生产的绿色蔬菜、水果的收益维持屋顶花园的运营，还在一定程度上增加了城市绿地面积。

20 世纪 60 年代初，我国一些城市利用建筑屋顶种植瓜果、蔬菜等进行生产。2010 年上海世博会新加坡国家馆的屋顶花园（图 1-1-9），就集景观和生产两种功能于一体。

图 1-1-8　2010 年上海世博会法国馆屋顶花园　　图 1-1-9　2010 年上海世博会新加坡国家馆屋顶花园

（2）形式和内容更趋多样化　屋顶花园技术的日趋成熟、景观设计相关行业的全速发展、新材料的科学使用，都将为景观设计师提供更大更灵活的发挥空间。

以 2010 年上海世博会法国馆为例。首先从理念上来说，设计师们将节能、环保、低碳、生态等作为法国馆的主要设计理念，融入法国的浪漫主义文化以及中式的园林元素，用现代风格绘出了一座未来之城。其次，法国馆将整形的绿化置于屋顶平面和内庭立面，从外观上来说，馆的屋顶花园是一座规则式的法国园林，而馆的内庭则体现了法国园林的特色，同时融入了中式的"山水"园林元素和"四合院"的建筑结构。另外，从设计手法和材料运用上来看，轻盈的钢结构、绿化空间的任意拓展、滴灌系统的设计、植物生长和养分的控制等都是该设计的亮点，充分表现出了屋顶花园未来的发展方向。2010 年上海世博会法国馆以其新兴的理念和技术、创新的形式、深厚的意蕴赋予等等都将为设计师们提供一个成功的借鉴。

（3）注重技术　屋顶花园发展至今，在美国、德国、日本等发达国家已经积累了大量的技术成果，但是在一些抗旱植物的选择、轻量土栽培术、高效的人工机制、自动养护管理系统和节能环保、可回收材料等相关研发方面，依然具有很大的发展空间，随着屋顶花园市场的持续升温，将会有更多的科研力量投入，雨水的回收利用技术、节水型的灌溉技术、太阳能、风能的收集利用系统、自动养护管理系统等自动化技术也将得到更全面、更成熟的发展。

4. 屋顶花园的分类

屋顶花园的类型，按使用要求和布局风格的不同，可划分为多种多样的形式，同类型的花园在设计中应充分考虑其特点。

（1）按建筑结构与屋顶形式分类

① 坡屋顶绿化。住宅建筑的屋顶分为人字型坡屋、单斜坡屋面。在一些低层住宅建筑或平房屋顶上可采用适应性强、栽培管理粗放的藤本植物，如葛藤、爬山虎、南瓜、蓉草、葫芦等，尤其在近郊，低层住宅的屋面常与屋前屋后相结合，种植一些经济植物，如郊区的农民大多采用这种方式种植蔬菜、水果，收益也较高。在欧洲，常见建筑屋顶种植草皮，形成绿油油的"草房"，让人倍感亲切，而日本建筑师藤森照信设计的"国际式乡土建筑"——东京韭菜住宅，则在坡屋顶上预设的种植穴里种上了韭菜。

② 平屋顶绿化。平屋顶在现代建筑中较为普遍，这是发展屋顶花园最有潜力的部分，根据我国屋顶花园现有的特点，可将平屋顶花园分为以下几种：

a. 苗圃式。从生产效益出发，将屋顶作为生产基地，种植蔬菜、中草药、果树、花木和农作物。在农村利用屋顶扩大副业生产，取得经济效益，甚至可以利用屋顶养殖观赏鱼类，建造"空中养殖场"。

b. 周边式。沿屋顶女儿墙四周设置种植槽，槽深约 0.3～0.5m。根据植物材料的数量和需要来决定槽宽，最窄的种植槽宽度为 0.5m，最宽可达 1.5m 以上。这种布局方式较适合于住宅楼、办公楼和宾馆的屋顶花园。在屋顶四周种植高低错落，疏密有致的花木，中间留有人们活动的场所，设置花坛、座凳等。四周绿化还可选用枝叶垂挂的植物，以美化建筑的立面效果。

c. 庭院式。庭院式是屋顶花园中质量较高的形式，根据屋面大小和使用功能要求，将地面的庭园移植到屋面上，在屋顶上设有树木、花坛、草坪，并配有园林建筑小品，如水池、花架、室外家具等。这种形式多用于宾馆、酒店，也适合用于企事业单位及居住区公共建筑的屋顶花园设计。

（2）按功能分类

① 休闲屋顶。在屋顶进行绿色覆盖的同时，建造园林小品、花架、廊亭，以营造出休闲娱乐、高雅舒适的空间，给都市中的人群提供一个释放工作压力、排解生活烦恼、修身养性、畅想未来的优美场所。

② 生态屋顶。在屋面上覆盖绿色植被，并配有给排水设施，使屋面具备隔热保温、净化空气、阻止噪声、吸收灰尘、固碳释氧的功能，从而提高人们的生活品味。生态屋顶不但能有效增加绿地面积，更能有效维持自然生态平衡，减轻城市热岛效应，提升整个楼盘档次，让屋顶变为"金顶"，变卖层为热卖层。

③ 种植屋顶。屋顶光照时间长，昼夜温差大，远离传染源，所种的瓜果蔬菜含糖量比地面提高 5% 以上，碳水化合物丰富。这种屋面适合居民住宅屋顶，能够有一个绿色的庭院，并能采摘食用自己亲手种植的果实，能使人享受劳动的愉悦、清爽的环境、洁净的空气、丰富的含氧量，同时还能获取一定的经济收益。

④ 多功能屋顶。多功能屋顶是一种集休闲屋顶、生态屋顶、种植屋顶于一体的屋顶花园绿化方式。它能够兼优并举，使一个建筑物的功能呈多样性，让人们的生活丰富多彩，有

效地提高生活品质，促使环境的优化组合。让我们的生存环境进一步地人性化、个性化、优美化，体现出人与大自然和谐共处、互为促进的理性生态。这种屋顶绿化方式一般适合酒店、写字楼、办公楼等。

（3）按绿化布置的形式分类

① 规则式。由于屋顶的形状多为几何形，且面积相对较小，为了使屋顶花园的布局形式与场地取得协调，通常采用规则式布局（图1-1-10），特别是种植池多为几何形，以矩形、正方形、正六边形、圆形等为主，有时也做适当变换或为几种形状的组合。

a. 周边规则式。在花园中植物主要种植在周边，形成绿色边框，这种种植形式给人一种整齐美。

b. 分散规则式。这种形式多采用几个规则式种植池分散地布置于园内，而种植池内的植物可为草木、灌木或草本与乔木的组合，这种种植方式形成一种类似花坛式的块状绿地。

c. 模纹图案式。这种形式的绿地一般成片栽植，绿地面积较大，在绿地内布置一些具有一定意义的图案，给人一种整齐美丽的景观，特别是在低层的屋顶花园内布置，从高处俯视，其效果更佳。

② 自然式。中国园林的特点是以自然形式为主，主要特征表现在能够反映自然界的山水与植物群落，以体现自然美为主。在屋顶花园规划中，以自然式进行布局的占有很大比例，这种形式的花园布局要力求体现自然美，植物采用乔、灌、草混合配植的方式，创造出有强烈层次感的景观立面效果（图1-1-11）。

图1-1-10　规则式布局的屋顶花园　　　　图1-1-11　某建筑自然式屋顶绿化

③ 混合式。混合式的屋顶花园具有以上两种形式的特色，主要特点是植物采用自然式种植，而种植池的形状是规则的，此种类型在屋顶花园属最常见的形式。

（4）按所用植物材料的种类分类

① 地毯式。这种形式的花园中，种植的植物绝大部分为草本，包括草坪和草花，因植株低矮，在屋顶形成一种类似于绿色的地毯效果。由于草本植物所需的种植土层厚度较薄，一般土层厚度为10～20cm，因此，它对屋顶所加的荷重较小，一般能上人的屋顶均可以承受，因此，这种形式不但绿化效果好，绿地覆盖率高，且建园的技术要求也较低。

这种地毯式的屋顶花园在管理中也有不利的一面，特别是北方地区，由于草本植物绿叶期相对较短，一些草种在东北绿期不过200余天，而一些草本花卉的观赏期则更短，因此，在北方营建这种屋顶花园时要考虑其观赏期。另外，由于土层较薄，种植土壤中的水分极易蒸发，如果不能够满足植物对水的需求，则很有可能影响其生长和观赏效果，甚至全部死亡，这一点在干燥多风的北方要特别注意，而在我国南方地区，由于气温适当，降水量较多，植物全年均能保持正常的生长，地毯式的屋顶花园可以大面积推广。

② 花坛式。这种形式实际属于规则式种植中的一种常见形式，主要特点是在花园内分散布置一些规则式的种植池，植物以观花为主，同时一些观叶植物在园中也常应用，在外观上类似于地面的花坛，花卉可以随时更换，观赏价值较高，但管理的工作量相对较大，常用一些观叶草本植物代替草花来延长观赏期，还可以种植一些低矮的、花期较长的草本花卉，效果较好。这种形式往往不单独在屋顶花园中出现，可与其他形式结合，丰富花园的色彩，效果更突出。

③ 花境式。花境在中国园林绿地中十分常见，因为几乎所有的园林植物均可以作为花境的材料，所以选材容易，使花境的整体色彩丰富，美化效果十分突出。这种形式在屋顶花园中经常出现，园内所选用的植物种类可以是乔灌木或草本，种植的外形轮廓为规则式，植物种植形式是自然式，在屋顶花园的花园周边布置花境最为合适，一般可以绿色植物组成的树墙为背景，在前方配以花灌木，使游人的行走路线沿花境边缘方向前进，以便游人观赏。

（5）按屋顶花园营造的位置分类

① 低层建筑上的屋顶花园。这种花园一般建在一层至几层楼房的屋顶，其高度相对较低，从高层建筑上俯视花园效果最好，这种类型的屋顶花园有两种形式：一种是在建筑本身的顶层，人们必须经过楼体的顶层进入园内，形成一种独立式花园，出入口在楼体的顶部；另一种是建在阶梯形建筑物的某一层的顶部，花园的一侧或两侧仍有其他建筑相连，出入口位于花园的一侧，可以从楼层的侧门进入，因此，这种花园既可以从高处俯视观赏，又可以直接从出入口进入花园内观赏。

② 高层建筑屋顶花园。在高层建筑上营造的花园，一般楼越高其花园面积越小，花园内的环境条件与地面差异也越大，特别是在风力和温度、湿度上表现更为突出，这种花园服务对象也相对较少。

一般高层建筑的各层建筑面积较小，楼越高，顶层面积越小；同时从建筑结构上看，层数越多，顶层荷重传递的层数也增加，对抗震也越不利。高层的供水与排水要比低层困难得多。另外，楼越高，楼顶的负荷越大，从楼顶的负荷考虑，要尽可能减轻种植土的重量，使土壤越薄越好，而从风力对树木的影响的角度考虑，又要求植物必须种植在较厚的土层内，在合成的轻质土壤上种植的浅根树种极易被大风吹倒，有时甚至连花灌木也难逃此运，在夏季屋顶热风比地面更强烈，使土壤中的水分很快蒸发，使植物因高温缺水而死。鉴于以上分析，在高层上建造屋顶花园时，必须结合本地和屋顶的实际情况，多分析调查，选择适当的植物种类来解决这些问题。

（6）按其周边的开敞程度分类

① 开敞式。这种花园一般在独立建筑的顶层，其视野开阔，人在园中可欣赏周边的风光。它通风条件良好，光线充足，对植物生长十分有利，但由于周边没有其他建筑遮挡，因此风力较大，土壤易干燥，因此及时补充水分是屋顶花园养护管理中十分重要的一环。

② 半开敞式。这种花园只有两侧或一侧可以通视，由于周边有其他建筑遮挡，有时光照条件相对较差，有时一天只有一个或几个小时的光照，因此在选择植物种类时要特别注意。另外，由于有一面、二面或三面的遮挡，相对花园内的风力减小，因此这对植物的生长是十分有利的，特别是在背风处，可以种植一些抗风能力弱的乔木或灌木，这种特殊的环境为花园的营造创造了十分有利的条件。

③ 封闭式。这种花园位于被周边高大建筑包围的低矮顶层，形成一种"天井式"的结构。位于花园中的人们其视线被周围的建筑挡住，空间闭锁，周边建筑会对园内的光照条件和空气流通产生很大影响，在建园时必须充分考虑这一问题。因此，这类屋顶花园不宜把周围建筑建

得过高，否则不但会影响植物的生长，也会使人们在花园内有一种"坐井观天"的压抑感。另外，在植物选择和布置上要特别注意，植物种类以耐阴的为好，种植方式最好采用规则式，这样最适合人们从周边建筑内俯视园内景观，如果采用自然式种植，在植物的色彩上要丰富，使人看到一个真正的花园，同时可以起到淡化周边几何形建筑的单调性的作用。

5. 屋顶花园的功能

屋顶花园可改善日趋恶化的人类生存环境，改善因城市高楼大厦及道路的硬质铺装而急剧减少的自然土地和植被的现状，改善因过度砍伐自然森林、废气污染而造成的城市热岛效应，减轻沙尘暴等恶劣气象对人类的危害，增加城市绿化面积，开拓人类绿化空间，改善生态环境。

(1) 屋顶花园的生态功能

① 改善特定范围内居住环境的小气候，创造良好生活环境

a. 保温隔热作用。一个绿化屋顶就是一台自然空调。近年来城市建筑物逐渐增多，由于太阳辐射引起的建筑物能量积聚也随之增多，再加上家用燃料、工业与机动车增加的能量源源不断，造成城市气候的能量剩余很大，特别是在夏天，同没有建筑物的地区相比，市内的气温明显较高，在建筑物密集的市区，会出现令人难以忍受的高温，对人的健康产生长期的负面影响。而实验证明，和没有绿化的屋面相比，绿化屋顶在夏季可以降低温度，在酷热的夏天，当温度为30℃时，没有绿化的地面已达到不堪忍受的40～50℃，而绿化屋顶基层10cm处，温度则为舒适的20℃（图1-1-12），由此可见，屋顶花园在夏季可起到隔热的作用。冬季，建筑材料迅速地辐射冷却，而绿化屋顶像一个温暖罩保护着建筑物，起到保温的作用（图1-1-13）。

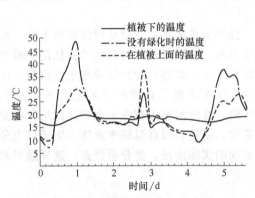

图 1-1-12　炎热的夏天绿化屋顶 10cm 处的温度同没有绿化的平面的温度比较图

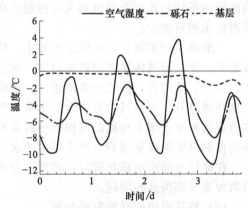

图 1-1-13　寒冷的冬天绿化屋顶 5cm 处和砾石屋顶的温度与空气湿度的比较图

b. 隔音作用。因为植物层对声波具有吸收作用，因而绿化后的屋顶可以隔音和降低噪声，按照霍希尔·施密德原理，绿化后的屋顶与没有绿化的屋顶相比，可降低噪声约 30dB（分贝）。屋顶土层 12cm 厚时，隔音约 40dB；20cm 厚时，隔音约为 46dB。

c. 提供休憩和娱乐活动场所。在建筑密集的城市中，人们常常为满眼都是冰冷的混凝土构筑物而见不到一点绿色而烦躁，利用屋顶空间进行绿化，既可开辟休息和活动场所，又可点缀街景，增添城市建筑的艺术魅力。

② 改善室内环境，调节室内温度。居住在顶层的人们，都会感到室内温度在夏季明显比非顶层的室内温度高出至少 2～3℃，而建造了屋顶花园后，其室内温度与其他楼层的温度基本相同，从这一点看，屋顶花园对调节顶层的室温是十分有效的。

③ 改善生态环境，增加城市绿化面积。当今的城市越发达，其建筑密度就越大，其相对的绿地所占比例也随之变小，在我国发达的城市，人口密度大，人均绿地面积少，如北京的人均绿地面积与发达国家相比相差甚远。自 1992 年以来，仅北京地区的建筑面积，以每年数千万平方米的速度递增。在有限的土地面积制约下，增加绿地面积是十分有限的，因此，屋顶花园对提高城市绿化面积是一种十分有效的方法（图 1-1-14）。

图 1-1-14　增加城市绿地面积的北京某屋顶花园

④ 归还大自然有效的生态面积，完善生态系统。在屋顶上首先为蜂、昆虫和蝴蝶等生物找到了良好的生存环境；另外，在屋顶上还可以繁殖一些濒危的植物种类，因为这里可以少受人为干涉。

⑤ 屋顶花园可以使自然降水渗入地下。绿化屋顶系统本身不能把地表水渗漏掉，因为建筑系统的上部结构和下部结构是封闭的，故屋顶的雨水不该再引向下水道而是让其渗入地下，或蒸发掉，重新形成地下水和自然水。可见，屋顶花园是改善城市生态环境的良好开端。

（2）屋顶花园的美化功能

① 丰富城市景观。屋顶花园的建造，能丰富城市建筑群体的轮廓线，充分展示城市中各局部建筑的面貌，从宏观上美化城市环境。精心设计的屋顶花园，将同建筑物完美结合，并通过植物的季相变化赋予建筑物以时间和空间的季候感，把建筑物这一凝固的音符变成一篇流动的乐章。

② 调节人们的心理和视觉感受。屋顶花园把大自然的景色移到建筑物上，把植物的形态美、色彩美、芳香美、韵律美展示在人们面前。对减缓人们的紧张度、消除工作中的疲劳、缓解心理压力、保持正常的心态起到良好的作用。同时，屋顶花园中的绿色，代替了建筑材料的白、灰、黑色，减轻了阳光照射下反射的眩光，增加了人与自然的亲密感。

（3）屋顶花园的保护功能　屋顶构造的破坏多数情况下是由屋面防水层温度变化引起的，还有少部分是承重物件引起的，温度变化会引起屋顶构造的膨胀和收缩，使建筑物出现裂缝，导致雨水的渗入，形成渗漏。温度的迅速变化对建筑物影响较大，比如在冬天，建筑物表面经过一个寒冷的夜晚而表面结冰，到了白天，建筑物表面的温度又在短时间内突然升高；夏天，在夜晚降温之后，白天的建筑物表面的温度也会很快显著升高。由于温度的变化，建筑材料将会受到很大的负荷，其强度会降低，寿命也会缩短。如果对屋顶进行绿化，不但可以调节夏天和冬天的极端温度，还可以对建筑物构件起到保护作用，延长其寿命。

（4）屋顶花园的储水功能　通常在进行城区建设时，地表水都会因建筑物而形成封闭层，降落在建筑表面的水按惯例都会通过排水装置引到排水沟，然后输送到澄清池或是直接转送到自然或人工的排水设施中，这种常用的做法会造成地下水的显著减少，随之而来的是水损耗的持续上升，这种恶性循环将最终导致地下水资源的严重枯竭。

同没有建造房子的地面相比，大量的降水不可能在短时间内排泄，可能造成城市内洪水的危害，而绿化屋面可以把大量的降水储存起来。实验表明，大约有一半的降水滞留在屋面上，贮藏于植物的根部和栽培介质中，待日后逐步蒸发，从而减轻了下水道的压力，对城市环境起到了平衡作用。绿化屋面的储水作用可以使屋面排水大量减少，减轻了城市排水系统的压力。实验表明绿化屋顶可以使排水强度降低（图1-1-15），这无疑可以作为排水工程中确定下水管道、溢洪管或储水池尺寸时节省费用的根据，同时也可以显著减少处理污水的费用。

（5）屋顶花园是人类可持续发展战略的重要组成部分　地面上的花园给人们沐浴阳光、休闲活动带来了很多方便（图1-1-16），但通常在开敞的空间营造起来的花园价格非常昂贵，其中土地资金占很大一部分，屋顶花园则相对有很大的优势，其所占用的土地是免费的，因此，屋顶花园要比地面上开敞空间的花园投资少得多。

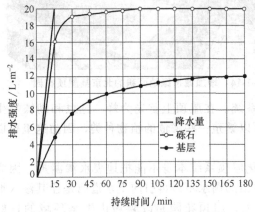

图 1-1-15　10cm 的屋面基层与平屋
顶上砾石面排水比例的比较图

图 1-1-16　屋顶花园为休闲活动提供场所

人们建设一栋楼房，等于销毁一块土地，我们若是把屋面建成生态屋面系统，无论是种植瓜果蔬菜，还是各种花草，相当于把被毁的土地挽救回来，这样不但利用了这块土地，还美化了生活。

总之，对城市来说，建造屋顶花园是调节城市小气候、净化空气、降低室温的一项重要措施，也是美化城市、增加景观层次的一种好办法。

6. 屋顶花园的特点

组成园林景观的素材主要是自然山水、各种建筑物和动植物，这些素材按照园林美的基本法则构成美丽的景观。屋顶花园同样也是由上述各种素材组成的，但因其受特殊条件的制约，又不完全等同于地面的园林，因此有其特殊性。它有其自身的一些特点。

（1）生态因子的影响　屋顶生态因子与地面不同，随着土壤、温度、光照、空气湿度、风等环境的不同而变化。

① 土壤。土壤因子是屋顶花园与平地花园差异较大的一个因子。由于受建筑结构的制约，一般屋顶花园的荷载只能控制在一定范围之内，土层厚度不能超出荷载标准。较薄的种植土层，不仅极易干燥，使植物缺水，而且土壤养分含量较少，需定期添加土壤腐殖质。

② 温度。由于建筑材料的热容量小，白天接受太阳辐射后迅速升温，晚上受气温变化的影响又迅速降温，致使屋顶上的最高温度高于地面最高温度，最低温度又低于地面的最低温度，且日温差和年温差均比地面变化大。过高的温度会使植物的叶片焦灼、根系受损；过低的温度又给植物造成寒害或冻害。但是，一定范围内的日温差变化也会促进植物生长。

③ 光照。屋顶上光照强，接受日辐射较多，为植物光合作用提供了良好环境，利于阳性植物的生长发育。同时，高层建筑的屋顶上紫外线较多，日照长度比地面显著增加，这就为某些植物，尤其是沙生植物的生长提供了较好的环境。

④ 空气湿度。屋顶上空气湿度情况差异较大，一般低层建筑上的空气湿度同地面差异

很小，而高层建筑上的空气湿度由于受气流的影响大，往往明显低于地表。

⑤ 风。屋顶上气流通畅，易产生较强的风，而屋顶花园的土层较薄，乔木的根系不能向纵深处生长，故选择植物时，应以浅根性、低矮、抗强风的植物为主。另外，就我国北方而言，春季的强风会使植物干梢，对植物的春季萌发往往造成很大伤害，在选择植物时需充分考虑。

(2) 造园及植物选择有一定的局限性　因屋顶承重能力的限制，无法具备与地面完全一致的土壤环境，因此在设计时应避免地貌高差过大，在植物的选择上应尽量避免采用深根性或生长迅速的高大乔木，选择植物应尽可能地选择阳性、耐干燥气候、低矮健壮、能抗风、耐移植、生长缓慢、耐旱、蒸发量较小的（一般为叶面光滑、叶面具有蜡质结构的树种，如南方的茶花、枸骨，北方的松柏、鸡爪槭等）植物。在种植层有限的前提下，可以选择浅根系树种，或以灌木为主，如需选择乔木，为防止被风吹倒，可以采取加固措施有利于乔木生存。同时，在选择植物时必须注意植物的适应性，应尽可能选择绿期长、抗寒性强的植物种类。

植物在抗旱、抗病虫害方面也与地面不同。由于屋顶花园内植物所生存的土壤较薄，一般草坪为 15～25cm，小灌木为 30～40cm，大灌木为 45～55cm，乔木（浅根）为 60～80cm。这样使植物在土壤中吸收养分受到限制，如果每年不及时为植物补充营养，必然会使植物的生长势变弱。同时，一般在屋顶花园上的种植土为人工合成轻质土，容重较小，土壤孔隙较大，保水性差，土壤中的含水量与蒸发量受风力和光照的影响很大，如果管理不善，很容易使植物因缺水而生长不良，生长势弱，必然使植物的抗病能力降低，一旦发生病虫害，轻者影响植物观赏价值，重则可使植物死亡。因此，在屋顶花园上选择植物时必须选择抗病虫害、耐瘠薄、抗性强的树种。

总之，屋顶花园位于空中的屋顶上，与大地土壤不再相连，属于典型的人工地面，故其生境与地面差别很大，对于植物来说，其有利因素与不利因素如下。

① 有利因素

a. 和地面相比，屋顶光照强，光照时间长，利于促进光合作用；

b. 昼夜温差大，利于植物的营养积累；

c. 屋顶上气流通畅清新，污染明显减少，受外界影响小，利于植物的生长和保护。

② 不利因素

a. 植物易受干旱威胁；

b. 土温、气温变化较大，对有些植物生长不利；

c. 屋顶风力一般比地面大；

d. 和地面相比，屋顶增加了承重和防水投资，施工和养护的费用也有所增加。

(3) 绿地边界规整　屋顶形状一般为规则的几何形状且多重复出现，尤其在小区中更为明显，设计时应注意协调统一并富于变化，形成韵律（图 1-1-17）。

(4) 地形、地貌和水体设计受限　在屋顶上营造花园，一切造园要素均要受建筑物顶层承重的制约，其顶层的负荷是有限的。一般土壤容重要在 1500～2000kg/m³，水体的容重为 1000kg/m³，而山石的容重就更大了。因此，在屋顶上利用人工方法堆山理水，其营造规模不能过大，在地面上造园的内容放在屋顶花园上必然受到制约。因此，屋顶花园上一般不能设置过大的山景，在地形处理上以平地为主，可以设置一些小巧的山石，但要注意必须安置在支撑柱的顶端，同时，还要考虑承重范围。在屋顶花园上的水池一般为形状简单的浅水池，水的深度在 30cm 左右为好，面积虽小，但可以利用喷泉来丰富水景（图 1-1-18）。

(5) 建筑物、构筑物和道路广场设计受限　建筑物、构筑物、道路、广场等是根据人们的实用要求出发，完全由人工创造的，在地面上的建筑物的大小是根据功能需要及景观要求

图 1-1-17　规整且富有韵律感的绿地边界

图 1-1-18　屋顶花园水池效果图

建造的，不受地面条件制约，而屋顶花园上这些建筑物大小必然受到花园的面积及楼体承重的制约。因为楼顶本身的面积有限，多数在数百平方米左右，大的不过上千平米，因此，如果完全按照地面上所建造的尺寸来安排，势必会造成比例失调。另外，一些园林建筑（如石桥）远远超过楼体的承重能力，不能在楼顶上建造。屋顶花园的铺装形式（图 1-1-19），需要结合设计整体考虑，尽量选用透水材料，铺装面积较大时需注意排水组织问题。

在屋顶花园上建造的建筑必须遵循如下原则：一是从园内的景观和功能考虑是否需要建筑；二是建筑本身的尺寸必须与地面上尺寸有较大的区别；三是从建造这些建筑的材料来看可以选择轻型材料建造；四是选择在支撑柱的位置建造，例如建造花架，在地面上通常用的材料是钢筋混凝土，而在屋顶花园建造中，则可以选择木质、竹质或钢材建造，这样同样可以满足使用要求（图 1-1-20）；五是要求园内的建筑应相对少些，一般有 1～3 个，不可过多，否则将显得过于拥挤。

图 1-1-19　国外某屋顶花园铺装图

图 1-1-20　木质地面材料的屋顶花园

二、屋顶花园的植物选择与配置

1. 屋顶花园植物选择的原则

屋顶花园的植物配置，要根据使用要求选择植物类型。无论采取哪种方式绿化，综合考虑植物生长的各种有利和不利条件，选择适合屋顶绿化的植物，或者采取各种措施创造良好的植物生长环境，形成良好的屋顶绿化效果。

屋顶花园的植物种植环境与露地环境相比有以下特点：面积狭小，形状规则，竖向地形变化小；种植土由人工合成，土层薄，不与自然土壤相连，水分来源受限制；植物的选择、土壤的深度和园林建筑小品的安排等园林工程的设计营造均受限制于建（构）筑物屋顶的承载力；植物的生长环境比较恶劣，主要是风力、光照、温度都与地面显著不同；屋顶花园的位置设在空中楼顶上，屋顶的视野开阔，环境较为清静。

屋顶上有利于植物生长因素有：和地面相比，屋顶处光照强，光照时间长，大大促进植物光合作用；昼夜温差大，利于植物的营养积累；屋顶上气流通畅清新，污染明显减少，受外界影响小，有利于植物的生长和保护。

屋顶花园的不利因素有：土温、气温变化较大，对植物生长不利；屋顶风力一般比地面大，土层薄，植物易受干旱、易受冻害和日灼，生态环境比地面差。

屋顶花园植物的选择必须从屋顶的环境出发，首先考虑到满足植物生长的基本要求，然后才能考虑到植物配置艺术。植物的选择必须要依据以下原则。

（1）选择耐旱性、抗寒性强的矮灌木和草本植物　由于屋顶花园夏季气温高，风大，土层保湿性能差，应选择耐旱性、抗寒性强的植物为主。同时，考虑到屋顶的特殊环境和承重的要求，应注意多选择矮小的灌木和草本植物，以利于植物的运输、栽种和管理。

（2）选择喜光、耐瘠薄的浅根性植物　屋顶花园大部分地方为全日照直射，光照强度大，植物应尽量选用喜光植物，但在某些特定的小环境中，如花架下面或靠墙边的地方，日照时间较短。可适当选用一些半耐阴的植物种类，以丰富屋顶花园的植物品种。屋顶的种植层较薄，为了防止根系对屋顶建筑结构的侵蚀，应尽量选择浅根系的植物。屋顶花园多处于居民住宅楼的顶层或附近，施用肥料会影响居民的卫生状况，故屋顶花园应尽量种植耐瘠薄的植物。

（3）选择抗风、不易倒伏、耐短时潮湿积水的植物品种　屋顶自然环境与地面、室内差异很大，高层楼顶风大，特别是有台风来临之际，风雨交加对植物的生存威胁最大。加上屋顶种植层较薄，土壤的蓄水性能差，一旦下暴雨，易造成短时积水。夏季炎热而冬季寒冷，阳光充足，易造成干旱。在选择时多用一些抗风、耐移植、不易倾伏，同时又能忍耐短时积水的植物。

（4）选择以常绿为主，冬季能露地过冬的植物　屋顶花园建造的目的是增加城市的绿化面积，美化城市立体景观。屋顶花园所采用的植物尽可能以常绿为主，宜用叶形和株形秀丽的品种。为了使屋顶花园更加绚丽多彩，体现花园的季相变化，还可适当配植一些彩叶树种；在管理条件许可的情况下，可用盆栽放置一些时令花卉，做到屋顶花园四季有花。

（5）尽量选用乡土植物，适当增加当地精品　乡土植物对当地的气候有高度的适应性，在环境相对恶劣的屋顶花园，选用乡土植物易于成功。同时考虑到屋顶花园的面积一般在几百至几千平方米以内，在这样一个特殊的小环境中，为增加人们对屋顶花园的新鲜感，提高屋顶花园的档次，可以适量引种一些当地植物精品，使人感到屋顶花园的精巧、雅致。

2. 屋顶花园常选择的植物

屋顶花园选配各种植物时，首先应该了解各种植物的生态习性，其次考虑植物的类型与观赏特性，另外还要充分考虑植物的生长速度，从而预测植物成长后的绿化效果。掌握植物类型的特点，就可以在屋顶上利用各种植物特性，按照植物造景的要求，形成不同的观赏特点。在屋顶上应用的常见植物类型有：

（1）花灌木　花灌木通常指具有美丽芳香的花朵或有艳丽的叶色和果实的灌木或者小乔木，也可以包括一些观叶的植物材料，主要用于屋顶花园中。常用的有月季、草莓、梅、桃、樱、山茶、牡丹、榆叶梅、火棘、连翘、海棠等。观叶植物如苏铁、福建茶、黄金榕、变叶木、鹅掌柴、龙舌兰、假连翘等也可以应用。另外也采用一些常绿植物，例如侧柏、大叶黄杨、铺地柏、女贞及小蜡等。

（2）地被植物　地被植物指能够覆盖地面的低矮植物，其中草坪是较多应用的种类，宿根的地被植物具有低矮开展或者匍匐的特性，繁殖容易，生长迅速，能够适应各种不同的环境。常用的地被植物有：在南方可以用马尼拉草、台湾草、假俭草、大叶草、海金砂、凤尾草、马蹄蕨等；在北方可以用美女樱、半支莲、蟛蜞菊、马缨丹、吊竹梅、结缕草、野牛草、狗牙根、麦冬、高羊茅、诸葛菜、凤尾兰等。一些开花地被植物如红甜菜及景天科植物中的耐热、耐寒品种都可作为屋顶花园植物。

（3）藤本植物　藤本植物可以攀援或悬垂在各种支架上，是屋顶花园中各种棚架、栅栏、女儿墙、拱门、山石和垂直绿化的材料，可以提高屋顶绿化质量，丰富屋顶的景观，美化建筑立面等，多用作屋顶上的垂直绿化。常用的有葡萄、三角梅、三叶地锦、紫藤、凌霄、络石、常春藤、金银花、木香、牵牛、茑萝、油麻藤、胶东卫矛、蔷薇、五叶地锦、常春藤、花叶蔓、长春花等。

（4）绿篱植物　在屋顶花园设计时可以采用绿篱植物分隔空间和屏障视线，或做喷泉、雕塑等的背景。用做绿篱的树种一般都是耐修剪、多分枝、生长较慢的常绿植物，常用的有黄杨、冬青、女贞、三角花等。

（5）饰边植物　饰边植物主要用做装饰为主，在屋顶花园中属于次要的植物材料，可以用作花坛、花境、花台的配料。常用的花卉有葱兰、韭兰、美人蕉、一串红、半支莲、菊花、鸡冠花、凤仙花等。

（6）竹子类　竹子类主要是用来丰富屋顶花园的植物景观，可以适量配置达到特殊的效果。常用的竹子有鹅毛竹、菲白竹、菲黄竹、方竹、箬竹、罗汉竹、寒竹等。

3. 屋顶花园的植物配置

植物在屋顶上具有各种不同的配置方式，采用多种绿化形式可以丰富屋顶花园的景观效果。常见的植物应用形式是树木的孤植欣赏和由花卉组成的花坛、花台和表现自然景观的花境。

（1）孤植　屋顶花园的植物配置中，为了突出显示树木的个体美，常常单株种植某种树种，适量的选择较小植株作为构图的中心，所选用的植物应该具有较好的观赏特性和优美的姿态。种植时不能孤立地只注意到树种本身，而必须考虑其与环境间的对比与烘托关系。对于游憩性的屋顶花园，需要考虑屋顶日照强烈的特点，树木用来遮阴，应该枝叶繁茂，以满足人们在树下活动的要求。常用的有：南洋杉、紫叶李、龙爪槐、龙柏等。

（2）丛植　丛植由二三株甚至较多的同种类的植物较紧密地种植在一起，其树冠线彼此密接而形成一个整体轮廓线，称为丛植（图1-1-21）。少量株数的丛植也有孤赏的艺术效果，丛植的目的主要在于发挥植物集体作用，在艺术上强调了整体美。树种的搭配要做到乔、灌木相结合，不同花色的植物在一起种植，注意在屋顶上丛植的株数不能太多。

（3）散点植　以单株在一定面积上进行有规律、节奏的散点种植，有时可以双株或者三株的丛植作为一个点来进行疏密有致的扩展，对每个点不是以孤赏树加以强调，而是着重于点与点间的呼应关系，散点种植既能表现个体的特性又可以处于无形的联系之中，令人心旷神怡。

（4）花坛　在屋顶花园中，花坛（图1-1-22）也是应用较多的一种植物配置形式，具有较高的装饰性，可以打破高密度建筑物的沉闷感，增加色彩，还可以起到组织交通、渲染气氛的作用，可以采用单独或者连续的带状以及成群组合的类型。花坛内部花卉的纹样多采用对称图案。花坛要求经常保持鲜艳的色彩与整齐的轮廓，因此多采用植株低矮、生长整齐、花期集中、株丛紧密而花色鲜艳的品种。其中花丛花坛以花卉开花时的整体色彩效果为主，表现不同花卉品种间或者品种的群体及其相互配合所显示出的绚丽色彩。常用的有美人蕉、三色堇、香雪球、金鱼草、百日草、半支莲、紫罗兰、福禄考、水仙、风信子、葱兰、沿阶草等。

图 1-1-21　屋顶花园植物的丛植

图 1-1-22　屋顶花园中的花坛

（5）花境　花境（图 1-1-23）是表现植物自然景观的一种形式，主要是模拟自然界中林地边缘地带多种野生花卉交错生长状态，运用艺术手法设计的花卉应用形式。在屋顶上以树丛、绿篱、矮墙或建筑小品做背景。花境在形式上是带状连续构图，其基本构图单位是一组花丛，每组花丛通常由 5~10 种花卉构成，平面上看是多种花卉的块状混植，立面上看高低错落。花丛内由主花材形成基调，次花材做配调，由各种花卉共同形成季相景观，每季以 2~3 种花卉为主，花境既表现了植物个体的自

图 1-1-23　屋顶花园中的花境

然美，又展示了植物自然组合的群体美。植物材料以可在当地越冬的宿根花卉为主，间有一些灌木和耐寒的球根花卉，或一二年生的花草，常用的花卉有马蔺、荷包牡丹、鸢尾、玉竹、玉簪、金光菊、桔梗、八宝景天、紫松果菊、宿根福禄考等。

（6）花台　将植物栽植于高出屋顶平面的台座上形成花台，类似花坛但面积较小。因为屋顶花园大多场地较小，所以宜采用花台的形式。花台也可以做成钵式花台，也可以做成盆景式，以松竹梅为主，配以山石小草。花台栽植的植物做整齐式，一个花台常选用一种花卉，花台应该选择株型低矮紧密匍匐或者茎叶下垂于台壁的花卉。

4. 屋顶花园的植物种植方式

屋顶花园的植物种植方式主要有地栽、盆栽、桶栽、种植池栽和立体种植等。选择种植方式时不仅要考虑功能及美观需要，而且要尽量减轻非植物的重量；在种植方式上，绿篱和栅架不宜过高，且其每行的延伸方向与以常年主要风向平行。如果当地风力常大于 20m/s，则应设防风扩篱架，以免遭风害。常用的植物配置的形式有以下 5 种类型。

（1）垂挂式　垂挂式用灌木或爬藤植物覆盖、垂挂在屋顶的女儿墙、檐口和雨篷边沿的绿化形式；也可以用屋顶棚架来进行植物景观的营造，用藤本植物缠绕藤架或者是在棚架上悬挂一些盆栽植物。

（2）装配式　利用各种造型的容器，借助各种设施，可以在屋顶上栽植花草或搭成各种几何形与动物造型图案，装配的布局可以根据时令及观赏要求变换形式重新布置，这种屋顶花园形式比较灵活且管理简便。

（3）地毯式　地毯式指在承载力有限的平屋顶上种植地被植物，或者其他矮型花灌木的一种封闭型屋顶花园。其植物配植由于屋顶承载力的限制，人造土的厚度严格控制在 10cm 左右。种植品种简单，排列整齐。

（4）花园式　花园式的绿化方式，是一种开放式屋顶花园形式，在屋顶上以植物配植为主体，并结合假山、雕塑，可以组合成美好的屋顶景观。

（5）盆栽式　盆栽式是在可上人屋面上的一种种植方式。土深 30cm 左右的浅盆可以在屋顶均匀密布，土深大于 30cm 的深盆可以间隔疏布。可供选择的植物品种较丰富，草木类、木本类、瓜果类均可栽种。盆植方式安全、方便、快捷、造价低。

其他屋顶花园的植物种植形式还有花坛式、篱壁式等，都是因城市用地紧张而转向屋顶的绿化形式，这些形式见效快、费用低廉，所有这些配植方式都可以在屋顶上配合使用。

三、屋顶花园的设计与营造

屋顶花园的设计手法与地面庭院大致相同，但是又有它的特殊要求。设计时必须结合生态效应、承重能力、使用功能及艺术效果综合考虑，可巧借主体建筑及周围建筑物的特性，充分发挥地势高、视域广等特点，运用植物高差变化和园林小品等造园要素，借鉴传统园林中借景、组景、点景、障景等基本技法，设计出有品位、有个性的屋顶花园。

1. 屋顶花园的设计形式

一般来说，屋顶花园的形式由其功能所决定，在建筑设计阶段就应考虑到屋顶花园的大概用途。但是现实情况中，决定屋顶花园形式的往往是建筑荷载。建筑屋顶的荷载越大，越有利于营造丰富的景观形式。

根据荷载程度的不同，屋顶花园的设计形式一般可分为覆被式和庭院式。

（1）覆被式　覆被式即植被覆盖，是最简单、最易操作的一种纯绿化形式，它不设置任何园林小品等设施，除维护人员外一般不允许人进入。这种形式主要采用草坪、灌木等不同色彩的植物进行搭配，对屋顶进行覆盖式的简单绿化。其优点在于重量较轻（介质厚度 10～30cm、容重为 60～200kg/m²），管理粗放自然。由于该种形式选用的往往是一些生命力顽强的耐旱植物，比较适合荷载较小，后期养护投入有限的屋顶。

采用覆被式的设计形式，植物选材非常重要，一般选取苔藓、景天或草坪地被等。其中景天科植物生命力顽强，在土壤稀薄和缺少水分的情况下也可以存活，而且色彩丰富，覆盖性强，单一的植被就可以形成一种小气候，而且基本不需要养护。

（2）庭院式　对于需要具备一定的观赏性和使用功能的屋顶，一般采用庭院式设计。庭院式的屋顶花园可以根据具体条件和实际需求，结合植物造景，设计园路、园林小品（如亭台廊轩、山石水景等元素）来为人们提供各种休闲、活动空间。庭园式屋顶花园所要求的荷载较大，一般重量在 200kg/m² 以上，因此，在植物选择方面相对限制较小，从草坪、灌木到乔木均可使用。由于人为活动的增加以及植物景观的丰富，该形式需要投入的养护成本也相对提高。

总的来说，屋顶花园形式丰富、功能多样，大多数设计形式都可以归为这两大类。但是，只有采用庭院式设计的屋顶花园才是人们通常所认为的屋顶花园。

2. 屋顶花园的设计步骤

（1）确定屋顶设计的形式　前面讲述了屋顶花园的类型，在设计之前，要根据设计单位或个人的要求、屋面地形的具体情况、面积的多少、建造的目的等选择一种合适的设计类型进行设计，如广州花园酒店的屋顶花园设计（图 1-1-24）和广州某医院的屋顶花园设计（图 1-1-25）。

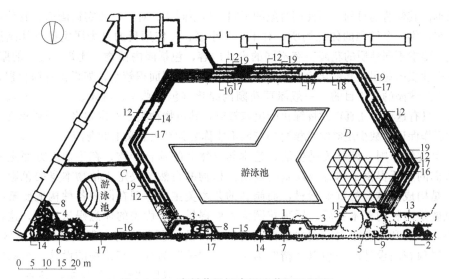

图 1-1-24　广州花园酒店屋顶花园平面图

1—苏铁；2—竹柏；3—雷州榕；4—大叶紫薇；5—含笑；6—狗牙花；7—白蝉；8—石榴；
9—小叶紫薇；10—大红花；11—桂花；12—红背桂；13—海桐；14—九里香；15—红樱；
16—鹰爪；17—黄素馨；18—洒金榕；19—天冬；C，D—人工草坪

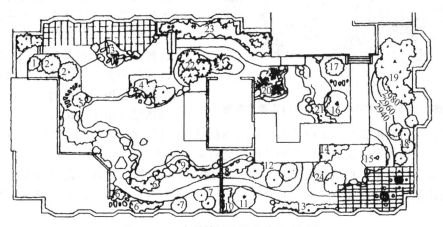

图 1-1-25　广州某医院屋顶花园平面图

1—棕竹；2—茶花；3—文殊兰；4—垂柳；5—狗牙花；6—白蝉；7—黄蝉；8—美人蕉；9—红鸡蛋花；
10—黄素馨；11—玉棠春；12—小叶紫薇；13—洒金榕；14—红桑；15—大叶紫薇；16—荷花玉兰；17—石榴；
18—九里香；19—短穗鱼尾葵；20—美丽针葵；21—紫苏；22—山棕；23—佛肚竹；24—桂花

（2）对屋顶进行结构层的处理　对屋顶的每一层次都要处理好，以避免日后复杂的返工，特别是防水层和排水层，前面是直接针对居住的人，后面针对植物的生长。因此作为设计施工人员一定要处理好屋顶结构层。

（3）确定屋顶的功能分区　屋顶可根据选择的类型进行功能分区，一般屋顶作休息用，分区不复杂，总的来说分休闲区、活动区。

（4）尽量降低造价　从现有条件来看，只有较为合理的造价，才有可能使屋顶花园得到普及并迅速发展。

3.屋顶花园设计的原则

（1）适用性原则　建造屋顶花园的目的就是要在有限的空间内进行绿化，增加城市绿地面积，改善城市的生态环境，同时，为人们提供一个良好的生活与工作场所和优美的环境景观，但

是不同的单位其营造的目的（因使用对象的不同）是不同的。对于一般宾馆酒店，其使用目的主要是为宾客提供一个优雅的休息场所；对于一个小区，其使用目的是为居民提供休闲活动的场所。因此，要求不同性质的花园应有不同的设计内容，包括园内植物、建筑、相应的服务设施。但不管什么性质的花园，其绿化应放在首位，因为屋顶花园面积较小，如果植物绿化覆盖率又很低，则达不到建园的真正目的。一般屋顶花园的绿化（包括草本、灌木、乔木）覆盖率最好在60%以上，只有这样才能真正发挥绿化的生态效应，其植物种类不一定很多，但要求必须有相应的面积指标作保证，缺少足够绿色植物的花园不能称之为真正意义上的花园。

（2）美观性原则　园林美是生活、艺术与自然美的综合产物，在生活美方面主要体现在园林为人们的生活提供了休息与娱乐的场所。植物的自然美决定于植物本身的色彩、形态与生长势，是构成园林美的重要素材，而园林的艺术美主要体现在园内各种构成要素的有机结合上，也就是园林的艺术布局，屋顶花园为人们提供一个优美的休息娱乐场所，这种场所的面积有限，如何利用有限空间创造出精美的景观，是屋顶花园与一般园林绿地的区别所在。因此，在屋顶花园设计时必须以"精"为主，以"美"为标，其景物的设计、植物的选择均应以"精美"为主，各种小品的尺度和位置都要仔细推敲，同时还要注意使小尺度的小品与体形巨大的建筑取得协调。另外由于一般的建筑在色彩上相对单一，因此在屋顶花园的建造中还要注意用丰富的植物色彩来淡化这种单一，突出其特色，在植物方面以绿色为主，适当增加其他色彩明快的花卉品种，这样通过对比突出其景观效果（图1-1-26）。

图1-1-26　植物的色彩丰富屋顶花园的景观

另外，在植物配置时，还应注意植物的季相景观问题，在春季应以绿草和鲜花为主；夏季以浓浓的绿色为主；秋季应注意叶色的变化和果实的观赏。

（3）安全性原则　在地面建园，可以不考虑其重量问题，把地面的绿地搬到建筑的顶部，必须注意其安全指标，这种"安全"，一是指屋顶本身的承重；二是指游人在游园时的人身安全。

（4）创新原则　虽然屋顶花园均是在楼顶建造的，但其性质和用途（服务对象）并不完全一致，中国园林对世界园林的发展有着极深刻的影响，而在我国，南方与北方的园林也各具特色。屋顶花园也是一样，园内的建筑与植物类型要结合当地的建园风格与传统，要有自己的特色。在同一地区，不同性质的屋顶花园也应与其他花园有所不同，不能千篇一律，特别是在造园形式上要有所创新，比如在北京长城饭店的屋顶花园与北京丽京花园别墅的屋顶花园就各具特色。在参考好的设计方案时，要注意其具体的条件和性质。

（5）经济原则　评价一个设计方案的优劣不仅仅是看营造的景观效果如何，还要看是否现实，也就是在投资上是否有可能。再好的设想如果没有经济作保障也只能是一个设想。一般情况下，建造同样的花园在屋顶要比在地面上的投资高出很多。因此，这就要求设计者必须结合实际情况，做出全面考虑。同时，屋顶花园的后期养护也应做到"养护管理方便，节约施工与养护管理的人力物力"，在经济条件允许的前提下建造出"适用、精美、安全"并有所创新的优秀屋顶花园。

4. 屋顶花园常用景观元素

屋顶花园的种类形式虽然各有不同，但是植物是其最重要使用最普遍的景观元素。与覆被式屋顶花园不同的是，在庭院式屋顶花园中通常还会布置一些构架小品、山石水景、灯光照明等，这就使得景观元素的选择具有了丰富的选择余地和发挥空间。以下就屋顶花园中常用的景观元素及运用做简单的阐述。

（1）建筑小品　这里所说的建筑小品涵盖了屋顶花园中使用的亭、廊、花架、假山、雕塑等，它们以自身的造型成为被观赏的对象，往往是整个环境的视觉中心和点睛之笔，有些还具有一定的使用功能。

在屋顶上建造建筑小品需要注意的问题：一是要把握建筑小品的尺度大小，不能破坏整体环境的比例感；二是造型风格、材质色彩等的选择要合适，要与建筑及环境相协调；三要合理安排建筑小品的布局位置，充分考虑视线和路线的影响；最后要考虑建筑小品的自身重量，尽可能布置在建筑承重柱墙上，以减轻对屋顶的压力。

① 园亭。为丰富屋顶花园的景观效果，提高其使用功能，宜在园内建造少量小型的亭建筑。亭的设计要与周围环境相协调，在造型上能够形成独立的构图中心。在构造上应简单，也可采用中国传统建筑的风格，这样可以使其与现代建筑形成明显的对比，突出其观赏价值。例如北京长城饭店的屋顶花园上的四方攒顶琉璃瓦亭就别具一格。建亭所选用的材料可以是竹木结构，如我国南方一些地区，常用南方特有竹子作为建亭的材料，很有地方特色。如果选用钢筋混凝土结构建亭，要选择好其位置，如香港太古城天台花园上的亭子就是用现代建筑材料建造的。

② 假山置石。屋顶花园置石（图1-1-27）与地面造园的假山工程相比，有很大差别，在地面的假山可以游览，规模可大可小，而屋顶花园上的假山受楼体承重的影响，不但体量上要变小，而且从重量上有很大限制，因此在屋顶花园上的假山一般只能观赏不能游览，所以花园内的置石假山必须注意其形态上的观赏性及位置上的选择。除了将其布置于楼体承重柱、梁之上以外，还可以利用人工塑石的方法来建造，这种方法营造的假山重量轻，外观可塑性强，观赏价值

图 1-1-27　屋顶花园的置石

也较高，在屋顶花园中很常见，如上海华亭宾馆屋顶花园上的大型假山就是用这种方法建造的。对于小型的屋顶花园可以用石笋、石峰等置石，效果十分明显，如北京首都宾馆屋顶花园的置石。

③ 花架。花架属于我国园林中特有的、最简单的建筑，也是最接近于自然的一种建筑，屋顶花园内设置造型独特的花架，不但可以丰富花园的立面效果，还可以为游人提供乘凉的好去处，特别是在开放式花园中，当夏季园内光照强烈时，在用绿色植物形成的棚架下休息无疑是最好的享受。

屋顶花园上建造的花架（图1-1-28）可为独立型也可为连续型，具体选用哪种形式可根据花园的空间情况来定。植物种类以适应性强、观赏价值高、能与花架相协调为主。小尺寸的花架可以选用五叶地锦、常春藤等，大尺寸的可选用紫藤、葛藤等。花架所用的建筑材料应以质轻、牢固、安全为原则，可用钢材焊接而成，也可为竹木结构，如果用钢筋混凝土结构要注意其尺寸和位置选择。

（2）水景 水景工程在中国传统园林中是必不可少的一项内容。屋顶花园的水景较在地面上的水景有很大区别，主要体现在水景的类型及尺寸上。地面上的水景可以是浩瀚的湖面、收放自由的河流小溪、气势雄伟的喷泉，而在屋顶花园上这些水景由于受楼体承重的影响和花园面积的限制，在内容上发生了变化。

① 水池。屋顶花园的水池由于受场地和承重的影响，一般多为几何形状（图1-1-29），水体的深度在30～50cm，建造水池的材料一般为钢筋混凝土结构，为提高其观赏价值，在池的外壁可用各种饰面砖装饰，同时，由于水的深度较浅（30～50cm），可以用蓝色的饰面砖镶于池壁内侧和池底部，利用视觉效果来增加其深度。

在我国北方地区，由于冬季寒冷，水池极易冻裂，因此，在冬季应清除池内的积水，同时可以用一些保温材料覆盖在池中。南方冬季气候温暖，可以终年不断水，有水的保护，池壁不会产生裂缝。

另外，在施工中必须防止屋顶水池漏水，其做法可以在楼顶防水层之上再附加一层防水处理，还要注意水池位置的选择。池中的水必须保持洁净，可以采用循环水，对于一些自然形状的水池，可以用一些小型毛石置于池壁处，在池中可以用盆栽的方式养植一些水生植物，例如荷花、睡莲、水葱等，增加其自然山水特色，更具有观赏价值。

图1-1-28　屋顶花园花架

图1-1-29　屋顶花园几何形水池

② 喷泉。喷泉在园林水景中是必不可少的一项内容，其水姿丰富，富于变化，已成为一种非常时尚的造园要素。屋顶花园中的喷泉（图1-1-30）一般可安排在规则的水池之内，管网布置成独立的系统，便于维修，对水的深度要求较低，特别是一些临时性喷泉的做法很适合放在屋顶花园中。

（3）园路铺装 园路在屋顶花园中占较大的比重，它不但可以联系各景物，而且也可成为花园中的一景。园路在铺装时，要求不能破坏屋顶的隔热保温层与防水层。另外，园路应有较好的装饰性并且与周围的建筑、植物、小品等相协调，路面所选用的材料应具有柔和的光线色彩，具有良好的防滑性，常用的材料有水泥砖、彩色水泥砖、大理石、花岗岩等，有的地方还可用卵石拼成一定的图案。另外，园路在屋顶花园中常被作为屋顶排水的通道，因此要特别注意其坡度的变化，在设计时要防止路面积水。路面宽度可根据实际需要而定，但不宜过厚，以减小楼体的负荷。

（4）灯具照明 随着人们审美要求的提高，照明设计已经成为园林环境设计中的重要组成部分。景观照明已从以前单纯的照明演变成园林环境建设中的一项系统工程，人们追求的不仅仅是亮度上的满足，更是追求视觉和身心的享受。精心设计的灯光可以使屋顶花园环境呈现更为多姿多彩的面貌，营造出丰富的夜间效果（图1-1-31）。

屋顶花园的照明设计需注意的问题：

① 保证整体性，打造舒适的具有整体感的灯光氛围，避免琐碎。

图 1-1-30 屋顶花园喷泉

图 1-1-31 屋顶花园的夜景效果

② 突出重点，对重点区域作重点表现，强调其焦点位置。

③ 合理设置灯光色彩和亮度，如在宾馆酒店的屋顶花园中，一般多采用橙、黄、蓝等暖冷色调结合的照明，以烘托出环境休闲亲切、浪漫的气氛；而住宅小区的屋顶花园照明中，则应以暖色调灯光来营造温馨、宁静舒适的安居环境。

④ 注重灯具的造型和位置，避免只追求夜间效果而导致灯具与白天的屋顶环境不协调，影响景观效果。

⑤ 注意照明安全，照明系统应采取严格的防水、防漏电措施，对人能直接接触的活动场所，如水池的地下灯、各式地埋灯等尽量采用安全低压供电。

四、屋顶花园的建造要点及施工技术

1. 屋顶花园的荷载与构造

（1）屋顶花园的荷载 屋顶荷载是建筑安全及屋顶花园是否成功的前提条件。总荷载量包括屋顶花园所有构造层的重量、风雪雨等给建筑物增加的荷载量以及人为活动给屋顶增加的荷载量等。设计时应充分考虑建筑是否能够承受由屋顶花园的各项工程带来的重量。

屋顶花园的平均荷载都有一定的限制，特别是对原来没有进行屋顶花园设计的建筑进行绿化时，更需特别注意。随着屋顶花园技术的进步，可以通过技术、材料、设计方法等手段来减轻屋顶的负荷。例如，采用轻质人工合成基质来减轻土壤层的重量；采用轻质材料和新型做法来代替传统做法，从而减轻排水层、防水层等结构层的重量；在构筑物、小品设计方面，可以通过选用塑料、玻璃钢、铝材等轻型材料，合理布置承重，将花架、小品、景石等较重的景观元素设置在承重墙、柱位置，以保证建筑整体结构的安全。

一般来说，覆被式屋顶花园的荷载约为 $100kg/m^2$，而有人为活动参与的庭园式屋顶花园屋顶荷载至少要达到 $450kg/m^2$ 以上，这只能是在少数建筑设计时就考虑要建造屋顶花园的高荷载屋顶上才能实现的。

（2）屋顶花园的构造 屋顶花园的一般构造组成（图 1-1-32）自上而下依次是植被种植层、基质层、过滤层、排（蓄）水层、保护层、防水层。这些结构层通常独立设置，有时根据不同实际情况可以省略或者相互结合，例如排水层和蓄水层合

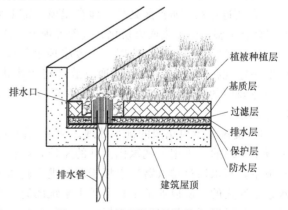

图 1-1-32 屋顶花园的构造示意图

为一体。

① 植被种植层。植被种植层是体现屋顶花园生态、社会、经济效益的主要功能层，包括乔木、灌木、地被等。植物的选择要遵循适地适树原则，景点设置要注意荷载不能超过建筑结构的承重能力，同时还要满足艺术要求。

② 基质层。为使植物生长良好，同时尽量减轻屋顶的附加荷重，种植基质一般不直接用地面的自然土壤（主要是因为土壤太重），而是选用既含各种植物生长所需元素又较轻的人工基质，如蛭石、珍珠岩、泥炭及其与轻质土的混合物等。

③ 过滤层。为防止种植土中的小颗粒及养料随水流失而堵塞排水管道，采用在种植基质层下铺设过滤层的方法，常用过滤层的材料有粗沙（50mm 厚）、炭渣、玻璃纤维布、稻草（30mm 厚）。所要达到的质量要求是既可通畅排灌又可防止颗粒渗漏。

④ 排（蓄）水层。排（蓄）水层主要用于改善土壤通气状况，快速排出土中滞留的水分，缓解植物瞬时压力。传统的排水层主要采用粒径 20～30mm 的碎石垫层，厚度为 100～150mm，由于其价格低廉，施工方便，在荷载允许的情况下，性价比较高。而对于覆被式屋顶花园，一般则采用专门的蓄排水板或纤维多孔网，它们的优点在于重量轻、强度高、透气性好，不但可以排出滞水，同时还能储存定量的水分供植物使用。

⑤ 保护层。保护层主要用来防止植物根系穿透防水层而导致防水系统失败，造成屋顶渗漏等不良后果，其制造材料一般为合金、橡胶、聚乙烯等类型。

⑥ 防水层。屋面防水的施工做法很多，总体来说分为刚性防水和柔性防水两种做法。刚性防水层的常用做法是在原屋顶上整浇 50mm 厚的细石钢筋混凝土板，一般用于高荷载的大型屋顶花园。而目前使用最多的柔性防水层，则多采用油毡或 PEC 高分子防水卷材。

2. 屋顶花园的防水与排水

防水和排水系统的处理是建造屋顶花园至关重要的一个环节。防水层处理不当，会导致屋顶渗漏，排水系统设计施工的合理与否也会对建筑安全造成直接影响。当集中降雨量较大时，雨水若是不能及时排走，就会造成屋顶积水，轻则影响植物的生长成活，后果严重的甚至会倒灌室内或由于屋顶负荷急剧加重而造成危险。

（1）屋顶花园的防水处理　传统的屋顶防水处理一般用柔性防水层法或刚性防水层法。柔性防水层法因油毡等防水材料的寿命有限，往往在几年内就会老化，降低防水效果。刚性防水层法因受屋顶热胀冷缩和结构楼板受力变形等因素的影响，易出现不规则的裂缝，造成防水层渗漏。在实际工作中，最好使用下面两种方法。

① 双层防水层法。先铺一层预应力刚性防水层，即 2 层玻璃布和涂 5 层氯丁防水胶（二布五胶），然后在上面浇 4cm 厚的细石混凝土，内配双向钢筋，做成刚性防水层。

② 用硅橡胶防水涂膜处理。即在屋顶上铺上硅橡胶涂膜。使用之前，要先把屋顶用水泥砂浆修补平整，确保表面无粉化、起砂等现象，这种方法尤其适用于大面积的屋顶防水处理。

（2）屋顶花园的排水处理　一般屋顶上的排水系统是按照建筑设计规范，在屋顶平面设置一定规格数量的落水管，通过放坡将雨水汇集到落水管，再统一汇入城市排水管网。屋顶花园中的排水设计则是以利用和梳理原有屋顶排水系统为主，根据自身特点和要求进行调整。

① 覆被式屋顶花园的排水处理。覆被式设计的屋顶花园，排水组织一般是通过排（蓄）水板来实现的。采用了纯绿化设计的屋顶，种植基质相对轻薄，雨水能够快速渗入排（蓄）水板中，雨水通过排（蓄）水板于屋顶进入落水管。由于屋顶上所有的构筑都是在排（蓄）水板上完成的，所以保证了整个排水系统的完整性。只要在排（蓄）水板上设置观察井定期检查，就可以了解排（蓄）水板中的水位变化，掌握整个排水系统的通畅情况。

② 庭园式屋顶花园的排水处理。庭园式设计的屋顶花园，无论是采用排（蓄）水板作为排水层，还是使用传统的碎石垫层作为排水层，都是以原有屋面的排水系统为基础。

采用排（蓄）水板作为排水层的庭园式屋顶花园，若铺装面积较大，可以在场地上增设集水井，使雨水直接汇入排（蓄）水板中；若绿地面积远大于园路面积，则可以通过找坡的方式将雨水引入绿地中，通过绿地渗透入排水层中排出。

在一些大型屋顶花园中，硬质铺装（特别是非渗透性的硬质铺装）的面积往往比较大，雨水无法都通过绿地排走，这时候也可以像地面工程一样，铺设雨水管道，设置雨水井快速汇集雨水，并通过管道接入楼面落水口。

3. 屋顶花园的抗风与防护

对于屋顶花园来说，防风是一个十分重要的问题，特别是沿海城市，易产生较大风力，受台风影响的可能性极大。屋顶花园上的设施如遮阳伞、塑料桌椅等常常是容易受到侵袭的对象。最有效的措施是将移动设施固定安装在地面上，对于偶尔才会有强风的地区，只需要警惕天气变化，做好防护准备即可。

除了这些轻质的户外设施外，最易受到强风影响的还是屋顶花园的树木，特别是大乔木，由于种植基质层相对较薄、较轻，树木根系浅，抗风能力远远低于地面上的树木。因此，屋顶花园中应尽量少种大乔木，如需种植也必须采取加固措施来保证安全，一般常用的加固措施有根部固定法和树干固定法等。除了使用加固措施，设计师还可以利用设计手段来改善风对树木的影响，例如，在荷载允许的条件下，抬高树池，尽可能加厚种植土，为树木根系生长提供空间，增强其自身的抗风能力。

屋顶花园位于建筑屋顶，除考虑风霜雨雪等外部因素的安全影响外，还必须考虑自身的硬件防护设施，以保证在其中活动的人员的人身安全，这里主要提到的是屋顶护栏，屋顶女儿墙虽然可以起到护栏的作用，但是其高度至少要超过1m才能有效地保证人身安全，如高度不够则必须加装防护栏杆以使其达到安全要求。需要特别注意的是围栏设计不要采用横向隔板，以防儿童攀爬，同时栏杆还应满足相应的强度要求，防止游人倚靠造成危险。

4. 屋顶花园的栽培基质

由于屋顶花园的特殊性质，相比地面其对栽培基质的要求更为严格。首先，栽培基质在性状、营养物质等方面必须满足植物正常生长的需求；其次，栽培基质的贮水、渗水能力必须达到一定标准，防止干旱或强降水天气对植物造成影响；最后，屋顶花园的栽培基质应尽量采用轻质材料，在达到植物生长厚度要求的同时，还需具备一定的固根能力。

常用的屋顶花园栽培基质主要分为人工改良土和轻量化基质两大类。人工改良土一般由田园土、排水材、轻质骨料和肥料混合而成；轻量化基质是采用非金属矿物质，根据土壤性状和植物生理特点配制的"人造土"。一般由表面覆盖层、栽植育成层和排水保护层三部分组成。

五、屋顶花园的养护与管理

1. 屋顶花园的养护

屋顶花园建成后，就要对各种草坪、地被、花木进行养护管理，由于屋顶的特殊条件，一般要求有园林绿化种植管理经验的专职人员来承担。养护管理是保证植物成活的关键环节，必须给予足够的重视。

（1）灌溉 灌溉设施宜选择滴灌、微喷、渗灌等灌溉系统，设施必须性能良好，结口处严禁滴、渗、漏现象发生。如果水源含有较大较多的杂质，应进行过滤处理，保证排水管道畅通，以便及时排涝。灌溉结束后，应及时关闭浇灌设施。

灌溉应根据天气条件进行，夏季一般要在清晨或者傍晚浇水；浇水不要过于频繁，以土壤表面干燥时再浇透最好。灌溉时水不应该超过植物的种植边界，不应超过屋面女儿墙的高度。

不能因下雨天而忽略浇水，因为屋顶花园一般土层较薄，蓄水能力较差，同时要经常检查排水系统是否通畅，以防止局部积水时间过长造成植物烂根，如发生局部积水要进行沟通排水，局部松土透气。

蕨类、常春藤等植物叶片上需要经常喷水以增加空气湿度，来保证生长的良好，特别是温度高于25℃或光照较好时此环节最为重要。

（2）施肥　屋顶的特殊环境造成土壤容易贫瘠，植物生长需要足够的养料。肥料的选择要以保证不污染环境为前提。肥料的种类和用量取决于种植基质层的肥力和植物的生长状况，要因地制宜，合理施肥。可采取控水控肥的方法或生长抑制技术，控制植物过快生长，从而降低建筑荷载和管护成本。植物生长较差时，可在植物生长期内按照 $30\sim50g/m^2$ 的比例，每年施 $1\sim2$ 次长效复合肥。

（3）修剪　屋顶花园的植物要定期进行修剪和除草，除应根据园林绿地养护技术规程进行养护外，还必须严格控制植物高度、疏密度，保持适宜的根冠比以及水分和养分的平衡，从而保证屋顶花园的安全性。修剪时应根据植物的生长特性，一般乔木栽植满 3 年后，每年早春进行修剪；灌木栽植满 2 年后，每年早春进行修剪；草坪铺设后当年修剪 $1\sim2$ 次，第 2 年开始每年春季、夏季、秋季各进行 $1\sim2$ 次修剪，维持 $5\sim7cm$ 的高度。发现枯死的植物要及时更新或填补，修剪结束后要及时进行清理。

（4）更换新土　屋顶花园长期栽植的植物，有时会出现根系纠结的情况，影响植物的正常生长，对此要及时剪去老根，换上新土。另外，频繁的大风和降雨容易造成土壤的大量流失，因此还要注意补充新土。

（5）清扫落叶　屋顶花园上的落叶如果进入排水管道会造成堵塞，带来严重隐患，因此要注意及时清理。冬季过后温度回暖，植物容易出现落叶，需要及时清理，以免病虫害滋生。部分地被植物可能会因叶片浓密而部分干枯，要及时清理，以保持小空间的良好通风。

（6）抗风防寒　冬季必须采取防寒措施，保证植物及灌溉设施安全越冬。根据植物抗风性和耐寒性的不同，采取搭风障、支防寒罩和包裹树干等措施进行防风防寒处理。使用材料应具备耐火、坚固、美观的特点。

（7）有害生物防治　贯彻"预防为主、综合防治"的方针，应当采取无污染或低污染、无毒害的防治措施，如人工及物理防治、生物防治、环保型农药防治等措施。对于草坪的一些病害，可选用具有针对性的杀菌剂，对于野生杂草，可选择专用的除草剂。出现少量的蛀干害虫，宜采取人工钩杀的方式，量大时应用注射方式处理，同时进行适当的修枝，增加通风、透光性；对有害侵入性植物宜采用人工拔除的方式清除。

严禁使用剧毒化学药剂和有机氯、有机汞化学农药等。喷施专杀类药剂宜在假期或周末时进行，也就是说，要避开人多的时机进行，并尽量在喷药后增加通风量，让药味迅速散开，以避免污染。

2. 屋顶花园的设施管理

屋顶花园的设施，在投入使用后必然会受到一定程度的损伤，而导致安全性、适用性等有所下降。应该定期进行检查和维护，从而保证其安全性、延长其耐久性。定期检查屋顶排水系统的畅通情况，及时清理枯枝落叶，防止排水口堵塞，定期检查树木固定措施和周边护栏，防止脱落，并定期检查园林小品，消除安全隐患。养护人员养护作业时应采取必要的安全措施。养护应该选择不影响周围居民作息的时间进行，养护不得乱丢杂物、枯枝，养护作业完成后要进行场地清理。

第二节　居住区绿地规划设计

居住区绿地规划设计是城市园林绿地规划设计的重要内容，是现代生态设计新的发展趋势，是良好的人居环境质量和居住区生态绿地建设的基础和前提，是对住宅建筑自然生态的恢复，是对城市人工环境中自然氛围的补充，涉及农学、林学、生态学、环境科学、系统工程学、材料科学等学科。应以生态设计和以人为本为理念，以人与自然和谐共生为取向，以创造和谐发展的人居生态环境为最高目标，结合园林造园手法以及模仿自然环境的景观空间布局，充分利用各种植物的生物学特性，运用生态学知识以及多种技术手段，达到自然与人工环境的协调与平衡，营造生态结构复杂、物种丰富、植物群落稳定，具有自然、文化、社会属性的居住区景观生态环境。

一、居住区绿地概述

1. 居住区绿地的功能

居住区绿地的功能是多方面的，一个完整的居住区绿地应具备以下几个功能。

（1）生态防护功能

① 防护作用。居住区绿地的防护作用主要包括保持水土、涵养水源；防风固沙；防震、防火、防止水土流失、减轻放射性污染；监测空气污染等。

② 改善环境。居住区绿地改善环境的作用主要包括净化空气；改善居住区小气候；净化水体；降低光照强度；降低噪声；净化土壤等。

（2）美化功能　居住区绿地中，可通过植物的单体美来体现美化功能，主要着重于形体姿态、色彩光泽、韵味联想、芳香以及自然衍生美；体现在植物搭配及与构筑物结合的绿地景观美上；体现在绿地景观上，景观有软质景观、硬质景观和文化景观之分。

大自然中的日月晨昏、鸟语花香、阴晴雨雪、花开花落、地形起伏等等都是自然美的源泉，设计者要进一步运用美学法则因地制宜去创造美，将自然美、人工美与人文美有机结合起来，从而达到形式美与内容美的完美统一（图 1-2-1）。

图 1-2-1　形式美与内容美统一的庭园设计

（3）使用功能　优美的居住区绿色环境具有消除眼睛疲劳、使人精神和心理舒适的生理功能；调节人们精神状态、陶冶情操的心灵功能；激发人们对人与自然的联想与疑问、热爱自然及生活、开阔眼界的教育功能；提供优良的生活环境和游览、休憩、交流、健身及文化活动等场所的服务功能。

（4）文化功能　具有配套的文化设施和一定的文化品位，这是当今创建文明社区的基本标准。居住区绿地对居住区的文化具有重要作用，不仅体现在视觉意义上，还体现在绿地中的文化景观设施上。这种绿化与文化设施（如园林建筑、雕塑、水景、小品等）共同形成的复合型空间，有利于居民在此增进彼此间的了解和友谊，有利于居民充分享受健康和谐、积极向上的社区文化生活。

(5) 生产功能 居住区绿地的生产功能一方面指大多数的园林植物均具有生产物质财富、创造经济价值的作用；另一方面，由于对园林植物、园林建筑、水体等园林要素的综合利用提高了某些大型居住区公共绿地的景观及环境质量，因此，某些居住区可以通过向居住区外人员开放并收费等方式增加经济收入，并使游人在精神上得到休息，这也是一种生产功能。

生产功能的发挥必须从属于居住区绿地的其他主要功能。

2. 居住区绿地的组成

中华人民共和国建设部 2002 年颁布的《城市居住区规划设计规范》(GB 50180—1993)规定，居住区绿地分为公共绿地、宅旁绿地、配套公建所属绿地（专用绿地）和道路绿地（即道路红线内的绿地）等。

(1) 居住区公共绿地 居住区公共绿地作为居住区内全体居民公共使用的绿地，是居住区绿地的重要组成部分，应根据居住区不同的规划组织结构类型，设置相应的中心公共绿地，包括居住区公园（居住区级）、小游园（小区级）和组团绿地（组团级），以及儿童游戏场和其他块状、带状公共绿地等。

① 居住区公园。居住区公园是居住区级的公共绿地，它服务于一个居住区的居民，具有一定活动内容和设施，是居住区配套建设的集中绿地，是居民休息、观赏、游乐的重要场所，功能分区较细，动静结合，服务半径为 0.5～1.0km。

② 居住区小游园。居住区小游园是居住小区级的公共绿地，一般位于小区中心，它服务于居住小区的居民，是居住小区配套建设的集中绿地，小游园规模要与小区规模相适应，一般面积以 0.5～3hm² 为宜，园内分区不会过细，动静分开，服务半径为 0.3～0.5km。

③ 居住区组团绿地。居住区组团绿地在居住区绿地中分布广泛、使用率高，是最贴近居民、居民最常接触的绿地，是居民沟通和交流最适合的空间。一般一个居住小区有几个组团绿地，组团绿地的空间布局分为开敞式、半封闭式、封闭式，规划形式包括自然式、规则式、混合式。

居住区组团绿地结合住宅组团布局，以住宅组团内的居民为服务对象。离住宅入口最大步行距离在 100m 左右。每个组团绿地用地小、投资少、见效快，面积一般在 0.1～0.2hm²。

④ 居住区其他公共绿地。居住区的其他公共绿地包括儿童游戏场以及其他的块状、带状公共绿地。

(2) 居住区宅旁绿地 居住区宅旁绿地是居住区绿地最基本的一种绿地形式，一般包括建筑前后以及建筑物本身的绿地，多指在行列式住宅楼之间的绿地，是居住区绿地内总面积最大，且分布最为广泛的一种绿地类型。宅旁绿地也是居民出入住宅的必经之地，与居民联系最为密切，具有私密性、半私密性的特点。

宅旁绿地的面积大小及布置受居住区内的建筑布置方式、建筑密度、间距大小、建筑层数以及朝向等条件影响可形成周边式建筑绿地（图 1-2-2）、行列式建筑绿地（图 1-2-3）以及混合式和点状式布置的建筑绿地等。

(3) 居住区配套公建所属绿地 居住区配套公建所属绿地，又称专用绿地，指在居住区用地范围内，各类公共建筑及公用服务设施的专属绿地。主要包括居住区学校、商业中心、医院、垃圾站、图书馆、老年及青少年活动中心、停车场等各场所的专属绿地。

(4) 居住区道路绿地 居住区道路绿地指居住区内主要道路两侧红线以内的绿化用地以及道路中央的绿化带，包括行道树带、沿街绿地及道路中央的绿化带。

3. 城市居住区绿化存在的问题

居住区绿化是城市绿化的重要组成部分，它对提高居民生活环境质量，增进居民的身心

图 1-2-2 周边式建筑绿地

图 1-2-3 行列式建筑绿地

健康至关重要。居住区的绿化水平，是体现城市现代化的一个重要标志。随着我国城市现代化进程的不断加快，人们对居住环境质量和对居住区绿地的规划设计及建设水平都提出了更高的要求。然而，城市居住区的绿化建设尚存在着如下问题：

（1）居住区绿地率未达国家标准

（2）居住区绿地绿化水平低，绿地生态功能欠缺

① 软质景观与硬质景观严重失衡；

② 绿化结构单一，多层次的立体绿化未能形成；

③ 植物的栽植位置、配置不合理；

④ 大量铺设草坪；

⑤ 盲目移植大树；

⑥ 乡土植物应用少。

（3）居住区绿化缺乏地域特色

① 居住区绿化同质化严重；

② 绿化缺乏文化底蕴。

（4）居住区绿地利用率低

（5）居住区绿地缺乏科学的养护管理

二、居住区绿地规划设计的相关理论

1. 生态学理论

根据可持续景观和视觉生态原理以及生态城市的原理，结合国际景观和城市设计的动态，生态设计有以下几条基本原理。

（1）地方性 主要从尊重传统文化和乡土知识及运用当地材料两部分考虑。

（2）保护与节约自然资本 主要包括对生态的保护、减量（reduce）、再用（reuse）、再生（recycle）。

（3）让自然做功 运用自然的组织和能动性，不断进化，从低级走向高级；边缘效应，产生更活跃的能流和物流。

（4）显露自然 要让人人参与设计、关怀环境，必须重新显露自然过程。

2. 园林美学理论

（1）自然美 凡不加以人工雕琢的自然事物，能令人身心愉悦，产生美感，能寄情于景，都是自然美。自然美包含着规则与不规则两种形式，这两种形式原本结合在一起，有的

从大处结合，有的从小处结合，只要结合呈现和谐，便成为完美的整体。

（2）生活美　园林作为一个现实环境，必须保证游人游览时，感到生活上的方便和舒适。要达到这个目的，第一，要保证环境卫生、空气清新，水体洁净；第二，要有宜人的微域；第三，要避免噪声；第四，植物种类要丰富，生长健壮繁茂；第五，要有方便的交通，完善的生活福利设施，适合园林的文化娱乐活动和美丽安静的休息环境；第六，要有可挡烈日、避风雨、供休息、就餐和观赏相结合的建筑物。

（3）艺术美　艺术美应是自然美和生活美的升华，因为自然美和生活美是创造艺术美的源泉。要把自然界中的自然事物，作为风景供人们欣赏，还需要经过艺术家们的审视、选择、提炼和加工，通过摒俗收佳的手法，进行剪裁、调度、组合和联系，才能引人入胜，使人们在游览过程中感到它的完美。还有一些艺术美的东西，如音乐、绘画、照明、书画、诗词、碑刻、园林建筑以及园艺等等，都可以组织到园林中来，丰富园林景观和游赏内容，使对美的欣赏得到加强和深化。

综上所述，园林美应以自然美为特点，与艺术美和生活美高度统一。

3. 景观设计学理论

景观是以相似的形式在一定面积的地块上重复出现且具有相互作用的生态系统聚合所组成的区域，是反映内陆地形、地貌或景色（如草原、森林、山脉、湖泊等）的景象。居住区景观主要是研究居住区域景观单元的类型组成、空间格局及其与生态学过程相互作用的规律。

4. 社会心理学与环境行为学理论

环境心理学重点讨论人工环境，研究对象是人的行为（包括经验、行动）与其相应的环境（包括物质的、社会的和文化的）两者之间的相互关系与相互作用。

在居住场所中，环境心理学所研究的主要内容有：私密性、住所空间的使用规律、接近性对社交的影响、场所的依恋、对居住区的满意程度、社区意识和住宅选择等。

三、居住区绿地的相关规范

1.《城市居住区规划设计规范》（GB 50180—1993）

规范适用于城市居住区的规划设计，规范按居住区居住户数或人口规模将其分为居住区、小区、组团三级。居住区绿地，分为公共绿地、宅旁绿地、配套公建所属绿地和道路绿地等。居住区内的公共绿地，应根据居住区不同的规划组织结构类型，设置相应的中心公共绿地，包括居住区公园（居住区级）、小游园（小区级）和组团绿地（组团级），以及儿童游戏场和其他块状、带状公共绿地等。规范对居住区规划设计做了详细的规定和相应的说明。

2.《居住区环境景观设计导则（2006正式版）》

旨在指导设计单位和开发单位的技术人员正确掌握居住区环境景观设计的理念、原则和方法。通过导则的实施让广大城乡居民在更舒适、更优美、更健康的环境中安居乐业，并为我国的相关规范的制订创造条件。

导则共分13部分，分别是：总则、住区环境的综合营造、景观设计分类、绿化种植景观、道路景观、场所景观、硬质景观、水景景观、庇护性景观、模拟化景观、高视点景观、照明景观、景观绿化种植植物分类选用表。

3.《绿色生态住宅小区建设要点与技术导则（试行）》

《绿色生态住宅小区建设要点与技术导则》实施的总体目标是：以科技为先导，以推进住宅生态环境建设及提高住宅产业化水平为总体目标，以住宅小区为载体，全面提高住宅小区节能、节水、节地、治污总体水平，带动相关产业发展，实现社会、经济、环境效益的统一。

其中将绿地设计部分作为整个住宅生态系统的一个子系统——绿化系统来对待，对于绿化率、植物配置、植物种类等都做出了具体要求，强调绿地种植的自然性和生态效益，并给出了相应的技术要点和建设要点。绿色生态住宅小区建设应符合国家关于生态环境建设的总体方针、政策，并符合地方总体规划与建设要求。绿色生态小区建设应充分体现节能原则、节地原则、节约资源原则、环境保护原则。

4.《2000年小康型城乡住宅科技产业工程城市示范小区规划设计导则》

为了提高居住生活环境和条件的居住性、舒适性和安全性，示范小区及住宅的规划设计要以具有21世纪初居住水准的文明小康型城乡住宅为目标，体现以人为核心的设计思想，提倡住户参与的精神，为社会提供多样化、可选择的、适应性强的小康型住宅，创造具备良好居住环境、有完善基础设施的文明卫生的示范小区。该规划设计导则是根据"2000年小康型城乡住宅科技产业工程"项目实施方案所确定的示范小区建设目标和要求制定的。导则作为各地区进行示范小区规划设计和编制相应规划设计文件的主要技术依据。各地区根据本导则所列内容，结合本地区的具体情况，制订本地区示范小区规划设计的规则。

5.《住宅设计规范》（GB 50096—2011）

规范规定七层及七层以上的住宅，应对建筑入口、入口平台、候梯厅、公共走道等部位进行无障碍设计。每套住宅的自然通风开口面积不应小于地面面积的5%。住宅室内空气污染物限值：氡 $\leqslant 200mg/m^3$；游离甲醛 $\leqslant 0.08mg/m^3$；苯 $\leqslant 0.09mg/m^3$；氨 $\leqslant 0.2mg/m^3$；TVOC $\leqslant 0.5mg/m^3$。

6.《公园设计规范》（CJJ 48—1992）

规范适用于全国新建、扩建、改建和修复的各类公园设计。居住用地、公共设施用地和特殊用地中的附属绿地设计可参照执行。

规范规定居住区公园和居住小区游园，必须设置儿童游戏设施，同时应满足老人的游憩需要。居住区公园陆地面积随居住区人口数量而定，宜在 $5\sim10hm^2$ 之间。居住小区游园面积宜大于 $0.5hm^2$。居住区公园内公用的条凳、座椅、美人靠（包括一切游览建筑和构筑物中的在内）等，其数量应按游人容量的20%～30%设置，但平均每 $1hm^2$ 陆地面积上的座位数最低不得少于20，最高不得超过150，分布应合理。园内古树名木严禁砍伐或移植，并应采取保护措施，成林地带外缘树树冠垂直投影以外 $5.0m$ 所围合的范围；单株树同时满足树冠垂直投影及其外侧 $5.0m$ 宽和距树干基部外缘水平距离为胸径20倍以内；基地内原有健壮的乔木、灌木、藤本和多年生草本植物应保留利用，人力剪草机修剪的草坪坡度不应大于25%。

7.《城市绿地分类标准》（CJJ/T 85—2002）

标准适用于绿地的规划、设计、建设、管理和统计等工作。标准中将城市绿地进行了详细地分类：绿地应按主要功能进行分类，并与城市用地分类相对应；绿地分类应采用大类、中类、小类三个层次；绿地类别应采用英文字母与阿拉伯数字混合型代码表示。

其中规定G121为居住区公园，服务于一个居住区的居民，具有一定活动内容和设施，为居住区配套建设的集中绿地，服务半径：$0.5\sim1.0km$。G122为小区游园，为一个居住小区的居民服务、配套建设的集中绿地，服务半径 $0.3\sim0.5km$。G41为居住绿地，城市居住用地内社区公园以外的绿地，包括组团绿地、宅旁绿地，配套公建绿地、道路绿地等。规定居住用地为居住小区、居住街坊、居住组团和单位生活区等各种类型的成片或零星的用地。

8.《停车场规划设计规则（试行）》

规则适用于大、中城市和重点旅游区停车场的规划设计，小城市可参照执行；专用和公共建筑配建的停车场原则上应在主体建筑用地范围之内；机动车停车场内必须按照国家标准《道路交通标志和标线》（GB 5768—1986）设置交通标志，施划交通标线；机动车停车场的出入口应有良好的视野，出入口距离人行过街天桥、地道和桥梁、隧道引道须大于50m，距离交叉路口须大于 80m；机动车停车场车位指标大于 50 个时，出入口不得少于 2 个，大于 500 个时，出入口不得少于 3 个；出入口之间的净距须大于 10m，出入口宽度不得小于 7m。

规则规定住宅停车位指标：国内高级住宅以及外国人、华侨、港澳台同胞等使用的住宅中，机动车停车位指标为 0.50 车位/户；普通住宅中，自行车停车位指标为 1.00 车位/户。

9.《民用建筑设计通则》（GB 50352—2005）

设计通则规定：居住区道路、公共绿地和公共服务设施应设置无障碍设施，并与城市道路无障碍设施相连接；居住区及民用建筑无障碍设施的实施范围和设计要求应符合国家现行标准《城市道路和建筑物无障碍设计规范》（JGJ 50—2001）的规定；新建、扩建的居住区应就近设置停车场（库）或将停车库附建在住宅建筑内；机动车和非机动车停车位数量应符合有关规范或当地城市规划行政主管部门的规定；每套住宅至少应有一个居住空间获得日照，该日照标准应符合现行国家标准《城市居住区规划设计规范》（GB 50180—1993）有关规定。

四、居住区绿地规划设计的指导思想

1. 以生态学理论为指导

居住区绿地规划设计应以生态学的理论为指导，以居住区生态绿地系统整体性和维护居住区生态系统平衡为出发点，遵循相互依存与相互制约、物质循环与再生、物质输入与输出动态平衡、相互适应与补偿的协同进化、环境资源的有效极限、反馈调节规律等，构建良好的居住区生态系统，营造生态和谐的良好居住区环境。

2. 科学性与艺术性协调统一

居住区绿地规划设计必须同时满足科学性和艺术性。科学性要求掌握植物学、测量学、土壤、建筑构造、气象等知识，艺术性要求了解美学、美术、文学等方面的理论。艺术性是指居住区绿地在满足居民欣赏、活动、游憩需要的同时能够创造出美感。经济实用性是指在达到上述目的过程中，应将所需投资减至最小；并使游人在可能的情况下，获取一些实用价值。只有将以上三原则和谐地统一起来，才能创造出符合时代要求的精品，创造生态和谐的居住环境。

3. 遵循继承与创新理念

继承和发扬传统是很重要的，作为与人民生活息息相关的居住区绿地的规划设计及建设，必须要遵循"百家争鸣"和"百花齐放"的方针，继承居住区绿地规划设计发展过程中形成的先进理念及最新技术，并跟随时代潮流在继承与创新中发展。

4. 依据国情发展，创建宜居环境

创建宜居环境，是城市人工生态平衡的重要一环。随着城市现代化进程的加快，城市住宅将向标准化，多样化发展，居住区绿地规划设计和建设也将出现一个新的阶段，加上我国居住区的发展现状，不但给居住区的绿化工作提出了新的课题，而且也将使居住区绿地在城市居住环境质量提升以及城市建设方面发挥更大的作用。

创建宜居环境，居住区绿地规划设计应依据我国居住区绿地现状，力求创新，创建各具特色居住环境；交通道路应合理分流，减少对居住的影响；构建物种、色彩、布局丰富的复层植物群落，改善居住区生态环境同时增强其艺术性，加强绿地与景观设施的结合，营造多样的人际交往空间。

五、居住区绿地规划设计的原则

1."适用、经济、美观"原则

"适用、经济、美观"是居住区绿地规划设计必须遵循的首要基本原则。

一般情况下，居住区绿地规划设计首先要考虑"适用"的问题。所谓"适用"，一层含

义是居住区绿地规划设计时要"因地制宜"，使其具有一定的科学性；另一层含义是居住区绿地的不同类型、不同空间、不同设施等都应该有其相适应的功能服务于不同的居民。

在"适用"的前提下需要考虑"经济"问题。"经济"就是在居住区绿地规划设计和建设中通过对原有环境资源的利用，合理地投入资金，以获得最大的综合效益。

在"适用"、"经济"前提下，尽可能做到"美观"，即满足居住区绿地布局、造景艺术要求。

居住区绿地的规划设计必须在"适用"和"经济"的前提下，尽可能地做到"美观"，三者必须协调起来，统一考虑，最终创造出理想的居住区绿地景观。

2. 生态性原则

居住区绿地的规划设计首先要在研究居住区生态要素、功能现状等的基础上，综合考虑区域规划、城市总体规划的要求，以居住区环境容纳量、资源承载力和生态适宜度为依据，重视生态平衡，综合考虑水资源、土地资源、大气、人口容量等生态要素，合理安排居住区绿地生态系统的结构和布局，努力创造一个稳定的、可持续发展的居住区人工复合绿地生态系统，改善居住区的生态环境质量，以充分发挥居住区绿地的生态功能，创造良好的生态宜居环境，实现居住区使用和环境等效益的统一。

实现可持续发展是居住区绿地规划设计的目标，强调在发展过程中合理利用原有资源；提倡使用地方材料，达到资源永续利用，提高物质、能量的利用率，改变居住区环境输入养分、水分、能源而输出废气、废水、废物的单向消费方式；适当采用新技术、新材料、新设备。

3. 整体性原则

居住区绿地规划设计必须建立在整体性的基础上，坚持从系统分析的原理和方法出发，强调居住区绿地规划设计的目标与区域或城市总体规划目标的一致性，符合城市总体规划的要求，即居住环境是城市环境的一个组成部分，应与周边环境相互依存、相互制约，不能只为居住区绿地生态环境的营造或发展而损害、侵占、掠夺周边环境的资源，或是将自身的污染扩散、转嫁到周边环境中。

4. 因地制宜原则

居住区绿地规划设计需要综合考虑居住区及其所在城市的性质、气候、民族、习俗和传统风貌及居住群体类型等特点以及居住区绿地周围的环境条件，充分利用原有条件，节约用地和投资。对原有古树名木加以保护和利用，并作为规划设计的一部分。充分发掘地方文化、传统精神、文物古迹、建筑文脉、生活形态和社区精神等，因地制宜地创造出具有时代特征和地域特色的居住环境。

在居住区绿地的规划设计过程中，要注重采用当地的植物群落，即以当地的主要植被类型为基础，以乡土植物种类为核心，这样才能最大限度地适应当地的环境，保证居住区绿地植物群落稳定，营造良好的居住区植物景观环境。

5. 以人为本原则

居住区绿地规划设计的以人为本原则就是注重提升居民的价值，以居民的自然需要和社会需要等各种需求为中心。在以人为本的原则上，综合地考虑居民群体、整体的局部与居住区绿地的整体功能相结合，使居住区绿地功能的发挥与更为长远的居民的生存环境和谐统一。因此，以人为本的居住区绿地规划设计原则要求站在人性的高度上进行规划设计，综合协调景观设计所涉及的深层次问题，注重整体性、实用性、艺术性、趣味性的结合。

六、居住区生态绿地系统的规划

1. 居住区生态绿地系统

广义地讲，生态系统是指一定地段上所包括的生物与非生物环境的综合。居住区生态绿地系统是居住区内不同类型、不同性质和规模的各类绿地共同组合构建而成的一个稳定持久的居住区绿色环境体系。居住区生态绿地系统由居住区生态环境和居住区内生物群落两部分组成。居住区生态环境是居住区生物群落存在的基础，为居住区生物的生存、生长发育提供物质基础；居住区生物群落是居住区生态绿地系统的核心，是与居住区生态环境紧密相连的部分。居住区生态环境与居住区生物群落互为联系，相互作用，共同构成了居住区生态绿地系统。居住区广泛分布在城市建设区内，居住区生态绿地系统构成了整个城市生态绿地系统点、线、面上绿化的主要组成部分，是最接近居民的最为普遍的生态绿地系统形态。

（1）居住区生态绿地系统的组成　居住区生态绿地系统作为一个独立发生功能的生态系统，包括生产者、消费者、分解者和居住区非生物环境。

（2）居住区生态绿地系统的结构　居住区生态绿地系统的结构主要指构成居住区生态绿地系统的各种组成成分及量比关系，各组分在时间、空间上的分布，以及各组分同能量、物质、信息的流动途径和传递关系。

居住区生态绿地系统的结构主要包括物种结构、空间结构、营养结构、功能结构和层次结构五方面。

（3）居住区生态绿地系统与自然生态系统的区别　居住区生态绿地系统与自然生态系统有很多相似之处，但同时也有着以下明显的区别：人的参与和影响；高度开放性；物质循环与能量流动不连续；生物多样性减少。

因此，居住区生态绿地系统是以人为中心的，包含了其他生物物种的生存与延续，是在居住区范围内的地球生物圈与人类文化圈交汇而成的复杂系统。在居住区生态绿地系统中，人们通过技术手段控制系统的物质循环和能量流动，使之最大限度的产生有利于居民的功能输出，并形成与人类的审美观念相符的景观。居住区生态绿地系统具有自然生物特性和人类文化特性。就其自然生物特性而言，必须以生态学、行为学、美学等学科的理论指导规划设计。

2. 居住区生态绿地系统的布局模式

（1）居住区绿地系统布局的主要模式

① 哈罗模式。这种模式以英国哈罗新城为典型。新城的居住区之间、居住区内各小区之间、各住宅组团之间均有绿地隔开。这些绿地是城市绿地由郊野连续不断地渗入居住区内部，形成联系紧密的有机整体。这种模式具有最大的整体性与连续性，从景观和生态角度看最为有利。在哈罗之后美国的哥伦比亚新城、法国的玛尔拉瓦雷新城等均采用这种模式。

这种模式因为需要大片的绿地，仅适用于用地条件比较宽松的城市和居住区。由绿带和干道隔离的居住区具有单一中心和内向封闭性，从居民认知角度看，易于产生明确的边界和区域意象，但有时由于公共服务设施的可选择性较小，居民容易产生孤独感，所以这种模式适用于远离中心区的独立居住区。

② 昌迪加尔模式。这种模式以印度昌迪加尔为典型，特点是以带状公共绿地贯穿居住区，这些公共绿地相互联系成为纵贯城区的绿带。居住区内部，带状公共绿地与住宅组群接触比较充分，住宅组群的绿地可直接与之连通。这种模式住宅群可以保持较高密度，绿带宽窄变化比较灵活，居民对公共服务设施有较多的选择余地，绿带方向与夏季主导风向一致，有利于通风，居民也便于形成明确的环境意象。在小规模居住区采用这种模式的较多，美国底特律花园新村、前苏联一些小区规划及上海浦东新区锦华小区等都有类似的规划意图。

③ 日本模式。这是在用地紧张的情况下的一种居住区绿地布局模式。居住区以交通干道为界，各级公共绿地作为嵌块位于相应规模的用地中心，各嵌块之间由绿道相联系，基本上也是一种向心封闭的模式。在住宅高密度条件下可以保证公共绿地的均匀分布，适用于城市中心区附近的居住区和用地紧张的城市。嵌块面积和绿道数量、宽度决定了系统的整体性

与连续性的强弱。1963年的日本草加松原居住区为日本模式的典型实例。

④ 散点式模式。这种模式与日本的绿地分布模式有相似之处。我国居住区绿地系统布局基本是散点式布局。按照公共绿地不同层次，目前我国绿地的结构模式有以下几种类型。

a. 居住区公园＋小区游园＋组团绿地＋宅间绿地，如北京方庄居住区（图1-2-4）。

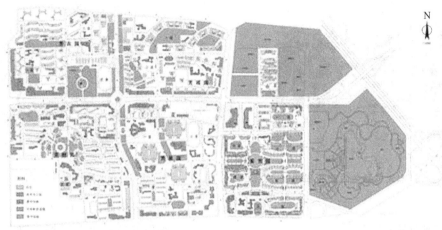

图1-2-4　北京方庄居住区平面图

b. 居住区公园＋组团绿地＋宅间绿地，如江西乐平凤凰·世纪华城住宅小区（图1-2-5）。

c. 小区游园＋组团绿地＋宅间绿地，如蓝湾国际居住区（图1-2-6）。

（2）居住区生态绿地布局的主要模式

① 融入自然型。这种居住区的基地一般拥有良好的自然生态条件，居住区用地较为宽松，建筑布局自由，居住区内各小区（邻里）之间，各住宅组群（簇群）之间均有绿地相隔，自然绿地由外部空间渗入居住区内部，形成紧密联系的有机整体。这种居住区的布局更多的是追求与自然的有机协调，居住区生态绿地模式也具有最大的整体性和联系性，从景观和生态角度而言，最为有利。但由于这种模式需要有大片的绿地，所以一般适用于远离城市中心、基地条件优越、用地宽松的郊区居住区。

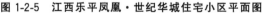

图1-2-5　江西乐平凤凰·世纪华城住宅小区平面图

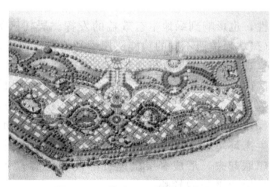

图1-2-6　蓝湾国际居住区平面图

日本的贝取绿色山庄（图1-2-7）、中国的东莞御花苑（图1-2-8）属于典型的丘陵地带开发的集合住宅。由于基地拥有一片环境优越的公共绿地，住宅区就建在这片绿地周围，根据地形条件的不同，因地制宜灵活布置各个组团，使得住宅都能与公共绿地相邻，视野开阔、景色宜人，住宅与绿地和谐融为一体。

② 带状网络型。这种模式是以带状居住区绿地贯穿居住区，并且在居住区内部，带状

公共绿地与住宅群庭园空间绿地互相渗透、连通，共同构成整个居住区生态绿地系统网络。目前，这种绿地模式运用较为广泛。带状绿地加强了居住区生态绿地系统内部的联系，相互联系成为一个整体对居住区环境所起到的生态功能将更加显著。居住区的建筑群可以保持较高的密度，绿地的宽度可灵活变化，布局组织也丰富多样。

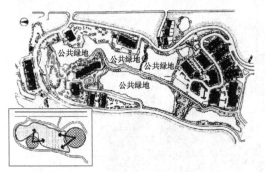

图 1-2-7　日本贝取绿色山庄平面图

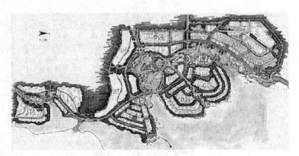

图 1-2-8　东莞御花苑平面图

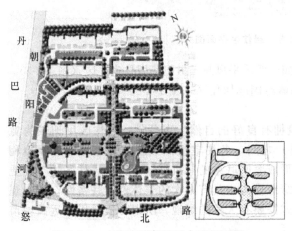

图 1-2-9　上海安居朝阳园小区平面图

上海安居朝阳园小区（图 1-2-9）由于实行了人车分行，中心绿地系统与每栋住宅楼前的绿地有机地联系为一个整体，使得公共绿地最大限度地为居民所共享，居住区的环境效益得到良好的发挥。

③ 嵌块绿道型。这种模式一般适用于用地紧张，位于城市中心区附近的居住区。居住区以交通干道为界，各级公共绿地作为嵌块位于相应的用地中心，各嵌块之间由绿道相联系。在住宅高密度的条件下，这种模式可保证公共绿地的均匀布置，而居住区嵌块的面积和绿道的数量、宽度关系到整个居住区绿地系统的整体性和连续性，也影响到绿地生态效益的发挥。居住区绿地应与城市园林绿化相互渗透，使各类绿地（斑块）按照不同的功能、规模和位置，构成较大区域的绿地系统，从而发挥其恢复并维持生态自然循环和自行净化的功能。参照园林生态绿地"环状＋楔形"的布局的模式，在居住区内通过绿道连接成环状绿地系统结构，同时加强绿地与外部环境的渗透、联系。

北京顺义回民营新村的规划（图 1-2-10），由于用地规模较大，为了避免车辆穿越和噪声的干扰，采用了人车分流的办法把机动车布置到小区的周围，小区内部则强调绿色生态环境，小区中部的中心带状绿地与绿道，采用流畅的曲线将各个组团绿地嵌块空间串联起来，形成多层次连贯的视线通廊，使新村各地块之间有良好的景观联系，也和城市绿化带交相辉映。

七、居住区公园及小游园规划设计

公共绿地是居住区绿地的重要组成部分，最好设在居民经常来往的区域或商业服务中心附近。公共绿地应结合自然地形和绿化现状，采用自然式和规则式，或以两者相结合的绿地布局形式，其用地大小应与全区总用地、居民总人数相适应。集中的公共绿地是居民休息、观赏、游乐的重要场所，应考虑对老人、青少年及儿童的文娱、体育、游戏、观赏等活动设

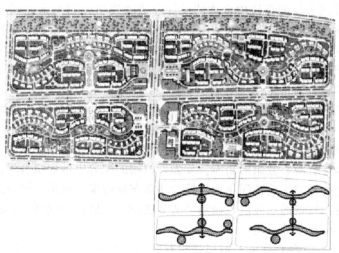

图 1-2-10　北京顺义回民营新村规划设计平面图

施的布置，要方便使用以及避免相互间干扰。公共绿地规划设计要考虑绿地功能的分区、动与静的分区，并设有石桌、凳椅、简易亭、花架以及活动场地。在便于管理的条件下，植物配置以乔、灌、草相结合，形成优美的生态景观。

1. 居住区公园规划设计

居住区公园是居住区中规模最大，服务范围最广的中心绿地，为居民提供交往、游憩的绿化空间。居住区公园的面积一般都在 10hm² 以上，相当于城市的小型公园。公园内的设施比较丰富，有体育活动场地、各年龄组休息活动设施、画廊、阅览室、茶室等。居住区公园是为整个居住区的居民服务的，通常布置在居住区中心位置，以方便居民使用。服务半径为 800～1000m，居民步行到居住区公园约 10min 的路程为宜。

（1）居住区公园的规划设计要求　居住区公园的规划设计要求包括：满足健身、教育等功能要求，满足审美的要求，满足游览的要求，满足改善环境质量的要求。

（2）居住区公园的功能分区　居住区公园的功能分区及其包含的物质要素见表 1-2-1。

表 1-2-1　居住区公园功能分区及其包含的物质要素

功能分区	物　质　要　素
休憩游览区	休息场地、散步道、凳椅、廊、亭、榭、展览室、草坪、花架、花境、花坛、树木、水面等
休闲娱乐区	电动游戏设施、文娱活动室、凳椅、树木、草地等
运动健身区	运动场地及设施、练身场地、凳椅、树木、草地等
儿童活动区	儿童乐园及游戏器具、凳椅、树木、草地等
老年活动区	老人运动健身设施、老人活动室、凳椅、亭、廊
服务区	茶室、餐厅、售货亭、公共厕所、凳椅、花草等
管理区	管理用房、公园大门、暖房、花圃等

（3）居住区公园的设计要点

① 自然景观的营造。如今随着城市化程度的不断提高，越来越多的人希望从城市的居住环境中逃离出来，去感受自然的气息，提升个人的精神品质。这种现象可以从周末开往郊区的车流，假期涌向风景区的人流中展现出来。同时，城市绿化的缺失，也是导致城市热岛效应不断加剧的重要原因。居住区的公园，被人们认为是钢筋混凝土沙漠中的"绿洲"，是整个居住区的"绿肺"，为人们接触自然提供了有效的场所。因此为了营造出亲切宜人的环境，在设计的过程中应当有意识地多引入些自然要素。而在居住区公园设计中经常使用自然要素（水体、山石、绿色植物等），来模拟自然景观中的山水格局、模拟自然的植物群落结构。

a. 水体。居住区公园的设计中水体的设计应当表现出人们与水之间的感情。首先在尺度上应与居住区整体环境相协调，水体内各要素的关系要做到主次分明，同时要把握人的亲水程度。其次，水在形态上有动静之分，平静的水常给人以安静、轻松、安逸的感觉；流动的水则令人兴奋和激动；瀑布气势磅礴，令人遐想；涓涓的细水，让人欢快活泼；喷泉的变化多端，给人以动感美的感受。

b. 山石。山石在当下居住区公园中应用广泛，可与树木、溪流、驳岸、小品等配合使用，体现出不同的意境，主要依据造景要素的特征与组景的需要而定。

c. 绿化。绿化是自然元素中的重中之重，有调节光照强度、温度、湿度，改善气候，净化环境，益于居住者身心健康的功能。首先，植物的配置应做到拟自然植物群落的绿化特点；其次，树木的种植方式要按照场地规模及功能布局而定；再次，树种的选择上，应考虑到植物对当地环境和气候的适应度，做到"适地适树"；最后，在空间布局上应体现点、线、面相结合以创造鸟语花香的意境。

② 空间的处理。世界上万事万物都是相互联系，相互制约的。人类是居住区公共空间的主人，人与人之间的精神归属是通过相互间的交往得以实现，而邻里间的交往是居住区中居民最为日常的活动。但现如今随着社会的发展，人们的压力越来越大，邻里之间交往的机会越来越少，人们的孤独感与日俱增，人际间交往的重要性也就愈发凸显。居住区公园是最适合邻里交往的场所，所以设计者在居住区绿地的规划设计过程中，应该从提供公共场所各个细部的交往空间来着手，具体可以分为以下几点。

a. 空间边界的处理。空间的边界可以通过堆砌地形、护墙、台阶来完成，还可以通过长椅的靠背等设施实现，因此一个可以让人以不同高度欣赏的环境才是最好的，这样既能被青少年利用又能够为老年人或其他年龄段的人提供方便。尽管公共场所里的活动大多是事先安排好的，但设计者同样应当考虑到那些非计划性的活动。路人或居民应当能够观察到绿地中公共活动的进行情况，以便决定是否参与其中，因此绿地的边界不能过于封闭，应在适当的地方增加其开放性。

b. 座位布置。在设计时座位的安排应按照人们习惯的社交方式来布置。两把垂直的长椅可以增进人们之间的交流（图1-2-11），而把一条长椅放在另一条长椅的后面则会产生相反的效果，如果面对面放置的话，则距离过近容易产生压迫感、局促感，距离太远则不利于人们的交往。

c. 道路引导。设计者在进行交通系统的设计时，可以通过设计上的引导使人们通过潜在的交往空间（图1-2-12），而不要强迫人们留下。人们在与他人交往与否的问题上希望有选择的权利，所以道路允许人们紧贴这些场所经过，而不是直通或停止于可能发生交往的地方。

图1-2-11　垂直放置的长椅

图1-2-12　起引导作用的道路

③ 活动场地的设计。居住区公园的空间环境是环境主体（人）行为和客体（物质环境）的统一。在公园中设置各种运动场地以满足人们对运动、游戏的需求，使人们的社会交往、思想交流和文化共享能在更大范围内进行，从而提高公园空间的人文气息，充分体现其亲和力与人性化。

a. 老年活动场地。随着城市人口老龄化速度的加快，老年人在城市人口中所占的比例越来越大，居住区中的老年人活动区在居住区的使用率中是最高的。在一些大中型城市，很多老年人已养成了白天在公园锻炼活动，晚上在公园散步的生活习惯，因此在居住区公园设计中老年人活动区的设置是不可忽视的一部分。在设计的过程中应当考虑分为动态和静态两类活动区域。动态活动区主要以一些健身活动为主，例如单杠（高度宜低）、压腿杠、球网、漫步机等一些容易使用的体育健身设施（图1-2-13）。在活动区的外围应设有一些林荫以及休息设施，例如设置些亭、廊、花架、座凳等，作为老人在活动之后的休息空间。这类空间不需要太大，相反较小空间能增强私密感和舒适感。静态活动区主要为老人们晒太阳、下棋、聊天、学习、打牌等提供场所，场地的布置上应有林荫、廊、花架等（图1-2-14），保证在夏季能有足够的遮阴，冬季又能保证足够的阳光。

图1-2-13　设置有体育健身设施的动态活动区

图1-2-14　设置有休息设施的静态活动区

b. 青少年运动场地。在居住区公园中应布置一定的运动场所，供青少年使用。比如篮球场（图1-2-15）、羽毛球场甚至小型足球场，这些场地的设计应当满足相应的规范要求。应把比赛场地安排在公园边缘，以减少噪音对居民产生的干扰。在场地周围为观众布置一些长椅，如果条件允许还可把场地设置在缓坡下面，方便观众观看整个场地。运动场地应远离儿童活动区，场地周围布置一些类似衣架之类的设施满足人们运动时换衣服的需求。场地周围不要栽植太多落果、落花的树木，防止对运动场地产生不利的影响，降低安全隐患。

c. 儿童游乐场地。居住区公园是儿童使用频率最高的场所，在规划设计儿童娱乐场地和设施时应注意以下几点：充分了解儿童的需求，这一点极其重要，确定游乐场的服务年龄段，这在游乐场的规划中具有重要意义；划定游乐场的面积和边界，要特别注意会影响游乐设施放置的客观因素，例如下水道、障碍物、灯柱等设施；游乐场的选址必须充分考虑周边的交通状况，是否方便儿童在游乐场内骑自行车或滑滑板，是否方便携带婴儿车或者轮椅进入等；场地的颜色对儿童影响是十分显著的，明亮欢快的颜色能够让儿童感到愉悦（图1-2-16）。

④ 休息及服务设施。居住区公园"以人为本"的设计理念，要求必须为居民提供休息场所和服务设施。如适量的亭（图1-2-17）、廊、花架、座椅、座凳等休息场地以及停车场（图1-2-18）、洗手间、饮水处、垃圾箱等一些必要的服务设施，这些在居住区公共环境中都有着较高的使用率。

图1-2-15 居住区篮球场

图1-2-16 颜色明亮的儿童游乐场地

图1-2-17 亭

图1-2-18 停车场

⑤ 文化的塑造与体现。在环境中体现居住区的文化脉络，也就是保持和发展了居住环境的一大特色。失去文化的传承将导致场所感与邻里关系的衰亡，并有可能会由此引发各种社会心理疾患。而居住区公园正是人们了解一个居住区居民在文化上的追求，是居住区文化的载体，在设计时应充分突显出公园的人文信息内涵。在公园中尽量多的设置一些科技或其他信息的艺术区域，比如合理的使用壁画（图1-2-19）、尺度宜人的雕塑品、人性化的环境设施等。有怀旧心理，喜欢回忆过去的人们还经常把现实生活同历史进行对比来"忆苦思甜"，展望未来。又如艺术景墙、科技走廊等，以及一些雕塑小品，环境小品也是传达人文精神的重要元素，传统的庭院设计中就有很多优秀的手法可以借鉴，现代居住区公园设计也应重视利用一些书法、篆刻（图1-2-20）、诗词、楹联、匾额等传统造园形式来增强小品的功能性及趣味性，提高环境的文化意境。例如美国巴西公园设置了史前区、化石墙，使得儿童在游戏、娱乐的同时也能获得相关知识。同时在公园中用尽量详尽的标牌标明植物的种类、习性等相关知识，使人们在公园游览休憩的过程中学到知识，满足了人们此方面的需求，同时也增加了公园的信息量。

⑥ 无障碍设计。无障碍设施的理念最早在20世纪初被提出，出于人道主义考虑，一种新的建筑设计理念——无障碍设计应运而生。它的出现旨在运用现代的技术来改变环境，为广大老年人、残疾人、妇女、儿童提供方便和安全的空间，创造一个平等参与的轻松氛围。因此在居住区的公共环境中无障碍设计是不可或缺的设施，其对人的关怀应通过设计体现到在细部的处理上，因为身体存在障碍的人更需要享受户外运动的乐趣和舒适的环境空间。比如说在台阶和坡道一侧设置扶手（图1-2-21），高的扶手供高龄者和身体障碍者使用，矮的

图 1-2-19 壁画

图 1-2-20 篆刻景观

扶手方便坐轮椅者和儿童使用；台阶设置应考虑到人的疲劳性，高差每隔1.2m便设计休息平台；公园座椅的摆放位置、数量等需要考虑人们对冬暖夏凉的需求，通过遮阳、避雨的设计，防滑设计，照明设计，电话亭设计以及公厕的设置等来实现；为了显示出道路和高差的不同，要灵活运用路面材料，利用一些高差变化给轮椅留出足够的回转空间。

⑦ 公众参与性设计。公众参与性设计是一种让群众参与决策过程的民主性设计，使群众真正变成公园建设

图 1-2-21 无障碍设计的扶手

的主人。设计者应首先了解人们的生活方式，充分了解他们的需求和亟待解决的问题。居住区公园作为现代人们重要的生活环境与精神寄托的场所，必然要受到更多的关注，公众参与的结果必然大大提升公众自身的园林审美趣味性与欣赏水准，反过来对设计师与建设者产生影响，从而进一步提高园林的创作水平，创造出高品质的园林景观，使环境和人的关系更加默契、更加和谐。也就是说，只有社区中的居民才知道自己真正需要的是什么，设计者不能将自己的观念强加于他人的意识。人们对于自己参加设计的公园更易产生认同感，并且更愿使用和爱护它，也从真正意义上体现出"以人为本，物为人用"的原则。

居住区公园是一个与人交流、供人享乐并被人视为归属的地方。公共空间或景观的作用不仅是供人参观、向人展示，还要让人使用、让人成为其中的一部分，离开了人的参与和活动，公共空间与公园景观就失去了其自身的意义。在现代居住区公园规划设计中，强调以人为本的原则，充分满足人的自身需求，强调人与自然的和谐统一，是公共空间环境规划设计的关键所在。

（4）居住区公园的植物配置　居住区公园的植物配置应在植物造景的前提下，结合植物的生态功能与适应性来构建复层结构的人工植物群落。以乡土树种为主，突出地方特色。同时在植物品种的布置上，注重选择杀菌保健类植物，使居住区公园起到医疗保健的作用，利于居民的健康。在安静休憩区可采用生态复层类、观花观果类、彩叶乔灌类配置模式来构建观赏型植物群落。

植物种类丰富的植物群落不仅具有很强的生态功能，而且能丰富居住区公园植物景观的空间层次和色彩效果，形成疏朗通透的遮阴空间、半通透空间等。居住区公园的树种搭配应考虑景观季相变化，通过不同树形、色彩、花期的植物配置，做到"三季有花，四季常青"的季相效果。同时植物景观的空间变化丰富，与组团绿地和小游园相比，更能展现自然之美。根据观赏性的不同，居住区公园可选植物如下。

秋色叶树：鸡爪槭（鲜红）、三角枫（暗红）、日本槭（深红）、五角枫（红、黄）、复叶槭（红）、黄栌（红）、漆树（红）、盐肤木（鲜红）、火炬树（红、橙黄）、黄连木（红、橙黄）、枫香（鲜红）、柿树（红）、卫矛（紫红）、扶芳藤（红）、五叶地锦（红）、三叶地锦（红）、小檗（红）、榉树（橙黄、红）、银杏（柠檬黄）、鹅掌楸（黄）、无患子（金黄）、南天竹（黄、红）、石楠（红）、金钱松（金黄）、落羽杉（红棕）、水杉（红棕）等；

有色叶树种：红枫、紫叶李、红花檵木、紫叶小檗、金叶女贞、金边大叶黄杨等；

常绿阔叶树：广玉兰、香樟、大叶樟、蚊母树、法国冬青、女贞、桂花等；

常绿针叶树：冷杉、马尾松、湿地松、日本五针松、罗汉松、雪松、南洋杉、柳杉、侧柏、千头柏、日本花柏、圆柏、龙柏、铺地柏、竹柏等；

落叶针叶树：金钱松、水杉、落羽杉、池杉等；

观果类：柿树、葡萄、忍冬、冬珊瑚、葫芦、火棘、构骨等；

球类：红花檵木球、海桐球、大叶黄杨球、黄杨球、雀舌黄杨球、金叶女贞球、细叶女贞球、龙柏球、火棘球、构骨球、石楠球、洒金柏球、含笑等；

地被植物：常春藤、杜鹃、吉祥草、细叶麦冬、阔叶麦冬、书带草、射干、鸢尾、地被石竹、酢浆草等。

居住区公园的植物配置因其组成不同的群落结构有着各自不同的配置模式，例如"雪松——开花小乔木/常绿针叶——开花灌木群——草本植物"，此模式既是生态复层类、又是观花观果类群落结构，植物种类、层次丰富，以观花为主。又如"紫叶李——彩叶灌木群——地被植物"，此模式为彩叶乔灌类群落结构，以观叶为主，色彩对比鲜明。

2. 居住区小游园规划设计

居住区小游园，又称居住小区公园，是小区内的中心绿地，供小区内居民使用。根据《城市绿地分类标准》，"小区游园"归属"城市公园绿地"，但小游园相当于居住区的大客厅，往往最能代表居住区的特色，因此我们要重点掌握它的规划设计要点。小游园设置一定的健身活动设施和社交游戏场地，一般面积在 4000m² 以上，在居住小区中位置适中，服务半径为 400～500m。

图 1-2-22　动静结合的居住区小游园

居住区小游园主要供居住区居民使用，小区游园的服务对象主要是老年人以及青少年，为他们提供交往、休息、娱乐的场所，创造动静结合的空间环境（图 1-2-22）。

（1）居住区小游园的用地规模　对于小区规模而言，我国小区规模以 1 万～1.5 万人左右为宜，小区级绿地面积为 0.5m²/人，则游园面积一般在 0.5～1.0hm²。

对于小区周围市区级公共绿地分布情况而言，若附近有较大的城市公园或风景林地，则小游园面积可小些；若附近没有较大城市公园或风景林地，可在小区设置面积相对较大的小游园。

（2）居住区小游园的设计要求

① 配合总体。小游园应与小区配合密切，综合考虑，合理安排，并使小游园能完美地与周围城市园林绿地相衔接，尤其要注意小游园与道路绿化的衔接。

② 位置适当。应当尽可能方便满足附近地区的居民使用需求，并注意充分利用原有的绿化基础，尽可能与小区公共活动中心相互结合加以布置，形成一个较为完整的居民生活中心。

③ 规模合理。根据功能要求确定小游园的用地规模，在国家规定的定额指标之上，采用集中与分散相互结合的方式，使小游园面积占小区全部绿地面积的50%左右为宜。

④ 布局紧凑。应当根据不同年龄段游人的特点来规划活动场地和确定活动内容，场地之间既要相互分隔，又要互相联系，将功能相近的活动场地布置在一起。

⑤ 利用地形。尽可能利用和保留原有的自然地形及原有植物资源，如保留原有地形的小游园台阶设计，（图 1-2-23）。

⑥ 设施丰富。为丰富居民的精神文化生活设置各种设施、场所，如健身场地（图 1-2-24）、文化娱乐场地、户外交往场地、户外教育科普场地等。

图 1-2-23　保留原有地形的小游园台阶设计

图 1-2-24　健身场地

（3）居住区小游园的规划布局

① 小游园一般布置在小区中心部位，方便居民使用，其服务半径一般以 200～300m 为宜，最多不超过 500m；在规模较小的小区中，小游园也可在小区一侧沿街布置或在道路的转弯处两侧沿街布置。主要为青少年和成年人日常休息、锻炼、游戏、学习创造良好的户外环境。

② 尽可能与小区公共活动或商业服务中心、文化体育设施等公共建筑设施结合布置，集居民游乐、观赏、休闲、社交、购物等多功能于一体，形成一个完整的居民生活中心。

③ 应充分利用自然山水地形、原有绿化基础进行选址和布置。

④ 游园建筑规模要与小区规模相适应，一般面积以 0.5～3hm² 为宜。园内规划可按市、区级公园的分区办法，因限于面积，分区不宜过细，但必须动静分开。静态景观区要布置得安静幽雅，尽量利用地形变化，因地制宜配置树丛、草坪、花卉，开辟曲折小径，设置座凳、花架、亭廊，供居民安静休息，也可采用规则式布局，安排紧凑。

（4）居住区小游园规划内容

① 入口处理。为了方便附近居民的进出，常常结合园内功能分区和地形条件，在不同的方向设置出入口，但出入口应注意避开交通繁忙的地段。

② 功能分区。功能分区的目的是让不同爱好、不同年龄阶段的居民能够在小区中各得

其所、避免互相干扰。小游园因用地面积较小，所以其功能分区主要表现在动、静的分区上。并注意处理好动、静两区之间在空间布局关系上的联系与分隔问题。

③ 活动场地。儿童游戏场位置要便于儿童前往和家长照顾，也要避免对居民的干扰，一般设在入口附近，稍靠边缘的独立地段上。儿童游戏场不需要很大，但活动地应铺草坪或塑胶制品，应选用排水性较好的沙质土铺地。活动设施既供孩子们玩，又可成为草坪上的装饰物。

青少年活动场设在小区游园的深处或靠近边缘独立设置，避免干扰住户的安静。该场地主要是供青少年进行体育活动的地方，以铺装地面为主，适当安排一些座凳及休息设施。

成年人、老人休息活动场可单独设立，也可靠近儿童游戏场，甚至可利用小广场或扩大的园路在高大的遮阴树下多设些座椅座凳，便于看报、下棋、聊天等。成年人、老人活动场一定要铺装地面，不能黄土裸露，也不要铺满草坪，以便开展多种活动，如交谊舞、体操等。

④ 园路布局。园路是小区游园的骨架，它可将小游园合理地划分成几部分，并把各活动场地和景点联系起来，使游人感到方便和有趣味。

园路布局要主次分明、导游明显，用以平面构图和组织游览；在园路设计时，随地形变化可弯曲、转折，可平坦、起伏。一般在园路弯曲处设建筑小品或地形起伏等以组织视线，并使其园路曲折自然。园路宽度以不小于 2 人并排行走的宽度为宜，最小宽度为 0.9m，一般主路宽 3m 左右，次路宽 1.5～2m；园路宜呈环状（图 1-2-25），切忌走回头路。园路也是绿地排除雨水的渠道，所以主要园路以有路牙为宜，横坡一般为 1.5%～2.0%，纵坡最小为 3%，最大不超过 8%。当园路的纵坡超过 8% 时，需做成台阶式。路面的铺装材料，应利于排水，除常用的混凝土外，还可因材制宜，采用多种形式，如青石板冰纹路、鹅卵石路、砖砌席纹路等，以增加园路的艺术效果。

⑤ 广场场地。小游园的小广场一般以游憩、观赏、集散为主，中心部位大多设有花坛、雕塑、喷水池等装饰小品，四周多设置座椅、花架、柱廊等，供人休息（图 1-2-26）。

图 1-2-25 环状园路

图 1-2-26 游园广场

⑥ 植物配置。由于居民每天的大部分时间都在居住区中度过，因此居住区小游园的植物配置要把植物的生态环境效果放在第一位。构建具备乔木、灌木、草本、藤本等植物类型的复层结构的人工植物群落，最大限度的发挥植物改善和美化环境的功能。在植物品种的布置上，充分考虑小游园绿地的医疗保健作用。在植物造景的前提下，多运用杀菌保健类植物，如松柏类植物、香料植物、香花类植物等。

在绿化上多采用植物造景，多选用当地群众喜闻乐见的树种，尤其是注重乡土树种的运用，突出其地方的特色，同时以春天发芽早，秋天落叶晚的树种最宜。植物种类的选择既要具有统一的基调，又要各具特色，做到既多样又统一（图1-2-27）；注意季相和景观的变化和色彩的搭配，通过常绿树与落叶树、速生树和慢长树的结合，增强小游园的四季景观序列。避免选择有毒、带刺、产生飞絮及易引起过敏的植物。花坛布置应多采用宿根草本花卉，以减轻园区管理的劳动强度。

图1-2-27　多样统一的植物配置

小游园植物选择，乔木有：茶条槭、白蜡、朴树、栾树、榆树、枣树、白皮松、油松、柿树、雪松、龙爪槐、紫叶李、国槐、山桃、紫薇等；灌木有：紫丁香、木槿、紫叶小檗、大叶黄杨、金银木、石楠、小叶女贞、小蜡、珍珠梅、连翘、迎春等；地被植物有：鸢尾、射干、萱草、马蔺、荷兰菊等；藤本植物有：紫藤、凌霄、三叶地锦等。

⑦ 建筑小品。小游园以植物造景为主，适当布置一些园林建筑小品，小游园的园林建筑及小品主要形式有亭、廊、花架、水池、喷泉、花台、栏杆、座椅、园桌以及雕塑、宣传栏、垃圾箱、园灯等。

八、居住区组团绿地的规划设计

1. 组团绿地规划设计

组团绿地是与建筑组团相结合而形成的又一级公共绿地，随着组团的布局和布置方式的变化，它的位置、形状和大小也随之变化。一般情况下，组团绿地面积大于0.04hm²，服务半径约100m，步行3～4min即可到达。组团绿地距离居民住宅较近，是居民活动和交往的主要场所，为组团内居民室外活动、邻里交往、儿童游戏、老人聚集等提供了良好的条件。

（1）居住区组团绿地的特点

① 用地小、花费少、见效快、便于建设，一般用地规模0.1～0.2hm²。一般一个小区有几个组团绿地。按定额标准，一个小区的组团绿地总面积在0.5hm²左右。

② 服务半径小、使用频率高，由于位于住宅组团中，服务半径较小，约80～120m，步行3～4min即可到达。

③ 利用的植物材料能够改善通风及光照条件、丰富组团建筑艺术面貌、抗震救灾等。

（2）居住区组团绿地生态设计要点

① 组团绿地的位置应位于居民出入的必经之处，或者每幢住宅都与组团绿地相邻，居民走出宅间庭院就能直接到达组团绿地，这样居民从心理上会产生亲切感，从而提高使用率。

② 组团绿地应根据其使用特点，采取可以容纳多种活动的铺地广场。组团绿地是儿童游戏和邻里交往的场所，组团绿地在规划设计中，将成年人和儿童活动的用地分开设置，以小路或植物分隔，避免相互干扰，假山、石、大型水池在组团绿地中应慎用。

③ 组团绿地是居民的半公共空间，根据组团的规模、形式、特征布置绿化空间。以不同的树木花草强化组团特征；铺设一定面积的硬质地面，设置富有特色的儿童游戏设施；布置各种类型的景观小品，使每个组团各具特色。

④ 组团绿地植物配置，由于居民每天大部分时间在居住区中度过，所以居住区绿化的功能、植物配置等不同于其他公共绿地。居住区的绿化要力求科学合理规范，把生态环境效果放在第一位，最大限度地发挥植物改善和美化环境的功能。居住区的绿地的服务对象要以老人和儿童为主体。在植物配置上，应体现出季相的变化，至少做到三季有花，以乔木树种为主，乔、灌、花、草、藤相搭配，建立稳定而多样化的复层结构的人工植物群落；在植物种类上有一定的新优植物的应用。构建保健型人工植物群落，利用具有促进人体健康的植物组成种群，合理配置植物，形成一定的植物生态结构，从而利用植物的有益分泌物质和挥发物质，达到增强人体健康、防病治病的目的。

组团绿地不宜建造过多园林小品，不宜采用假山石和建大型水池。应以花草树木为主，基本设施包括儿童游戏设施、庭院灯、凳、桌等。组团绿地常设在周边及场地间的分隔地带，楼宇间绿地面积较小且零碎，要在同一块绿地里兼顾四季序列变化，不仅杂乱，也难以做到，较好的处理手法是一片一个季相。并考虑造景及使用上的需要，铺装场地上及其周边可适当种植落叶乔木为其遮阴，如合欢、榆树、鸡爪槭、黄栌、木槿等；入口、道路、休息设施的对景处可丛植开花灌木或常绿植物、花卉，如珍珠梅、金边黄杨等；周边需障景或创造相对安静空间地段则可密植乔、灌木，或设置中高绿篱，如雪松、悬铃木、国槐、大叶黄杨、金银木等。

（3）居住区组团绿地的布置位置　居住区组团绿地的布置位置类型图示及其相关设计规定可见表 1-2-2 和表 1-2-3。

表 1-2-2　组团绿地布置类型及基本图示

绿地的位置	基本图示	绿地的位置	基本图示
周边式住宅中间		住宅组团的一侧	
行列式住宅的山墙之间		住宅组团之间	
扩大的住宅间距之间		临街布置	

表 1-2-3　院落式组团绿地设计规定

封闭型绿地		敞开型绿地	
南侧多层楼	南侧高层楼	南侧多层楼	南侧高层楼
$L_1 \geqslant 1.5L_2$	$L_1 \geqslant 1.5L_2$	$L_1 \geqslant 1.5L_2$	$L_1 \geqslant 1.5L_2$
$L_2 \geqslant 30m$	$L_2 \geqslant 50m$	$L_2 \geqslant 30m$	$L_2 \geqslant 50m$
$S_1 \geqslant 800m^2$	$S_1 \geqslant 1800m^2$	$S_1 \geqslant 500m^2$	$S_1 \geqslant 1200m^2$
$S_2 \geqslant 1000m^2$	$S_2 \geqslant 2000m^2$	$S_2 \geqslant 600m^2$	$S_2 \geqslant 1400m^2$

注：1. L_1 为南北两楼正面距离（m）。

2. L_2 为当地住宅的标准日照间距（m）。

3. S_1 为北侧为多层楼的组团绿地面积（m²）。

4. S_2 为北侧为高层楼的组团绿地面积（m²）。

（4）居住区组团绿地的布置方式　居住区组团绿地的布置方式包括开敞式、半封闭式、封闭式。从布局形式来分，也可分为规则式、自然式和混合式三类。

2.宅间绿地规划设计

宅间绿地与住宅直接相连，对居民的居住环境影响最为直接。宅间绿地也是居民出入住宅的必经之处，是邻里交往机会最多的场所，它与居民的生活息息相关。居住区绿化规划不只简单地种些树木，应从改善居住区的环境质量、增加景观效果、提高生态效益及卫生保健等方面统筹考虑，满足居民生理和心理上的需求。

在居住区绿地中，宅间绿地所占面积最大，分布最广。一般情况下，宅间绿地的规划模式可以分为三类。

（1）开放式绿化规划　开放式绿地是指居民可以进入内部活动、休息，不用绿篱或栏杆与周围分隔的绿地。通常是在楼间距大于10m的情况下，设置居住区公共绿地。设计一定面积的广场、亭、台、花架等建筑小品，还可设置一定面积的水池、花池、座椅等和趣味性道路节点景观（图1-2-28）。针对不同季节配置不同季相的花木，营造一种绚丽多彩景观效果。开放式的绿地便于居民的娱乐、活动使用，因此利用率较高。

（2）封闭式绿地规划　除了居住区的公共绿地，楼间绿地可做成封闭式绿地，以绿篱或栏杆与周围分隔（图1-2-29），形成独立空间。以草坪为主，乔、灌、草、藤相搭配，根据不同季节种植不同时期开花的植物，以供相应居民观赏。

图1-2-28　开放式趣味性道路节点景观

图1-2-29　宅间栏杆隔离空间

（3）半封闭式绿地规划　介于以上两者之间的绿地，用绿篱或栏杆与周围分隔，但留有若干出入口，并提供了较大面积的活动场所。可设有不同形状、不同组合的花池、桌凳、喷泉小品（图1-2-30）、半封闭式宅前水景（图1-2-31），以及一些小型的儿童活动设施器械，如：滑梯、转椅、秋千等，为人们活动开辟了公共视野，增加了室外活动的私密性。半私密性道路不仅具有良好的景观效果且给人以安全感（图1-2-32）。

图1-2-30　半开放空间喷泉小品

在居住小区用地中，宅间绿地面积约占35%左右，其面积比小区公共绿地面积指标大2～3倍。下面以一个行列式小区为例计算宅间绿地用地面积。

住宅楼设为6层，一梯两户，层高2.8m；每户平均面宽6.9m，共4个单元；宅间小路为2.5m；离住宅1.5m范围内按规范不计入绿地面积；北方日照间距为1∶1.5，小路南侧

3m 为铺地；南方日照间距为 1：1.0，宅间小路南侧 1.5m 为铺地。则宅间绿地人均面积计算如下式：

图 1-2-31　宅前半开放滨水空间

图 1-2-32　半封闭的宅间道路绿化

北方　1021/168＝6.0（m²）
南方　634/168＝3.7（m²）

大多数小区公共绿地人均面积一般不超过 2m²/人。由此可见，宅间绿地对小区生态环境起着重要作用，通过乔、灌、草、藤等植被的搭配为居民直接提供清新空气和优美、舒适的居住区环境。

九、宅旁绿地规划设计

宅旁绿地与住宅相邻，是居民出入住宅的必经之地，能直接对小区环境产生影响，也是使用最为频繁的室外空间，它延续和补充了住宅内部空间，也是住宅内外部空间的转折与过渡。它在居住区绿地中所占面积大，分布范围广。宅旁绿地的面积和布置方式，受居住区内建筑布置方式、建筑密度、间距大小、建筑层数以及朝向等条件所影响。一般周边式布置的建筑，可以形成比较完整的院落，绿地可集中布置；而行列式布置的建筑之间，除道路外，常形成建筑前后狭长的绿化地带。但行列式布置能使住宅获得较好的朝向，因此是当前采用较多的居住区规划形式；此外还有混合式布置的建筑，点状布置的建筑，其绿地布置应与建筑布置相协调。

1. 宅旁绿地的特点及类型

（1）宅旁绿地的特点　宅旁绿地具有功能多样性、不同领有性（私人、集体、公共）、不同季相性、形式多元性、因素制约性的特点。

（2）宅旁绿地的类型　宅旁绿地的类型包括植篱型、树林型、花园型、草坪型、庭院型、棚架型、园艺型。

2. 宅旁绿地的规划设计要求

① 应结合住宅的类型及平面的特点、群体建筑组合形式、宅前宅后道路布局等因素进行规划设计，区分公共与私人空间领域，创造优美的宅旁庭院绿地景观。

② 应体现住宅标准化与环境多样化的统一，依据不同的群体布局和环境条件，因地制宜地进行规划设计。

③ 植物配置应考虑地区的土壤和气候条件、居民的爱好以及景观变化的要求，配置乔、灌、草、藤复层植物群落结构，尽量选择乡土树种体现地方特色，增强居民认同感和归属感。

④ 注重空间的尺度，选择合适的植物，使其形态、大小、高低、色彩等与建筑及环境相协调，种植要注意不影响屋内的采光和通风，种植乔木不要与建筑距离太近，在窗口下也

不要种植大灌木，使绿地与建筑空间互相依存，协调统一。

3. 宅旁绿地的空间构成

依据不同领域属性及其使用状况，宅旁绿地可分为近宅空间、庭院空间、余留空间三部分（图1-2-33）。

（1）近宅空间　近宅空间包括两个组成部分：一部分是单元门前，包括单元入口、入户小路等用地（图1-2-34）；另一部分是底层住宅的小院和阳台、花园等，前者为单元领域，后者为用户领域。

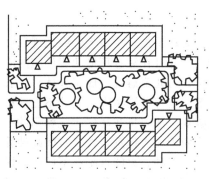

图1-2-33　宅旁绿地空间构成

图1-2-34　入户小路用地的近宅空间

近宅空间是一个过渡性的空间，它是住户每天出入的必经之地，使用率较高。同楼居民经常能够在此见面；一些区域还可以停放自行车，婴儿车等；也可以取信件、拿牛奶、纳凉、逗留。因此，近宅空间不仅体现了住宅楼内人们活动的公共性、适用性和邻里交往意义，也具有识别和防卫的作用。在规划设计过程中，可以适当增加近宅空间使用面积，使用绿篱、花坛、座椅、铺地等做一定围合处理，与居民日常行为相适应，使之成为本单元使用的领域空间（图1-2-35）。底层住户小院、楼层住户阳台等为住户私有，除了提供建筑及绿化条件以外，具体布置可以提供参考方案，由住户选择安排。条式住宅楼东西山墙绿化可增加绿化面积。紧靠两边山墙配置较高大的常绿针叶树，如云杉、油松、桧柏等，以形成高大的绿色竖向立面，遮挡盛夏酷暑季节东西晒的太阳辐射，缩短高温持续时间，有利于居民休息。外围至路边可疏密相间地配置丁香、榆叶梅、珍珠梅、玫瑰、丰花月季等落叶花灌木，形成错落有致的乔、灌、草、藤复层结构植物景观空间层次（图1-2-36）。

图1-2-35　植物和景观小品围合成的领域空间

图1-2-36　乔灌草复层结构植物景观空间层次

（2）庭院空间　庭院空间包括活动场地、庭院绿地及宅旁小路等，属于宅群或楼栋领域（图1-2-37）。

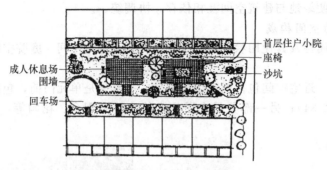

成人休息场
围墙
回车场

首层住户小院
座椅
沙坑

图 1-2-37　宅群绿地布置

宅间庭院的空间组织、绿化配置需要结合居民的生活、活动特点，按照宅旁绿地规划设计的原则和要点，在有限的庭院空间内创造最大的绿化效应，并且在注意环境功能设施的应用与美化的同时进行适当的分区。如向阳区与背阳区一般设置为儿童游戏、成年人休息、衣物晾晒以及进行小型活动的场地等。在进行规划设计时，不能全部种满树木，尤其不能种植过多的灌木，否则会由于影响群众活动而受到损坏。儿童游戏一般安排在居住建筑朝阳的一侧，或在建筑边道路旁留出适当场地，周边种植遮阴树。为便于成人休息，在建筑间疏种乔木，树下留出空间，既有遮阴条件，又有活动场地。灌木不宜多种，只能点缀在不妨碍居民通行和活动场地的边缘与角隅，或建筑前后及出入口两侧。背阴区一般不适宜布置活动场地，但是在炎夏则是消暑纳凉的好地方，可选择耐阴的植物种类，并利用耐阴攀援植物增加立面绿化层次，提高绿化覆盖率（图 1-2-38）。

庭院空间还有动区与静区之分。动区主要是指游戏、活动场地；静区为休息、交流空间。动区与静区有效结合可以形成优美的庭院小游园活动空间。儿童游戏区域一般比较活跃且吵闹，可以在宅端山墙空地、单元入口附近或者成年人视线所及的中心地带设置；成年人活动如早操、太极拳等，一般较为安静，可与静区贴邻安排。动区与静区都应注意不宜选用刺多、有臭味、有毒或易引起过敏反应的树种。

显露区与隐蔽区的单元入口、主要的观赏点、标志物等则应当显露无遗，便于识别和观赏（图 1-2-39）；住宅临窗的外侧、底层杂物间、垃圾箱等部位应当隐蔽处理，符合观赏和私密性要求。

图 1-2-38　绿化率较高的庭院空间背阴区

图 1-2-39　便于识别观赏的庭院空间标志物

庭院绿地主要供庭院四周的住户使用，场地面积一般为 $150\sim450\text{m}^2$ 为宜。为了保持安静，在进行规划设计时不宜设置对居民干扰过大的青少年活动场地，应当设置幼儿游戏场，幼儿喜欢拍球、骑童车、掘土等游戏活动，可设置沙坑、铺地、草坪、桌椅等场地或设施。但幼儿独立活动能力差，游戏时常常需要家长伴随，需要设置一些供成年人休息的木椅、石凳等。

（3）余留空间　宅旁绿地中某些边角地带的连接与过渡处，比如山墙间、小路交叉口、住宅背对背的间距、住宅与围墙间的空间，尤其是对一些消极的空间，需要做出精心的安排。消极空间，又称之为负空间，主要是指没有被利用或归属不明确的空间，常常杂草丛生、藏污纳垢，又很少在视线范围之内，造成一些安全隐患，对居住环境产生了一定的消极的作用。居住区规划设计过程中应当尽量避免消极空间的产生，在不可避免的情况下要尽量将消极空间改造为积极空间（图1-2-40），主要是发掘其潜力并进行利用，注入恰当的积极因素。例如，将住宅底层作为儿童、老人活动室，其外部消极空间就可以立即活跃起来；也可以在底层设置车库、居委会管理服务机构，在住宅和围墙以及住宅和道路间设置停车场；在沿道路的住宅山墙内可以设置垃圾集中转运点；靠近内部庭院的住宅山墙内可以设置儿童游戏场、少年活动场等；靠近道

图1-2-40　植物与景观小品美化的积极空间

路的狭长形绿地可以设置小型分散的市政公用设施，比如配电站、调压站等，配置特色植被，既美化了环境又丰富了景观。

4. 宅旁绿地的规划设计要点

宅旁绿地的规划设计要点包括入口处理、小品点缀、场地设置、设施利用和植物配置5个方面。

① 入口处理是进行宅旁绿地规划设计的关键，绿地出入口使用频繁，常拓宽形成局部休息空间，为诱导游人进入绿地，常设花池、常绿树等重点点缀。

② 小品点缀以花坛、花池、树池、座椅、园灯为主，打造宅旁绿地。重点处设小型雕塑、小型亭、廊、花架等。所有小品均应体量适宜，并且实用、经济、美观。

③ 场地设置为便于居民活动，注意将绿地内部游道拓宽成局部休憩空间，或布置游戏场地，切忌内部拥挤封闭，使人无处停留，破坏绿地。

④ 与设施利用有关的道路设计应避免分割绿地，出现锐角构图，应多设舒适座椅。宅旁绿地入口处及游览道应注意少设台阶，减少障碍。桌凳、果皮箱、自行车棚等设计也应讲究造型，并与整体环境景观协调。

⑤ 植物配置是进行宅旁绿地规划设计的核心内容，植物应选择生长健壮、管理粗放、不污染环境、少病虫害及有经济价值的植物，形成乔、灌、草、藤多层次复合结构。在植物种植上应注意与地下管网、地上架空线、各种构筑物和建筑物之间的距离，符合安全规范要求。

5. 宅旁绿地的生态绿化模式

宅旁绿地包括住宅四周及住宅建筑物之间的绿地。该地区绿地与居民日常生活的关系最直接、最密切，应以阻隔噪声、滞尘和遮挡外界视线、缓和强烈光照为主要目标进行生态植物配置，并兼顾美化、香化作用，使生活环境更加安静、清洁。庭院宅旁绿地的生态绿化要考虑地方风俗习惯、住户要求和喜好。在新建成排楼房、整齐规则式的小居住区内绿化布局要有整体感。

一般宅旁绿地，前庭树木要稀疏，后院树木要密集。阳面窗前宜栽落叶乔木或花灌木，夏季可遮阴、滞尘、阻隔噪声，冬季又不遮光，以保证室内光照和温度。在不影响室内光照的地带，可适当栽植庇荫大的乔木，树下设置座凳，以备夏季休息、乘凉、儿童玩耍。注意不栽带刺、花果有毒或使儿童过敏的植物。庭院中要适当栽植些草坪和草花植物达到净化、美化环境的效果。

6. 宅旁绿地的景观生态模式

宅旁绿地景观生态化是环境生态绿化设计的趋势。随着居民生活节奏的加快及城市喧嚣程度的增强，居民环境意识提高，居民崇尚自然及对绿色环境的渴望日趋强烈，居住区生态景观化则能满足人们对居住环境的生理和心理上的需求，是宅旁环境规划设计发展的必然趋势。

在宅旁环境景观生态绿化设计中，主题像航行中的罗盘，给所有环节指明了方向。主题社区展现个性化的异域风采，由细部处理解释主题的特征，此类社区追求某种特定的风格，造就了与众不同的个性，为社区增加了许多具有特质的因素。

主题宅旁环境是独特的，模仿性不大，保证了各地独特的宅旁环境风格（图1-2-41）。选择主题必须因地制宜，综合考虑基地的历史与文化特质以及气候和地域的影响。如深圳蔚蓝海岸小区以"渔歌唱晚，海水正蓝"作为其追求的意境，宅旁环境将"海滨时尚"作为主题，将建筑环境与热带海滨风格共融，从平面到立体反映社区主题（图1-2-42）。

图 1-2-41　独特的主题宅旁环境风格

图 1-2-42　蔚蓝海岸小区一角

图 1-2-43　居住区的情感空间

随着对住宅空间研究的深入，情感化、人性化的空间正一步步地回归到住宅生活的主题中，情感空间（图1-2-43）一直是住宅生活中永恒不变的追求之一。因此，了解情感空间所蕴涵的内容，使宅旁环境规划设计充满强烈的情感气息，将使人的社会生活变得更加丰富生动，充满活力。人们在使用城市与建筑空间的同时，还进行着不自觉的情感交流，从而获得喜怒哀乐等不同的感受。从人对空间的真实感受出发进行规划设计实践，才是真正的"以人为本"思想。

十、居住区配套公建所属绿地规划设计

为满足城市居民日常生活、购物、教育、娱乐、游憩、社交活动等需要，居住区内必须设置各种公共服务设施。其内容、项目设置必须根据居民的生活方式、生活水平以及年龄特征等因素综合确定。它是居住区绿地的重要组成部分，同样具有改善居住区小气候、美化环境、丰富居民生活等作用。

1. 幼儿园及中小学所属绿地规划设计

儿童、青少年是国家重视的一个群体，他们的成长环境也备受关注，幼儿园及中小学是培养教育他们，使其在德、智、体、美、劳各方面全面发展、健康成长的场所。所以在幼儿园及中小学的所属绿地规划设计中，应考虑创造一个清新优美、安全舒适的环境。

幼儿园的开阔草坪中可开辟一块100m²左右的场地，设置儿童游戏器械，为保护儿童免于跌伤，场地的地面可选用塑胶材料铺砌（图1-2-44）。为阻挡风沙、烟尘及噪声，应在沿周边的地方种植高大乔木及灌木形成隔离带。庭院之中应以大乔木为主，形成比较开阔的空间。为使儿童有充足的室外活动空间，可在房前屋后、边角地带点缀开花灌木，使其冬天可晒太阳，夏季又可遮阴玩耍，又有丰富多彩的四季景色。幼儿园中的公共活动场地是儿童游戏活动场，是幼儿园重点绿化区。该区绿化应根据场地的大小，结合各种游戏活动器械的布置，适当设置小亭、花架、涉水池、沙坑。在活动器械附近，以种植遮阴的落叶乔木为主，角隅处适当点缀花灌木，场地应开阔通畅，不能影响儿童活动。

幼儿园绿地植物的选择，要考虑儿童的心理特点和身心健康，选择形态优美、色彩鲜艳、适应性强、便于管理的植物，禁用有飞絮、毒、刺及能引起过敏的植物，如垂柳、夹竹桃、黄刺玫、漆树等。同时，幼儿园建筑周围应注意通风采光，5m内不能栽植高大乔木。

中小学用地分为建筑用地、体育场地和自然科学实验用地。中小学建筑用地绿地，往往沿道路广场、建筑周边和围墙边呈条带状分布（图1-2-45），以建筑为主体。绿地设计要考虑建筑的使用功能，如通风、采光、遮阴、交通集散，又要考虑建筑物的体量、色彩等。大门出入口、建筑门厅及庭院，是校园绿化的重点，应结合建筑、广场及主要道路进行绿化布置，注意色彩层次的对比变化，配置四季花木、建花坛、铺草坪、植绿篱等衬托大门及建筑物入口空间和正立面景观，丰富校园景色，构筑校园文化。建筑物前后做低矮的基础栽植，内部种植高大乔木，设置乒乓球台、阅报栏等文体设施，供学生课余活动之用。校园道路的绿地以遮阴为主，构建乔、灌、草、藤植物生态复层结构。

图1-2-44　塑胶材料铺砌的幼儿园场地

图1-2-45　条带状分布的中小学周边绿地

体育场周围植高大遮阴落叶乔木，少种植花灌木。地面铺草坪（除跑道外），尽量不铺设硬质材料。运动场地要留出较大空地供活动之用，空间要通透、开阔，保证学生的安全和

体育比赛的进行。

中小学绿化构建与教育相结合的科普知识型人工植物群落，绿化树种的选择同幼儿园遵循安全原则，同时，要兼顾选择具有科普教育的树种，树木应挂牌，标明树种名称，便于学生识别和学习。学校周围沿围墙植绿篱或乔灌木林带，与外界环境相对隔离，避免相互干扰。

中、小学校绿化在植物材料选择上，应尽可能做到多样化，其中应该有不同体型、不同生态习性、不同种类与品种的乔灌木、绿篱、攀援植物与花卉等，并力求有不同的种植方式，以便于扩大学生在植物方面的知识领域，并使校园生动活泼、丰富多彩。中、小学校种植的树木，应该选择适应性强，容易管理的树种，也不宜选用刺多、有臭味、有毒或易引起过敏反应的树种。

2. 商业、服务中心所属绿地规划设计

居住小区的商业、服务中心是与居民生活息息相关的场所，居民日常生活需要就近购物，如日用小商店、超市等，还需理发、洗衣、储蓄等日常活动。因此，规划设计可考虑以规则式为主，留出足够的活动场地，便于居民来往、停留、等候等。场地上可以设置一些简洁耐用的座凳、果皮箱等设施。商业、服务中心所属绿地（图1-2-46）的绿化种植要精心规划设计，使其与环境、建筑协调一致，使功能性和艺术性很好地结合，呈现出较好的景观效果。要特别注意植物的形态、色彩，要和街道环境相结合。绿化树种应以冠大荫浓、挺拔雄伟的乔木和无刺、无异味，花艳、花期长的花灌木为主，如选用槐树、悬铃木、枫树等做行列式栽植，花木以修剪整齐的绿篱、花篱为主。花盆的形式应逐步提高艺术造型，如高脚的玻璃钢材料、陶瓷材料等容器，甚至具有艺术造型的小品，逐步改变目前直接用泥盆摆放的简陋现状。此外，需考虑遮阴与日照的要求，在休息空间应采用高大的落叶乔木，夏季茂盛的树冠可遮阴，冬季树叶脱落，又有充足的光照，为居民提供舒适的环境。

3. 医疗卫生场所所属绿地规划设计

医疗卫生用地包括医院、门诊等，规划设计中注重使半开敞的空间与自然环境（植物、地形、水面）相结合，形成良好的隔离条件。医疗卫生场所所属绿地（图1-2-47）应阳光充足，环境优美，院内种植花草树木，并设置供人休息的座椅。道路设计中采用无障碍设施，以方便病员休息、散步。同时，医院用地应加强环境保护，利用绿化等措施防止噪声及空气污染，以形成安静、和谐的气氛，消除病人的恐惧和紧张的心理。该用地内树种宜选用树冠大、遮阴效果好、病虫害少的乔木及具有杀菌作用的植物。

图1-2-46 居住区商业所属绿地

图1-2-47 医疗卫生场所所属绿地

4. 锅炉房、垃圾站用地所属绿地规划设计

居住小区中的锅炉房、垃圾站等是不可缺少的服务性设施，但又是最影响环境清新、整

洁的部分。其规划设计应以保护环境、隔离污染源为宗旨，在保证运输车辆进出方便的前提下，隐蔽杂乱，美化外部形象，在周边采用复层混交结构种植乔灌木。墙壁上用攀援植物进行垂直绿化，给人们带来轻松整洁之感。一般情况下，将垃圾站的三面用植物墙围合，园内将种植广玉兰、女贞、泡桐、水杉、紫丁香、毛竹、海桐等植物，营造出简洁、分明、实用的空间环境。

5. 文化体育用地所属绿地规划设计

文化体育用地包括电影院、文化馆、运动场、青少年之家等，此类公建用地多为开敞绿地空间（图1-2-48），设计中可令各类建筑设施呈辐射状与广场绿地直接相连，使绿地广场成为人流集散的中心。用地内绿地应有利于组织人流和车流，为居民提供短时间休息及交往的场所，同时要避免遭受破坏。用地内应设有照明、条凳、果皮箱、广告牌、座椅等小品设施，并以坡道代替台阶，同时要设置公用电话及公共厕所。绿化树种宜选用生长迅速、健壮、挺拔、树冠整齐的乔木，运动场上的草皮应用耐修剪、耐践踏、生长期长的草类。

6. 行政管理用地所属绿地规划设计

行政管理用地所属绿地包括居委会、街道办事处、房管所、物业管理中心的周边绿地等（图1-2-49）。规划设计中可以通过乔灌木的种植将各孤立的建筑有机结合起来，构成连续围合的绿色前庭，利用绿化弥补和协调各建筑之间在尺度、形式、色彩上的不足，并缓和噪声及灰尘对办公的影响，从而形成安静、卫生、优美的工作环境。用地内可设置简单的文体设施和宣传画廊、报栏，以丰富居民业余文化生活。绿化方面可栽植庭荫树及多种果树，树下种植耐阴经济植物，并利用灌木、绿篱围成院落。

图1-2-48　运动馆周围的开敞绿地空间　　　　　　图1-2-49　物业管理中心周边绿地

7. 小区停车场及停车库所属绿地规划设计

随着城市交通的快速发展，与城市交通道路网配套的停车设施也是不容忽视的一个方面。以前建成的居住区大多采用地面停车场或居住小区内路边停车的形式，由于汽车拥有量有限，停车要求尚能得到满足。针对我国特有的情况，参考国外的发展经验，建设地下停车库可以有效解决城市停车问题。地面上建成大型居住区花园，并留有必需的消防和出入地下车库的车道，创造良好的使用效益和生态效益。

小区停车场所属绿地规划设计可以从以下两方面进行考虑。

一方面可将宅旁绿地的背阴面单元门向道路扩为4～5m宽的铺装小广场，将宅旁绿地推向另一侧，直到楼座基础下面。在小广场上搭建自行车存放处及划出小汽车停车位（图1-2-50），设专人管理。这样的设计解决了以前传统设计中无处停车的问题，同时也解决了宅旁绿地背阴面由于管线多、探井多、光照差、土壤过于贫乏、人为损坏较严重等因素造成的绿化保存率极低的问题。

另一方面建地下、半地下车库，许多高层居住楼设置地下停车场，还可以将楼间集中绿地设计为地下或半地下车场。车库顶层恰好作为集中绿地，供居民游憩之用，提高居住区的环境质量（图1-2-51）。由于总平面布局的需要，居住区地下停车库一般都布置在居住区的较完整大块的空旷场地下。地下停车库的顶板上部可做覆土，形成居住区中心绿地花园。鉴于结构荷载的限制，覆土平均厚度宜在50cm左右，对于这个覆土厚度，只适应种植小型灌木和铺植草皮。若栽种大型乔木，则必须加设覆土坑与独立的排水系统。与居住区地下停车库结合设计的地面绿化还包括对地下室所需的一些通风、采光等地面设施的处理，可以把这些纯功能的设施设计成可供观赏的建筑小品。

图1-2-50 居住区停车位

图1-2-51 地下车库顶层的集中绿地

十一、居住区儿童活动场地规划设计

儿童游戏场是居住区整体环境中一个活跃的组成部分，它作为绿化系统的一部分，可以与包括儿童乐园的居住区公园、小区游园以及居住组团绿地和各级游戏场形成一个有机的系统。这个系统以中心公园为核心，儿童游戏场是联系各绿化环节的媒介，同时又是"疏化"建筑组团密度的有力媒介。如果居住区规划有单独的步行系统，那么可将儿童游戏场结合这个步行系统设计成一个安全而富有趣味的游戏圈。游戏圈是一个环形系统，既可供各类居民散步，又可供儿童奔跑、追逐、骑儿童车、溜旱冰等，并在其线路中连续设置有各种不同的游戏和休憩场所，从而为儿童的社会性活动和自发性活动创造良好的环境。

一方面，游戏场的位置应与儿童的基本特性对空间的要求相吻合；另一方面，要具有合适的活动设施及周边环境，并与儿童的活动轨迹、秩序相协调。同时又要保证游戏场对住户干扰的最小化和场地安全的最大化。

1. 儿童游戏设施和器械

儿童足部与大地的直接感应以及通过视觉、触觉、听觉与周围环境的交流，"摸、爬、钻、骑、涉"构成了儿童真正参与自然的新世界，这是儿童自身的创造性活动。

由于周围建筑的限制和游戏场规模的影响，居住区内的儿童游戏场地设施器械和绿化设置往往成为空间环境创造的主要因素。其中，游戏设施和器械对儿童游戏场的吸引力大小又起决定作用。游戏设施和器械的选择与设置应对儿童智力与想象力的创造和激发有积极的引导和促进作用。

（1）儿童游戏类型　儿童的户外游戏活动类型一般包括创造型游戏、建筑型游戏、运动型游戏、冒险型游戏、交通型游戏。

（2）儿童活动尺度

① 儿童游戏器械尺度。儿童游戏器械的设计与制作应与儿童的活动尺度相适应：儿童平均身高可按公式"年龄×5＋75cm"计算得出，1～3周岁幼儿约75～90cm，4～6周岁学龄前儿童约95～105cm，7～14周岁学龄儿童约110～145cm。儿童活动尺度与器械的比例关系，可以作为确定器械尺寸的参考（图1-2-52）。如方格形攀登架，格间间距为幼儿45cm，学龄前儿童50～60cm，管径以2cm为宜。学龄前儿童使用的单杠高度为90～120cm，如学龄儿童使用，则高度宜为120～180cm。

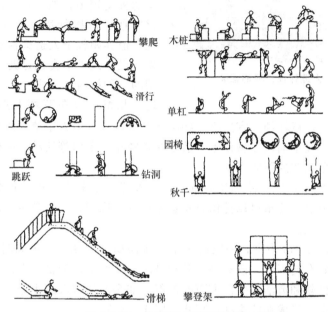

图1-2-52　儿童活动与器械尺寸

② 儿童活动空间的尺度。儿童活动空间的尺度取决于儿童游玩的人数，以及儿童的个人空间尺度。一般个人空间主要包括：亲密距离为0～45.72cm、个人距离为45.72～121.92cm、社交距离为1.22～3.66m、公共距离为3.66～7.62m。

一般而言，儿童要求的个人空间相对较小，2～5岁儿童的个人距离通常是0.46m，7岁的时候增加为0.61m，到12岁时，个人空间的正常标准就开始起作用了。另外，小孩与其喜爱的小伙伴之间的个人距离比与其他不喜欢的小伙伴的距离要小；在儿童中，年龄相近的孩子之间的距离比年龄差距太大的孩子之间的距离也要小。通常儿童们在户外玩乐时大部分都是集体活动，具有聚集性特点，所以每个儿童需要的户外活动空间的面积大约为3～5m²。

（3）儿童游戏场的主要设施

① 草坪与地面铺装。草坪是一种软质景观，也是儿童喜欢进行各种活动的场地，尤其是幼小儿童在草坪上活动既安全又卫生。在儿童游憩空间中草坪的使用率相对低于沙地和硬质地面，它不适于用在范围很小的场地上，并且维护费用较高。但是草地比硬质地面更能给儿童以亲近自然的感觉，柔软的草坪是儿童开展各种活动如踢足球、玩飞碟、放风筝等做游戏的良好场所，草坪还可以吸收灰尘、降低地面气温，提高生态环境质量。草坪要设置一定的坡度（大于5%），以利于排水，儿童可在草地上玩耍、休息或晒日光浴。儿童游戏草坪宜采用天鹅绒草、结缕草等耐踩性草种。

居住区儿童游戏场地选择材料时的基本原则是：安全无毒、防滑、美观大方。一般选用

图 1-2-53　人造弹性材料的铺装

的铺装材料有：人造弹性材料、松填材料、人工草皮、硬质铺装等。人造弹性材料，如橡胶垫、橡皮砖等，是现在比较流行的铺装材料的首选（图 1-2-53），具有良好的弹性，并且有很好的缓冲作用。但有些材料表面比较粗糙，儿童摔倒后容易造成皮肤的擦伤，材料本身也易受损坏，且清洗费时。松填材料的种类较多，如树皮、木屑、细沙等，取材方便、价格低廉、透水性强、具有装饰性。但其相较于人造弹性材料而言，缓冲效果一般。人工草皮也是儿童游戏场地比较常用的一种材料，无尘土、排水良好、行走舒适，儿童可以在草坪上追逐打闹，比较安全，也比较有吸引力，草坪种类宜选择一些耐践踏的草种。但人工草皮维护成本高，要经常更换。硬质铺装上一般不铺设器械设施，适合儿童骑车、玩球等活动。一般情况下，会结合数种材料使用，满足儿童的不同需求。

②　沙坑。在儿童游戏中，沙坑是最重要的一种建筑型游戏形式。儿童踏入沙中即有轻松愉快之感，在沙地上，儿童可以凭借自身想象开挖、堆积，虽然简单，却不失为激发儿童创造力的极好游戏设施。

沙坑深度最好以 30cm 为宜，一般的小型沙坑面积约为 8m²，可同时容纳 4～5 个孩子玩耍。沙坑选址最好在向阳处，既有利于儿童健康，又可给沙消毒。在沙坑的维护中，应注意经常保持沙土的松软和清洁，并定期更换沙料。如今的沙坑形式十分丰富，常与不同的器械、玩具等有机结合，形成功能多样的形式（图 1-2-54）。

③　水池。水是儿童喜欢的元素之一，水能营造特别的景观效果。但鉴于安全性和后期

沙坑形式A

沙坑形式B

沙坑形式C

沙坑形式D

图 1-2-54　各种形式的沙坑

养护的一系列问题，儿童戏水在居住区的运用并不广泛，只在较大的居住区会出现。水池一般存在两种方式供儿童游戏：一种是水面上设置安全可靠的踏步平台或者踏步石，并预留一定场地供儿童连续跨越，这种方式要注意水深和水边缘处理；另一种是儿童可以在水面以下游戏的方式。

涉水池水深以 15～30cm 为宜，平面形式可丰富多样，亦可结合喷水伞亭、小滑梯等建设（图 1-2-55）。

水池形式A

水池形式B

水池形式C

水池形式D

图 1-2-55 各种形式的水池

④ 游戏墙与迷宫。游戏墙与迷宫是深受儿童喜爱的游戏设施。其造型丰富多样，墙上布置大小不同的圆孔，可让儿童钻、爬、攀登，锻炼儿童的体力，增加趣味性，促进儿童的记忆力和判断能力。墙体可设计为连成一体的长墙（图 1-2-56），也可设计为几组断开的墙面（图 1-2-57），墙面可有图案装饰，亦可制成空白的绘画墙。

图 1-2-56 儿童游戏长墙

图 1-2-57 断开的儿童游戏墙

"迷宫"是游戏墙的一种形式，它与曲折的道路共同组成迷宫图案，迷宫的进出口应设计一个标志。迷宫的形式多种多样，且材料多样，如植物、塑料、石块、充气材料等（图 1-2-58）。

同时，游戏墙亦能起到挡风、阻隔噪声扩散的功能，在位置选择上宜设在游戏场的主要迎风面或对住宅有噪声干扰的方向。并且，游戏墙也可为不同年龄组儿童划分不同的游戏空间，使各自活动不受干扰。

a.植物材料迷宫

b.塑料材料迷宫

c.石砌材料迷宫

d.充气材料迷宫

图1-2-58　各种材料的迷宫

（4）游戏器械的类型　供较大年龄儿童使用的游戏器械，应多考虑技巧性较高和多功能的综合器械；供较低年龄组儿童使用的器械，则需要更加注重造型的处理，增加趣味性，以有益于儿童的智力开发和身心健康。

不同类型的游戏器械适合于不同年龄组儿童游戏活动，通常按游戏特征不同，可将游戏器械划分为以秋千、浪木为代表的摇荡式游戏器械，以滑梯为代表的滑行式游戏器械，以转椅和转球为代表的回旋式游戏器械，以攀登架、攀登网为代表的攀登式游戏器械，以跷跷板为代表的起落式游戏器械，以单杠、吊环、云梯等为代表的悬吊式游戏器械，以直线组合、十字组合及方形组合为主的组合式游戏器械、利用废旧物制作的游戏器械。

2. 儿童游戏场规划设计

（1）儿童游戏场的设计原则　儿童游戏场的设计原则包括系统性原则、趣味性原则、安全性原则、无障碍可达性原则。

（2）儿童游戏场的分布与指标　儿童游戏场是居住区、居住小区和居住组团儿童户外活动场地的主要组成部分，在进行布点时，应结合居住区的规划结构综合考虑，使各级游戏场地与绿地能够覆盖整个居住区。

根据目前国家标准确定的居住区绿地定额指标不少于 $1.5 m^2/$人，儿童游戏场可按0.5～1.0 $m^2/$人计算。

（3）儿童游戏场的类型与规划要点　根据不同年龄儿童的活动特点、活动场地大小以及所在位置，居住区儿童游戏场可以分为住宅组团以下的幼儿游戏场所、住宅组团级的儿童游戏场所及小区级少年儿童游戏公园几种类型。各类型由于服务对象的不同而具有不同的规模、选址、服务半径及设施设备。

其中，儿童游戏场的规模密度应以居住区儿童在总人口所占比例为主要设计依据。设计中可根据实际调查资料来确定，同时还应考虑远期发展规划。

不同类型的游戏场选址（图1-2-59），则主要是为确保符合不同年龄组儿童的心理及行为特征，并尽量避免对住户的噪声干扰。

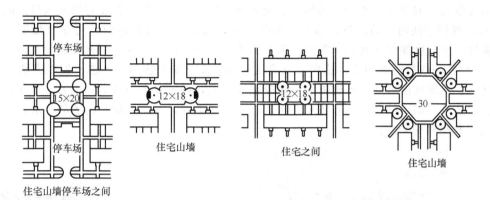

图1-2-59　儿童游戏场位置选择

（4）儿童游戏场的场地选择　儿童户外游戏有四个特征：同龄聚集性、季节性、时间性、"自我中心"性，这是儿童游戏场规划布局的总体依据。对每个特定的游戏场而言，儿童的活动和使用有一定的对象、规律和特点。不同年龄组的儿童，其游戏的内容、场所、要求有一定的差异，但一般都符合以下设计的基本原则。

① 场地宽敞，设备丰富。儿童精力旺盛，活动量大，但持续性差，对一种游戏的持续时间较短，因此要有宽敞的活动面积，游戏设备尽量丰富（图1-2-60）。

② 靠近住宅入口，控制适宜的距离。幼儿尤其喜爱在住宅入口附近玩耍，利用宅前入口地面与绿化即可创造适宜的幼儿游戏场地。

③ 具有较强的安全保障。儿童游戏的"自我中心"性使之在游戏时往往不注意周围车辆与行人，因此，儿童游戏场选址尤其要避免因交通穿越产生不安全因素。

④ 合理利用地形，形成丰富的游戏空间。儿童游戏场的设立，可根据居住区的地形变化，设置恰如其分的下沉式或抬升式游戏场地（图1-2-61），容易形成相对独立、安全、安静的儿童游乐空间。

图1-2-60　丰富的游戏设备

图1-2-61　抬升的游戏场地

（5）儿童游戏场的分区设计　居住区中常将不规则场地作为绿化用地，因此，儿童游戏场用地常呈不规则状。根据具体地形条件加以合理设计，形成生动活泼，丰富多变的空间。在行列式布局的住宅组群间，儿童游戏场有可能布置成矩形等规则几何形；在点式住宅群中，游戏场可选择圆形、半圆形或椭圆形等不规则形状。

居住区中心的儿童游戏场，规模一般比较大，可按年龄组或按游戏方式进行分区设计，运动区、游戏器械场地等形成闹区，科学园地及供野餐、聚会或玩耍的场地为静区（图1-2-62）。居住区内儿童器械可以是成品器械，也可利用废物制作。

幼儿游戏区的空间较单一，场地一般设计为口袋形，出入口对着住宅单元入口方向（图1-2-63）。游憩空间内部的道路和场地表面要平滑，通向场地的步道应尽可能直接明了，道路的宽度和平滑度要以让婴儿车和蹒跚学步的儿童方便使用为标准。场地的边界可用0.3～0.5m高的围墙或篱笆来围合，这样可以给儿童和家长以安全感和封闭感，但围合物不要使儿童迷路。场地内以草坪、硬质铺装和塑胶铺地为主，可设置小型沙地，可为学步儿童提供有栏杆的扶手，亦可结合绿地布置可攀援的石块、木墩等，既满足幼儿的活动需求，又具有一定的艺术性和安全性。

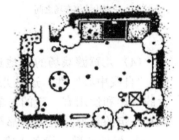

图 1-2-62　儿童游戏场静区　　　　　图 1-2-63　单元入口处的幼儿游戏场

（6）儿童游戏场的空间艺术　儿童游戏场空间构成的基本要素包括游戏场周边住宅建筑、绿地、铺装、园路、篱笆、矮墙、游戏器械、建筑小品等。

园路以水泥、沥青铺面为主，线形宜活泼自由，富于变化；围合空间的绿篱、矮墙的设计应注重色彩、形体等方面与周围环境相协调；游戏器械（图1-2-64）作为游戏场空间的核心，在空间的分离与趣味空间的创造中，往往起着重要的作用；绿地是儿童游戏场空间构成的另一个不可缺少的要素，绿地环境设计水平的高低，很大程度上影响着游戏场空间的个性和趣味性，树种的搭配不仅要考虑平面的构图效果，也要考虑遮阳防晒的功能；儿童游戏场的建筑小品宜结合儿童喜爱的卡通、童话或寓言中人物（图1-2-65）、动物形象设计，以活泼的体态、鲜艳的色彩成为游戏场空间环境的点缀。

图 1-2-64　游戏器械　　　　　　　　图 1-2-65　卡通形象景观小品

（7）儿童游戏场的道路与分隔物　儿童游憩空间的道路设计应简洁明了，因为儿童没有耐心在路上耗费时间，他们迫不及待地要进入到游戏中去。道路的设计形式应以自然流畅为主（图 1-2-66），线形宜活泼自由、富于变化，让儿童与自然充分接触。道路可以用水泥、沥青铺面。路面的宽度适当缩小，一般在 0.8～1.5m，既能满足儿童使用要求，又符合儿童的心理要求。在儿童的活动空间中需要划分出不同年龄儿童适于个体活动的小型户外空间，它们应当界限明确又保持部分联接，道路交通可以串起各空间又不干扰各空间的活动。目标明确的道路不会破坏他人正在进行的活动，并能引导儿童进入合适的游憩空间。

图 1-2-66　流畅的儿童游戏场道路

　　不同活动空间之间的自然衔接很重要，分隔不能太生硬，间距也不能太大，可以利用低矮植物作为声音及部分视觉上的屏蔽，使人能够感到邻侧的活动。带有座位的矮墙也可以用作分隔物，埋在沙中的轮胎或一条道路也能分隔空间。围合空间的绿篱、矮墙在色彩、形体等方面应与周围环境相协调。

　　(8) 儿童游戏场的生态绿化设计

　　① 植物的空间营造。植物是软质景观，与硬质景观有同样的功能，可构成和组织空间，给人以空间感。构成空间的三个面，地平面、垂直面和顶平面，都可以用植物材料通过各种组合方式构成。利用植物形成各种不同的空间形式主要有以下几种。

　　a. 开敞空间。仅利用低矮的灌木和地被植物为空间界定元素，是一个流动的、开敞的、外向的儿童活动空间 (图 1-2-67)，完全展露在天空及太阳下，可供儿童自由地奔跑、嬉戏。

　　b. 半开敞空间。在空间的一面或多面用较高的植物，造成较强的封闭性，以挡住视线的穿透。这种空间可以起到部分隐蔽和遮挡的作用，也可以为儿童提供进行躲藏游戏的活动空间 (图 1-2-68)。

图 1-2-67　开敞的儿童活动空间

图 1-2-68　半开敞的儿童活动空间

　　c. 覆盖空间。选用树冠浓密的遮阴树，或选用攀援蔓生植物材料构成顶部覆盖、四周开敞的空间。这样的空间可以为儿童提供聚集、休息以及进行戏剧性游戏的场所。

　　d. 垂直空间。以高而直的植物或是树冠修剪的遮阴树构成一种开敞向上的空间，最好是利用整型树，满足儿童好奇心的需求。这种空间也可以放置在中心游戏区域，突出游戏设施的景观效果。

　　e. 特型树。特型树是指有独特外貌的树木 (图 1-2-69)，可以是树姿较好的树木，也可

图 1-2-69 儿童活动空间的特型树

以是人工修剪的整形树。特殊型植物极易引起儿童对植物的好奇心和浓郁的兴趣，是培养他们认识自然、热爱自然的一个有效手段。但是，除非组合设计的空间较大，否则不宜安置一株以上的特殊型树木。

总之，居住区儿童游憩空间的绿化配置应结合场地功能进行设计。例如，可以将植物修剪成一堵墙或是一道屏障，以阻止儿童直接进入或穿过此空间，也可利用植物来强调或遮掩儿童的视线；可在集体活动场地种植草坪，让儿童尽情地玩耍奔跑，安全而卫生；在游戏设施场地可点缀高大乔木，既不影响儿童的游戏活动又可起到遮阴的效果。

② 植物的选择。考虑到儿童这个年龄群体活动的特殊性，儿童游戏场周围及场地内部各分区应以绿地分隔，尤其是幼儿活动区的分隔，可以保证幼儿的安全。注重运用杀菌保健类植物来构建复层结构的人工植物群落，充分发挥植物的生态功能。在儿童活动区，结合花坛、草坪等种植一些习性特别、花叶奇特、姿态优美的植物，可以激发儿童的想象力，培养儿童对大自然的热爱。如三色堇形似蝴蝶在草丛中飞舞，银杏的叶像一把把小扇子；又如牡丹、杜鹃、山茶等花色艳丽；五角枫、茶条槭叶色独特。另外还可增加一些特有树种，这些植物都会吸引儿童的注意力，培养他们认识植物、认识自然的兴趣。游憩空间内不宜种植不利于儿童健康安全的植物，因此儿童游憩空间绿化植物的选择应注意以下几方面。

a. 儿童游戏场四周应种植物浓密的乔木和灌木，形成乔、灌、草、藤的植物群落复层结构。以植物分隔空间，形成相对封闭而独立的场地，既有利于儿童的活动安全，又可减少儿童嬉戏时对周围居民产生的噪声干扰，保持居住区安静、舒适的氛围，绿化面积应不小于50%。同时以植物围合形成良好的小气候，夏季植物可以引导风向，其蒸腾作用还可起到降温的作用；冬季植物可以抵御寒风，给儿童更多的游戏机会。

b. 植物的形状、色彩、质地的选择要满足儿童的心理需求。应首先选用形态特异、色彩鲜艳、质地光滑、枝干粗壮的植物。树种不宜过多，便于儿童记忆和辨认。

c. 植物的选择应与环境的功能相适应。如考虑夏季遮阳、降尘减噪、冬日有足够的阳光等，为儿童创造空气清新、环境优美、舒适安静的游憩空间。行道树宜选用树冠大、姿态优美、枝叶茂盛、遮阳能力强的落叶乔木，其分枝点不宜低于1.8m。灌木宜选用萌发力强，直立生长的中、高型树种，这些树种生存能力强，占地面积小，不会影响儿童的游戏活动。

d. 选择易于生长和管理的植物。居住区绿地应普遍选择易于管理、生长健壮、耐干旱、耐贫瘠、耐修剪、抗病虫害、耐践踏、适宜当地气候的树种，最好选用具有地方特色的乡土树种。

e. 植物应选用生长迅速、无毒、无刺、无刺激性物质的树种，避免选用落果多、有飞絮的树种。

有毒植物：凡是花、叶、果有毒或散发难闻气味的植物，如凌霄、夹竹桃、苦楝、漆树等；有刺植物：易刺伤儿童皮肤和刺破儿童衣服的植物，如刺槐、月季、玫瑰等；有过多飞絮的植物：此类植物易引起儿童患呼吸道疾病，如雌株柳树和杨树、悬铃木等；易招致病虫害及浆果植物，如桑树、柿树等。

f. 结合景观小品的布置。少年儿童对鲜艳的花朵天生喜爱,花卉的色彩激起孩子们对自然的兴趣。利用绿化小品可以为场地环境增添丰富的美化内容,主要形式包括花坛、花架等,也可在草地上栽植成片的花地、花丛、花境,使鲜花不断。

g. 在植物配置上要有明显的主调和基调,使全园在景观效果上达到既完整统一,又富有变化的绿色环境。同时也要注意植物的多样化,使儿童游憩空间更为丰富多彩。

总之,儿童对植物和其他自然元素具有特殊的亲切感,通过灵活的手段,设计师可以利用植物选择与配置创造诱人的、最丰富的景观空间。居住区儿童游憩空间树种的选择应确保植物具有景观价值、娱乐价值且无危险性。植物景观的营造提供了有趣、开放的环境空间,能够促进儿童探索和发现、表演和想象,儿童也把植物作为游戏和学习的一种基本资源。

十二、居住区道路绿地规划设计

居住区道路一般由居住区级道路、居住小区级道路、居住区组团级道路和宅间小路4级道路构成交通网络,它是居民日常生活和散步休息的必经通道。在居住区各种用地类型中,居住道路路网密度最高,利用率最高。居住区道路绿地空间又是居住区开放空间系统的重要组成部分,在构成居住区空间景观、改善生态环境方面具有非常重要的作用。住宅楼由于采光、通风的需要,多为东西走向,居住区内主干道多为南北走向,绿地紧靠两边山墙,绿化带较窄,树木布局以规则式、行列式为宜。

1. 居住区道路绿地规划设计的作用

① 居住区道路绿地是居住区绿化系统的有机组成部分,在居住区绿地规划设计中,它作为"点、线、面"绿化系统中的"线"部分,起到连接、导向、分割、围合等作用。

② 随着道路沿线的空间收放,居住区道路绿地规划设计使人产生观赏的动感。

③ 居住区道路绿地规划设计能为居住区与庭院疏导气流,传送新鲜空气,改善居住区环境的小气候条件。

④ 居住区道路绿地规划设计有利于行人与车辆的遮阳,保护路基,美化街景,增加居住区绿地面积和绿化覆盖率。

⑤ 道路绿地规划设计亦能起到防风、减噪、降尘等绿化所具有的功能和作用。

2. 居住区行道树的规划设计

一般居住小区干道和组团道路两侧均配置行道树,宅前道路两侧可不配置行道树或仅在一侧配置行道树。

行道树树种的选择和种植形式,应配合居住区级道路、居住小区级道路、居住区组团级路、宅间小路等道路类型的空间尺度,在形成适当的遮阳效果的同时,具有不同于一般城市道路绿化的景观效果,能体现居住区绿化多样、富有生活气息的特点。

(1) 居住区行道树选择的重要性 居住区行道树是居住区绿地系统的重要组成部分,是居住区绿地规划设计的骨架。行道树是居住区绿化系统中"线"的重要组成成分,是联系"点"和"面"的纽带,对保护和改善居住区生态环境、防污除尘、遮阴护路、净化空气、减少噪声、调节气候、美化环境等均有重要作用。因此,如何合理选择行道树种,加强栽培管理,对提高居住区绿化水平,并增强其功能均具有重要意义。行道树的选择,能集中反映一个居住区的独有特色。

随着居住区建设和园林绿化事业的不断发展,行道树作为居住区绿地的骨干树种,在创造优美的街道绿化景观和改善居住区生态环境方面发挥着愈来愈重要的作用。

(2) 居住区行道树选择的原则 居住区道路绿化除了考虑吸尘、净化空气、减弱噪声等功能外,最主要是解决两个问题:一是遮阴,降低夏季高温,改善环境小气候;二是美化环境，有利于观赏。居住区行道树的规划不仅要符合常规园林绿化的要求和标准，还要满足不同区域不同条件下人们对行道树的需要，也就是说要根据不同功能区的特点对行道树进行区域性选择。

根据上述功能，居住区道路绿化行道树树种选择原则包括：遵循因地制宜的原则；应以成荫快、树冠大的树种为主；在绿化带中应选择兼有观赏和遮阴功能的树种；居住区出入口和广场应主要选择能体现地方特色的树种，它是展示居住区绿化、美化水平的一个重要窗口，关系到居住区的整体环境面貌，所以必须给它们确立一个鲜明而富有特色的主题。

（3）居住区行道树选择的标准　行道树的选择不仅要考虑到人们感观上的需要，还要考虑其是否在改善居住区生态环境方面起到积极的作用。因此，现代化居住区的行道树树种的选择要兼有生态价值、观赏价值和经济价值。选择树种时要对各种不同因素进行综合考虑。根据居住区道路特定环境对行道树的一般功能要求，确定以下标准。

图 1-2-70　居住区行道树

① 从树种自身形态特征上体现

a. 居住区道路行道树（图 1-2-70）特别是居住区级道路及居住小区级道路绿地的上层林冠树种，要求树势高大、体形优美、树冠整齐、枝繁叶茂、冠大荫浓、叶色富于季相变化；下层树种花朵艳丽、芳香郁馥、秋色丰富，可以美化环境，庇阴行人。

b. 树木干净，不污染环境。花果无毒、无黏液、无臭气、无棘刺、无飞絮，少飞粉，不招惹蚊蝇，落花落果不易伤人，不污染路面，不致造成行车事故。

c. 树干通直挺拔，生长迅速，寿命长，树姿端正，主干端直，分枝点高（一般要求 2.8m 或 3.5m 以上），不妨碍居住区内车辆安全行驶。最好是从乡土树种或者常用树种中，选择成活容易的树种。

d. 基本选用落叶树种，根据气候和道路宽度也可选择一些常绿针叶树种。

② 从树种生态适应性和生态功能上体现

a. 适应性强。在各种恶劣的气候和土壤条件下均能生长，对土壤酸碱度范围要求较宽，耐旱、耐寒、耐瘠薄、耐修剪，病虫害少，对管理要求不高。

b. 抗性强。对烟尘、风害，地下管网漏气，房屋、铺装道路较强辐射热，土壤透气性不良等有较强的抗性的树种。在北方城市地区，应选择能体现北方居住区特色的抗逆性强种类，对居住区道路环境的各种不利因素适应性强。

c. 萌生性强，愈伤能力强。树木受伤后，能够较快或较好地愈合，耐修剪整形，适于剪成各种形状，可控制其高生长，以免影响空中电缆。

d. 具有乡土特色。要从乡土树种或常用树种中选择繁殖容易和移栽易于成活的树种。

e. 根际无萌蘖和盘根。老根不致凸出地面破坏人行道的地面铺装。

f. 种苗来源丰富，大苗移植易于成活，养护抚育容易，管理费用低。

g. 绿化效果好。应选择放叶或开花早，落叶晚，绿化效果高，落叶时间集中，便于清扫的树种。

（4）居住区行道树树种的运用对策

① 突出城市的基调树种，形成独特的居住区绿化风格；

② 树种运用必须符合可持续发展原则；

③ 注重景观效果，形成多姿多彩的居住区绿化景观；

④ 完善配套设施，改变行道树的生长环境；

⑤ 建立行道树备用苗基地，按标准进行补植。

（5）居住区行道树的规划设计要点　行道树是居住区道路绿化的重要组成部分，沿道路种植一行或几行乔木，是居住区道路绿化较为普遍的形式。

① 行道树种植带的宽度。为了保证树木正常生长，在居住区道路设计时应留出 1.5m 以上的种植带。如用地紧张至少也应留出 1.0～1.2m 的绿化带。

行道树种植带可以是条形，也可以是方形。条形树池施工方便，对树木生长有好处，但裸露土地多，不利于街道卫生。方形树池可在树池间的裸土上种植草皮或草花。方形树池多用在行人往来频繁地段，方池大小一般采用 1.5m×1.5m，也有用 1.2m×1.2m、1.75m×1.75m 的；在道路较宽地段也有用 2m×2m 的。

树池的边石一般高出人行道地面 10～15cm，也有和人行道等高的，前者对树木有保护作用，后者行人走路方便。

② 确定合理的株距。行道树的株距要根据该树种的树冠大小，生长速度和苗木规格来决定。此外还要考虑远近期的结合，如在一些次要道路开始以小的株距种植，几年后间移，培养出一批大规格苗木，这样既可充分利用土地，又能在近期获得较好的绿化效果。

行道树的株距，我国各大城市居住区略有不同，就目前趋势看，由于多采用大规格苗木，逐渐趋向于加大株距，采用定植株距。常用株距有 4m、5m、6m、8m 等。

③ 营造独特的景观效果。行道树的种植不要与一般城市道路的绿化效果等同，而要与两侧的建筑物、各种设施结合，形成疏密相间高低错落、层次丰富的景观效果。

④ 增强住宅建筑的可识别性。要通过绿化弥补住宅建筑的单调雷同，强调组团的个性，在局部地方种植个性鲜明、有观赏特色的树木，或与花灌木、地被、草坪组合成群体绿化景观，增强住宅建筑的可识别性，有利于居民找到自己的"家园"。

⑤ 行道树与管线。行道树是沿车行道种植的，沿车行道有各种管线，在设计行道树时一定要处理好与它们的关系，才能达到理想的效果。

行道树种选择是关系到居住区绿化水平和绿化速度的重要因素，主要应从树种的形态功能及生态学观点考虑，通过行道树栽培现状调查和试验研究的途径，按照"因地制宜，适地适树"的原则进行。

此外，行道树在种植形式方面，不一定沿道路的距离列植和强调全面的道路遮阳，而是要根据道路绿地的具体环境灵活地进行规划设计。如在道路转弯、交汇处附近的绿地和宅前道路边的绿地中，可将行道树与其他低矮花木配植成树丛，局部道路路边绿地中不配植行道树；在建筑物东西向山墙边丛植乔木，而隔路相邻的道路边绿地中不配置行道树等，以形成居住区内道路空间活泼有序的变化，加强居住区开放空间的互相联系，形成连续开敞的开放空间格局等。

3. 居住区人行道绿化带的规划设计

从车行道边缘到建筑红线之间的绿化地段统称为"人行道绿化带"。居住区人行道和车行道之间留出的一条不加铺装的种植带，可种植草皮、花卉、灌木、防护绿篱，还可种植乔木，与行道树共同形成林荫小径。

居住区人行道绿化带的生态设计是居住区道路绿化及景观艺术构图中一个生动的组成部分，它的主要功能不仅是夏季为行人遮阴、装饰建筑立面，同时亦是保护居住区生态环境，形成人与自然和谐、优美的人行道绿化带植物景观（图 1-2-71），体现居住区品位的重要

图 1-2-71 人行道绿化带植物景观

载体。

为了保证车辆道上行驶时车中人的视线不被遮挡，能够看到人行道上的行人和建筑，在进行居住区人行道绿化带规划设计时，树木必须保持一定的株距，这也可以保证树木生长需要的营养面积。一般来说，人行道上绿化带对视线的影响，其株距不应小于树冠直径的 2 倍。

居住区人行道绿化带上种植乔木和灌木的行数由绿带宽度决定。在地上、地下管线影响不大时，宽度在 2.5m 以上的绿化带，种植一行乔木和一行灌木；宽度大于 6m 时，可考虑种植两行乔木，或将大、小乔木、灌木、草坪以复层方式布置。

居住区人行道绿化带的规划设计，可分为规则式、自然式、规则式与自然式相结合的形式。地形条件确定采用哪种设计形式，应以乔灌木的搭配、前后层次处理得当、配置合理生态化以及单株丛植交替种植的韵律变化为基本原则。近年来人行道绿化带设计多用自然式布置手法，种植乔木、灌木、花卉和草坪，外貌自然活泼而新颖。但是为了使居住区道路绿化整齐统一，而又自由活泼，人行道绿化带的设计以规则式与自然式相结合的形式最为理想。其中的乔木、灌木、花卉、草坪应根据绿化带面积大小、居住区街道环境的变化，依照生态性原则进行合理配置。

居住区人行道绿化带规划设计的几种常见形式：当人行道宽度在 6m 以上，且人流量不大时，可在人行道与车道之间设置绿化带，绿化带宽度应在 2m 以上，种植带内植行道树，空地种植花卉、灌木和草坪，周围种植绿篱，这种乔、灌、草结合的方式，不仅有利于植物的生长，而且极大地改善了行道树的生长环境。人行道较宽，人流量不大时，除在人行道上栽植一排行道树外，还要结合建筑物特点，因地制宜地在人行道中间设计出或方或圆或多边形的花坛（既要考虑绿化效果又要方便行人通过）。花坛内可采用小乔木与灌木和花卉配置，形成层次感，也可用花灌木或花卉片植成图案。

在进行居住区人行道绿化带规划设计时，应注重：

（1）点、线、面结合设计 人行道上的绿地可以采用点、线、面相结合的方法。以花坛为点，外加以树为主的绿化带，和片状的绿地，这样既有层次又不单调。

（2）植物相互搭配设计 可以利用植物配置的季节互补性，形成多层次的绿化系统，通过绿篱剪型树等形成冬季绿化的机理。对局部绿化进行冬季防护，构筑冬季绿色生态景观，使行人更多的与大自然接触。

（3）适宜的布置形式设计 绿化布置的形式与其交通有着密切的关系，比如在一些窄的居住区人行道可以布置狭长的条形绿化，既满足了人行交通的要求，又满足了绿化的要求。

（4）加强管理和维护 在进行居住区绿化带规划设计时，要考虑到以后的养护管理，生态合理地配置绿化植物，使现有的绿化得以充分长久利用。

4．居住区各级道路绿地规划设计

居住区各级道路绿地规划设计有着各自具体的设计要求和实施要点，应区别对待。

（1）居住区级道路绿地规划设计 居住区级道路是联系各小区或组团与城市街道的主要道路，兼有人行和车辆交通的功能。道路红线宽度一般为 20~30m，车行道宽度一般需 9m

左右，行道树的栽植要考虑庇阴与交通安全，在交叉口及转弯处要依据安全三角视距要求，保证行车安全。此三角内不能选用体形高大的树木，只能用不超过 0.7m 高的灌木、花卉与草坪等。主干道路面宽阔，选用体态雄伟、树冠宽阔的乔木，可使干道绿树成荫，但要考虑不影响车辆通行；行道树的主干高度取决于道路的性质与车行道的距离和树种的分枝角度，距车行道近的可定为 3m 以上，距车行道远、分枝角度小的则不要低于 2m。在人行道和居住建筑之间，可多行列植或丛植乔灌木，以草坪、灌木、乔木形成多层次复合结构的带状绿地，以起到防尘和隔音作用。

居住区级道路两旁行道树不应与城市道路的树种相同，要体现居住区的植物特色，在路旁种植设计要灵活自然地展现生态性原则，与两侧的建筑物、各种设施相结合，疏密相间，高低错落，富有变化（图 1-2-72）。居住区级道路绿地规划设计还应考虑增加或弥补住宅建筑的区别，有利于居民识别自己的家门，因此在配植方式与植物材料选择、搭配上应有特点，采取多样化，以不同的行道树、花灌木、绿篱、地被、草坪组合不同的绿色景观，加强识别性。树种应选择冠大荫浓的中等高度的乔木，例如华北地区可选用国槐、白蜡、馒头柳、合欢、梧桐、丝棉木、栾树等树种。居住级道路不必横平竖直，可以是折线形或曲线形，以达到限制车速的作用。绿化种植亦更容易在转折处进行重点布置，形成动态景观中的透视焦点，使宅间绿地更富于变化。

图 1-2-72　居住区级道路两旁的种植设计

（2）居住小区级道路绿地规划设计　居住小区级道路是联系居住区各组成部分的道路，道路红线宽度一般 10～14m，一般路宽 6～8m，是组织和联系小区各项绿地的纽带，居住小区级道路绿地的规划设计对居住区的绿化面貌有着至关重要的作用。居住小区级道路以人行为主，也常是居民散步之地，树木配置要活泼多样。根据居住建筑的布置、道路走向以及所处位置、周围环境等加以考虑。在树种选择上，可以多选小乔木及花灌木，特别是一些开花繁密的树种、叶色变化的树种，如合欢、樱花、五角枫、红叶李、乌桕、栾树等。每条路可选择不同的树种，不同断面的种植形式，使每条路的种植各具特色，如在一条路上以某一种花木为主，形成合欢路、紫薇路、丁香路等。

（3）居住区组团级道路绿地规划设计　居住区组团级道路，一般以通行自行车和人行为主，一般路宽 3.5～5m，在用地条件有限的地区可采用 3m，路幅与道路空间尺度较小，一般不设专用道路绿化带，绿化与建筑的关系较为密切。在居住小区干道、组团道路两侧绿地（图 1-2-73）中进行规划设计时，常采用绿篱、花灌木来强调道路空间，减少交通对住宅建筑和绿地环境的影响。

（4）宅间小路绿地规划设计　宅间小路是通向各住户或各单元入口的道路，主要供人行走，宽 2.5～3m。规划设计时道路两侧树木的种植应适当退后，便于必要时救护车或搬运车辆等直接通达单元入口。有的步行道与交叉口（图1-2-74）可适当放宽，与休息活动场地结合。

图1-2-73 组团道路两侧绿地

图1-2-74 宅间小路交叉口

另外，在人流较多的地方，如公共建筑前面，商店门口等，可以采取扩大道路铺装面积的方式与小区公共绿地融为一体。居住区道路规划设计要使有限的绿地空间发挥最大的生态效益，为居民提供符合身心需求的游憩场所。经调查，小区居民最主要的活动形式是散步，

图1-2-75 步行空间的宅间小路

而且居民最喜欢在绿化良好的宅间小路上（图1-2-75）散步，所以布置一个能联系整个小区的优美的绿色廊道系统尤其重要。居住区道路线型不必像城市道路一样宽阔笔直，在满足功能的前提下，应曲多于直，宜窄不宜宽。行道树也可灵活种植，中间穿插种植花灌木，适宜的地方设置座椅、花坛。

我国居住区道路断面多采用一块板的形式，规模较大的居住区也有局部采用三块板的断面形式，相应道路绿化断面分别为一板两带式和三板四带式。一板两带式是指：中间是车行道，在车行道两侧的人行道上种植行道树；三板四带式是指：用两条分隔带把车行道分成三块，中间为机动车道，两侧为非机动车道，连同车行道两侧的行道树共有4条绿化带，遮阴效果好。

居住区道路行道树的布置要注意遮阳和不影响交通安全，应注意道路交叉口及转弯处的树木种植必须按安全视距进行绿化布置，不能影响行驶车辆的视距。

5. 居住区道路绿地规划设计要点

① 考虑四季景观及快速绿化的效果，居住区道路绿地规划设计在以乔木、灌木、草坪形成多层次复合结构带状绿地的同时应注意常绿与落叶、速生与慢生、重点与一般树种相结合。

② 在不影响采光的情况下，居住区道路绿地宜配植造型优美、有季相变化的落叶乔木，如白蜡、垂柳、垂榆、栾树、合欢等，以遮挡东西向的太阳辐射，在夏日为行人提供绿荫，并能保证冬季光照，避免积雪不化、行路不便。

③ 乔木以下配植剪型花灌木，如连翘球、丁香球、水蜡球、榆叶梅球等，适当点缀几组常绿树，如龙柏球、小蜡球、小叶黄杨球、小叶女贞球，使道路两旁春季有花、夏季荫

浓、冬季有绿，以形成不同的植物景观，增加绿色空间层次。

④ 居住区道路绿地规划设计以树木花草为主，多层布置，提高覆盖率。在种植乔灌木遮阴的同时，可多种宿根及自播繁衍能力强的花卉，如美人蕉、一串红等，丰富绿地的色彩。

⑤ 但居住区内各条干道绿化树种不宜雷同，每条路都应以植物形成自己的特色。种植形式多样化，以丰富的植物景观创造多样的生活环境。

⑥ 一般南北走向比较宽的主路，绿化时最好选用树冠稠密、遮阴效果好的树木，采用行列式种植。如用地条件允许，丛式的栽植比行列式更有防护效果，也更有特色。对于东西走向的居住区内主干道，考虑路南采光需要，路两侧可采用不同的种植方式。路北采用小乔木下配植花灌木、剪型常绿树，如山桃下配植连翘、水蜡球、松柏球等或垂柳、垂榆下配植丁香球、榆叶梅球等；而路南则采用花灌木剪形球与常绿树间隔，规则式或成组种植。

⑦ 居住区内支干道多与宅前道路相连，与住宅楼距离较近，不宜栽植高大的乔木和较大的花灌木，应以栽植耐修剪、耐阴、适应性强的乡土剪形树为主，如水蜡球、榆树球、连翘球、丁香、迎春等，自然式成组栽植（图1-2-76），形成整洁、有层次的绿色景观。

⑧ 居住区内道路绿化应考虑行人和行车的遮阴需求，不能影响交通和路灯照明。在道路两侧、近灯杆2m内不应栽树。没有电杆、电线等障碍的支路和小路的路旁绿化，树木配植可不受限

图1-2-76　居住区道路两旁乔灌草复层结构的自然式配植

制。绿化最好选用国槐、云杉、红花槐、紫叶李等观赏树种，设计成对称式的行道树，路边再配植一行侧柏或小榆树做绿篱。也可用玫瑰花篱，既能起到宅间庭院的分隔作用，又能改善道路景观、丰富季相变化；临街围墙围栅，要适当栽植些爬藤植物，如：地锦、啤酒花、蛇白蔹、地蛇藤、山葡萄、牵牛花、观花菜豆等。

⑨ 居住区道路绿地植物应选择生长健壮、管理粗放、少病虫害及有经济价值的植物。

⑩ 在植物种植上应注意与地下管网、地上架空线、各种构筑物和建筑物之间的距离，符合安全规范要求。

有关居住区绿地规划设计的详细内容见《居住区绿地生态规划设计》。

第三节　城市广场绿地规划设计

城市广场一般是由建筑物、街道和绿地等围合或限定形成的城市公共活动空间，是城市道路交通体系中具有多种功能的空间，是人们政治、文化活动的中心，也是公共建筑集中的地方。现代城市广场是现代城市开放空间体系中最具公共性、艺术性且最能体现城市文化和文明的开放空间。

一、城市广场概述

1. 城市广场的分类

城市广场的类型多种多样，城市广场是从广场使用功能、尺度关系、空间形态、材料构

成、平面组合等几个方面的不同属性和特征来分类，其中最常见的是根据广场的功能性质来进行分类。

（1）按城市广场的使用功能分类

① 集会性广场。集会性广场往往是城市的核心，多修建在城市经济中心或城市政治中心所在地，供市民集会、庆典、休息活动使用。一般由行政办公、展览性建筑结合雕塑、水体和绿地形成气氛比较庄严、宏伟、完整的空间环境。如梵蒂冈圣彼得广场（图1-3-1）、北京天安门广场（图1-3-2）等。一般布置在城市中心交通干道附近，便于人流和车流的集散。

图1-3-1　集会性广场——梵蒂冈圣彼得广场

图1-3-2　集会性广场——天安门广场

② 纪念性广场。现代城市中具有代表性的纪念性设施往往归于这一类型的广场，为了纪念历史事件和历史人物，常在城市中修建一种主要用于纪念活动的广场。用相应的象征、标志、碑记等施教的手段感染人、教育人，以便强化所纪念的对象，产生更大的社会效益，如美国华盛顿国家广场（图1-3-3）、唐山抗震纪念碑广场等（图1-3-4）属于此类型广场。陵园和陵墓广场也属于纪念性广场范畴。

图1-3-3　纪念性广场——华盛顿国家广场

图1-3-4　纪念性广场——唐山抗震纪念碑广场

③ 交通性广场。主要是为解决人们的交通拥挤、方便出行而建设的，主要分布于汽车站、火车站、航空港、水运码头及城市主要道路交叉点，是人流、货流集中的枢纽地段，如法国巴黎沙特莱广场（图1-3-5）、北京西站广场（图1-3-6）等。

④ 商业性广场。商业集中地或中心区，通常以商业街的形式存在，并以室内外结合的形式，将室内商场与露天或半露天街道结合，如美国纽约时代广场（图1-3-7）、北京西单广场（图1-3-8）等。

⑤ 文化娱乐休闲广场。城市中供人们休憩以及举行多种文化娱乐活动的重要场所，主要以文化性和趣味性为主，如济南泉城广场（图1-3-9）。

图 1-3-5　交通性广场——巴黎沙特莱广场

图 1-3-6　交通性广场——北京西站广场

图 1-3-7　商业性广场——纽约时代广场

图 1-3-8　商业性广场——北京西单广场

⑥ 游乐性广场。城市中供人们进行游乐活动的公共广场，具有相应的游乐设施，根据使用者年龄分层，通常可以分为儿童游乐广场（图 1-3-10）和大众游乐广场（图1-3-11）等。

图 1-3-9　文化娱乐休闲广场——济南泉城广场

图 1-3-10　适用于儿童使用的儿童游乐广场

⑦ 附属广场。通常指大型公共建筑前的附属公共广场，如西安钟鼓楼广场（图1-3-12）。

（2）按城市广场的尺度关系分类

① 特大广场。是特指国家性政治广场、市政广场大尺度的城市广场等。这类广场用于国务活动、检阅、集会、联欢等大型活动，如世界最大的城市广场——大连星海广场（图1-3-13）就属于此类广场。

图 1-3-11 适用于各年龄段的大众游乐广场

图 1-3-12 附属广场——西安钟鼓楼广场

图 1-3-13 特大广场——大连星海广场

② 中小型广场。主要指尺度较小的城市广场，包括街区休闲活动、庭院式广场等，如美国纽约帕雷公园广场（图 1-3-14）。

（3）按城市广场的空间形态分类

① 开放性广场。指城市中四周开敞的城市广场，如南邻海湾的青岛五四广场（图 1-3-15）就属于此类型典型代表。

图 1-3-14 中小型广场——纽约帕雷公园广场

图 1-3-15 开放性广场——青岛五四广场

② 封闭性广场。指城市中四周封闭或半封闭的城市广场，如北京三里屯 SOHO 的下沉式广场（图 1-3-16）就属于此类型广场。

（4）按城市广场的材料构成分类

① 以硬质材料为主的广场。主要以混凝土或其他硬质材料作为广场主要铺装材料的城

图 1-3-16 封闭性广场——北京
三里屯 SOHO 下沉广场

图 1-3-17 以硬质材料为主的广
场——大连人民广场

市广场，如大连人民广场（图 1-3-17）。

② 以绿化材料为主的广场。指城市广场大部分以植物等软性绿化材料为主要的铺装材料的城市广场，如无锡太湖广场（图 1-3-18）。

③ 以水质材料为主的广场。指主要以大面积水体或者水景造型为主的城市广场，如美国波特兰伊拉·凯勒水景广场（图 1-3-19）。

图 1-3-18 以绿化材料为主的广
场——无锡太湖广场

图 1-3-19 以水质材料为主的广场——美
国波特兰伊拉·凯勒水景广场

2. 城市广场规划设计的基本原则

（1）系统性原则　城市广场是城市开放空间体系中的重要节点。现代城市广场通常分布于城市入口处、城市的核心区、街道空间序列中或城市轴线的交点处、城市与自然环境的结合部、城市不同功能区域的过渡地带、居住区内部等。现代城市广场在城市中的区位及其功能性质、规模、类型等应有所区别，各自有所侧重。每个广场都应根据周围环境特征、城市现状和总体规划的要求，确定其主要性质、规模等，只有这样才能使多个城市广场相互配合，共同形成城市开发空间体系中的有机组成部分。所以城市广场必须在城市空间环境体系中进行系统分布的整体把握，做到统一规划、合理布局。

（2）完整性原则　城市广场的整体性包括功能的整体性和环境的整体性两个方面。功能的整体性是指一个广场应有其相对明确的功能，做到主次分明、重点突出。从发展趋势看，大多数城市广场都在从过去单纯为政治、宗教服务向为市民服务转化。环境整体性要主要考虑广场环境的历史背景、文化内涵、时空连续性、完整的局部、周边建筑的环境协调和变化等问题。城市建设中，不同时期留下的物质印痕是不可避免的，特别是在改造更新历史上留下来的广场时，更要妥善处理好新老建筑的主从关系和时空连续等问题，以取得统一的环境完整效果。

（3）尺度适配性原则　尺度适配原则是根据广场不同的使用功能和主题要求，确定广场合适的规模和尺度。例如，政治性广场和一般的市民广场尺度上会有比较大的差别，从国内外城市广场来看，政治性广场的规模与尺度较大，形态就显得比较规整；而市民广场规模与尺度较小，形态较灵活。

（4）生态环保性原则　生态性原则就是要遵循生态规律，包括生态进化规律、生态平衡规律、生态优化规律、生态经济规律，充分体现"因地制宜，合理布局"的设计思想，具体到城市广场来说，城市广场设计应从城市生态环境的整体出发，一方面应运用园林设计的方法，通过融合、嵌入、缩微、美化和象征等手段，在点、线、面不同层次的空间领域中，引入自然，再现自然并与当地特定的生态条件和城市园林景观特点相适应，使人们在有限的空间体会自然带来的自由、清新和愉悦。另一方面，城市广场设计应特别强调其小环境生态的合理性，既要有充足的阳光，又要有足够的绿化，冬暖夏凉，为城市居民的各种空间活动创造宜人的生态环境。

（5）多样性原则　城市广场应有一定的主要功能，也可以具有多样化的空间表现形式和特点。由于广场是人们享受城市文明的舞台，它既反映作为群体的人的需要，同时，广场的服务设施和建筑功能也应多样化，使纪念性、艺术性、娱乐性和休闲性兼而有之。

（6）步行化原则　步行化是现代城市广场的主要特征之一，也是城市广场的共享性和良好环境形成的必要前提。城市广场空间和各因素的组织应该保证人的自由活动行为，保证广场活动与周边建筑及城市设施使用的连续性。

（7）文化性原则　城市广场作为城市开放空间通常是城市历史风貌、文化内涵集中体现的场所，是城市主要景观。其规划设计既要尊重历史传统，又要有所创新、有所发展，这就是继承和创新有机结合的文化性原则。

（8）个性特色原则　个性特征是通过人的生理和心理感受到的与其他广场不同的内在本质和外部特征。现代城市广场应通过特定的使用功能、场地条件、人文主题及城市景观艺术处理来塑造特色。广场的特色性不是设计师的凭空创造，更不能套用现成特色广场模式，而是对广场的功能、地形、环境、人文、城市区位等方面做全面的分析，不断地总结、加工、提炼，才能创新出与市民生活紧密结合和独具地方、时代特色的现代城市广场。

二、城市广场绿地概述

1. 城市广场与绿地

广场绿地可占广场的全部或一部分，也可建在广场的一个点上或分别建在广场的几个点上，或建在广场的某建筑物的前面。在设计中应控制适度的空间规模并协调好绿地和广场硬质铺地的面积关系，可考虑绿地占总广场面积的 40%～60%，以提供多功能的活动场所，扩大实际绿地面积，改善生态质量，并可借此划分出多层次的空间领域，满足多样化的功能要求。广场绿地布置配合交通疏导设施时，可采用封闭式布置，面积不大的广场，绿地可采用半封闭式布置，即周围用栏杆分隔，种植草坪、低矮灌木和高大落叶乔木遮阴，最好不种植绿篱，使绿地通透。对于休憩绿地可采用开敞式布置，布置建筑小品、园路、座椅、照明等。广场绿地布置形式通常为规则的几何图形，若面积较大，也可布置成自然式。

在城市广场的规划设计中，绿地应有较高的艺术水平。在满足城市广场多项实用功能的前提下，应布置相对均匀合理的绿地，充分利用广场的边角空隙，见缝插绿，合理巧妙地利用有限的广场土地，同时还可结合铺装，将绿化与铺装巧妙地结合在一起，如在广场的绿地中穿插道路，在铺装地上布置穴池，散植花木，也可使用绿色塑料网格或混凝土空格板，在空格中种小草、花卉，使其既是绿地又是铺装。总之，尽可能扩大城市广场的绿地面积，保证合理的绿地率，并使绿地面积与整个广场面积在空间结构中既协调又有对比变化，不是呆板单一的布局，而是相互交融的有机整体。在广场周边适量种较高大乔木增加绿量，使广场形成围合的绿色空间，充分发挥绿地的卫生防护功能，为城市创造优美景观。

2. 城市广场绿地的功能

城市已经在许多方面都体现出受到气候变化的影响，城市广场绿地这一基础设施在生态效益方面比其他任何城市基础设施都要大，每增加或改善一块广场绿地，城市的生态链条就会更紧密地相连，更多的人则会享受到这种既经济又健康的城市基础设施，这是一个非常必要的良性循环。公园地块有限，但是城市广场随处可见，城市广场绿地既行使广场的功能又能恢复绿色基础资源，进而增加广场绿地向道路延伸的部分，从点到线逐一覆盖，这些面向未来的绿色基础资源在短时间内就能够得到有效收益。绿色基础资源随着生态城市的发展也随之更新，就像健康是生态系统的一部分一样，会在长期发展的趋势下产生很大的变化。城市广场绿地和其他任何有可能性的基础资源共同保护了城市资产，它的意义在于生态系统的适应能力会让公众意识到城市广场绿地是生态系统组成部分中不可分割的整体。

（1）生态功能　城市的急速发展和快速建设给环境带来了不可磨灭的灾难，人们在改造自然的过程中，不管是人类工业化水平的提高，还是城市加速增长的人口都给日益繁重的地球增加了更多的负担。近年来我们常见的反常规自然现象也随着城市发展日趋增多——热岛效应、干岛效应、雨岛效应、闷岛效应和浑浊岛效应。在严重的环境恶化和严重的人地矛盾中，可持续的发展和环境的保护成为人们关注的最热点话题。城市广场绿地的生态功能是城市生态链中最重要的一部分，城市广场绿地在基础设施方面也通过其生态效应、净化改善以及增加城市的免疫和维护城市生物的多样性等，对城市的高速发展做出了积极的回应，在维护城市生态系统的平衡方面也起到了积极的作用。

（2）社会功能　城市广场绿地作用在人们日常生活的方面，首先是供人们进行休闲健身的场所，城市绿地所提供的生态绿色和充分的氧气都给人们带来了很大的帮助，人们在此进行锻炼并且消除疲劳。设计师杨·盖尔在《交往与空间》这本书里对人们的日常行为活动进行了分类——必要性、自发性、社会性。必要性指的是人们的正常上下班、购物、儿童的上下学等日常生活活动。这类活动是每天必须发生的事情，所以对于场地环境的选择不明显；自发性是指人们在时间上和地点上以及环境要求上都对周围状况提出要求，而社会性活动也同样于自发性活动要求。休闲健身活动属于后两种活动，人们会依赖环境的好与坏，也会对这种有利自身健康的场所有特别的要求。城市中人们活动一般分为：文娱活动（舞蹈、绘画、阅读、音乐等）、体育活动（跑步、游泳等一系列的户外健身运动）、儿童活动（各类适合儿童游戏的设施活动）和老年人的安静活动（散步、观赏、聊天等）等。

其次，城市绿地是人们公共交往的重要场所，也是城市绿地的重要使用功能之一。从心理学上讲人们在公共活动中相互交流各个层面和方面的内容都称之为交往，这是把人作为主要对象，是社会生活的重要成分。人们在交往中会对不同方面的交往内容和交往者提出特定的场地要求，城市绿地给人们提供了各方面的交往空间，例如私密性的空间、大型的活动场所、游憩型的小空间等。

（3）防护功能

① 降低噪声污染。我们日常生活中所说的噪声，指凡是妨碍到人们正常休息、学习和

工作的声音，以及对人们要听的声音产生干扰的声音。一般我们常说噪声是刺耳的声音，但是由于它看不见摸不着，所以人们就把它称之为隐形暴力。现代城市的高速建设是带来众多噪声的罪魁祸首，亦是城市中必须加紧解决的重大隐患。

城市广场绿地具有阻碍和吸声的作用，它可以充分发挥其降解噪声的能力。通常来说，噪声的声波在遇到枝叶密集的树林时，就像遇到了多孔的吸声海绵，城市所发出的声音一部分就会被枝叶吸收，而另一部分就会分散到不同的方向，并且通过折射、反射等的物理现象，将噪声降解变弱。由此可以得出，树林里能够起到降解噪声的主要部分即树冠。当然树木的其他部分对于降解噪音也起到了补充作用，树叶的疏密程度、大小和薄厚程度、树叶的形状和其表面所覆盖的绒毛的粗糙程度都与降解噪声有重要的关系。

② 避险作用。在城市的建设中，最具有生命的设施就是城市广场绿地，它能够充分地维护城市的生态平衡。在城市遇到重大灾害的时候，它能够作为城市最有利的开敞空间——紧急疏散和避险区域供人们使用。城市最好的防灾避险空间即城市的绿地，它需要与城市公园、城市广场、城市停车场、城市人防和体育场这类大型的空间场所组合发挥其避险作用。

城市绿地的合理分布对遭遇灾难时的绿地发挥其防灾能力、减灾效果以及避险作用都起到了不同程度上的帮助。例如当防护绿地分布在河岸、水滨附近的时候，它就具有巩固水土、储存净水、防灾泄洪的作用；如果分布在工业厂矿附近的时候，它可以充分的降低工厂给城市带来的噪声和环境危害，同时还能在事故发生的时候隔离城市，起到了防护隔离的作用；如果分布在城市的公园广场中，起到城市的紧急避难场所的作用；另外，它能够充分阻碍细菌的直接传入，还能够在灾难来临时，抵挡危害蔓延，为人们争取更多的生存时间。

城市广场绿地中的植物，尤其是树木的枝叶里都蕴含着大量的水分，在温度增高的时候，树叶所散发出来的水分能够使空气中的湿度增加，还能够阻挡火势的蔓延，例如许多树木在发生火灾的时候，其自身并不能引起燃烧。

三、城市广场绿地规划设计的主要内容

1. 城市广场的绿化模式

城市广场绿地的绿化模式目前主要有三种。

(1)"广场草坪"模式　广场草坪是指多年生矮小草木植株密植，并经过人工修剪成平整的草地，在一定程度上起到净化空气、增加空气湿度、降温、吸尘、减噪等生态功能和丰富景观的观赏功能。广场草坪的分类，一般可以根据用途的不同划分为休闲、娱乐草坪和观赏性草坪，休闲、娱乐草坪可让人在上面休息、散步，通常选用叶细、韧性强、耐践踏的草种；观赏性草坪不能上人，通常选用颜色碧绿均一、绿色期较长的草种。用于广场草坪的草本植物主要有结缕草、野牛草、狗牙根草、地毯草、针叶草、黑麦草、早熟禾等。

但是这种模式从开始初期就有许多争议。由于大面积的种植草坪，管理费用高，这类模式乔木类和灌木量极低或无，以草坪（含草本花卉和其他草本地被）为主广场的综合性低，生态效益、社会效益低。

(2)"疏林草地"模式　这类种植模式灌木量相对较低或缺乏必要的中层结构，较为单调。从功能上讲，广场绿地能提供在林荫下的休息环境以及调节视觉、点缀色彩，所以可以考虑铺装结合树池、花坛、花钵等形式。在这方面最为典型的是美国麦迪逊广场，其间绿树成荫、草坪如毯、阳光明媚，设计体现出回归大自然的意旨，被公众称为"沙漠中的绿洲"。

(3)"生态型"模式　这类种植模式有一定的乔木量、灌木量和草坪量，层次比较分明，大多数广场属于此类模式。

绿化在广场中有着举足轻重的作用，草坪在广场绿地中处于次要、陪衬的地位，广场是

一种高人流量的开放性的社交空间，如果让大片的草坪占据了广场的空间，人群的活动就只能局限在几条道路之上，严重地影响了广场多样化活动的开展。所以，在广场绿化中多种植树木而少种植草坪，赋予广场自然功能的同时，赋予其更多的社会功能，比如休闲、纳凉、改善小气候和提倡社会文化等多元内容。

2. 城市广场绿地规划设计的作用和目的

① 城市广场的绿化可以有效地调节空气的温度、湿度和流动状态。

② 城市广场绿化可以吸收二氧化碳，放出氧气，并能阻止、吸收烟尘，降低噪音。

③ 城市广场绿化可根据不同类型的广场，利用不同的植物观赏形态和生物学特性等加以设计，以增加城市广场的绿色景观，丰富城市广场美的感受。

④ 城市广场绿化可以增加整个城市的绿化覆盖率。

3. 城市广场绿地规划设计要点

① 城市广场绿地布局应与城市广场总体布局统一，使绿地成为广场的有机组成部分，从而更好地发挥其主要功能，符合其主要功能要求。

② 城市广场绿地的功能应与广场内各功能区相一致，更好地配合和加强本区功能的实现。如在入口区配置植物应强调绿地的景观效果，休闲区规划则以落叶乔木为主。

③ 城市广场绿地规划应具有清晰的空间层次，独立形成或配合广场周边的建筑、地形等形成优美的广场空间体系。

④ 城市广场绿地规划设计应考虑与该城市绿化总体风格协调一致，结合城市地理区位特征，植物种类选择应符合植物的生长规律，突出地方特色，季相景观丰富。

⑤ 结合城市广场环境和广场的竖向特点，以提高环境质量和改善小气候为目的，协调好风向、交通、人流等诸多因素。

⑥ 对城市广场上的原有大树应加强保护，保留原有大树有利于广场景观的形成，有利于体现对自然、历史的尊重，有利于使用者对广场场所感的接受和利用。

⑦ 避免人流穿行和践踏绿地。在有大量人流经过的地方不布置绿化，必要时设置栏杆，禁止行人穿过。

⑧ 树木种植的位置要与地下管线和地上杆线配合好，在种植设计前要按照远近要求定出具体尺寸，尤其是热力管线，要保证按规定的距离设计。

⑨ 选用大规格苗木。广场是人流集中的地方，应很快形成广场的完整面貌。

⑩ 植物要和道路、路灯、座椅、栏杆、垃圾箱等市政设施很好地配合，最好是一次性施工完成，并能统一设计。

4. 城市广场绿地的设计构成

城市的广场绿地是为了满足城市的社会生活需要而建立的，以城市的建筑、道路、景观等为基础的，具有一定的主题思想的城市户外空间。随着经济的高速发展，人们越来越希望能够有更加宜人、更加放松的公共空间。城市的广场绿地设计从平面设计阶段就设置了绿地空间，但是一定要充分地考虑人的因素，一处没有人为活动的空间，就相当于一个报废的工厂，毫无价值。城市的广场绿地设计复杂，需要解决人流量、车辆通行、聚集疏散等问题，而这些也正是在现代城市发展过程中最基本的标准。从古希腊开始，广场就出现在城市里，广场绿地的功能和形式也日趋丰富多样，涉及范围也越来越广，越来越多的不同规模和不同类型的城市开始活跃涌现出来，多功能、全面是现在城市广场的新特点。

城市广场绿地的设计集合了多元化的理念，它将人们的生活品质提升到一个新的高度，改善了在广场中缺少的绿色景观，在绿地中缺少的亲近性设计。

(1) 广场绿地尺度　广场的规模与尺度要合理的处理，尺度的合适与否关系着这广场的整体效果，而现代城市的许多广场设计都不注重这一点（占用的面积过大、尺度把握不准确使得整个广场绿地破碎不完整，更有地面与墙体的空间感存在性不强的设计）。广场绿地的规划设计与一般性的绿地最大的不同点就在于广场需要拥有一定的围合感和空间感，因此广场又被称作为城市的起居室。现代的广场都存在一定的设计误区，人们都认为广场的尺度越大越好。还有一点则是，城市广场的大与小都需要与广场所在城市的地位以及他所辅助的功能相适应。城市广场的大与小和其内容布局、视线、景观等密不可分。

据了解设计师卡米拉·希特认为古老城市中的大型广场的平均尺度为长 142m，宽 58m 的矩形广场，并且广场的空间尺度的重点在于高与宽的比例，以及建筑与广场之间的比例。卡米拉说"广场宽度的最小尺寸等于建筑高度，最大尺寸不超过建筑高度的两倍"。从人们的视觉角度上来看，就可以发现人们可以清楚地观看另一个人的面部表情的最大视距约为 25m，能观看人们活动的距离可以达到 70～100m。而凯文·林奇也提出过把 25m 作为最佳视觉尺寸，同样的视距观点也被其他设计师提及过，而中国传统资料里也出现过"百尺为形，千尺为势"的道理。除此之外，实际物体的高度与距离也非常重要。

当实体的高度是 H，视线与实体的距离是 D，那么就有以下三种结论：

$D:H=1$ 时视线视角为 45°，可以清楚地看到物体的细部，并且拥有安定不压抑的感觉；

$D:H=2$ 时视线视角为 27°，可以看清楚物体的整体，具有内聚和不会有离散感；

$D:H=3$ 时视线视角为 18°，可以清楚地看到物体与衬景的关系，使得空间具有离散感。

综上所述，$D:H$ 持续增大时，相应的空间的围合性会越来越差，让人们产生距离、空旷、没有安全感。除此之外，城市广场在尺度上还应该考虑人的活动尺度，例如在小品设施上应该考虑人们的舒适程度以及视觉上、精神上的感受，从而达到以人为本的目的。

（2）广场绿地开敞与封闭　广场是被人们特意限定出来的一处场所，与建筑空间一样是由地面和垂直面限定而成。它的空间设计手法主要是围绕点、线、面进行的。从广场的使用情况来看，人们通常会围绕在广场的标志性物体周围，这是一种向心力的表现，人们会不自觉地向一处标识周围活动。垂直面的空间限定是最常见到的，不管是建筑物的墙体还是广场上的垂直面上的绿化亦或者是一处景观墙，不同的构件围合或者限定用不同的空间组成方式表现——封闭的空间或者半开放性的空间。这种方式不仅仅能打破空间的单调性还能划分不同的空间，最终还能保证空间的整体性以及视线上的连续性。广场上的灰空间（非主要使用空间）主要用棚架、布幔等表现，还可以运用植物绿化形成空间界限，地面的抬高与下沉的方式形成不同的空间变化，但是要注意的是高度的适度性，需要避免影响人们活动时的方便性，而界定空间的辅助手段是靠地面的材质变化和铺装的肌理变化。

（3）广场绿地的设计主题　主题性质的广场最常用的表现方法就是设置雕塑、纪念柱或者其他一些标志性的构筑物，一般情况下都是设置在广场的中心，有很强的空间感和很强的体积感，但是没有特别的方向性。如果广场上出现了成组布置的构筑物，构筑物的布置也要具有强烈的主次顺序。这种多个构筑物的广场一般面积都比较大，当构筑物出现在广场的一侧时，这说明广场是需要偏重表现某种事物的重要性，或者为了突出某种轮廓感。

在放置雕塑物的时候，除了需要考虑视觉上的问题以外，更重要的是要注意透视上的变化和尺度的把握。人们在广场的任意一处观察雕塑时，由于处于视点的位置不同，雕塑往往会出现视角上的变形。比如观看者感觉雕塑变小了或者雕塑各部分之间的比例不对称等问题，这些都会让人们对广场本身的感觉大打折扣。但是为了克服这类问题，可以让雕塑物向前稍微倾斜，而倾斜的角度也是有规定的，且适度有限。如何从保证最少四个方向观看雕塑时，雕塑依然能够保持比例的合理并且不变形的状态，需要具体问题具体分析。

广场的主题表现最关键和主要的是建筑小品本身，所以说广场中的建筑小品是解决广场性质和功能的关键，同时建筑小品对周围环境有很强的支配作用。周围的其他建筑物自然就与之形成了从属关系，并且提供了连续性和背景陪衬的作用。主次的关系不止如此，还体现在尺度和形态以及人流的导向作用上。现代的广场周围出现的建筑物都是形式多样的综合性功能复杂的整体，但是他们的统一感和连续感不强烈，与古典广场相对比，广场和建筑物之间在视觉艺术上都存在着许多差别。广场周围的建筑物与广场存在着一种亲密的关系，特别是人们喜欢参与性更强的广场。建筑物也都需要具有很强的社会性，例如市政大楼、博物馆、图书馆、剧院和音乐厅等。广场周围的建筑物不应该相互冲突也不能仅仅围绕一个广场展开，这样城市就会出现多样性的不同空间形式，丰富城市的文化和活动场所。

5. 城市广场绿地的植物选择与配置

（1）城市广场绿地植物的功能　广场上种植植物的功能除了最基本的观赏功能外，还包括以下功能。

① 空间分隔功能。在地平面上，不同高度和不同种类的地被植物或矮灌木，暗示了空间的边界和空间范围的不同。在垂直面上，树干如同伫立于广场中的柱子，以实体来限制空间。植物影响广场空间的围合感，叶丛越浓密、体积越大，其围合感越强烈，而落叶植物的封闭程度则随季节的变化而不同。低矮的灌木和地被植物可以构成开敞空间；高灌木与地被植物搭配则可形成半开敞空间；而具有浓密树冠的遮阴树可构成一种顶部覆盖而四周开敞的空间，它的枝叶犹如广场的天花板，影响着垂直而上的尺度。多种植物的综合使用，又可以塑造出更多不同类型的空间。地被植物在设计中既可以暗示空间边缘，又可以衬托主要景物，还可以将广场上其他相互独立的因子联系为一个整体。当然，由于季节和枝叶密度都是可变因素，其构成的空间也具有可变性，从而使广场空间更加丰富。植物的空间分隔包括广场与道路分隔以及广场内部分隔，利用植物将广场和街道相隔，可以使广场内人们的活动不受外界的干扰，这种分隔宜采用不遮挡人视线、分枝较高的乔木。

② 软化空间功能。作为软质景观，植物是城市空间的柔化剂，可以对广场内硬质景观所产生的生硬感受起缓和作用。研究表明，随着绿化量的增加，广场周边高层建筑给人的压迫感会减少。

③ 调节心理功能。植物令人赏心悦目的色彩、芳香以及姿态很容易吸引使用者的注意力，对于放松心神、调节心理有积极的作用。

④ 框景和障景功能。植物在广场中的框景和障景作用包括限制观赏视线、完善其他设计要素、在景观中作为观赏点或背景等。植物树冠的通透程度不同，障景的作用也会有所不同。为了使植物最有效地起到障景的作用，设计师需要分析观赏者的行动位置、观赏者与景物之间的距离和角度以及地形高差等因素。因此也可以利用阻挡人们视线的植物，对一定区域进行围合，将空间与其环境隔离，进一步控制广场环境的私密程度。

⑤ 遮阴功能。大的落叶乔木夏日可以为人们提供纳凉的树荫，冬季在阳光的照射下可以形成丰富多变的树影。良好的植物遮阴可以改善广场的小环境状况，改善硬质地面的热状况，提高夏季广场的使用率。

（2）城市广场绿地植物选择与配置的影响因素　城市广场无论如何分类，都是城市公共绿地的一部分，是一种开敞的城市空间绿化形式。随着现代生活节奏的不断加快，人们对来自生活、学习、工作等方面的压力感受也越来越强，城市广场为人们提供了进行交往、观赏、娱乐等活动的场所，使人们的压力得以释放，精神得以放松，身心的疲惫得到缓解和恢复。绿色植物的合理配置可以使使用者对城市广场绿地产生亲和感和归属感。

在具体分析城市广场绿地环境条件前需要从公共卫生和环境保护的要求出发，对城市广场的绿化趋向进行定位。城市广场人流量大，游人的各种活动要求空间开阔，活动产生的扬尘和噪声污染也较重,所以城市广场作为与整个城市生态系统相联系又独立的绿化单元应该是一种外密内疏的绿化结构,周边密植乔、灌、草相结合的复层绿带,内部以疏林草地、稀树草地形式与广场道路、重要景点(如喷泉、雕塑等)的硬质铺装相结合。下面为影响植物建植的影响因素。

① 环境因素。城市广场绿地环境因素会直接影响植物的生长,环境因素主要包括植物的生长环境、植物物种自身因素和外部人为因素几个方面。植物生长环境中涉及土壤性质、养分、水分的供给情况,光照条件等。植物自身因素即其对水、肥、气、热的需求情况、成材速度、成材后的生长势、竞争能力等,人为因素主要指人们对草坪的管理爱护或践踏损伤的情况与程度。

在城市广场绿化中大量建筑垃圾的就地掩埋,使得土壤条件进一步贫瘠恶化,这在老城区的城市广场改建中问题更突出。它的立地组成中以砖块、瓦砾、碎石、石灰水泥残渣、生活垃圾、塑料、电线等废弃物占大多数,可供植物利用的营养成分几乎没有,这种恶劣的土壤条件难以让任何植物成活。特别是草坪对土壤条件要求较高,草坪种植后的成坪情况和日后的观赏性直接受土壤条件的制约。草坪生长要求土壤质地疏松、透气良好,具有一定的给、排水能力,富含各种营养成分,酸碱度合适,总之要能够满足草坪生长对水、肥、气、热的要求。生长良好的植物对水分的要求严格,当土地干旱缺水时,植物尤其是草坪会因水分供给不足而变得干枯甚至死亡。当处于积水情况时,根系会因无法呼吸而腐烂导致全株死亡。干旱或洪水时植物不仅生长不良,还易感染病虫害,降低植物的观赏价值和生态效益,因此在城市广场绿化中安排好植物的排灌系统十分重要。

② 人为因素。人为因素主要分植物人为选择和植物的人为管理两部分。

首先是植物人为选择:要根据城市广场植物的使用目的选择;要根据当地的土壤、气候条件选择。

其次是城市广场草坪建植后的管理:游人破坏问题,城市广场人流量大,使用频率高、时间长、游人活动繁杂,游人文化、道德素质高低不齐等因素使得对植物尤其是草坪的践踏不可避免,有意识地选择耐践踏草种,开辟开放草坪区,这样可以防止大部分草坪被践踏破坏;水肥供给问题,充足的水肥条件是植物正常生活的有力保证,施肥时要注意肥料养分的均衡性,N、P、K 及各种微量元素对植物生长同样重要,施肥以复合肥、生物肥、有机肥为首选,植物灌溉要及时,但不能盲目地大量浇水和过分依赖施肥;修剪问题,适度修剪会促进植物生长,增加植物观赏性,但修剪不及时或过于频繁,都能对植物本身造成伤害,导致植物生长不良影响观赏效果;药剂使用时间或种类不当都会影响植物生长,所以应注意要慎用,不要滥用除草剂、杀虫剂等,以免造成药害,影响植物的美观。

(3)城市广场绿地植物选择的标准 城市广场绿地植物的选择要适应当地土壤与环境条件,掌握选择树种的原则、要求,因地制宜,才能达到合理、最佳的绿化效果。在进行城市广场绿地植物选择时,一般须遵循以下几条原则和标准。

① 冠大荫浓。枝叶茂密且冠大的树种,夏季可形成大片绿荫,能降低温度,避免行人暴晒。

② 深根性植物。营养面积小,而根系生长很强,向较深的土层伸展仍能根深叶茂。根深不会因践踏造成表面根系破坏而影响正常生长,特别是在一些沿海城市更应选择深根性的树种,能抵御暴风袭击而不受损害。

③ 耐修剪。广场树木的枝条要求有一定高度的分枝点。侧枝不能刮、碰过往车辆,并具有整齐美观的形象,所以要修剪侧枝,树种需有很强的萌芽能力,修剪以后能很快萌发出新枝。

④ 抗病虫害与污染。要选择能抗病虫害，且易控制其发展和有特效药防治的树种，选择抗污染、吸收污染物强的树种，能够有效改善环境。

⑤ 落果少且无飞毛、飞絮。经常落果或有飞毛、飞絮的树种，容易污染行人的衣物，尤其污染空气环境，并易引起行人呼吸道疾病。

⑥ 发芽早、落叶晚且落叶期整齐。应选择发芽早、落叶晚的阔叶树种，落叶期整齐的树种有利于保持城市的环境卫生。

⑦ 耐旱、耐寒。选择耐旱、耐寒的树种可以保证树木的正常生长发育，减少管理上财力、人力和物力的投入。北方大陆性气候具有冬季严寒、春季干旱的特点，致使一些树种不能正常越冬，必须予以适当防寒保护。

⑧ 耐贫瘠。城市中土壤贫瘠，植物多种植在道旁、路肩、场边。受各种管线或建筑物基础的限制和影响，植物体营养面积很少，补充有限。因此，选择耐贫瘠土壤习性的树种尤为重要。

⑨ 寿命长。树种的寿命长短影响到城市的绿化效果和管理工作。

（4）城市广场绿地植物配置的原则　城市广场绿地植物配置包括两个方面，一是各种植物相互之间的配置，根据植物配置的各项原则选择合适的植物种植方式；二是植物与城市广场其他设计元素配置关系，如与水体、座椅、铺装、花架、雕塑、小品等。不同植物具有不同的生态习性和形态特征，而且同一植物的干、叶、花的形状、质地、色彩在一年四季中也呈现不同的形态。因此，城市广场绿地的植物配置，要因地制宜、因时制宜，充分发挥各种植物的生态作用和观赏特性。

（5）城市广场绿地植物配置的基本手法

① 运用植物不同形态特征进行对比的手法，如植株的高矮、植株的姿态、株型、叶形叶色、花型花色等，配合城市广场建筑等其他要素整体地表达出一定的构思和意境。

② 城市广场植物配置的形式组合应注意韵律和节奏感的表现，同时还应注重植物配置的层次关系，尽量达到既要有变化又要有统一的效果。

③ 植物的干、叶、花、果色彩丰富，可采用单色表现和多色组合表现，达到城市广场植物色彩搭配，取得良好图案化效果，要根据植物的四季季相，尤其是春、秋的季相，处理好在不同季节中植物色彩的变化，产生具有时令特色的艺术效果。

（6）城市广场绿地种植设计的基本形式

① 自由式（排列式）种植。自由式（排列式）种植属于整形式，用于长条地带，作为隔离、遮挡或作背景。单行的绿化栽植，可采用乔木、灌木、灌木丛、花卉相搭配，但株距

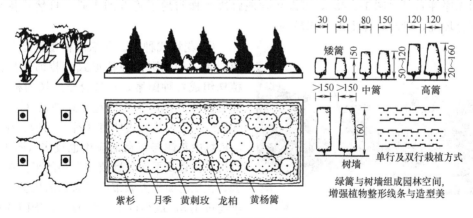

图 1-3-20　排列式种植形式的龙柏树坛

要适当，以保证有充分的阳光和营养面积（图1-3-20）。乔木下层的灌木和花卉要选择耐阴品种，并排种植的各种乔木在色彩和体型上注意协调，形成良好的水平景观和立体景观效果（图1-3-21）。

图1-3-21　水平及立体景观效果兼具的自由式（排列式）种植形式

②集团式种植。集团式种植也是一种整形式，为避免成排种植的单调感，用几种树组成一个树丛，有规律地排列在一定地段上。这种形式有丰富浑厚的效果，排列整齐时远看很壮观，近看又很细腻。可用花卉和灌木组成树丛，也可用不同的灌木或（和）乔木组成树丛（图1-3-22），植物的高低和色彩都富于变化。

图1-3-22　集团式种植形式

③自然式种植。自然式种植指花木种植不受统一的株行距限制，而是模仿自然界花木生长的无序性布置（图1-3-23），可以巧妙地解决植株与地下管线的矛盾。自然式树丛的布置要结合环境，管理工作上的要求较高。

图1-3-23　自然式种植形式

④花坛式种植。花坛式种植就是图案式种植，是一种规则式种植形式，装饰性极强，用植株组成各种图案，最适合于广场的种植形式，如居住区游园广场中的花坛式种植（图1-3-24）、公园广场中的花坛式种植（图1-3-25），在城市中心广场中花钵与花台的应用也较多（图1-3-26），花坛的位置及平面轮廓要与广场的平面布局相协调。花坛的面积占城市广场面积的比例一般最大不超过1/3，最小也不小于1/15。华丽的花坛面积要小些，简洁的花坛面积要大些。

图 1-3-24 居住区游园广场中的花坛式种植形式

图 1-3-25 公园广场中的花坛式种植形式

图 1-3-26 城市广场中的花钵与花台

（7）城市广场绿地各类植物的选择与配置 园林植物配置就是将园林植物材料进行科学、艺术地组合，以满足园林各种功能和审美要求，创造生机盎然的园林境域。园林植物配置在很大程度上决定着园林效益的高低，是当今园林绿地规划设计的核心问题。

进行园林植物配置，必须要熟练掌握园林植物生态学和生物学特性，运用美学原理，根据不同环境、功能、景观及经济要求综合考虑。

① 草坪的配置。草坪配置是以研究草坪植物的配置艺术以及草坪与其他绿化材料、绿化设施之间的配置设计为内容的一门专业技术科学，目的是探讨如何提高草坪在城市绿地中的环境效益、社会效益和经济效益。

a. 草种的选择。园林草坪植物必须满足游人游憩、体育活动及审美等需要，所选用的草坪植物必须植株低矮、耐践踏、抗性强、绿色期长和管理方便，应用时需根据要求进行选择。

首先，依环境条件选择草种。我国北方地区，冬季寒冷干燥，夏季炎热高温，选用时除以当地乡土草坪植物的品种为主，还需选择适应当地气候条件和环境、立地条件生长相似的草坪植物品种。在我国北方地区，可选用野牛草、羊胡子草、匍匐剪股颖等。在我国南方地区气候温暖湿润，可选用狗牙根、细叶结缕草、马尼拉草等。

其次，依功能要求选择草种。体育场、飞机场草坪地，应有厚而平坦、坚固而有弹性的毯状草层。草层高度体育场不超过 5~8cm，飞机场不超过 10~20cm，以选用狗牙根、结缕草等为好。观赏性草坪以选用细叶结缕草、匍匐剪股颖为好。

b. 草坪的主景配置。草坪是园林植物配置整体当中的基调和主体。把草坪植物作为绿地的重要内容或主要材料时称草坪为主景，也是绿地的主要景观。

由于近年来人们对城市种草事业的重视，草坪的应用范围也逐年在扩大，许多大、中城市都把铺设开阔、平坦、美观的草坪纳入现代化城市建设规划之内。例如，建造面积较大的文化休息公园绿地、中心广场绿地和在建立纪念碑、喷泉、雕塑时，也都把配置草坪开阔视野作为主要手段来衬托主景物的雄伟（图1-3-27）。在一些现代化建筑物周围，一般以草坪为主景内容，将乔、灌、花配置在草坪上来加深草坪主景的气氛，如在广场草坪上种植孤立树和丛树、在草坪边缘种植低矮植物等，进一步加深草坪主景的透视性（图1-3-28）。

图1-3-27　大面积草坪衬托出雄伟的华盛顿纪念碑

图1-3-28　加深草坪主景透视性的孤植树

② 树木的配置

a. 配置的原则

（a）因地制宜，适地适树。要使园林植物的生态习性和栽培地点的生态条件基本适应，以保证植物的成活和正常生长。植物选择应以乡土植物为主，引种成功的外地优良植物为辅；根据功能与造景要求合理选配其他植物。一般不同地区、不同性质的园林，可以选用不同的乡土树为基调树种，这样不但经济，而且成活率高，还可以充分显示出园林的地方特色。

（b）符合园林的性质和使用功能要求。进行园林植物配置时，要从园林的性质和主要功能出发。园林具有多种功能和作用，对于具体绿地应根据其具体特点具体对待，因此对植物配置要求也不同。如天安门广场的绿化首先是沿广场边缘的绿化，在设计上，选定了松柳并列分行栽植，其形式整齐，均以苍翠的色彩勾勒广场的轮廓，统一协调了各建筑前的绿化。松树的风格，柳树的情调，文人雅士为它们留下很多赞美诗篇。街道绿地的主要功能是蔽阴、组织交通和美化市容，植物配置中应选择冠大荫浓、树型美观的树种。

（c）远近结合创造相对稳定的植物群落。植物配置应兼顾速生植物与慢生植物的搭配，以解决远近期过渡问题。但配置时要注意不同树种的生态要求，使之成为稳定的植物群落；从长远效益考虑，根据成年植物冠幅大小决定种植距离，如想在短期内取得好的绿化效果，种植距离可密些，在一定时期予以移栽或间伐。

b. 以树木为主的植物配置

（a）孤植。通过孤植树表现的是树木的个体美，主要表现包括：体形巨大，树冠舒展，给人以雄伟、浑厚的艺术氛围，如国槐、悬铃木、银杏等；姿态优美、奇特，如油松、雪松、垂柳等；开花繁茂，果实累累，花色艳丽，给人以绚丽缤纷的艺术享受，如梅花、樱花、紫薇等；芳香馥郁，给人以香沁肺腑的美感，如桂花、刺槐等。

（b）对植。在构图轴线两侧所栽植的，互相呼应的园林植物，称之为对植。对植可以是两株树、三株树，或两个树丛、树群。对植在园林艺术构图中只作配景，动势向轴线集中。

（c）树丛。和孤植树相同，其四周或主要观赏方向，要留出适宜的观赏视距，一般为树高的 4～8 倍。因此，在树木的配置时，一定要遵循树木配置原则，注意园林景观效果，创造不同的园林意境。

③ 花卉的配置。花卉配置的目的是以花卉植物构成具有艳丽色彩或图案的景观，主要以花坛的形式出现在园林里，充分表现花卉在园林美化中的应用效果。

花坛欣赏的不是个体花卉的线条美而是群体的造型美、色彩美。花坛在园林中常用作出入口的装饰、广场的构图中心、建筑的陪衬、道路两旁和转角以及树坛边缘的点缀。

花坛的基本类型，根据花坛的组合方式，可分为独立花坛、花坛群、连续花坛群。

独立花坛是作为园林局部构图主体布置在各种广场中央的花坛。其外形有三角形、正方形、长方形、多角形、半圆形、圆形、椭圆形等，长宽比小于 3∶1。长宽比大于 3∶1 的花坛，称为带状独立花坛。

根据表现主题不同，独立花坛又分为花丛花坛（图 1-3-29）和模纹花坛（图 1-3-30）。

图 1-3-29　花丛花坛

图 1-3-30　模纹花坛

在花丛花坛植物配置时，应注意色彩的搭配。红色、黄色、橙色花卉，通常给人以热情、活泼、温暖的感觉，适用于繁华地区或者寒冷季节；蓝色、绿色、紫色通常给人以悠闲、安静、凉爽的感觉，适用于安静休息区。花坛的线条、纹样间要防止出现顺色现象，组成花丛花坛的花卉应以中间高、四面低、互不遮挡为宜。

模纹花坛要求所用花卉植株矮小，能组成精细的线条图案并耐修剪，易形成毛毡式或浮雕式形象。通常所用植物为苋科的小叶红、小叶绿、小叶黑、大叶红和景天科的白草。

在模纹花坛的中心部分还可采用棕榈、苏铁、朱蕉、剑麻、小叶黄杨、彩叶苏等，并以不同色彩的观叶或观花兼宜植物及常绿小乔木、常绿灌木组成的精美图案纹样来表现主题的花坛。

花丛花坛要求所选用的花卉必须花期一致，开花时间长、适应性强、耐移植、生长健壮，是以观花草本植物及花朵盛开时的群体美来表现主题花坛。

花坛群是两个以上花坛，规则排列组合为一个不可分割的构图群体。一般设置于面积较大的广场上，如天安门广场上的花坛群（图 1-3-31）。

连续花坛群是由许多单体花坛成行排列，组成有节奏感的不可分割的构图整体，常布置在道路、广场的纵轴线，并以独立花坛、喷水池、雕塑强调连续风景构图的起点——高潮——结束，如意大利台地园中的连续花坛群（图 1-3-32）。

④ 地被植物的配置

a. 树坛、树池中的地被植物配置。树坛、树池中由于乔灌木的遮蔽，形成半阳性环境，所用地被植物应是半耐阴的，可以是单一地被植物，也可以是两种地被植物混交，其色彩与姿态应和上方植物相呼应，如彩色叶树池内以麦冬、沿阶草、吉祥草等常绿地被为宜。自然

图 1-3-31　天安门广场上的花坛群　　　　　图 1-3-32　意大利台地园中的连续花坛群

栽植为孤植树下的地被植物，能有效地增加自然风趣。

　　b. 林下和林线地被植物的配置。林下配置相适应的耐阴、半耐阳地被植物，不但能保持水土，同时能增加林相层次和景深，体现植物配置的自然美，适用于林下的地被植物有玉簪、吉祥草、沿阶草、阔叶麦冬、石蒜、鸢尾等。林缘地被植物的配置，可使乔木与草地道路之间形成自然的过渡。

　　c. 地被植物的零星配置方式。地被植物除上述配置方式外，还常见配置于台阶石隙、池港或塘溪的山石驳岸及园林置石周围。

　　6. 城市广场绿地水景设计

　　(1) 城市广场绿地水景设计原则

　　① 自然优先原则。对城市广场水景进行设计，首要原则就是降低人为行动对自然环境造成的影响，通过合理的设计手段对自然资源进行保护，并通过合理利用将功能发挥到最大。自然优先原则即满足自然环境要求为基础，提倡将属于自然的归还给自然，实现环境与人类活动的和谐统一。

　　② 新工艺原则。科学技术的发展，带动了城市景观设计的发展，对于生态设计理念的应用，可以通过新材料、新工艺以及新产品等来实现。新工艺原则要求选择以自然景观材料代替人工设计材料，并且综合利用声、光、电营造出更好的水景效果（图 1-3-33）。另外，同样重要的是要以新型技术、产品以及工艺等，对水景系统进行保护，增强水体净化能力。

图 1-3-33　结合声、光、电的现代广场水景

　　③ 因地制宜原则。不同城市在设计时应结合自身实际情况，与城市文化以及建设特点等融合，综合考虑设计因素。例如在水资源充沛的地区，可以建立大型水景，将收集、处理的降水用于水景中，降低对水资源的损耗，而对于干旱地，水景的规模应量力而行，可以采取点状、线状水景模式。

　　(2) 城市广场绿地水景设计方法

　　① 结合城市发展需求确定设计方案。城市广场水景生态设计必须要结合城市发展实际需求以及现状来进行。首先，应以城市本地文化为基础，结合当地特色进行设计。以自身特色为骨架，创造设计出的广场水景能够更深入人心，例如山东济南泉城广场，广场设计中心为"山、泉、湖、城、河"相融

合，其中为体现泉城特色，在广场东部设计荷花音乐喷泉，是广场的主要景观之一，在圆形的水池内，有一巨大金属荷花，水从水池以及荷花中喷出，通过设计可以变换出不同造型；广场西部设计有四组独立的喷泉，其代表的是济南四大名泉，七十二小涌泉，寓意为"七十二名泉"，游人可以通过广场水景设计来了解济南城市的文化。

② 建立循环水景系统。在城市建设过程中逐渐出现更多的硬化地面，广场设计时逐渐以大面积非透水性硬质铺装代替了天然植被，降低了土壤以及下垫层天然渗透性。在进行生态设计时，重点应放在城市生态化环境，建立循环水景系统实现与环境共生。广场水景设计应提高周围空间透水性能，通过充分利用自然降水，保证水源下渗回土壤补足地下水，形成真正的生态水景。

③ 配置水生植物。为避免水景内水质恶化，在设计时应配置相应的水生植物，随着季节的变化水生植物也会随之变化，一方面可以丰富水面景观层次；另一方面也可以通过植物的生态效应，对水质进行净化。在配置水生植物时，应结合水质要求对植物进行优化组合，通过高低错落的形态、叶色以及花形花色等构成引人注目的景观。

7. 不同类型的城市广场绿地规划设计

（1）集会广场　集会广场一般用于政治集会、文化集会、庆典、游行、检阅、礼仪、民间传统节日、宗教等活动。这类广场不宜过多布置娱乐性建筑和设施。集会广场一般都位于城市中心地区，这类性质的广场，也是政治集会、政府重大活动的公共场所，如天安门广场、上海人民广场、兰州市中心广场等。在规划设计时，应考虑游行检阅、群众集会、节日联欢的规模和其他设置用地需要，同时要注意合理地布置广场与相连道路的交通路线，以保证人群、车辆的安全。

集会广场是反映城市面貌的重要部位，因而在广场设计时，要与周围的建筑布局协调，无论平面立面、透视感觉、空间组织、色彩和形体对比等，都应起到相互烘托、相互辉映的作用，反映出中心广场非常壮丽的景观。常用的广场几何图形为圆形（图1-3-34）、矩形、正方形、梯形或其他几何形状的组合，无论哪一种形状，其比例应协调，若广场的长与宽比例大于3倍，其交通组织、建筑布局、艺术造型和绿地设计等方面都会产生不良的效果。因此，一般长宽比例以4：3、3：2、2：1为宜。同样，广场的宽度与四周建筑的高度也应有

适当的比例，一般以建筑物高度的3～6倍为宜。

集会广场绿地设计的基本原则是在满足入口及车辆集散功能的前提下，与主体建筑相协调，构成衬托主题建筑、美化环境、改善城市面貌的丰富景观。绿化形式基本以排列式和集团式种植等规则式种植为主，以烘托集会广场严肃庄严的气氛。基本布局是周边以种植乔木或绿篱为主，广场上种植草坪、设花坛，起到交通岛作用，还可设置喷泉、雕塑，或山水小品、建筑小品、座椅等，如集会广场绿地平面图（图1-3-35）。

图1-3-34　圆形集会广场绿地

（2）纪念广场　纪念广场主要是为纪念某些名人或某些重要历史事件的广场，它包括纪念广场、陵园广场、陵墓广场等。

纪念广场是在广场中心或侧面设置突出的纪念雕塑、纪念碑、纪念塔、纪念物和纪念性建筑等作为标志物，如天安门广场中的人民英雄纪念碑（图1-3-36）。主题标志物应满足纪

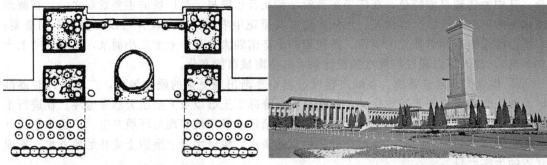

| 图 1-3-35　集会广场绿地平面图 | 图 1-3-36　天安门广场中的人民英雄纪念碑 |

念气氛及象征的要求，广场本身应成为纪念性雕塑或纪念碑底座的有机组成部分。广场在设计中应体现良好的观赏效果，以供人们瞻仰。

其绿地设计首先要与广场的纪念意义、主题形成相应、统一的形式、风格，如庄严、简洁、幽静、柔和等，如哈尔滨防洪纪念广场（图 1-3-37）。其次，城市广场绿化要选择具有代表性的树木和花卉，如广场面积较小时，应选择与纪念性相协调的树种，加以点缀、映衬。塑像则宜布置浓重、苍翠的树种，创造严肃或庄重的气氛；纪念堂侧面铺设草坪，创造肃静、开朗的境界。

（3）交通广场　交通广场是人流集散较多的地方，如火车站、飞机场、轮船码头等站前广场，以及剧场、体育场（馆）、展览馆、饭店、旅馆等大型公共建筑物前的广场，还包括道路公共交通的专用交通广场等。

交通广场主要是几条道路相交的较大型交叉路口，其功能是组织交通。由于要保证车辆、行人顺利地全面通行，交叉路口的组织应简洁明了，现代城市中常采用环行交叉路口广场（图 1-3-38），特别是 4 条以上的车道交叉时，环形交叉广场设计采用更多。

| 图 1-3-37　哈尔滨防洪纪念广场 | 图 1-3-38　环形交叉路口广场 |

交通广场绿地设计要有利于组成交通网，满足车辆集散要求，种植必须服从交通安全，在广场与道路结合处，植物选择应选择分枝点高的乔木或者低矮的花灌木，避免遮挡机动车驾驶员或者行人的视线，避免产生交通安全隐患。交通广场绿化一般有绿岛、周边式与地段式 3 种绿化形式。绿岛是绿地广场中心的安全岛（图 1-3-39），可种植乔木、灌木并与绿篱相结合。面积较大的绿岛可设地下通道，围以栏杆；面积较小的绿岛可布置大花坛，种植一二年生或多年生花卉（图 1-3-40），组成各种图案或文字的模纹花坛，或种植草皮，以花卉点缀，形成缀花草坪。

图 1-3-39　交通绿地广场中心的安全岛

图 1-3-40　花卉组成的绿岛

交通广场周边式绿化是指在交通广场周围以种植草坪、矮花木或围合以绿篱进行绿化的绿地形式（图 1-3-41）。

交通广场地段式绿化是指将除了车行路线外的地段全部绿化的绿地形式，该绿地绿化形式灵活，乔木、花灌木和草坪均可，自由组合，形式活泼。大型的地段式交通广场绿地可以兼顾街头小游园的角色，如沈阳中山广场（图 1-3-42）。

图 1-3-41　交通广场周边式绿化

图 1-3-42　兼顾街头小游园角色的沈阳中山广场

（4）文化娱乐休闲广场　任何传统和现代广场均有文化娱乐休闲的性质和功能，特别在现代社会中，文化娱乐休闲广场已经成为广大民众最喜爱的重要户外活动场所，它可有效地缓解市民工作之余的精神压力和疲劳。在现代城市中应当有计划地修建大量的文化娱乐休闲广场，在居住小区（图 1-3-43）和城市中心广场（图 1-3-44）均可修建，以满足广大民众的需求。

图 1-3-43　居住小区文化娱乐休闲广场

图 1-3-44　城市中心文化娱乐休闲广场

图 1-3-45　林下空间利用率较高的文化娱乐休
闲广场绿化效果图

文化休闲娱乐广场空间应当具有层次性，以满足广大民众各类休闲娱乐的使用需求。常采用不同的植物组合方式来对空间进行划分，比如高大乔灌木进行围合，产生相对私密的空间，以满足使用者对环境静谧的要求；低矮花灌木配合硬质铺装可以形成相对开敞的空间，满足一些群体性的娱乐活动，且其绿化多种植乔灌木，提高林下空间利用率（图 1-3-45）。

文化娱乐休闲广场需要与地域文化相结合，营造出具有地域特色、游人认同感和归属感强的广场景观。如都江堰水文化广场就是以水文化为广场的设计主题，广场的各类景观设计充分挖掘水文化的内涵，体现出都江堰的地域特色文化（图 1-3-46、图 1-3-47）。

图 1-3-46　都江堰水文化广场（一）

图 1-3-47　都江堰水文化广场（二）

（5）商业广场　商业广场包括集市广场、购物广场。它用于集散贸易、购物等活动，或者在商业中心区以室内外结合的方式把室内商场与露天、半露天市场结合在一起。商业广场大多采用步行街的布置方式（图 1-3-48），使商业活动区集中，既便于购物，又可避免人流与车流的交叉，达到组织交通的作用，同时可供人们休息、散步、饮食活动等。

在绿化形式上，多采用带状绿化形式，方便组织交通，避免进行大面积的地被草坪的绿化形式，采用树池座椅或者花坛座椅的形式（图 1-3-49），为顾客创造尽可能多的活动休闲空间的同时增加绿化面积。

图 1-3-48　商业步行街绿化效果图

图 1-3-49　商业步行街树池座椅的绿化形式

第四节 单位附属绿地规划设计

一、单位附属绿地概述

1. 单位附属绿地的概念

单位附属绿地是指在某一部门或单位内，由本部门或本单位投资、建设、使用、管理的绿地，单位附属绿地主要为本单位员工服务，一般不对外开放，又称为城市专用绿地或单位环境绿地。

2. 单位附属绿地的类型

单位附属绿地是城市绿地规划建设用地之外的城市各类单位用地中的附属绿化用地，包括：

① 单位绿地，即机关团体、学校、医院、工厂、部队等单位绿地；

② 公用事业绿地，即公共交通停车场、自来水厂、污水处理厂、垃圾处理厂等的绿地；

③ 公共建筑庭院绿地，即机关、学校、医院、宾馆、饭店、影剧院、体育馆、博物馆、图书馆、商业服务中心等公共建筑旁的附属绿地。

单位附属绿地在城市园林绿地系统规划中，一般不单独进行用地规划，其位置取决于本单位的用地条件和要求。

3. 单位附属绿地的功能

机关团体、学校、医院、部队等的绿地功能主要是调节内部小气候、降低噪声、美化环境，而工厂、仓库绿地的主要功能是减轻和降低有害物质对工厂及附近居民的危害，改善小气候环境条件，防风防火等。公共事业绿地主要起净化空气、改善环境卫生条件、杀菌保健以及美化环境等作用。公共建筑庭院绿地则具有丰富城市景观、衬托建筑、突出建筑的个性、增加建筑艺术感染力的作用。

单位附属绿地在城市中分布广泛，占地比重大，是城市绿地生态系统中数量较多且镶嵌度最丰富的重要组成斑块，在城市生态系统中发挥着重要的作用。单位附属绿地的规划设计要在符合城市总规的基础上，结合各单位的性质、特点、自然状况和单位文化等进行设计，形成丰富多彩，独具特色的绿地类型。

二、工矿企业绿地规划设计

1. 工矿企业绿地概述

工矿企业绿地是城市园林绿地系统的重要组成部分，工矿企业绿化能美化厂容，为职工提供一个清新优美的工作环境，提高劳动效率。工矿企业绿化是美化城市环境的重要环节，也是改善全市环境质量的重要措施。

工矿企业绿地规划设计是工矿企业总体规划设计的一部分，是工矿企业进行绿化建设的依据。工矿企业绿地规划设计应以生态园林为理念，以绿为主，绿美结合，充分发挥绿色植物在改善环境、卫生防护、美化环境等方面的综合功能。遵照因地制宜、适地适树的原则，从有利于生产和职工健康出发，发展大环境绿化，做到点、线、面结合，平面与立体结合，乔、灌、草、藤结合，自然植物群落与人工植物群落结合；从生态学观点、美学观点出发，做到绿化、净化、美化的和谐统一。

（1）工矿企业绿地的功能　由于工厂在城市中占有很大的面积（一般约占城区总用地的

20％～30％），所以工厂绿化在城市绿地系统中占有重要地位。它不仅美化工厂环境、陶冶心情，而且也是工厂文明的标志，在避灾防火、维护城市生态平衡中也起到重要作用，还可以结合生产取得一定的经济收益。

① 改善生态环境，形成可持续发展的良性循环。工矿企业是城市环境的重大污染源，特别是一些污染性较大的厂矿，如钢铁厂、化工厂、造纸厂等，排出的废气、废水、废渣及产生的噪声，严重破坏了城市生态环境。而绿色植物对城市环境具有很好的保护和改善作用，主要包括：吸碳放氧、吸收有害气体、吸收放射性物质、吸滞烟尘和粉尘、调节改善小气候及减弱噪声等。

因此，工厂绿化不仅可以减轻污染，改善厂区环境质量，为职工提供良好的生活、工作环境，保障职工身体健康，而且对维持城市环境的生态平衡有重要作用。

② 美化环境，营造良好的生产氛围。通过园林绿化，形成绿树成荫、繁花似锦、清新整洁、富有生机的厂区环境，不仅可以使职工在工作之余，进行充分的休息，体力上得到调节和恢复，以更充沛的精力投身工作，提高生产劳动积极性和工作效率，而且也使职工在精神上得到美的享受。相关研究资料表明：优美的厂区环境可以使生产率提高 15％～20％，使工伤事故率下降 40％～50％。

③ 生产防护作用。企业内部的生产单元对外部环境有特殊要求，如精密仪器厂、光学仪器厂、电子工厂等，要增加绿地面积，减少飞尘，不能选择有绒毛飞絮的树木，如悬铃木、杨树、柳树等。同时，工矿企业绿地在避灾防火方面也起着至关重要的作用，许多园林绿化植物枝叶不易燃烧。例如，珊瑚树即使枝叶全部烤焦也不会发生火焰。由此类防火树种组成的绿带，可以有效地阻止火灾的蔓延。利用阻燃树种进行工矿企业防火，是一举两得的好方法。另外，绿地是很好的防灾避难场所。

④ 树立企业形象，提高工厂企业的社会地位和竞争实力。工矿企业绿化的好坏，不仅能体现出生产管理水平和厂容厂貌，而且和厂区建筑布局、环境保护、职工精神面貌等构成企业形象建设的硬件，与商标一样，是企业的信誉投资和珍贵资产。同时，工厂绿化是精神文明建设的一个方面，从侧面反映出工厂的精神面貌与工厂文化。良好的绿化环境，不仅给工厂职工带来了愉快和舒适，振奋了人们的精神，而且也提高了产品的质量，良好的环境条件能提高工厂的投资信誉，增强工厂企业的社会地位和竞争实力。

⑤ 创造经济效益，丰富经营手段。工矿企业绿化可以创造物质财富，产生直接和间接的经济效益。直接经济效益是园林植物提供的果蔬产品、药材和编织材料等。间接经济效益主要指厂区环境改善后，劳动生产率提高以及良好企业形象所带来的经济效益。工矿企业绿化时应尽可能将环境效应与经济效益相结合，也可利用工厂环境来吸引投资或满足职工的休闲游览需要，为辅助性的开拓企业经营方向和渠道提供可靠的物质基础和精神空间。

(2) 工矿企业绿地环境特点　工矿企业的绿化与其他用地的绿化不同，有其自身的特点。工矿的性质、类型不同，生产工艺特殊，对环境的影响及要求也不相同。认识工矿企业环境的特殊性，有助于正确选择绿化植物，合理进行规划设计，满足功能和服务对象的需要。

① 环境较差，不利于植物生长。工厂在生产过程中常常会排放、泄漏各种对人体健康、植物生长有害的气体、粉尘、烟尘及其他物质，使大气、土壤受到不同程度的污染。另外，基本建设和生产过程中材料的堆放，废物的排放，使土壤的结构、化学性能和肥力变差，造成树木生长发育的立地条件较差。因此，要根据不同类型、不同性质的工厂，选择适宜的园林植物。

② 用地紧凑，绿化用地面积少。城市用地紧张，工厂工业建筑及各项设施的布置都比

较紧凑，建筑密度大，特别是中、小型工厂，往往能提供绿化的用地很少，因此工厂绿化中要"见缝插绿"，甚至"找缝插绿"，灵活运用绿化布置手法，争取最多的绿化空间。充分运用攀援植物进行垂直绿化，开辟屋顶花园等，都是增加工厂绿地面积行之有效的办法。

③ 绿化要保证工厂安全生产。工矿企业的绿化要有利于生产正常运行，有利于产品质量的提高。工厂管线多，不同性质和用途的建筑物、构筑物、道路纵横交叉；有些精密仪器厂、仪表厂、电子厂的设备和产品对环境质量有较高的要求。绿化时要根据其不同的安全要求，既不影响安全生产，又使植物能有正常的生长发育条件。因此，工厂绿化首先要处理好与建筑物、构筑物、道路、管线的关系，确定适宜的栽植距离（表1-4-1），保证生产运行的安全，还要满足设备和产品对环境的特殊要求，又要使植物能有较正常的生长发育条件。

表 1-4-1　树木与建筑物、构筑物及地下管线的最小间距

序号	建筑物、构筑物及地下管线的名称	间距/m	
		至乔木中心	至灌木中心
1	建筑物外墙(有窗)	3.0	1.5
2	建筑物外墙(无窗)	2.0	1.5
3	围墙	2.0	1.0
4	标准轨距铁路中心线	5.0	3.5
5	道路路面边缘	0.5	0.5
6	人行道边缘	0.5	0.5
7	排水明沟边缘	0.3	0.3
8	给水管管壁	1.5/1.0	0.5
9	排水管管壁	1.5/1.0	0.5
10	热力管(沟)壁	1.5/1.0	1.5/1.0
11	煤气管管壁	1.2/1.0	1.0
12	电力电缆外缘	1.5/1.0	0.5
13	照明电缆外缘	1.0	0.5

注：1. 表中所列管壁是指外缘。

2. 明沟为辅砌时，其间距应从沟外壁算起。

3. 树木与管线间距，如受条件限制不能满足斜线左边的数据要求时，可采用斜线右边的数据。

④ 绿地服务对象要以本厂职工为主。工厂绿地是本厂职工休息的场所。绿地使用时间短、面积小，加上环境条件的限制，使可以种植的花草树木种类受到限制，因此，如何在有限的园林规划面积中，尽量以绿化美化为主，点缀园林建筑小品、园林休憩设施，使之内容丰富，发挥最大的使用效率，这是工厂绿化的关键问题。

2. 工矿企业绿地规划设计的主要内容

(1) 工矿企业绿地规划设计的准备

① 自然条件的调查。工厂绿化的主要材料是树木、花草等，它们都有各自的生态习性和生长特性，所以必须对当地的自然条件进行充分调查，如土壤类型、土壤理化性质、地下水位、气象气候资料等。工厂建成初期，由于周围建筑垃圾多，土壤成分往往比较复杂，给工厂绿化带来一些困难，所以必要时还要适当地换土或改良土壤。

② 工厂生产性质及其规模的调查。不同工厂的生产性质不同，对周围环境的影响也不同；即使工厂性质相同，但生产工艺也可能不同，所以还需要进行规模调查。必须对工厂设计文件、同类工厂进行调查了解生产特点，确定本厂或其他厂所有的污染源位置和性质，选择相应的抗污染植物，才能正确进行工厂绿化设计。

③ 了解工厂总图。工厂总图不仅有平面图，而且有竖向设计图、管线图等。从图中可以了解工厂绿化面积情况，从竖向图中可知挖方、填方数及土壤结构变化，从管线图中可知绿化树木的栽种位置。

④ 社会条件的调查。要做好工厂的园林绿地规划设计，应当深入了解工厂职工、干部对环境绿化的意见，以便更好地进行工厂园林绿地规划建设和管理，最后还要调查工厂建设进展步骤，明确所有空地的近期、中期、远期使用情况，以便有计划地安排绿地分期建设。

（2）工矿企业绿地规划设计的原则　工矿企业绿地规划关系到全厂各区、车间内外生产环境的好坏，所以在进行绿地规划设计时应注意以下几个方面。

① 全厂统一安排、统一布局。工厂绿化要纳入厂区总体规划中，在工厂建筑、道路、管线等总体布局时，绿化要与之有机结合，做到全面规划，合理布局，形成点、线、面相结合的厂区园林绿地系统。点的绿化是厂前区和休憩性游园，线的绿化是厂内道路、铁路、河渠及防护林带，面就是车间、仓库、料场等生产性建筑、场地的周边绿化。工厂绿化规划要与全厂的分期建设协调一致，既要有远期规划，又要有近期安排。从近期着手，兼顾远期建设的需要。同时，也要使厂区绿化与市区街道绿化联系衔接，过渡自然。

② 体现各自的特色和风格。工厂绿化是以厂内建筑为主体的环境净化、绿化和美化，要体现本厂绿化的特色和风格，充分发挥绿化的整体效果，植物要与工厂特有的建筑的形态、体量、色彩相衬托、调和，形成别具一格的工业景观（远观）和独特优美的厂区环境（近观）。建筑物、装置与植物形成形态、轮廓和色彩的对比变化，刚柔相济，从而体现各个工厂的特点和风格，如炼油厂、化工厂银白色的贮油罐，纵横交错的管道等。

同时，工厂绿化还应根据本厂实际，在植物的选择配置、绿地的形式和内容、布置风格和意境等方面，体现出厂区宽敞明朗、洁净清新、宏伟壮观、简洁明快的时代气息和精神风貌。

③ 以工业建筑为主体。由于工厂建筑密度较大，一般占到工厂用地面积 20%～40%，所以绿地规划设计要与工业建筑主体相协调，按总平面布局对各种空间进行绿化布置。工厂绿化在工厂内起美化、分流、指导、组织等作用，在视线集中的主题建筑四周做重点绿化处理，能起到烘托主体的作用，如适当地配置园林小品，还能形成丰富、完整、舒适的空间。可在工厂的河湖临水部分，布置带状绿地，形成工厂的林荫道、小游园等游憩场所。

④ 保证工厂生产的安全，维护工厂环境卫生。由于工厂生产的需要，在地上地下设有很多管线，在墙体开有窗户等，所以绿地规划设计要合理，不能影响管线和车间劳动生产的采光和通风，以保证生产安全。要充分了解工厂及其车间、仓库、料场等区域的特点，综合考虑生产工艺流程、防火、防爆、通风、采光以及产品对环境的要求，使绿化服从或满足这些要求，有利于生产和安全。

部分工厂在生产过程中会产生一些有害物质，除了工厂本身应积极从工艺上进行"三废"处理，保证环境卫生以外，还应考虑从绿化着手，尽量选择能够抗污染、吸收有害气体、吸滞尘埃、降低噪声的绿化材料，以降低有害物质对环境的污染程度。

⑤ 增加绿地面积，提高绿地率。工厂绿地作为城市园林绿地系统的组成部分，也要符合一定的绿化指标。工厂绿化规划是工厂总体规划的一部分，工厂绿地面积的大小，直接影响到绿化的功能和厂区景观质量。为保证文明生产和环境质量，必须有一定的绿地率。一般在设计合理的前提下，绿化面积越大，减噪、防尘、吸毒和改善小气候的作用也就越好。我国城建部门对新建工矿企业绿化系数的要求见表1-4-2。据调查，大多数工厂绿化用地不足，特别是位于旧城区的工厂绿化用地远远低于上述指标。因此，要想方设法通过多种途径、多种形式增加绿地面积，提高绿地率、绿视率和绿量。根据工厂的卫生特征、规模大小、厂区位置、轻工业重工业类别不同，绿化空间占地比例又有所要求（表1-4-3）。

（3）工矿企业绿地植物选择与配置　工厂绿地植物的选择，不仅与一般城市绿化植物有共同的要求，而又有其特殊要求。要根据工厂具体情况，科学地选择树种，选择具有抵抗各

表 1-4-2　工矿企业绿化系数

企业类型	近期/%	远期/%
精密机械	30	40
化工	15	20
轻工纺织	25	30
重工业	15	20
其他工业	20	25

表 1-4-3　绿化空间占地面积比例

绿化空间	内地型工厂/%	沿海型工厂/%	全体/%
前庭	30.1	24.2	27.9
外围	34.2	36.2	35.0
车间外围	17.3	21.8	19.0
生活区	18.4	17.9	18.1
绿化率	10.2	23.1	16.5

种不良环境条件能力（如抗病虫害、抗污染物以及抗涝、抗旱、抗盐碱等）的植物，这是绿化成败的关键。为取得较好的绿化效果，应根据企业生产特点和地理位置，选择抗污染、防火、降低噪声与粉尘、吸收有害气体、抗逆性强的植物。工业区是城市的主要污染源，工厂绿化的首要任务是针对污染物质的性质，采取一定的绿化方式。工厂绿化首要功能是保护和改善环境。

① 选择抗大气污染能力较强的树种及绿化材料。在工厂的大气污染区做好绿化，必须首先选择抗性强的树种及其他植物，使其在污染区正常生长。由于目前一般工厂都有多种有害气体，造成复合污染，最好选用兼抗多种污染物的树种及绿化材料，以达到预期目的。

满足绿化的主要功能要求。不同的工厂对绿化功能的要求各有侧重，不同部位对绿化亦有区别，在选择植物材料时，应考虑绿地的主要功能，同时兼顾其他功能的要求，如皂角、桑树、柳树、山桃。

a. 按工厂的不同性质要求选择绿化植物，工厂性质不同，对绿化植物要求也不同。绿化树种选择要因厂因地制宜。工厂污染源多，空气中有毒、有害气体含量较高，要做好工厂绿化，必须做到适地适树、因厂选树的原则，确保工厂的树木及其他绿化材料能生长良好，以达到改善环境，保护环境的目的。

b. 按不同种类污染物的浓度选择绿化植物。一般有毒气体和尘埃对植物有不同的影响，而植物对其也有不同反应，必须对长期适应在污染区生长的植物，加以就地取材，灵活应用，以便满足工厂绿化的要求。

大气以二氧化硫污染为主的污染区：首选主要树种为加拿大杨、花曲柳、臭椿、刺槐、卫矛、丁香、旱柳、国槐、毛白杨、白蜡、榆树、核桃、白皮松、桧柏、朝鲜忍冬等。

大气以氯气污染为主的污染区：首选主要树种为山桃、山杏、糖槭等。

大气以氟化氢污染为主的污染区：首选主要树种为枣树、榆树、桑树、臭椿、白蜡树、紫穗槐等。

大气以乙烯污染为主的污染区：首选主要树种为夹竹桃、棕榈、悬铃木、凤尾兰等。

大气以氨气污染为主的污染区：首选主要树种为女贞、紫薇、朴树、木槿等。

大气以二氧化氮污染为主的污染区：首选主要树种为龙柏、女贞、刺槐、旱柳、黑松、桑树、构树、大叶黄杨等。

大气以铅污染为主的污染区：首选主要树种为赤杨、沙枣、臭椿、皂角等。

大气以镉污染为主的污染区：首选主要树种为沙枣、山杏、赤杨、山桃等。

大气以铜污染为主的污染区：首选主要树种为沙枣、赤杨、栾树、臭椿等。

大气以锌污染为主的污染区：首选主要树种为山杏、栾树、赤杨、茶条槭等。

大气以芳烃污染为主的污染区：首选主要树种为毛白杨、榆树、山桃、臭椿等。

大气以烯烃污染为主的污染区：首选主要树种为垂柳、山桃、臭椿、核桃等。

大气粉尘污染为主的污染区：首选主要树种为榆树、沙枣等。

对于土壤重金属污染，生态工程树种首选为：治理镉污染以旱柳、加拿大杨、北京杨为主；治理汞污染以加拿大杨、晚花杨、旱柳为主；治理砷污染以旱柳、加拿大杨、梓树、紫穗槐为主。

② 适地适树，满足植物生态要求，选择抗逆性强的植物。要求植物起防护作用，首先要使植物能正常生长。树种选择时首先要做到"适地适树"，即栽植植物的生态习性能适应当地的自然条件。选择对环境适应性强，即对土质、气候、干湿度等条件适应能力强的植物。

③ 要筛选具有空气净化能力的树种。绿色植物都有吸收有害气体、吸滞粉尘的能力，要从中选择具有净化吸收有害气体效应的树种及绿化材料。

④ 选择病虫害较少、容易栽培管理的树种。工厂因环境受到不同程度的污染，影响到植物的生长发育。植物生长受抑制时，抗病虫害的能力就有所削弱，易感染各种病虫害。所以应选择生长良好、发病率低、管理粗放、栽培容易发根、愈合能力强、受有毒气体伤害后萌发力强的绿化材料。

⑤ 选择有较好的绿化效果及垂直绿化植物。工厂的防污绿化要选择速生且寿命长，枝叶茂密，荫蔽率高的树种，同时要考虑姿态优美、美化效果好的树种及绿化材料。

由于厂矿企业都有不同程度的环境污染，立地条件较差，垂直绿化面临的困难较多，适宜生存的攀援植物必须具有抗性强的特点。如抗二氧化硫较强的攀援植物有地锦、五叶地锦、金银花等，紫藤抗氯气和氯化氢的能力较强，而金银花、南蛇藤、葡萄等对氯气的抗性弱。根据各厂矿企业污染状况的不同及立地条件的具体情况，选择适宜生长的攀援植物，大面积垂直绿化，充分发挥绿化植物抗污、防尘、降温、增湿的作用，改善厂矿的环境状况。

⑥ 适当选择适用、经济树种。可选择适应性强，又便于管理，较粗放的果树，如核桃、杏，这样既可供观赏，又创造经济效益。

⑦ 选择不妨碍卫生的树种。不选择飞花和具有恶臭、异味花果的树种，以免造成精密仪表的失灵及水表面布满落叶的状况。

关于工矿企业厂区绿化植物配置应遵循以下原则：

① 制订科学的绿地定额指标，努力提高绿化面积。国内外大量的研究材料证明，30%～50%的绿化覆盖率是维持生态平衡的临界幅度。对于有污染的工厂企业来说，绿地指标（面积或覆盖率）应综合考虑用地条件、碳氧平衡和污染净化的需要。我国建设部制定的《城市绿化规划建设指标》规定：到2010年，城市绿地率要达到30%。工厂企业绿地应以该指标为基础，深挖潜力，努力提高绿化面积。1990年《北京市城市绿化条例》中对绿化用地占建设用地比例作出规定"产生有毒、有害气体污染的工厂等单位，不低于40%"，并要求按有关规定营造卫生防护林带。

② 适地适树，合理配置，构建生态稳定的复层群落。自然界中的植物是以群落的形式存在的，生态园林的建设也就是通过模拟自然界的植物群落，借鉴地带性植被的种类组成、结构特点和演替规律，开发利用绿地空间资源，根据不同植物的生态习性，合理配置乔、灌、草、藤，丰富林下植物，形成物种丰富、层次复杂的复层群落结构。一方面可提高绿地

的三维绿量和生态效益；另一方面增加了群落的稳定性和自我调节的能力，降低了人工维护成本。绿化植物群落组合及层次结构是提高绿化水平及效益的关键。

在绿色植物配置比例上，以乔木为主，与灌木结合，以花卉作重点点缀，地面栽铺草坪和地被植物，增加绿色覆盖面积。一般乔、灌、草、花配置比例乔木占60%，灌木占20%，草坪占15%，花卉占5%。乔木中又以阔叶树为主，和常绿树保持合适比例，一般为3:1。北方冬季长，常绿树应适当增多，保持绿色常青，增加生机；夏季阔叶树遮阴效果和调节小气候效果明显。其中以速生树种为主，一般速生树种约40%，能使绿化效果提早实现。关于落叶与常绿树种配置比例不宜机械套用，工业现代化水平和工艺条件不同，配置比例也不同。近几年来，在树种选择上，常绿树种比例明显增加，特别是在污染小、工艺条件精、现代化水平高的工厂。目前工矿企业在落叶与常绿树种配置比例上，可以由原来的3:1变为1:1或落叶树再少些。因此在树种配置比例方面，既要遵循科学规律，同时也要在实践中不断探讨，以适应园林事业发展。

植物物种的生态多样性决定了群落和绿地类型的多样性。工厂的绿地可构建以下几种类型：环保型绿地、观赏型绿地、保健型绿地。

③ 配置污染监测植物。在距污染源的适当距离的地点，有针对性地种植一些敏感监测植物，以监测大气中有害气体的浓度，便于早期发现污染气体的不正常排放。监测植物必须具有较强的再生能力，一般采用便于培育、移植成本低的草本和灌木。

另外，根据工厂的实际情况，也可利用具有经济价值的物种建造生产型绿地，在满足环境要求的同时，取得一定的经济效益。

（4）工矿企业局部绿地设计　依据厂区的功能分区，合理布局绿地，形成网络化的绿地系统。工厂绿地在建设过程中应贯彻生态性和系统性原则，构建绿色生态网络。合理规划，充分利用厂区内的道路、河流、输电线路，形成绿色廊道，形成网络状的系统格局，增加各个斑块绿地间的连通性，为物种的迁移提供绿色通道，保护物种的多样性，以利于绿地网络生态系统的形成。

工厂在规划设计时，一般都有较为明显的功能分区，如生产加工区、行政办公区、生活区、原料堆场及工厂道路交通等，各功能区环境质量及污染类型均有所不同。另外，在生产流程的各个环节，不同车间排放的污染物种类也有差异。因此，必须根据厂区的功能分区，合理布局绿地，以满足不同的功能要求。例如在生产车间周围，污染物相对集中，绿地应以吸污能力强的乔木为主，建造层次丰富，有一定面积的片林；办公楼和生活区污染程度较轻，在绿地规划时，以满足人群对景观美感和接近自然的愿望为主，配置树群、草坪、花坛、绿篱，营造季相色彩丰富、富有节奏和韵律的绿地景观，为职工在紧张枯燥的工作之余，提供一处清静幽雅的休闲之地，有利于身心健康。

另外，工厂绿地规划布局（图1-4-1）在与各区域的功能相适应的同时，要以厂内道路旁的带状绿地串联厂前区、生产区、生活区等区域大片绿地，使全厂形成一个绿色整体，充分发挥绿化效益。

① 厂区周围绿化。厂区周围绿化设计应充分注意防卫、防火、防风、防污染和减少噪声，还要注意遮掩建筑不足，与周围景观相调和。绿化树种通常沿厂区围墙内外带状布置，以女贞、大叶黄杨、珊瑚树等常绿树为主，以银杏、悬铃木等落叶树为辅；栽植3~4层树木，靠近墙栽植乔木，远离墙的边界栽植灌木花卉，使之具有丰富的色彩和立体景观层次。

由于厂区所处的位置不同、生产产品不同、排放的污染物质种类有别、近邻状况不同，在绿化布局上有很大差异。在一般的大气污染环境中，应建立封闭式环网结构。在夏季下风向处应多配置夏绿阔叶树，在冬季的下风向处应多植常绿针叶树，以形成冬夏两季进风口。

图 1-4-1 某厂区绿化规划布局

通过风口，外界气流进入并带动污染气体在各种环网状小区内流动，使污染物在林网中得到净化。对重污染区，应采取开放输导式结构。在冬夏两季主风向的垂直面上，应疏植低矮灌木，同时，沿顺风方向，以乔木林带区域加以分隔。

例如金属冶炼厂、化工厂、制药厂等，每天要向环境中排放大量的二氧化硫、氯气、氟化氢及其他酸碱有害气体。厂区周围绿地要栽植抗污染、耐盐碱、吸滞有害气体能力强的树种。厂区面向主导风向的上风方位，要栽成开口式，目的让厂外新鲜空气吹进厂内，而主导风向的下风方位，可根据具体情况，设计成两种不同形式。

a. 当下风方向接近野外，无居住区，又无邻接工厂时，可为开口式，以利于风穿过，借此疏导厂内污染气流，降低厂内有害气体浓度，减轻厂内空气污染。

b. 当厂区的下风方向邻接居住和无污染厂区，或文化区、商业区等时，则厂区周围绿化除主导风向一面做成开口式让新鲜空气进入厂内，其余方位均应为封闭式，密栽叶大荫浓的高大乔木，让风从上风方向开口处进入，使进入厂内的新鲜气流将厂内污染的热气抬起，上升向高空扩散，减轻三面近邻单位受害。在条件允许的情况下，可在厂区周围密植多行乔木，无条件时可栽 2~3 行乔木，并配置亚乔木和花灌木及草坪植物，以减少污染气流向邻近单位扩散污染。

② 厂前区绿化。厂前区包括主要入口、厂前建筑群和厂前广场。厂前区（图 1-4-2）是厂内外联系要道，又是工厂行政、技术管理中心，是内外联系及工作必经之路，是厂内外人流最集中的地方，是厂容、厂貌的集中表现。它常与城市道路相邻，其环境的好坏直接关系到城市的面貌，其主要建筑一般都具有较高的建筑艺术标准。厂前区在工厂中的位置一般在上风方向，受生产工艺流程的限制较小，离污染源较远，受污染程度比较小，工程网也比较少，空间集中，绿化条件比较好，同时也对园林绿化布置提出了较高的要求。该区的绿化以防治污染、创造安静整洁、优美舒适的工作环境为目的。厂前区绿化首先要符合功能要求，达到净化环境，美化环境的效果，又要节约用地。

工厂大门是内外联系的纽带，工厂大门环境绿化，首先要注意与大门建筑造型相调和，

图 1-4-2 某加工企业厂前区绿化效果图

还要有利于出入。门前广场（图1-4-3）两旁绿化应与道路绿化协调一致，可种植高大的乔木，引导人流通往厂区。门前广场中心可以设花坛、花台，布置色彩绚丽多姿且气味清香的花卉，但是其高度不得超过0.7m，否则影响汽车驾驶员的视线。在门内广场可以布置花园，设计花坛、花台或水池喷泉、雕像、假山石等，形成一个清洁、舒适、优美的环境。

图1-4-3　某手机生产厂门前广场绿化效果图

厂前区的绿化，要根据建筑物的规模安排适当的绿化用地，用适宜的绿化树种做衬托，尽量做到和谐、匀称。花坛、树坛的布局多采用几何图形，一般两侧对称，显得庄重有气魄感。边缘地带和临近专用道路部分要配置高篱，并适当栽植乔木，隔绝外部干扰；建筑物前，通向街道的两侧，可设置带状树坛，宜行植或丛植花灌木和常绿树；楼前窗下可设置与楼平行的带状树坛或花坛，配置树木要与楼房相称。高树要设在两窗间墙垛处，不影响室内采光；在窗下可植栽花灌木和草本花卉。在建筑物旁的绿化也可以与小游园绿化相结合，但一定要兼顾室内采光、通风。在东、西两侧可种落叶大乔木，以减弱夏季太阳直射；北侧应种植常绿耐阴树种，以防冬季寒风袭击；房屋的南侧应在远离7m以外种植落叶大乔木，近处栽植花灌木，其高度不能超出窗口。远离大楼的地方则可根据地形的变化采用自然式布局，设计草坪、树丛、树木等。

③生产区绿化。生产区是生产的场所，污染重、管线多、空间小、绿化条件较差，但生产区占地面积大，发展绿地的潜力很大，绿地对保护环境的作用更突出、更具有工厂绿地的特殊性，是工厂绿化的主体。生产区的绿化包括车间周围绿化，辅助设置，道路、广场、原料堆场、边角空地绿化等。生产区绿化对改善生产环境、补充生产条件、保障工人身体健康有着直接关系。生产区绿化主要以车间周围的带状绿地为主。

a. 厂区道路绿化。厂内道路是工厂生产组织、工艺流程、原材料和成品运输、企业管理、生活服务的重要交通枢纽。厂区道路绿化，是厂区净化林的主体，对厂区空气净化、环境美化、遮阴、调节空气温度、湿度等都有着重要意义。满足工厂生产要求、保证厂内交通运输的畅通和安全是厂区道路规划的首要要求，也是厂内道路绿化的基本要求。厂区道路空间较狭长而封闭，绿化布置应注意空间的连续性和流畅性；同时，要避免过于单调，可以在车间门口附近、路端、路口、转弯外侧等处作重点处理，植物配置注意打破高炉、氧气罐、冷却塔、烟囱等设施的单调。绿化前必须充分了解路旁的建筑设施，电杆、电缆、电线、地下给排水管、路面结构、道路的人流量、通车率、车速、有害气体、液体的排放情况和当地的自然条件等。道路绿化方式是多样的，主要根据其与厂房间保留绿化用地的宽度而定。

在道路狭窄无绿化条件情况下，可在建筑物墙基周围，用砖砌成带状花坛、树坛，栽植攀援植物和草本花卉，或栽修剪成球状的灌木等；也可在道路两侧围绕建筑物栽植绿篱，修剪成整齐的树墙。既要达到绿化、净化、美化环境效果，又要不影响室内光照或道路交通，给人以宽阔之感。

3～5m 宽的交通路面，两侧应有 2～5m 的绿化用地，可在路边石外栽成 60～80cm 高的绿篱，绿篱里侧栽草花或草坪，并按 3～5m 株距栽植观花小乔木，也可点缀开花灌木丛。但配置植物从里向路面要有坡降层次，尽量选择开花期不同的植物，达到长期有花可赏的效果。

5～8m 宽的交通路面，两侧应有 5～10m 的绿化用地，可有几种不同的栽植形式，这类多半为厂区的主要干道也可以说是主要送风道。

路面需要遮阴条件的，可在快车道两侧抬高路面 15～20cm，铺成 2～3m 宽的方砖人行路面。在近快车道一侧，每隔 3～5m 留出 80～100cm 的方形树坛，栽植叶大荫浓的乔木或小乔木；在铺装人行道的外侧，栽植整齐的绿篱，绿篱里侧栽植草坪或草花，或栽植观花、观果的灌木及桧柏、云杉、冷杉等。如路的两侧是墙面，没有光照要求，近墙可栽植高大乔木或藤本攀援植物。

路面不需要有遮阴条件的，可设置成开阔式，在近路边栽植 60～80cm 高的绿篱，里侧布置花丛和树丛，也可不栽绿篱，在两侧用砖石水泥建成不同小区的带状或各种几何状树坛、花坛，栽植观花、观果和常绿针叶树，可在适当位置造山石景配置相宜的植物。

主干道宽度为 10m 左右时，两边行道树多采用行列式布置，创造林荫道的效果。主要道路两旁的乔木株距因树种不同而不同，通常为 5～8m。如果厂区道路有宽阔条件，可在路面中央建分车绿带，栽植草坪、草花，间栽整形球状灌木，以保证行车安全。在人流集中、车流频繁的主干道两边，也可设置 1～2m 宽的绿带，把快、慢车道与人行道分开，以利安全和防尘。近人行道一侧可栽植矮绿篱；在人行道靠近建筑物一侧，可建各种花坛、树坛或盆式造型。造型要简单、大方，不宜太复杂繁琐。两侧的花坛、树坛要围成一个个小区，栽植观花、观果植物，组成自然式树丛，构成不同景观，显得粗犷、有野趣。

在大型钢铁、重型机械厂等大型厂矿企业内部，工厂内除了一般道路外，为了交通需要常设有铁路，除了标准轨外，还有轻便的窄轨道。铁路绿化有利于消减噪声、加固路基，安全防护等，还可以防止行人横穿铁路而发生事故。

厂内铁路绿化应注意以下几点：

沿铁路种植乔木时，离标准轨道的最小距离为 8m，离轻便轨道的最小距离为 5m，前排宜种植灌木防止人们无组织地跨越铁路，种植灌木要远离铁轨 6m 以外，然后再种植乔木；

铁路与道路交叉口处，每边应至少留出 20m 的空地，绿化时要特别注意不应遮挡行车视线和交通标志、路灯照明等，这里不能种植高于 1m 的植物；

铁路弯道内侧至少留出 200m 的视距，在这范围内不能种植阻挡视线的乔灌木；

铁路边装卸原料、成品等场地，乔木的栽植距离要加大，以 7～10m 为宜，且不种植灌木，以保证装卸作业的进行。

在生产有特殊要求的工厂，还应满足生产对树种的特殊要求，如精密仪器类工厂，不要用飘絮的树种；防火要求高的工厂，不要用油脂高的树种等。对空气污染严重的企业，道路绿化不宜种植成片过高的林带，避免高密林带造成通气不畅而对污浊气流滞留作用，种植方式应以疏林草地为主。石化工厂等地上管道较多的工厂，厂内道路与管廊相交或平行，道路的绿化要与管廊位置及形式结合考虑，因地制宜地采用乔木、灌木、绿篱、攀援植物进行巧妙布置，可以收到良好的绿化效果。

b. 车间周围绿化。车间是人们工作和生产的地方，其周围的绿化对净化空气、消除噪声、调节职工精神等均有很重要的作用。一般情况下，车间周围的绿地设计，首先要考虑有利于生产和室内通风采光，距车间 6~8m 内不宜栽植高大乔木。其次，要把车间出入口两侧绿地作为重点绿化、美化地段。各类车间生产性质不同，对环境要求也不同，必须根据车间具体情况因地制宜地进行绿化设计，满足生产运输、安全、维修等方面的要求。车间周围的绿化要选择抗性强的树种，并注意处理好植物与各种管线的关系。

车间周围的绿化比较复杂，可供绿化面积的大小因车间内生产特点不同而异。根据其对环境的影响将生产车间分为 3 类：产生污染生产车间、无污染生产车间及对环境质量要求高的生产车间。对这 3 类不同的生产车间环境进行设计应采用不同的方法。

第一类，对有环境污染车间的绿化。

排污厂区车间周围环境绿化。污染严重的车间周围，绿化以达到吸收污染、有利于污染物扩散为目的。在这些地段绿化首先应根据排放有害物质种类，选择相应的具抗污能力树种（抗污树）。根据树种抗污性能的强中弱分别栽在污染严重、中度、较轻等各个地段。在土壤污染严重地段和地表水严重污染地段要进行换土，加隔离层或做成树坛式栽植。为了确保绿化植物成活，要经常喷水洗尘，加强养护管理及病虫害等防治工作。为了充分发挥绿化植物的净化功能，在绿化布局和植物配置上，要因地制宜做到合理。一般按净化方式的不同，有两种布局形式。

第一种，把污染物托向高空再疏散。这种布局方式是在车间或厂区外邻接居住区域或商业区、文化区的情况下适用，首先是在厂区外围设置环状绿地。要在冬、夏季主导风向留出通风道口，并用绿带把风引向污染源中心。夏季送风道口向污染源的引风绿带绿树疏植，该送风绿带夏季为送风道，冬季为挡风墙。这样既可改善污染区厂内环境，又可减少近邻受污染伤害。

第二种，对残余污染物质就地净化式绿化布局。在中度污染情况下，近邻是居住区或无污染厂，且厂内有较好的绿化条件的，对残余污染物应采取就地净化绿化布局。因为各种绿化植物对各种污染物质有一定的净化能力，但不同树种对不同的有害气体的净化能力有一定差异，应尽量选择净化能力较高的树种栽植。

为了达到就地净化的目的，需要在污染源（生产车间）的下风方位，配置多层以污染源为中心弧形绿带或垂直于盛行风向的林带，要间断成段作为透风道口，透风道口要内外交错，从内向外分别为透风层、半透风层和不透风层 3 种吸滞净化绿带。

上风位置设置放射式或平行于风向的绿带，并组成隔离式通风道。这样每年在绝大多数时间中，上风绿带能起到引导风流作用，把污染物质送向下风林带，使污染物质逐步被树木或地被植物吸收或滞留。当较短时间的风与常年盛行风向相反或呈一定夹角时，气流仍可通过间断成段的林带，比较缓慢地将空间污染气流推向放射状林带或平行林带。虽然放射状林带或平行带对污染物质吸收或滞留的作用较差，但由于气流速度较缓慢，含污染物质在林间持续时间较长，所以也可起到吸收和滞留作用。

研究表明，在距林带边缘 1m、10m、50m、100m 处的林带的净化率分别达到 18%、33%、47%、57%。不同林带结构以疏透结构为最好，绿篱的净化效率平均可达 43%，而且绿篱的高度越高，影响的距离越远。散生结构的净化率因树种而异，影响净化率的主要因子是叶量和叶面积。

一般来说，污染厂区日间尽量促成污染气流上升，把污染物质托向高空扩散。当晚间出现逆温层时，污染气流上升比较困难，可发挥就地吸收净化功能，来降解污染物质。北方城市常年盛行风向是南风或西南风，冬季短期为北风或西北风。这种布局适合于新建污染厂区绿化规划布局，把各个生产车间安排在绿带间，在绿带中设厂区的纵横道路，建成与主导风向垂直的线带。

在排放有害气体的车间附近，为使污染物尽快扩散稀释，不应布置成片、过密、过高的林木。在可能泄漏可燃气体的装置周围，不能种植茂密的灌木及绿篱，以免妨碍空气的流通，可以稀疏地布置一些树木并铺设一些草坪。在距污染源较近的地方，必须选择对有害气体抗性强、吸收能力强的树种。

树种选择方面，重工业工厂，一般材料多，车辆往来、机器等噪声大，排放污染物质种类多，成分复杂，要求抗性很强，并有防噪防火能力的乔木和灌木。

化工厂、钢铁厂地下地上管线多，原材料堆放场地多，噪声大，排放污染物多种多样，成分复杂，要求具有抗性很强的灌木；在塑料厂、炼镁厂等工厂，排放出大量的氯气和氯化氢，应栽抗氯性强的树种，如刺槐、紫穗槐、杨树、红柳、臭椿、榆树、山桃、山杏、糖槭等；在炼油、炼铁、炼焦等工厂，排放出大量的二氧化硫，应栽植吸收二氧化硫的树，如加拿大杨、花曲柳、臭椿、黄柳、刺槐、卫矛、丁香，也可栽植榆树、柳树、合欢；橡胶厂、铝厂、玻璃厂、陶瓷厂、磷肥厂和砖瓦厂，在生产中有大量的氟和氟化氢排放出来，应栽植抗氟性强的臭椿、柳树、桑树、枣树、榆树等；水泥厂和工矿地区的沿路灰尘多，应栽植降尘效果比较好的树种，如构树、松树、刺槐、臭椿、榆树、桑树、沙枣等；在生产铜、醚、醇的化工厂，应栽植桧柏、柳杉、冷杉、雪松、桦树、桉树、梧桐等杀菌树种。

噪声源周围的环境绿化。在产生强烈噪声的车间周围（如鼓风机房、锻压、锤钉排风机室、泵站等），宜选用树冠矮、分枝低、叶面积大、枝叶茂密的乔、灌木，高、低搭配，营造乔木、灌木组成的阻声消声林带。从配置方式来看，自然式种植的树林较行列式种植减噪效果好，矮树冠比高树冠减噪效果好，灌木减噪效果好；可以常绿、阔叶、落叶树木组成复层混交林带，来减轻噪声对周围环境的影响，也可利用枝叶密集的绿篱、绿墙进行减噪。对于高架的噪声源，可在其周围种植高大而树冠浓密的乔木。沈阳市南化公司催化剂厂在锅炉房附近，采用悬铃木、女贞为主的树木，间栽龙柏、大叶黄杨，构成林带，并在近车间处设置花坛、草地，收到了较好的效果。

多粉尘车间周围绿化。在多粉尘的车间周围，应该密植滞尘、抗尘能力强，叶面粗糙具绒毛和有黏液分泌的树种，结构要紧凑、严密。

高温生产车间。工人长时间处于高温中，容易疲劳，应在车间周围设置有良好的绿化环境的休息场所，休息场地要有良好的遮阳和通风条件。周围绿化有利于调节气温，可栽植高大的阔叶乔木和色彩淡雅、味香的花灌木，色彩以清爽淡雅为宜，可设置水池、座椅等小品供职工休息、调节精神、消除疲劳。

第二类，对无污染车间周围的绿化。

无污染车间指本身对环境不产生有害污染物质，在卫生防护方面对周围环境也无特殊要求的车间。车间周围的绿化较为自由，除注意不要妨碍上下管道外，限制性不大。在厂区绿化统一规划下，各车间应体现各自不同的特点，考虑职工休息的需要，在用地条件允许的情况下，可设计成游园的形式，布置座椅、花坛、水池、花架等园林小品，形成良好的休息环境，在车间的出入口可进行重点装饰性布置，特别是宣传廊前可布置一些花坛、花台，种植花色艳丽、姿态优美的花木。在露天车间，如水泥预制品车间、木材、煤、矿石等堆料场的周围可布置数行常绿乔灌木混交林带，起防护隔离、防止人流横穿及防火遮盖等作用，主道旁还可遮阳休息。植物的选择考虑本车间的生产特点，做出与工作环境不同的绿化设计方案。

一般性生产车间还要考虑通风、采光、防风、隔热、防尘、防噪等一般性要求。如在生产车间的南向应种植落叶大乔木，以利炎夏遮阳，冬季又有温暖的阳光；东西向应种植冠大荫浓的落叶乔木，以防止夏季东西日晒，北向宜种植常绿、落叶乔木和灌木混交林，遮挡冬季的寒风和尘土，尤其是北方地区更应注意。此外，在车间周围高压线下和电线附近不宜种植高大乔木，以免导电失火或摩擦电线，植物配置应考虑美观的要求，并注意层次和四季景观。

第三类，对有特殊要求的车间周围的绿化。

对防尘有特殊要求的车间厂房周围绿化。在精密仪器厂、晶体管厂、电子管厂、手表厂等车间周围绿化，要着重解决防尘问题。提高产品质量，不仅需要具有抗滞尘能力的植物，而且要求有开阔的绿色空间，减少裸露和硬质铺装地面。树木种植要距厂房10m之外，保证室内有足够的自然采光。

如污染尘源在厂区外围，宜栽植适应性强、枝叶茂密、叶面粗糙、叶片挺拔密集、无飞絮、滞尘能力强的落叶乔木和灌木。在选择树种时，既要考虑树木单位面积的滞尘能力，又要考虑全树的总面积。一些低矮的小乔木和灌木，如木槿、大叶黄杨等，尽管单位面积的滞尘能力较强，但总面积小，不能起很大作用，只能作为防尘林下层的陪衬植物。需要在尘源方向栽成防护林，林带行列垂直于尘源方向，以阻挡含尘气流的侵袭，并起到过滤尘粒作用。

在远离尘源的工厂，应在主导风向的上风方位设置与风向垂直结构的林带，其行数根据用地面积大小而定，有条件可植多行，无条件可植两行，最好布置成乔、灌、草相结合的立体配置，以加强防护效果。不管哪种形式，在车间周围除必须通道外，尽量用绿篱圈围，墙面利用攀援植物覆盖，裸露地面铺植草坪，人行道要铺设方砖或水泥或柏油路面，有条件可设置喷水池群，尽量减少扬尘。在有污染物排出的车间或建筑物朝盛行风向一侧或主要交通路线旁边，应设密植的防护绿地进行隔离，以减少有害气体、噪声、尘土等的侵袭。

精密仪器厂或电子管厂，要求周围空气干净，应在厂周围密植30～50m宽的防风林带，选择生长迅速、树形高大、枝叶繁茂、树冠比较紧凑、吸尘能力强、寿命相对较长、生长稳定、能更快更好地起防护作用，又能长期具有防护效能的树种。以园林植物的滞尘作用为主要指标，结合植物吸收二氧化碳、降温增湿作用等指标，选择适于减尘型绿地的园林植物。

常绿乔木类首选：桧柏、侧柏、洒金柏，亦可选用油松、华山松、雪松、白皮松；

落叶乔木类首选：榆树、槐树、元宝枫、银杏、绒毛白蜡、刺槐、臭椿、栾树；

常绿灌木类首选：矮紫杉、沙地柏、朝鲜黄杨、小叶黄杨；

落叶灌木类首选：榆叶梅、紫丁香、天目琼花、锦带花，亦可选用金银木、珍珠梅、丰花月季、太平花；

草坪及地被植物首选：早熟禾、苔草、麦冬、野牛草。

对防毒、防菌有特殊要求的车间环境绿化。制药厂、食品加工厂、自来水贮存池等单位车间环境绿化要解决多方面的防护问题。首先从厂址的选择来说应远离污染源，并应在污染的上风方位，尽量避免设在闹市。即使设在合适地点也要注意防风沙、防烟尘、防止地表水质污染。在进行绿化布置时，选择耐阴、滞尘、杀菌力强的植物更为适宜，要多层次密植乔灌木。棉纺厂某些车间对温度、湿度有严格要求，细纱车间夏季不超过32℃，冬季不低于22℃，相对湿度要在53％～56％，布机车间要求72％～75％，这就要求周围密植树大荫浓的乔木，以改善小气候。另外也可适当布置小水池、喷泉等，以增加空气湿度。

厂外要设置封闭式防护林。最好选择树干高大，枝叶繁茂的乔木，常绿针叶树应占1/3。应尽量做成乔木、小乔木、灌木、草坪的多层次结构，带宽要在12m以上，绿带愈窄愈要密植。

车间周围绿化尽量用绿篱将绿化小区与道路分隔开，绿化小区内栽植草坪，草坪上要丛植观叶、观果的小乔木或灌木丛。经常活动的空地中，在不影响室内光照条件下，要栽植叶大、荫浓、干直的庭荫树。尽量配植些有释放杀菌素能力的树种，忌用有毒、有异味的树种。

易燃易爆车间厂房周围环境绿化。在炼油厂、石油化工厂、军工火药厂等车间厂房环境中的绿化布局，应重点考虑防火问题。

防火树种，要求叶片含水量多、叶片要厚。因为含水量多、比热大，叶子受热时温度不易增高。叶片厚水分散失需要时间长，相应就延长了火势蔓延时间。一般阔叶树比针叶树耐火性强，因而最好是叶片密生的阔叶树，树冠空间越小，隔热和防火的效果越大。柞树类树木不易燃烧，是首选的防火树种。有绿叶的银杏的防火性非常高，但要忌用含油脂多的易燃树种。

另据研究测定，乔木树种发热量与油脂含量间呈曲线上升的关系。水分越多，林火蔓延越迟缓，燃烧越不完全，火强度越小。树皮厚度结构也不同，易燃性能不同。易燃性的排序：针叶树为樟子松——油松——云杉——杜松；阔叶树为糖槭——白桦——绦柳；灌木为白丁香——紫丁香——南蛇藤——红瑞木——连翘。据研究，地面以上枝干部分烧焦而仍然能发芽的有：梧桐、石榴、香椿、垂柳、八角金盘、葡萄、夹竹桃、无花果、紫藤等。一时枯凋而又发芽的有：银杏、朴树、杜鹃、丁香、黄杨、紫丁香、三角枫等。其他防火树种有：珊瑚树、女贞、银杏、臭椿等。

车间、厂房设置的防火绿地，最好是在厂房、车间周围栽植2行或数行交错的乔木、小乔木和灌木。绿带间要留有6m以上的空地，空地最好用水泥方砖铺砌或设喷水池阻隔，忌铺草坪。乔木栽植密度可栽成株距4～5m，乔木前要栽灌木。

在防火绿带布局上应采用环境封闭式绿化布局，以便更好地阻隔外来气流进入。环状封闭式绿化布局，可使内部燃烧缺氧，减弱火势，隔断邻接车间的连锁反应，但必须留出消防车道，以备一旦起火时急救。

另外，在生产工艺品车间周围（如刺绣、地毯等）可栽植姿态优美、色彩丰富的种类，并配置园林小品，创造优美的环境，使职工精神愉快，并使设计人员思想活跃、构思丰富、创作出精良优美的图案。恒温车间周围绿化应该有利于改善和调节环境小气候，可栽植较大型的常绿、落叶混交成自然式林带。某些深井、贮水池、冷却塔、冷却池、污水处理厂等处的绿化，最外层可种植一些无飞毛、花粉和带翅果的落叶阔叶树，种植常绿树种要远离设施2m以外，以减少落叶落入水中，2m以内可种植耐阴湿的草坪及花卉等以利检修。在冷却池和塔的东西两侧应种大乔木，北向种常绿乔木，南向疏植大乔木，注意开敞，以利通风降温、减少辐射和夏季气流畅通。在鼓风式冷却塔外围还应设置防噪声常绿阔叶林，在树种的选择上要注意选用耐阴、耐湿树种。

c. 仓库区、堆地环境绿化。工厂的仓库，一般用于贮存材料和成品，需要防火、防尘、防酸碱侵蚀污染。而仓库周围绿化可阻隔粉尘和有害气体侵入，同时也具有防火功能和掩避作用。仓库区的绿化设计，要考虑消防、交通运输和装卸方便等要求，选用防火树种，禁用易燃树种，疏植高大乔木，间距7～10m，绿化布置宜简洁。

仓库区的绿化布局，是在仓库周围设置防护隔离林带，最好是常绿树和落叶树混交，冬夏都能起到防护效果。仓库区和外界最好是用较高的绿篱隔开，凡是裸露地面均应铺上草坪以防止起尘。为了使仓库贮存物资免受夏季烈日暴晒和辐射热的影响，在仓库周围要栽植树冠高大、枝叶浓密的乔木，还要注意通风口不受树冠阻挡，使库内通风良好，以免贮存物资受潮霉烂，同时有利于运输通行。在仓库周围必须留出5～7m宽的空地，使消防车能方便进出，绿化布置以简单为宜。装有易燃物的贮罐，周围应以草坪为主，防护堤内不种植物。露天堆场绿化，必须起到良好的隔离作用，在不影响物品堆放、车辆进出、装卸条件下，周边栽植高大、防火、隔尘效果好的落叶阔叶树，外围加以隔离，种植方式可采用2～3行密植的乔灌木组成的防护林带，宜选用生长强健、防火隔尘效果好的树种，露天堆积场内部不能种树。

仓库区周围的绿化树种应选择叶大、质厚、含水量高的树种，并且要选择吸收水分和散失水分能力强的树种，还应选择抗污染、吸收有害物质能力高的树种。

d. 工厂小游园绿化。目前很多工厂在厂内因地制宜地开辟小游园（图1-4-4），特别是设在自然山地或河边、湖边、海边等地的工厂更为有利。如果小游园面积大、设备较全，也可向附近居民开放，园内可用花墙、绿篱、绿廊分隔空间，并因地势高低变化布置园路，点缀水池、喷泉、山石、花廊、座凳等来丰富园景。有条件的工厂还可以将小游园的水景与贮水池、冷却池等相结合，水边可种植水生花卉，如鸢尾、睡莲、荷花等。小游园的绿化也可和本厂的俱乐部、电影院、阅览室、体育活动等相结合统一布置，扩大绿化面积，实现工厂花园化。

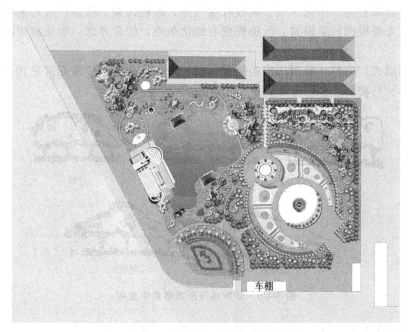

图1-4-4 某工厂小游园平面图

e. 用水系统的绿化。工业企业除生活用水外，用于产品生产、冷却、冲洗、空调等的水量很大。不同的企业不同的生产过程对水的数量与质量要求也不同，因此，保护水源的清洁卫生和涵养水源，减少水分蒸发很重要，特别是对于用水紧张的地区就更为重要。

贮水池附近的绿化。在池边绿化时至少在近水2~3m范围内铺设草坪，其外种常绿树可以减少落叶飘浮水面，而外面可种不需经常管理的阔叶落叶乔灌木。河湖水源两岸宜种根系发达的植物，可保土固堤。在水池的码头、取水构筑物、输水管附近种树，应留有一定间距，便于检修。

喷射式冷却池与冷却塔地段的绿化。喷射式冷却池，是将温度较高的水，给以压力，喷于空中，使水冷却再用的构筑物。水温的下降，与风向风速有关，我国季风区，冬季盛行偏北风，风速大、气温低，为减少尘土、毒气的危害，可在其上风侧种植常绿落叶乔灌木混交林带。而夏季的盛行风，风速较小，湿度较高，其上风向疏植高干的大乔木为宜，可使气流通畅。在东西两面应种植高大乔木。以便遮阴降温，减少辐射热。冷却塔也是一种使工业用水冷却再用的构筑物，开放式冷却塔因借自然通风进行冷却，绿化必须保证通风良好，通常在其高度 1.5 倍以外方可种树。鼓风式冷却塔噪声大，在其周围可设置由枝叶茂密的乔灌木组成的混交隔声防护林带。

深井附近的绿化。一些对水质要求较高的企业，如化工厂、自来水厂等常以深井作为水源，一般有很多深井，彼此以管道相连成深井群，其周围应进行充分的绿化，以保护水源防止污染，除适当种植乔灌木外，地面宜铺设草皮及地被植物，在管道附近植树，至少应留出 2.5m 的距离以便检修和筑路之用。

f. 工厂防护林的规划设计。在《工厂企业设计卫生标准》中规定：凡是产生有害因素的工业企业与生活区之间应设置一定的卫生防护距离，并在此距离内进行绿化。在化工企业内部，各生产单元之间还可能互相污染，因此在企业内部还应结合道路绿化、围墙绿化、小游园绿化等，用不同形式的防护林带进行隔离。工厂防护林带设计是工厂绿化的重要组成部分，尤其是对那些产生有害排出物或生产要求卫生防护很高的工厂更为重要。工厂防护林带的主要作用是滤滞粉尘、净化空气、吸收有毒气体、减轻污染、改善厂区乃至城镇环境。工厂防护林带首先要根据污染因素、污染程度和绿化条件，综合考虑，确立林带的条数、宽度和位置。

防护林的形式。防护林带因构成的树种不同，所以形成的林带断面的形状不同，可分为矩形、三角形、马鞍形、梯形等（图 1-4-5）。

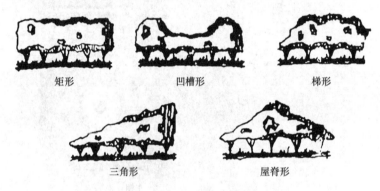

矩形　　　　　凹槽形　　　　　梯形

三角形　　　　　屋脊形

图 1-4-5　防护林带断面形式示意图

因内部结构不同可分为透式、半透式、不透式等（图 1-4-6）。

第一种为透式林带。由乔木组成，株行距较大（3m×3m），风从树冠下和树冠上方穿过，从而减弱风速阻挡污染物质。在林带背后 7 倍树高处风速最小，52 倍树高处风速与林前相等，可在污染源较近处使用。

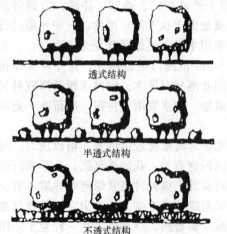

透式结构

半透式结构

不透式结构

图 1-4-6　不同结构防护林带的示意图

第二种为半透式林带。以乔木为主，外侧配置一行灌木（2m×3m）。风从林带孔隙中穿过，在林带背后形成一小漩涡，而风的另一部分从树冠上面走过，在 30 倍树高处风速较低，适于沿海防风或在远离污染源处使用。

第三种为不透式林带。林带以内乔木和耐阴小乔木或灌木组成。风基本上从树冠上绕行，使气流上升扩散，在林源背后急速下沉，它适用于卫生防护林或在远离污染源处使用。

防护林的树种选择和设置。树种选择。防护林的树种应注意选择生长健壮、抗病虫害、抗污染、树体高大，枝叶茂密、根系发达的乡土树种。树种搭配上，要常绿树与落叶树相结合，乔、灌木相结合，阳性树与耐阴树相结合，速生树与慢生树相结合，净化与美化相结合。

在一般情况下污染空气最高点到排放点的水平距离等于烟体上升高度的 12～15 倍，所以在主风向下侧设立 2～3 条林带对污染物具有很好地阻滞作用（图 1-4-7）；并且防护林的构建要根据不同树种特征即对污染物的抗性和吸收能力，合理安排它们的位置关系，以取得最佳的防护效果（图 1-4-8）。

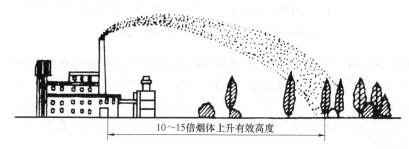

图 1-4-7　工厂防护林离污染源的距离示意图

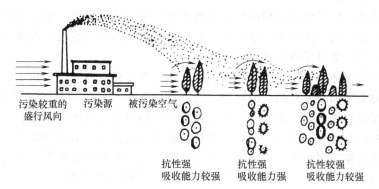

图 1-4-8　工厂防护林的树种特征

防护林的设置。如果是污染性的工厂，在工厂的生产区与生活区之间要设置卫生防护林带或防火林带。防护林带的方位应与生活区的交线相一致，应根据污染轻、重的两个盛行风向而定（图 1-4-9）。其形式有两种："一"字形和"L"形。当本地区两个盛行风向呈 180°时，则在风频最小风向的上风设置工厂，在下风设置生活区，其间设置一条防护林带，呈"一"字形。当本地区两个盛行风向呈一定夹角时，则在非盛行风向风频相差不大的条件下，生活区安排在夹角之内，工厂区设在对应的方向，其间设立防护林带，呈"L"形。

工厂防火林带应根据工厂与居住区之间的地形、地势、河流、道路的实际情况而设置。在污染较重的盛行风向的上侧设立引风林带也很重要，特别是在逆温条件下，引风林带能组织气流，使通过污染源的风速增大，促进有害气体的输送与扩散。其方法是设一楔形林带与原防护林带呈一定夹角，两条林带之间形成一个通风走廊。这种林带在弱风区或静风区，或有逆温层地区更为重要，它可以把郊区的静风引到通风走廊加快风速，促进有害气体的扩散。当然也可将通向厂区的干道绿带、河流防护林带、农田防护林带相结合形成引风林带。

三、校园绿地规划设计

学校有不同层次，但都是提高国民文化素质及培养人才的重要基地。校园绿地是单位附

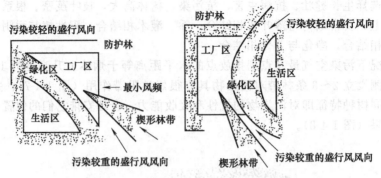

图 1-4-9 工厂防护林带与引风林带示意图

属绿地的重要组成部分，可具体分为幼儿园绿地、中小学校园绿地和高校校园绿地。校园绿地规划设计是城市园林绿地总体规划的一部分，又具有为教育服务的特点，为广大师生员工创造一个良好的生活、学习环境，对提高校园环境品质有重要意义。校园绿地是各校园文化艺术的重要组成部分，其规划设计又不同于一般的要求，除利用自然条件、历史古迹外，更重要的是人文绿化。

1. 校园绿地的功能

（1）生态功能　校园绿地是构成校园生态系统中唯一执行自然"纳污吐新"负反馈机制的子系统，是优化环境、保证系统稳定性的必要组成，具有净化空气、调节校园小气候的作用，对改善师生工作学习环境具有重要意义。

校园绿地中的园林植物通过光合作用吸收二氧化碳，释放氧气，增加了空气中的氧气含量。园林植物对烟尘和粉尘有明显的阻挡、过滤和吸附作用，是天然的"除尘器"。绿色植物可以减少校园内空气中的细菌数量：一方面是园林植物阻挡气流，吸附尘埃，空气中附着于尘埃的微生物随之减少；另一方面，许多植物能分泌杀菌素，有杀菌能力。另外，园林植物能吸收解毒或富集二氧化硫、氟化氢、氯气和致癌物质安息香吡啉等有害气体于体内从而减少空气中的毒物量，并具有吸收和抵抗光化学烟雾污染物的能力。

植物叶面的蒸腾作用，能降低气温，调节湿度，吸收太阳辐射，对改善城市小气候有着积极的作用。茂盛的树冠能挡住 50%～90% 的太阳辐射。园林植物叶面可反射 20%～25% 的太阳光，有 35%～75% 为树冠所吸收，有 5%～40% 透过树冠投射到林下。植物所吸收的光波段主要是红橙光和蓝紫光，而反射的主要是绿色光，有益保护视力，同时绿色光能使人在精神上觉得宁静。另外，园林植物是天然的"消声器"，园林植物的树冠和茎叶对声波有散射的作用。

（2）教育功能

① 陶冶学生情操，培养学生崇高品格。优美的校园绿化环境，可以使学生从树木品格中得到启迪。校园绿地的植物，都有着特别的寓意，为学生传递着正能量。松柏苍翠，朝气蓬勃；白杨挺拔，伟岸刚直。立于荷池边，在赞美荷花"出淤泥而不染"品格的同时，自己的思想境界也得以升华，人生信仰与追求也在潜滋暗长。学生在观赏植物所构成的优美环境中生活、学习、休憩、娱乐，接受着大自然的熏陶，有益其高尚品格的培养。

② 净化心灵，促进学生身心健康。优美的校园环境，使人心情舒畅，促进身心健康。当绿色植物在视野中达到 25% 时，疲劳、紧张和焦虑等情绪能够得到较好的调节和改善。有些芳香植物能够挥发对人体有益的香气成分，达到使人愉快、缓解压力的作用。

③ 普及自然科学知识，增强学生环保意识。在校园环境中可以充分利用花草树木的丰

富知识进行爱国主义的教育，如水杉是国家级保护植物，是我国珍贵孑遗树种之一，被世界誉为"活化石"；银杏是世界上现存的种子植物中最古老的植物，也是我国特有的珍贵树种，向来有"金色活化石"之称。它们显示着祖国幅员辽阔、地大物博、历史悠久。同时，在校园中的绿化植物应挂牌加以介绍，使学生们在增长园林知识的同时，提高他们的环保意识。

④ 提高学生审美能力，开发智力。校园的绿化可作为一门现有的审美教材，更具生动性、真实感。通过绿化、美化，把建筑物、山水、植物等要素有机地融为一体，把自然美与人工美和谐地统一起来，构成一幅优美的立体画卷。学生在感受各种植物组合搭配的艺术景观，欣赏通过养护手段创造的各种植物造型中，产生艺术追求的价值取向，形成独特的审美观，有助于观察力、想象力、思维力和创造力的发展。

（3）美化功能　园林植物本身具有美的特性，园林景点是大自然的缩影。人们在利用和改造环境的同时，也十分重视环境的美化，人们创造了美的环境，环境又给人以美的享受。校园绿化应根据季节和气候条件不同，在色彩的搭配上有所侧重，春、秋、冬三季用暖色花卉，炎热的夏季宜用冷色花卉，通过植物的花、果、叶、色、形等，给人以一种自然美。校园绿化通过建设园林景点，又给人们一种综合性的园林艺术美，这种美是由各种相关艺术相互渗透融合而成的。因此，要根据自身的特点，在校园内建设艺术价值较高，实用价值较大的园林景点。

另外，校园绿地把校园内教学区、生活区、办公区及道路等功能区分隔，具有分离、保护的作用。

2. 校园绿地规划设计的指导思想

（1）突出教育，富有趣味　校园绿化是育人的环境，是培养学生丰富个性的空间，它应使受教育者感受到一种个性成长的需要，它应是积极向上、充满知识和趣味的室外大课堂。校园环境应寓教于绿、寓教于乐。它应创造良好的人文环境、自然环境。无论是托儿所、幼儿园，还是高等学府，它们都是给予人类知识文化，进行道德修养，树立人生观的摇篮。在幼儿园、托儿所、中小学环境中，培养儿童从小热爱祖国、热爱自然、关心集体、尊重科学的品德。在大学环境里，培养青年学子富有建设祖国的热情和责任感，并具有高尚的情操和渊博的知识。

校园绿化设计要给青少年创造一个积极向上、和谐美丽的意境环境，使它既有视觉效果，又会使置身于此环境者产生联想，如无声的课堂。花草树木都蕴含着丰富的思想内涵，有着高度的启迪感。它们对青少年的道德、品格、修养无时无刻不在起着潜移默化的影响。校园中良好的教育环境、自然环境，能满足他们生理及心理上的要求，从而使学生心地平和、情感端正，使其个性得到全面和谐地发展。

（2）以绿为主，绿中求美　校园环境主要是由绿色空间、建筑空间、道路、广场等组成。人类追求绿色是一种生命的本能，校园环境应充满绿色、清新。绿色植物使空气中有益的负离子增加，使有害健康的正离子减少，有益于学生学习、生活。因此，在校园绿化设计中，应采取各种绿化手段，尽一切可能创造更多的绿色空间，为解除学生精神及视觉疲劳提供条件。校园绿地设计应以绿为主，其含义不是简单的树木栽植，而是要在绿化校园的同时，创造一个丰富的、多元化的、体现一种自然美、艺术美、生活美、园林美、社会美的境界。在绿色树木、草坪为主的色调中，点缀四时开花的灌木与花卉，使校园内呈现春花烂漫、夏荫浓郁、秋色绚丽、冬景苍翠的动人景象。

（3）因地制宜，突出特色　各个校园面积大小、经济条件、地理位置、周围环境、人文因素、管理能力等千差万别。因此，对校园绿地设计的内容、水平、手法等不能强求一致。只有根据各自的实际条件因地制宜地进行绿化，设置园林小品等，才能创造出实用、优美、清洁并为使用者接受的环境。根据各年龄段儿童、青少年生理与心理特点，设计的内容应适应和满足他们的需要。如在幼儿园、中小学可设计植物角、动物角，使他们观察树木花草四季的变化，了解园林植物的奥妙，使他们增长知识，爱护花草树木，提高保护环境的意识。

在大学校园里，应充分利用地势地形、水面及校园外的景色造景。校园环境应具有鲜明的时代特点和一定的艺术水平，具有高品位的思想内涵。校园内每一分区应具有独特的绿化特点。园林建筑小品的造型、色彩、体量、尺寸等均应适合使用者的特点。

每一个校园都有其独特的历史背景、文化积淀、地域特点等，这些特点应充分利用，采取各种形式在校园环境中体现，使之成为各自独一无二的校园特色。

（4）经济实用，景观长久　校园环境是育人的环境，不求奢华，要朴素大方。要以最少的投资创造最大限度的绿色空间。忌大动土方挖湖、堆山、刻意造景，要充分利用原有地形，通过借景来丰富校园景观。花木的品种应就地取材，多采用乡土树种，以减少运输费用，并可提高花木栽植成活率。选用抗性强、便于管理的树木，适当点缀珍贵花木，创造四季常青、三季有花、冬暖夏凉、清洁、舒适、美观、高雅的环境。

可通过垂直绿化，增加绿色空间，解决一般校园绿地狭小和资金缺乏的矛盾。注意乔木和灌木、常绿树种和落叶树种、快长树种和慢长树种的比例，避免造成在绿化后短期内需要更新的缺点，一般常绿与落叶树木的比例各占 35％为宜。

3. 高等院校校园绿地规划设计

（1）高等院校校园绿地规划设计的目标

① 创建完善的生态系统

a. 加强生态优势。从整体上把握校园现状的生态优势，进行适当改造和引导后，形成一个功能合理、景观优美的新的生态构架，尽量保持原有地形地貌，减少土方量；有序引导疏通原有水系，原有植物，尤其是大树，尽可能保留并养护好，避免施工时伤害。绿化的比例须达到规范要求，以强化原有校园生态所具有之优势。

除了尽量保持原有的地形和山水态势外，随着对生态研究的扩展，天空这一元素亦被引入。校园绿地规划设计时需精心考虑教学楼及宿舍楼前方的景观生态环境。国内外著名大学的主要教学楼与宿舍区都重视室内采光与楼间距的控制，尽可能保证在主要教学楼的正南方有大面积的宽广地带，保证充足的日照及开阔的天空视野。

b. 创造人工与自然和谐的绿色校园。校园建设中所创造的人工景观必须与保留、改造的自然景观相呼应、协调，形成完整的大景观构架，即"天人合一"。高校校园绿地规划设计的出发点不应是繁琐的人工堆砌，清新的空气比人工景观造型本身更有实用价值。在校园四周应以高大植物加以围合，以利于内外空间的划分，适当在校园入口处点缀蔷薇等开花的攀援植物和花灌木，以强化校园重点部位。校园内小游园如坐落于高地或视野广阔之处为最佳，设计者在规划时需详细考察地形。

② 合理组织功能。高校校园的功能分区一般分为：校前区、教学区、行政、科研区、生活区、滨水区、文体区、后勤区等，其构成形式可分为全集中型、主集中型、分散型等。校园的环境空间包括校前区、入口大门以及功能各异的广场、游园、人行道与车行道、山地、水体、运动场、露天剧场、屋顶花园等，其中广场、游园、水体、露天剧场等是流线中的"亮点"，吸引学生停留、驻足，并由点带线，引导整个流线。通过道路、广场等环境元素组织、协调、沟通、运作，对各种功能进行梳理，供学生开展学习、交流、休憩、娱乐活动。点、线、面的结合要求丰富，避免横平竖直式布局，而由各种多变的曲线、直线相结合，正向、斜向相搭配，产生丰富的景观视觉效果，符合青年学生的心理需求。

③ 突出景观特色。高校校园绿化可以通过周围环境的调整对学生精神世界产生引导作

用。在教学楼旁整齐修剪的林荫道，带有竖向拉伸感的植物，厚重的植物色彩，易使学生活泼好动的特点受到场所精神的约束，快速进入严谨认真的学习氛围中。

校园应充分利用原有地形、水体，并巧妙运用校园外的景观造景、借景，同时，应具有鲜明的时代特点和一定的艺术水平，具有较高思想内涵，优先人文、弘扬传统文脉，并融入现代精神。如北京大学的未名湖畔，山水地形富于变化，至今仍不失其名园风采。清华大学的清华园和近春园，其中的"水木清华"和"荷塘月色"等景点，由于利用地形优势，植物配置得当，加上朱自清先生所写的"荷塘月色"名篇，成为吸引万千学子、具有无穷魅力之校园景观。

每个校园都有自己的人文历史，新建校园有自己新的奋斗目标，在景观设计上应充分彰显这些个性特色，突出校园精神。可通过景观造景如雕塑、碑刻、小品、标志物等来表现校园人文。校园小品宜简练含蓄，留给学生多一些思索，多一些想象空间。

（2）高等院校校园绿化的特点　高校校园绿化要根据学校自身的特点，因地制宜地进行规划设计，精心施工，才能显出各自特色与取得的绿化效果。

① 学校性质多样。我国各类高等院校校园绿化除遵循一般的园林绿化原则之外，还要与学校性质、级别、类别相结合，即与该校教学、科研及试验生产相结合。我国高校设置有多类型、多层次的特点。按照学科设置和办学特色，目前我国高校大致可分为六类：综合性大学、以工科为主的综合性大学、由专业学院发展演变而成的专业学院式的准综合大学、师范类院校、专业院校、高职院校等。高校类别：按办学层次可分为"985工程"院校、"211工程"院校、中央部属本科院校、省属本科院校，高职（高专）院校；按教育性质可分为普通高等教育、成人高等教育、高教自学考、电大开放教育、远程网络教育；按学科范围可分为综合类、理工类、师范类、农林类、政法类、医药类、财经类、民族类、语言类、艺术类、体育类、军事类院校。

② 校园建筑功能多样。校园内的建筑环境多种多样，多以校园内功能性建筑为主体，如教学楼、图书馆、实验楼、办公楼、体育场馆等。高等院校中还有现代化的环境，使多种多样、风格不同的建筑形体统一在绿色的整体之中，并使人工建筑景观与绿色的自然景观协调统一，达到艺术性、功能性与科学性的协调一致。各种环境绿化相互渗透、相互结合，不仅提高整个校园环境质量，而且有整体美观的风貌。

③ 人流集散性强。在学校上课、集会等活动频繁，需要有适合大量的人流聚集或分散的场所。所以校园绿化要适应这一特点，要有一定的集散活动空间，否则即使是优美完好的园林绿化环境，也会因为不适应学生活动需要而遭到破坏。另外，其园林绿化建设要以绿化植物造景为主，选择无毒、无刺激性异味，对人体健康无损害树种为宜，力求富有季相变化的自然景观，达到陶冶情操、促进身心健康的目标。

④ 学校所处地理位置、自然条件、历史条件各不相同。各学校所处地理位置、土壤性质等条件不同，校园绿化应根据这一特点，因地制宜地进行规划设计和选择植物种类。例如，位于南方的学校，可以选用亚热带喜温植物；北方学校则应选择适合于温带生长环境的植物；在干燥气候条件下应选择耐旱树种；在低洼的地区则要选择耐湿或抗涝的植物；积水之处应就地挖池，种植水生植物。具有纪念性、历史性的环境，应设立纪念性景观，或设雕塑，或种植纪念树，或维持原貌，以利教育后代。

⑤ 绿化指标要求高。学校绿化都应根据国家要求，合理分配绿化用地指标，统一规划，合理建设。按国家规定，要达到人均绿地 $7\sim11m^2$，绿地率 30％的需求。对新建院校来说，其绿地规划与全校各功能分区规划和建筑规划同步进行，并且把扩建预留地临时用来绿化。对扩建或改建的院校来说，也应保证绿化指标，创建优良的校园环境。

(3) 高等院校校园绿地规划设计的原则

① 校园绿地规划与学校总体规划同步进行。学校园林绿地规划是学校总体规划的重要组成部分，特别是新建学校的园林绿地规划必须与学校总体规划同步进行。已有学校在修改总体规划的同时也应依本校规模大小、学校性质、人数定额考虑绿地规划的修改，与学校的道路、建筑、给排水、供电等设施统筹安排、合理规划，使各项设施用地比例配合恰当协调。园林绿化风格与学校的建筑风格也应协调一致，创造具有学校特色的景观，避免各项工程不协调产生浪费。绿地规划应在校园总体规划指导下进行，应是校园总体规划的延伸和拓展，必须强化校园总规的原则和特色。

② 与学校总体布局形式协调一致。高校园林绿化是以建筑为主的庭院环境绿化，其园林绿化的形式也应与学校的总体规划协调一致。规则式轴线布局的学校，其园林绿地的总体布置形式应采取规则式；地形起伏大的自然式学校，其园林绿地应采用自然式布局。原有山林坡地、水面应尽量让其自然融入校园环境中，使绿色融入校园环境，自然景观延伸到人工景观中。校园绿化与校园建筑应有机结合。内外空间交流，绿地可局部延伸至室内，制造一些通透性好的半开敞的"灰空间"，如门厅、门廊、廊架、亭阁、平台等。在硬质景观（广场、硬地、铺装等）中采用与建筑物相同或类似的建筑材料，作为建筑的延伸处理。学校的园林绿化还应与校园的历史文脉相延续。

③ 因地制宜，具有地方特色和时代精神。高校校园绿地规划，应充分考虑所在地区的土壤、气候、地形、地质、水源等自然条件，结合环境特点，因地制宜地利用地形、河流水系，创造适合的绿化环境，满足各种绿色植物生长的需要。学校的园林绿化设计思想要有地方特色，也要体现时代精神。在规划前要充分调查当地土地利用情况、城市地区规划中土地利用情况、当地风土人情、人文景观，使学校与社会融为一体，使植物景观和人工设施景观体现地方特色，反映现代科学技术水平。另外，可用一些抽象的、现代感较强、质朴的材料制作雕塑或标志物，反映现代学校教学宗旨，鼓励学生向科学高峰勇敢攀登的现代精神。

④ 生态性原则。生态性原则是指高校校园绿地规划设计必须建立在尊重自然、保护自然、恢复自然的基础上。要运用生态学的观点和生态策略进行校园绿地规划布局，使校园绿地规划在生态上合理，构图上符合要求。校园绿地规划设计应以生态学的原理为依据，以达到融游赏娱乐于良好的生态环境之中的目的。在绿地建设中，应以植物造景为主，在生态原则和植物群落多样性原则的指导下，注意选择色彩、形态、风韵、季相变化等方面有特色的树种进行种植设计，使景观与生态环境融于一体或以风景园林反映生态主题，使校园绿地既发挥生态效益，又发挥其美化功能。植物造景时应以乡土树种为主，外来树种为辅，以体现自然界生物多样性为主要目标，构建乔木、灌木、草、藤复层植物群落，使各种植物各得其所，以取得最大的生态效益。

⑤ 以丰富多彩的园林植物为主。根据花木的不同特性，选取恰当的绿化方式，在保证建筑物使用功能的前提下，尽可能创造更多的绿色空间。在绿色中求美，并且充分发挥园林植物保护环境和改善校园环境的作用。如选用藤本植物对校园内墙面、壁面进行垂直绿化，可为达到绿化面积占校园总面积 40%～70% 的目标创造条件。

校园中应多选用知识型、观赏型的花木，以使学生获得更多的环境保护知识。在校园具有较大面积的情况下，也可分别设计科普型、保健型的小型绿地。有条件者可设计各专类花园，如牡丹园、月季园、海棠园、石榴园、芍药园等，进行知识普及。

⑥ 人文性原则。校园绿地应能体现各种人文精神，能最大限度地强化激励师生内在精神特质，感染人的情绪，提高人的道德品质、艺术修养，保持学校蓬勃向上的气质。充分利用校区内独特的自然景观和建筑环境，建立富有精神内涵的校园环境。利用反映校史的建

筑、雕塑、碑刻、纪念林地等将学校历史反映到校园环境中，使学生更好地领悟校园精神。在学校扩建和改建中，尤其要注意保留具有历史意义的空间场所和建筑实体，并让新的空间和实体与原有空间和实体相呼应，可设置一些纪念性环境，如杰出人物、教育家的雕像、壁画、纪念亭、展示廊、小品等来突出文化内涵和传统精神。

（4）高等院校校园绿地规划设计的要点

① 高校校址选择。高校应尽量选择条件优越的环境，应有适宜的人文环境和自然生态环境、充足的土地面积与合宜的地形地貌、完善的基础设施。

② 教学科研区绿地。这些绿地主要满足全校师生教学、科研、实验和学习需要，绿地应为师生提供一个安静、优美的绿色空间。

③ 绿地空间丰富，集中绿地方便使用。根据大学校园内文化气息浓的特点，校园中应有较宽裕的绿化空间，利用地形、建筑、水体、植物、园林小品等创造出美丽幽雅的自然环境。

④ 道路系统简洁明快，方便学生的学习、生活。高校具有人流大、集散性强的特点，园林绿地应充分考虑这一特点，以人为本，提供方便交通条件，使人少走"冤枉路"。这样既方便了同学，在客观上也有效地保护了绿地。

⑤ 创造多种适合于学习、活动的绿地广场。

⑥ 运动场与校园其他建筑之间的林带分隔。大学校园中的运动场离教室、图书馆应有宽50m以上的常绿与落叶乔木混交林带，以隔离运动场上的噪声。运动场四周可栽种落叶乔木，在西北面可设置常绿树墙，以遮挡冬季寒风。

⑦ 结合教学要求进行绿地布置。在大学根据教学活动的需要可以设立花圃、苗圃、气象观测站等自然科学园地。特别是农林、生物等大专院校，还可结合专业建立树木园、果园、动物园等。

⑧ 校园主楼前广场绿地突出学校特色。主要体现一种开阔、简洁的布局形式，与教学楼相对的广场空间应注意其开放性、综合性的特点，适合学生的活动、交流，场地的空间处理应具有较高的艺术性和思想内涵，并富有人情意趣，有良好的尺度和景观。

⑨ 校园雕塑可对学生起到很好的教育作用。在大学校园中，适当摆放有意义的各种雕塑起着潜移默化的教导作用。雕塑的类型可分为任意性雕塑、写实性雕塑、抽象性雕塑，在设计中综合应用，相得益彰地发挥启迪学生开拓进取的精神的作用。

（5）高等院校校园局部绿化设计　学校校园内一般分为行政办公区、教学科研区、生活区、体育运动区。由于每个部分的功能不同，因此对绿化的要求也不同，绿化形式也相应地有所变化。每个分区的园林绿化风格应具有不同的特色，其特色与分区的主要建筑物相互依托、映衬，使树木和建筑物都不同程度地增加观赏美感，每一分区的绿化风格应与整个校园风格一致。

① 学校出入口及办公区绿化设计。学校出入口与行政办公区组成校前区，同工厂厂前区，是学校的门面和标志，体现学校面貌。校前区绿化应以装饰观赏为主，衬托大门及主体建筑，突出安静、优美、庄重、大方的高等学府校园环境。各类学校都有造型各异的出入口，学校大门（图 1-4-10）常设在比

图 1-4-10　山东建筑大学入口绿化效果图

较显露的位置，面临城市主要干道，除供出入和警卫执勤外，还具装饰性，其绿化既要创造学校的特色，又要与街景相一致。门外广场可以布置花坛、喷泉等，并配置花灌木和色彩丰富的花草，以观赏植物色彩为主，给人以较强的感染力。门内广场、道路要与道路绿化相结合，可布置花坛、花台、雕塑、水池、全校导游线、路牌等。主要大门景观以建筑为主体，植物配植起衬托作用，更好地体现大门主题建筑特色和雄伟、庄严的气派。

行政办公楼是学校主要建筑之一，行政办公楼的绿化设计一般采用规则式布局手法，在大楼的前方与大楼的入口相对处，设置花坛、雕塑或大块草坪，在空间组织上留出开朗空间，突出办公大楼的主导地位。植物配置起丰富主景观的作用，衬托主体建筑艺术的美。

花坛一般设计成规则的几何形状，其面积根据主体建筑的大小、形式以及周围环境空间的大小而定，要保证有一定面积的广场路面，以便人员车辆集散。花坛植物主要用一、二年生花卉及部分球根花卉、宿根花卉和少量矮生花灌木，如观赏价值较高的月季、玫瑰、桂花等。花坛周围可设置低矮的绿篱，如用雀舌黄杨或瓜子黄杨作绿篱，或用冬青、小叶女贞等植物镶边，也可以设置低矮的栏杆等。花坛内不设园路，人不得入内。行政办公楼前可设置喷水池或纪念性、象征性雕塑以及大面积的草坪。喷水池的形状一般为几何形，也可是单纯的喷泉水池。水池的体量大小乃至喷泉喷水高度，都要设计得与大楼建筑比例相协调。水池采用平面的、单层次的或立体多层次的，应根据环境特点和经济条件而决定。

行政办公楼周围的绿化采用乔、灌、草、藤相结合的形式。乔灌木为常绿和落叶、观花和观叶结合配置。绿地边缘、路边可设置绿篱做围护，适当的地方可运用高大落叶或常绿大乔木孤植或丛植，以供遮阴休息之用。树下可设座椅、石凳、石桌等，方便休息、活动。乔、灌、花卉结合配置，距离建筑物10m以内为乔木，再向外依次为灌木、小灌木及花卉绿篱。大楼绿地还可以设置草坪，靠近墙一侧只种一些小型花灌木或布置花台，边缘绿篱可设也可不设。如果绿地较窄，就不必再设置绿篱，以免拥挤和堵塞而有碍游览。靠近大楼种植乔木或大灌木，不要正对着窗户，以免影响办公室自然采光和室内空气流通。树木与墙要有适当的距离，防止影响树木正常生长和发育。在大楼的北面，处于遮阴情况下的绿地，要注意选择耐阴树种。

在办公楼的东西两侧，要种植高大的阔叶乔木，防止烈日东晒和西晒。办公楼墙壁上也可进行垂直绿化，在墙基50cm以内种植吸附式攀援植物来绿化墙面，这对美化大楼、调节室内气候、提高工作人员的工作效率很有意义。常用来做墙面绿化的攀援植物有地锦、常春藤等。

② 教学科研区绿化设计。教学科研区以教学楼、图书馆、实验室为主体，是师生上课、开展科研活动的场所。要具有安静、卫生、优美的特点，使师生在课间休息时间里能够欣赏到优美的植物景观，调节大脑活动，消除上课时的紧张和疲劳。绿色的环境对师生们的视力具有一定的保护作用。

教学楼（图1-4-11）和图书馆大楼周围绿化以树木为主，常绿、落叶相结合。在教学楼大门两列可以对称布

图1-4-11 某教学楼周围绿化

置常绿树和花灌木，在靠近教室的南侧要布置落叶乔木，夏天能遮阴，冬天树木落叶后又有阳光照射，改善室内气温，使教室内有冬暖夏凉之感。在教学楼的北面，可选择具有一定耐

阴性能的常绿树木，以减弱寒风的侵袭。乔木一般要距墙 10m 以外，灌木距墙 2～3m，乔木和高度超过一楼窗户的大灌木，要布置在两窗之间的墙前，以免影响室内采光。还可以在楼前设置铺装，以供学生课外活动休息。在其周围还可以多种一些芳香植物类进行绿化，花开时能释放出使人感到心情舒畅的香味，让人心情愉悦。

大楼的东西两侧要布置高大落叶乔木，也可用落叶藤本植物绿化墙面来防止夏季烈日直接照射大楼。还要注意美化功能，楼前地方较宽敞的，可以设置花坛、花境等，美化教学环境。花坛和花境都可以结合草坪进行布置，在草坪的中间设置纪念性雕塑或纪念性构筑物等。基础配置用常绿小灌木，外围布置草花，但色彩必须协调统一。

实验楼绿化设计多采用规则式布局，植物以草坪和花灌木为主，沿边设置绿篱。草坪以观赏为佳，或以乔灌木为骨架，配以草坪和地被植物。在具有化学污染物的实验室外围，要选择一些抗污染植物，如夹竹桃、女贞、大叶黄杨等，使其对污染具有一定的吸收净化作用；在安置大型实验设备如冷却塔等处，可选用高大整齐的树木进行遮掩和隔离。某些能产生噪声的设备设施周围，还要种植枝叶茂密、树冠宽大的常绿树种，以削弱噪声对周围环境的影响。种植设计时要进行实地调查或查看有关资料，了解实验室周围地下管线的铺设情况，以免破坏地下管线。

③ 生活区绿化设计。生活区的绿化主要功能是改善小气候，为广大师生创造一个整洁、卫生、舒适、优美的生活环境。

生活区由于人口密度大，室内外空气流通和自然采光很重要。绿化必须远离宿舍楼 10m 以上，特别是窗口前附近的墙，种植要充分考虑室内采光和通风的需要。宿舍楼的北向，道路两侧可配植耐阴花灌木，南向绿化时要全面铺设耐践踏性草坪。宿舍四周用常绿花灌木创造闭合空间（图 1-4-12）。学生宿舍楼（图 1-4-13）的附近或东西两侧，如有较大面积的绿化用地，则可设置疏林草地或小游园，其中适当布置石凳、石椅、石桌等小品设施，供学生室外学习、休息和社交活动使用。无论有无行道树，绿地外围都用绿篱围护，使其与整个宿舍区环境绿化相协调，并留有多个出入口，以便进出。同时，也可考虑将绿化与校园文化相结合，丰富校园环境的文化内涵，如宿舍楼命名为"松园"，象征正义。

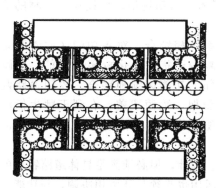

图 1-4-12 宿舍楼区封闭式绿化设计

图 1-4-13 西华大学宿舍楼前绿化

学校餐厅周围绿化设计要以卫生、整洁、美观为原则。要选用生长健康、无毒、无臭、无污染和抗病虫树种，最好还具有一定的防尘、滞尘作用。在餐厅周围栽植芳香类植物，以促进用餐人员的食欲，有助于消化和身心健康。多种植常绿植物，创造四季常绿景观，以防风、防环境污染。在餐厅外围可设置沿墙花台等，种植矮小的花灌木或草花。操作间周围种植枝叶茂密的常绿乔灌木，使其具有一定的防护作用。

④ 体育活动区绿化设计。体育活动区是学生开展体育活动的主要场所。一般规划应在

远离教学区或行政管理区，而靠近学生生活区的地方，这样既方便学生进行体育活动，又避免体育活动区的嘈杂声音对教学的影响。在体育活动区外围常用隔离带或疏林将其分隔，减少相互干扰。体育活动区内包括田径场、各种球场、体育馆、训练房、游泳池以及其他供学生从事体育活动的场地和设施，这些地方的绿化要充分考虑运动设施和周围环境特点，同时也可考虑设置一些与体育相关的雕塑小品、体育文化墙等来增加体育活动区的文化内涵。

图 1-4-14　高校足球场周围绿化

a. 田径场一般又是足球场，常选择耐践踏的草种。运动场周围、跑道外侧栽植高大的乔木，以供运动员们休息时遮阴（图 1-4-14）。如田径场配有看台，主席台两侧用低矮的常绿球形树及花卉布置。

b. 在篮球场、排球场周围栽植高大挺拔、冠大而且整齐的落叶乔木，以利于夏季运动员们遮阴，不用带刺激性臭味的落花、落果或绒毛易于飞扬的树种，乔木树下铺设草坪或放置长凳，以供运动员们休息、观看。如果球场设置在低处，可在球场外侧边缘结合地形地势做成台阶式看台，在其外侧种植乔木，以利夏季观众休息遮阴。网球场和排球场周围常设置栏网，可在栏网外侧种植藤本植物，绿化美化球场环境。

c. 体育馆周围的绿化可以布置得精细一些，特别是在大门两侧，可设置花坛或花台，种植观赏价值较高的花灌木和一二年生草花，以鲜艳的花卉色彩衬托出体育运动的热烈气氛。地面种植地被植物或铺装草坪等，边缘栽植绿篱树种。

d. 游泳池周围的绿化以常绿树木为主，少栽落叶树木，以防落叶影响游泳池的清洁卫生。不可选择落花、落果、有污染的植物和有毒有刺的植物。游泳池也可放置花架进行垂直绿化，以利于游泳者们在花架下遮阴休息。

在各种运动场地之间可用常绿乔灌木进行空间分隔，以减少互相之间的干扰，只要不影响运动功能需要，可以多栽植一些树木，特别是双杠等体操活动场地，可设在大树林的下面，以利夏季活动时遮阴。

⑤ 校园道路绿化设计。道路绿地与校园内的道路系统相结合，对各功能区起着联系与分隔的双重作用，且具有交通运输、防风、防尘、减少干扰、美化校园的功能。道路绿地位于道路两侧，除行道树外，道路外侧绿地与相邻的功能区绿地融合。校园道路两侧行道树应以落叶乔木为主，构成道路绿地的主体和骨架，浓荫覆盖，有利于师生们的工作、学习和生活，在行道树外还可以种植草坪或点缀花灌木，形成色彩、层次丰富的道路侧旁景观。

行道树的树种选择多种多样，如常绿、落叶、针叶、阔叶，但必须满足具体道路特点的绿化功能需要。人行道绿带中花灌木、草花以及草坪的运用也必须与环境相协调，与功能相一致。为了美化环境，在绿带中点缀色彩，则可在行道树下配置一些草坪或耐阴花灌木，如山茶、杜鹃等。可以铺设草坪，但草种必须具备相当的耐阴特性，使人行道绿地覆盖率达到100％的水平，可避免绿地中泥土因雨水冲刷流失及尘土飞扬。如果人行道及其以外的绿地面积较宽，则除在靠近车行道处种植行道树外，其余的地方可以设计成自然式的绿化带，设置各种形状的花台、座椅、石凳、花架、凉亭等，将人行道与小游园相结合，形成多功能的校园绿地。

校园内处于重要地段的主干道，包括大门至教学楼或行政办公楼的道路以及人车流量较大、路面较宽的道路，主要强调环境的美化功能。这类干道在进行绿化时，着重运用植物的形态美和色彩美，创造优美的植物景观。在道路中央设分车花坛，可根据宽窄设计选择绿化植物，宽度在1.2m以下的一般以一二年生草本花卉为主，适当采用1～2种矮生花灌木和耐修剪的常绿小灌木及宿根花卉，以观赏丰富的色彩美为主，即以小灌木为花坛的骨架，以便在更换草花期间仍然保留有一定的植物景观。宽度在20cm以上的以低矮花灌木为主，配以适量的多年生球根、宿根花卉和一二年生草本花卉，既有美化作用，又方便管理。道路两侧的行道树，可以用乔木，也可以栽花灌木，或者乔灌木并用，或者草本花卉。

⑥ 休息游览区绿化设计。高校校园一般面积较大，可在校园的重要地段设计花园式绿地和小游园式绿地等集中绿地，以供师生休息、观赏风景之用。可在绿地中设置水景、亭廊、栅架、堆山、置石等，在亭中、林下、水旁观赏风景，安静休息、静心读书、朝夕锻炼等。小游园面积不要过大，一般设在主干道交叉口、道路的终端或楼与楼之间的空地处，多采用树形美观，观赏价值较高的树种，或栽植具有独特观赏特性的孤立树，铺设较大面积的草坪，并点缀具有特色的花草。

小游园（图1-4-15）是学校园林绿化的重要组成部分，是美化校园的精华所在。小游园的设计要根据不同学校的特点，充分利用自然山丘、水塘、河流、林地等自然条件，结合布局，创造特色，并力求经济、美观。小游园也可和学校的电影院、俱乐部、图书馆、人防设施等总体规划相互结合，统一规划设计。小游园一般选在教学区或行政管理区与生活区之间，作为各分区的过渡，其内部结构布局紧凑灵活，空间处理虚实并用，植物配置需有景可观，全园应富有诗情画意。

图1-4-15　山东建筑大学校园滨湖小游园

小游园绿地如果靠近大型建筑物而面积小、地形变化不大，可规划为规则式；如果面积较大，地形起伏多变，而且有自然树木、水塘或临近河、湖水边，可规划为自然式。在其内部空间处理上要尽量增加层次，富于变化，充分利用树丛、道路、园林小品或地形将空间巧妙加以分隔，色彩四季多变，将有限空间创造成无限变幻的美妙境界。不同类型的小游园，要选择一些造型与之相适应的植物，使环境更加协调、优美，具有观赏价值、生态效益和教育功能。

规则式的小游园可以全部铺设草坪，栽植色彩鲜艳、生长健壮的花灌木或孤植树，适当设置座椅、花棚架，还可以设置水池、喷泉、花坛、花台。花台可以和花架、座椅相结合，花坛可以与草坪相结合，或在草坪边缘，或在草坪中央形成主景。草坪和花坛的轮廓形状要有统一性，而且符合规则式布局要求。单株种植的树木可以进行空悬式造型，如松树、黄杨、柏树。

自然式小游园，常与乔灌木相结合，用乔灌木丛进行空间分隔组合，并适当配置草坪，多为疏林草地或林边草坪等。如果没有水体，还可利用自然地形挖池堆山进行地形改造，既创造了水面动景，又产生了山林景观。有自然河流、湖泊等水面的则可加以艺术改造，创造自然山水特色的园景。园中也可设置各种花架、花境、石椅、石凳、石桌、花台、花坛、小水池、假山，但其形状特征必须与自然式的环境相协调。如果用建筑材料设置时，出入口两侧的建筑小品应用对称均衡形式，但其体量、形状、姿态应有所变化。小游园的外围可以布置绿墙，在绿墙上修剪出景门和景窗，使园内景物若隐若现，别有情趣。

⑦ 园林小品设计。园林小品在校园绿地中是不可缺少的组成部分。在校园绿地中除了植物外，常常设有为陶冶人的情操、激发人们志向、体现对使用者无微不至关怀的各种设备。园林小品分布在校园中的各个角落，给师生提供更加优美、实用的环境，引起人们遐想，增添了生活的情趣。

校园园林建筑小品应具有丰富的思想内涵，表达一定的意境和情趣。它应尽量趋于自然，体量轻巧，造型奇特，制造精美，具有一定的艺术水平，以丰富园林特色、校园特色、地方特色。园林建筑小品种类极其丰富，如亭、台、楼、阁、廊、榭、假山、喷泉等较复杂的建筑，具有装饰作用、纪念作用和使用功能的雕塑、景墙、碑刻、校训、格言等，棚架、花坛、座椅、果皮箱、指示牌、路标等设施。

校园中的园林小品应朴素大方、生动活泼、经济实用、占地面积小。适宜校园点缀的小品如座凳、花坛、指示牌、宣传栏、花架、雕塑、景墙、碑刻等。在校园面积大、经济条件允许的情况下，也可设亭廊、桥榭、堆山置石。

（6）高等院校校园绿地植物选择与配置

4. 中小学校园绿地规划设计

（1）中小学校园绿地概述 中小学学校用地分为建筑用地、体育场地和实验用地。中小学建筑主要包括办公楼、教学楼、实验楼和道路广场等。中小学校园绿化（图1-4-16）主要是建筑用地周围的绿化、体育场地的绿化和实验用地的绿化。体育场地周围以种植高大落叶阔叶乔木为主，地面铺设草坪，尽量少种花灌木。实验用地的绿化可结合功能要求因地制宜进行，实验用地的树木应挂牌，标明树种名称，便于学生学习科学知识。

图1-4-16 某中学校园绿化效果图

（2）建筑用地周围的绿化设计 建筑用地周围的绿化（图1-4-17）主要为在教学用房周围形成一个安静、清洁、卫生的环境，其布置形式应与建筑相协调，并方便人流通行，在周围的绿化应服从建筑物的使用需要。

中小学建筑用地绿化，往往沿道路广场、建筑周边和围墙边呈条带状分布，以建筑为主体，绿化相衬托。因此，绿化设计既要考虑建筑物的使用功能，如通风采光、遮阴、交通集散，又要考虑建筑物的体量、色彩等。

在教学用房的朝南方向，尤其是实验室前的树木，应考虑到空内通风、采光的需要，只能种些小灌木，其高度则不应超过首层的窗户，在离建筑物5m之外，才允许种大乔木。但少用中、小乔木以免枝叶生长后，仍有遮光可能。教学用房东西两侧，离建筑物3～4m处，可种速生乔木，以防日晒。

图1-4-17 某中学建筑周围绿化

在建筑物的门厅前可设铺装广场，有条件时可在周围铺设草地、设置花坛及一些装饰，在建筑物主要出入口的两侧可配植四季花木和孤植较名贵的树种，以点缀建筑物的正立面，丰富校园景色。学校出入口，可以作为校园绿化布置的重点，在主要林荫道两侧种植绿篱或花灌木。学校杂务院一般都在建筑物的背面或一侧，可以粗放绿篱相隔。校园道路绿化以遮阴为主要目的。建筑物前后做低矮的基础栽植，5m内不植高大乔木。两山墙处植高大乔木。庭院中也可植乔木，设置乒乓球台、阅报栏等文体设施，供学生课余活动之用。校园道路绿化，以遮阴为主，种植乔灌木。

大门出入口（图1-4-18）、建筑门厅及庭院，可作为校园绿化的重点，结合建筑、广场及主要道路进行绿化布置，注意色彩层次的对比变化。配植四季花木、建花坛、铺草坪、植绿篱、衬托大门及建筑物入口空间和正立面景观，丰富校园景色、构筑校园文化。

图 1-4-18　某中学主入口效果图

（3）体育场地绿化设计　体育场地主要供学生开展各种体育活动。一般小学操场较小，或以楼前后的庭院代之。中学单独设立较大的操场，可划分标准运动跑道、足球场、篮球场及其他体育活动用地。运动场周围植高大遮阴落叶乔木，少种花灌木，并尽量减少地面硬化面积，可铺设一定面积的草坪。运动场要留出较大空地供活动用，空间通视，保证学生安全和体育比赛的进行。自然科学实验园地与幼儿园相同，只是规模较大。位置应选阳光充足，排水良好，土地平坦，易于排水、接近水源的地方。在用地要求上可以根据自然条件，栽培管理要求及教学大纲决定，分别规划出种植、饲养与气象的内容，使学生增加自然科学及生产劳动的知识。

（4）实验园地绿化设计　实验园地的面积可视学校用地面积及学生劳动情况而定，一般来说小学校的面积较小，内容较少，在实验园地周围，应设矮小院、围栅或小灌木作绿篱以便于管理。学校周围沿围墙植绿篱或乔灌木林带，与外界环境相对隔离，避免相互干扰。

（5）中、小学校绿化植物选择　中、小学校绿化在植物材料选择上，应尽可能做到多样化，其中应该有不同体型、不同生态习性、不同种类与品种的乔灌木、绿篱、攀援植物与花卉等，并力求有不同的种植方式，以便于扩大学生在植物方面的知识领域，并使校园生动活泼、丰富多彩。

中、小学校种植的树木，应该选择适应性强，容易管理的树种，也不宜选用刺多、有臭味、有毒或易引起敏感反应的树种。中小学绿化树木应挂牌，标明树种名称，便于学生识别、学习。

5. 幼儿园绿地规划设计

（1）幼儿园绿地概述　幼儿园是对3～6岁幼儿进行学龄前教育的机构，幼儿园（图1-4-19）一般在小区或居住区规划中多布置在独立地段，也有的设立在住宅的底层，其用地

图1-4-19 某幼儿园绿化效果图

周围环境必须安静，它的建筑布局有分散式、集中式两类。总平面一般分为主体建筑区、辅助建筑区和户外活动场地3部分，建筑内外环境融合，符合幼儿心理。

（2）幼儿园绿地局部规划设计 一般幼儿园包括室内活动和室外活动两部分。根据活动要求，室外活动场地又可分为公共活动场地、班组活动场地、自然科学基地及休息场地等。整个室外活动场地，应尽量铺设草坪，在周围种植成行的乔灌木，形成浓密的防护带，起防风、防尘和隔离噪声作用。

① 主入口绿化设计。主入口附近可布置儿童喜爱的色彩鲜艳、造型可爱活泼的小品、花坛等，除了起美观及标志性作用外，还可为接送儿童的家长提供休息场地。

② 公共活动场地绿化设计。公共活动场地（图1-4-20）是重点绿化区，根据活动范围的大小，结合各种游戏活动器械的布置，适当设计亭、廊、花架、水池、沙坑等。在活动器械附近，以遮阳的落叶乔木为主，角隅处适当点缀花灌木，活动场地尽量铺设耐践踏的草坪，场地应开阔通畅，不能影响儿童活动。活动场地周围成行种植乔灌木，形成防护林，能起防风、防尘和降低噪声的作用。建筑周围注意通风和采光，高大的乔木要种植在5m以外的地方。

图1-4-20 幼儿园公共活动场地

③ 班组活动场地绿化设计。主要供小班做室外活动用，一般种大乔木蔽阴，场地周围也可用围篱围合，形成单独空间。一般不设游乐器械，通常选择无毒无刺的植物，场地可根据面积大小，采用40％～60％铺装，图案要新颖、别致，符合不同年龄段的幼儿爱好。

④ 自然科学基地绿化设计。结合花坛、草坪等种植一些习性特别、花叶奇特、姿态优美的植物，以激发儿童的想象力，培养儿童对大自然的热爱。如三色堇形似蝴蝶在草丛中飞舞，银杏的叶像一把把小扇子；又如牡丹、杜鹃、山茶等花色艳丽；五角枫、茶条槭叶色独特。另外还可增加一些特有树种，这些植物都会吸引儿童的注意力，培养他们认识植物、认识自然的兴趣。菜园、果园及小动物饲养地，是培养儿童热爱劳动，热爱科学的基地。有条件的幼儿园可将其设置在全园一角（图1-4-21），用篱笆隔离，里面种植少量果树、油料、药用等经济植物，以培养儿童的观察能力及热爱科学、热爱劳动的品质。

图1-4-21 幼儿园自然科学基地

⑤ 休息场地。在建筑附近，特别是儿童主体建筑附近，不宜栽高大乔木以免使室内通风透光受影响，一般乔木应距建筑8～10m以外，可以做基础种植。

（3）幼儿园绿化树种选择　考虑到儿童这个年龄群体的活动特殊性，幼儿园场地内部各分区应以绿地分隔，尤其是幼儿活动区的分隔，可以保证幼儿的安全。注重运用杀菌保健类植物来构建复层结构的人工植物群落，充分发挥植物的生态功能。游憩空间内不宜种植不利于儿童健康安全的植物，因此儿童游憩空间绿化植物的选择应注意以下几方面。

① 幼儿园四周应种植浓密的乔木和灌木，形成乔、灌、草、藤的植物群落复层结构。以植物分隔空间，形成相对封闭而独立的场地，既有利于儿童的活动安全，又可减小儿童嬉戏时对周围环境产生的噪声干扰。同时以植物围合可以形成良好的小气候，夏季植物可以引导风向，其蒸腾作用还可起到降温的作用；冬季植物可以抵御寒风，给儿童更多的游戏机会。

② 植物的形状、色彩、质地的选择要满足儿童的心理需求。应首先选用形态特异、色彩鲜艳、质地光滑、枝干粗壮的植物。树种不宜过多，便于儿童记忆和辨认。

③ 植物的选择应与环境的功能相适应。如考虑夏季遮阳、降尘减噪、冬日有足够的阳光等，为儿童创造空气清新、环境优美、舒适安静的游憩空间。行道树宜选用树冠大、姿态优美、枝叶茂盛遮阳能力强的落叶乔木，其分枝点不宜低于1.8m。灌木宜选用萌发力强、直立生长的中、高型树种，这些树种生存能力强，占地面积小，不会影响儿童的游戏活动。

④ 选择易于生长和管理的植物。居住区绿地应普遍选择易于管理、生长健壮、耐干旱、耐贫瘠、耐修剪、抗病虫害、耐践踏、适宜当地气候的树种，最好选用具有地方特色的乡土树种。

⑤ 植物应选用生长迅速、无毒、无刺、无刺激性物质的树种，避免选用落果多、有飞絮的树种。

有毒植物：花、叶、果有毒或散发难闻气味的植物，如凌霄、夹竹桃、苦楝、漆树等；有刺植物：易刺伤儿童皮肤和刺破儿童衣服的植物，如刺槐、月季、玫瑰等；有过多飞絮的植物：易引起儿童患呼吸道疾病，如雌株柳树和杨树、悬铃木等；易招致病虫害及浆果植物，如桑树、柿树等。

⑥ 在植物配置上要有完整的主调和基调，使全园在景观效果上达到既完整统一，又富有变化的绿色环境。同时也要注意植物的多样化，使儿童游憩空间更为丰富多彩。

总之，儿童对植物和其他自然元素具有特殊的亲切感，通过灵活的手段，可以利用植物选择与配置创造诱人的、最丰富的景观空间。植物提供了有趣、开放的环境空间，能够促进儿童探索和发现、表演和想象，儿童也把植物作为游戏和学习的一种基本资源。

另外，绿地的铺装图案、色彩要符合儿童心理，还要特别注意其平整性，不要设台阶，诸如道牙、汀步的尺度应满足儿童安全需求。

四、医疗机构绿地规划设计

医院、疗养院等医疗机构绿地也是城市园林绿地系统的重要组成部分，做好医疗机构的园林绿化，一方面可创造优美安静的疗养和工作环境，发挥隔离和卫生防护功能，有利于患者康复和医务工作人员的身体健康；另一方面，对改善医院及城市的气候，保护和美化环境，丰富市容景观，具有十分重要的作用。因此，它既美化了医院环境、改善了卫生条件，又有利于病人身心健康，使病人在接受治疗的同时，还可以受到绿化的精神影响，特别是对于治疗痊愈期的病人作用更大。

1. 医疗机构绿地概述

（1）医疗机构绿地分类　根据医疗机构的不同性质将医疗机构绿地进行分类（表1-4-4）。

表 1-4-4 医疗机构绿地分类

绿地类型	内　　容
综合医院绿地	指设有大、中型内、外各科的门诊部和住院部的综合性医院的绿化用地。如北京积水潭医院景观等
专科医院绿地	指以某一专科或几个相关联科的医院，如儿童医院、传染病医院、精神病医院等的绿化用地。如天津市儿童医院景观等
小型卫生所绿地	指设有小型内、外各科门诊的小型医疗卫生所的绿化用地。如天津市河东区中山门卫生院等
休、疗养院绿地	指用于恢复工作疲劳，增进身心健康，预防疾病或治疗各类慢性病的休、疗养院的绿化用地。如青岛疗养院景观

（2）医疗机构绿地功能　医院、疗养院绿地是城市园林绿地系统的重要组成部分，它不仅为病员创造良好的就医、治病、休息、疗养的户外环境，同时对改善城市气候、净化空气、减少和杀死病菌、美化环境、丰富景观都有着十分积极的作用。

① 生态效益。生态效益是评价医疗单位绿地质量的重要条件，医疗单位的绿地建设有利于改善和美化环境质量，调节小气候、防风、遮阳、除尘、杀菌，对改善环境卫生条件，提高绿地生态效益具有积极意义。

绿色植物通过光合作用吸收二氧化碳，放出氧气，自动调节空气中二氧化碳和氧气的比例。绿色植物可大大降低空气中的含尘率，尤其能阻挡距地面 3～4m 的有害气体。不仅如此，还有许多植物的芽、叶、花粉能分泌强大的杀菌素，有杀死细菌、真菌和原生动物的能力。许多研究证明：景天科植物的汁液能消灭流行性感冒一类的病毒，效果比成药还好；松林放出的臭氧，能抑制和杀死结核菌；樟树、桉树的分泌物能杀死蚊虫，驱除苍蝇；松树能分泌杀菌素，$1hm^2$ 松柏林一昼夜能挥发出 30～60kg 的植物杀菌素，可以消毒相当于一个城市大气中游离的细菌。因此，在松柏林中建疗养院能治疗肺结核等多种传染病。因此，在医院、疗养院绿地中，选择多种杀菌力强的树种意义就显得更为重要。

② 社会效益。随着科学技术的发展和人们物质生活水平的提高，人们对医院、疗养院绿地功能的认识也逐渐深化。近年来兴起的"园艺疗法"即利用医院、疗养院中的园林绿地，主要指园林植物，通过植物栽培与园艺操作，调节病人大脑神经，从而促进病人早日康复。园艺疗法既是一种园艺操作与医疗卫生相结合的实践技术，又是一种园艺鉴赏与精神心理相结合的文化。

绿化对人的心理、精神状态和情绪起良好的安定作用。植物的色、形对视觉，香味对嗅觉，可食用植物对味觉，以及植物的花、茎、叶的质感对触觉，都有很好的刺激作用，另外，自然界的虫鸣、鸟语、水声、风声以及雨打叶片声也对听觉有很好的刺激作用。当病人来到户外，可沐浴自然，接受阳光，感受清新的空气，享受鸟语花香，这也可称为自然疗法，对稳定病人情绪，放松脑神经，促进其早日康复都起着十分积极的作用。通过愉悦的景观，美的享受空间，可以稳定和调节病人的心理，对辅助治疗和提早康复都有益处，还能提高人们对自然景观和人为景观的审美水平。

③ 经济效益。通过医疗单位特色化的园林规划设计，丰富的园林绿化景观，可以有效地改善病人就医、治疗、疗养的环境，从而提高单位的知名度，其生财创收的作用是显著的。21 世纪是人类社会快速发展的时代，随着人类对环境认识的觉醒，环境意识的增强，对医院、疗养院绿地也提出了更高的要求。医院、疗养院内建设多种形式的园林绿地，创造舒适、优美的绿化环境，是我国城市发展的迫切需求，也是社会可持续发展的重要举措。

（3）医疗机构绿地规划设计原则　医院绿化的目的是卫生防护隔离，阻滞烟尘，减弱噪声，创造一个幽雅安静的绿化环境，使病人在药物治疗的同时，优美的绿化环境能够在精神上对病人产生良好影响，以利于人们防病治病，尽快恢复身体健康。

医院绿化应与医院的建筑布局相一致，除建筑之间一定的绿化空间外，建筑与绿化布局要紧凑，方便病人治病和检查身体。建筑前后绿化不宜过于闭塞，病房、诊室都要便于识别。通常医院绿化面积占总用地面积的70%以上，才能满足要求。树种选择以常绿树为主，可选用一些具有杀菌及药用的花灌木和草本植物配置，如松柏类植物、香花树种以及能够分泌杀菌素的树种。在植物配置上构建保健型植物群落，设卫生防护隔离带，改善医院周围小气候。

2. 不同类型医疗机构绿地规划设计

医疗机构绿地规划设计，以创造严谨、有序、高质量、高品位的绿色环境为宗旨，丰富的园林景观，能改善医疗机构生态条件，增加文化内涵，使环境更加舒适、和谐。在绿地设计时，应从实际出发，以人为本，充分体现对病人的关怀，要立足环境，强调植物造景，做到点、线、面相结合，平面、立面相结合，乔、灌、花、草相结合，体现出人与自然和谐相处的生态型医疗环境，创造出清新、优雅、怡人的医院风貌。

（1）综合医院局部绿化设计

① 大门区绿化设计。大门绿化应与街景协调一致，也要防止来自街道和周围的尘土、烟尘和噪声污染，所以在医院用地的周围应密植10～20m宽的乔灌木防护林带。

② 门诊区绿化设计。门诊部位置靠近出入口，是城市街道和医院的结合部，人流比较集中，需要较大面积的缓冲场地，入口至门诊楼之间的绿化，不仅起到防护作用，更有衬托门诊楼、美化市容的作用。因此，这里的绿化状况既反映出一个城市的文明程度，又能反映出一个医院的精神面貌和医疗水平。

a. 入口广场的绿化设计。门诊区是城市街道和医院的结合部，需要有较大面积的缓冲场地，场地及周边做适当的绿化布置，以美化装饰为主。综合医院入口广场一般较大，广场中央可布置装饰性草坪、花坛、花台、水池、喷泉、雕塑等，形成开朗、明快的格调，特别是水池喷泉雕塑的组合，水流喷出，水花四溅，并结合彩色灯光的配合，增加夜景效果。广场也需布置相应的休息绿地，种植落叶乔木作为遮阴树，利用花坛、水池和开花灌木等进行重点美化。对于广场周围环境的布置，注意乔木、灌木、矮篱、色带、季节性草花等相结合，充分显示出植物的季节性特点。广场周围绿地用较密的乔木和灌木群围合，形成一个比较安静的空间，还可选择有一定分泌杀菌素的树种作为遮阴树，如雪松、白皮松、悬铃木和银杏、杜仲、七叶树等有药用价值的乔木，也可种植药用灌木和草花，如女贞、连翘、金银花、木槿、玉簪、紫茉莉、蜀葵等，并可在树荫下、花丛间设置座椅，供病人候诊和休息使用。医院的临街处常退后红线10～20m，临街围墙特别是入口处围墙，以通透式为主，围墙的形式与大门的形式协调一致，宜简洁、美观、大方，使医院内外绿地交相辉映。

b. 门诊楼周围绿化设计。门诊楼周围的基础绿化应与门诊楼建筑风格协调一致，不能遮挡建筑的正立面。门诊楼植物的栽植不要影响建筑的通风采光，特别是南向窗前不要栽植乔木，尤其是常绿乔木，在冬天，常绿树会遮挡阳光，如果种植高大乔木，要离建筑物5m以外。门诊楼前的绿化要突出简洁、明快的格调，以树形整齐、植物种类少、装饰性强的树种为主。门诊楼后常因建筑物遮挡造成大面积阴影，树种选择上受到一定限制。因此，要注意耐阴树种的配植，以保证阴影部位良好的绿化效果，如天目琼花、金丝桃、珍珠梅、金银木、绣线菊等，以及玉簪、紫萼、书带草等宿根花卉。

在门诊楼与总务性建筑之间应保持20m的卫生间距，并以乔灌木隔离种植，以形成很好的绿化、美化、隔离效果。

③ 住院区绿化设计。在住院区的周围，庭园应精心布置，以供病员室内外活动和辅助医疗之用。住院部位于门诊部后，医院中部较安静地段。住院部庭院要精心布置，根据场地

大小确定绿地形式和设施内容，创造安静、优美的环境，供病人室外活动及疗养。

　　a. 住院部周围小型场地绿化设计。住院部周围的小型场地在绿化布局时，一般采用规则式的布局手法，在绿地中心部分设置整形的小广场内布置花坛、水池、喷泉等作中心景观，广场内放置座椅、亭、架等休息设施，这种广场也可兼作日光浴场。绿地内的铺装尽量平坦，设置无障碍道路系统，以利于病人出行活动，绿地中除道路、广场采用硬质铺装外，都要铺设草皮，以保持环境的清洁优美，充分满足病人及其家属的室外活动和等候的需要。

　　b. 面积较大场地绿化设计。当住院部周围有较大面积的场地可绿化时，可采用自然式的布局手法，充分利用原有地形、山坡、水池等，自然流畅的道路穿插其间，园内的路旁、水边、坡地上可有少量的园林建筑如亭、廊、花架、主题雕塑等园林小品，小品尺度不宜过大。植物布置方面应充分体现植物的季相变化，植物种类丰富，常绿树和落叶树、乔木和灌木比例得当，使久住医院的病人能感受到四季的变化及清新、活泼、开朗的自然气息。

　　c. 特殊场地绿化设计。根据需求，在绿地中还可以布置一些辅助医疗地段，如日光浴场、空气浴场、体育活动场地等，这些场地应根据情况按要求的规划设计，并利用树木作隔离，以形成相对独立的使用空间，场地上的种植以草坪为主，还可做嵌草铺装路面。在场地内适当的位置可布置座椅、花架等设施以供休息、交谈和点缀园林空间。为了避免普通病人与传染病人的交叉感染，应设置为不同病人服务的不同绿地，并在绿地间设30m宽的隔离带，隔离绿化带以常绿树及杀菌力强的树种为主，以充分发挥其杀菌、防护的作用。

　　④ 辅助区绿化设计。大型医院可在门诊部和住院部各设一套辅助医疗用房，中小型医院则可合用。这部分应单独设立，周围密植常绿乔灌木，形成完整的隔离带。特别是手术室、化验室、放射科等，四周的绿化必须注意不种有绒毛和飞絮的植物，防止东、西日晒，保证通风和采光。

　　⑤ 服务区绿化设计。周围密植常绿乔灌木作隔离，形成完整的隔离带。医院太平间、解剖室应有单独出入口，并在病员视野以外，有绿化作隔离，医疗机构的绿化，在植物种类选择上，可多种植杀菌能力较强的树种。

　　(2) 专科医院绿地规划设计　对专科医院而言，有些专科医院如妇产医院、口腔医院等，与综合医院绿地设计区别不大，只是在医院入口或门诊楼前广场做主题性雕塑，以体现本专科的特色。然而，有些专科医院如儿童医院、传染病医院、精神病医院等就有其自身的特点，在绿地设计上有其特殊的要求。

　　① 儿童医院绿地规划设计。儿童医院主要接收年龄在14周岁以下的病儿。绿地布局时，在门诊楼与入口处的广场内可设置具有儿童特色或童趣的雕塑，还可以与花坛、水池喷泉相结合。在住院部集中的绿地中，应安排一定的儿童活动场地及儿童游憩设施（图1-4-22），如供学龄前儿童活动的小栏杆、转椅、压板等，供学龄儿童活动的滑梯、转伞、秋千、攀援架等，其外形、色彩、尺度都要符合儿童的心理需求。绿地内的建筑小品、雕塑等要造型生动，色彩鲜明，要以"童心"感进行环境设计与布局，使医院成为儿童家园。

　　儿童医院在树种选择时，可多种植花灌木，以增加医院的色彩感，尽量避免有种子飞扬、有臭味、异味、有毒、有刺的植物以及过敏性植物，在绿地中

图 1-4-22　美国某儿童医院的儿童游憩设施

还可用植物布置图案式样的装饰物及园林小品。优美的布局形式和轻松的就医环境，可减弱儿童对医院、对疾病的心理压力，有利于促进儿童恢复身体健康。

② 传染病医院绿地规划设计。主要接收有急性传染病、呼吸道系统疾病的病人。医院周围的防护隔离带的作用就显得尤为突出，其宽度应比一般医院宽，15～25m 的林带由乔灌木组成，并将常绿树与落叶树结合布置，使之在冬天也能起到良好的防护效果。在不同病区之间也要适当隔离，利用绿地把不同病人组织到不同空间中去休息、活动，以防交叉感染。病人活动区布置一定的场地和设施，以供病人进行休息散步等活动，为他们提供良好的条件。

③ 精神病医院绿地规划设计。精神病院主要接收有精神病的病员，其绿地规划设计应突出"宁静"的气氛，医院的绿化种植多以大乔木和常绿树为主，少种花灌木，并选种白色花灌木如白丁香、白碧桃等，因为艳丽的色彩容易使病员神经兴奋，神经中枢失去控制，不利于治病和康复。在病房区周围面积较大的绿地中，可布置休息庭园，病员可在这里感受阳光、空气及大自然的气息，对早日恢复身体健康起到积极的促进作用。

总之，医疗单位的绿化，应注意隔离作用，避免各区相互干扰。植物应选择有净化空气、杀菌、有助疗效作用的种类，也可选用果树、药用植物。

（3）小型卫生所绿地规划设计　小型卫生所由于规模小，占地少，一般只有门诊治疗区，无住院区。因此，绿化用地一般较少，有时一进医院大门便是门诊建筑，无任何集散空间。因此，可在大门处围墙栏杆内外进行重点绿化，如沿围墙栏杆种植五叶地锦、野蔷薇等藤蔓植物，还可种植些低矮的花灌木如月季、贴梗海棠，或耐修剪植物如黄杨、金叶女贞、红叶小檗等，以增加医院色彩，衬托门诊建筑，卫生所院内道路以乔木种植为主，以利于遮阴，路边可放置座椅，供病人和家属作暂时的休息和等候。

（4）疗养院绿地规划设计　疗养院具有休息和医疗保健双重作用，它多设于环境优美，空气新鲜，并有一些特殊治疗条件的地段，有的疗养院与风景区连在一起，也有单独设立的。疗养院中的治疗手段是以自然因素为主，理疗和中医配合进行，采用自然因素治疗疾病，主要有气候疗养、矿泉疗养、泥疗疗养、理疗和中医疗法等几种方式。在环境设计时，应结合以上疗养法，设置相应的日光浴场、空气浴场、森林浴场等，使疗养设施与环境充分融合。

疗养院绿地规划设计应满足以下几点要求。

① 疗养院院内不同功能分区如疗养区、杂务区、总务等，应用绿化组成隔离带。

② 疗养院内的绿化应有效地陪衬建筑，同时保证建筑的良好通风，不阻挡美丽的透视线并能防止日晒，在建筑的南部或东南部 7m 内不宜栽种高大的树木，使通风良好，阳光充足，为了保持安静。

③ 疗养院内庭园面积大的可在接近理疗楼的地方开辟适当的运动场地和球场，还可结合日光——空气浴场、散步场地等，以供疗养人员使用，庭园的绿化应营造整洁、美观、祥和的气氛，在俱乐部附近也可设有露天舞池、露天小型电影院等供夏天进行室外文体活动。

④ 疗养院内部绿化在不妨碍卫生防护和满足供疗养人员活动要求的前提下，可注意多结合生产，开辟苗圃、花圃、菜地和果园等，还可让疗养人员参与劳动，在劳动中，增加生活情趣，增加对生活的信念和对未来的憧憬。

园林植物在医疗绿地中具有观赏、组景、分隔空间、庇阴、防护等多种功能。园林植物的种植设计就是根据园林绿地布局的要求，按照植物的生态习性，结合医疗用地功能特点合理地配植各种植物，以充分发挥其功能和观赏特性。

（5）医疗机构绿地植物选择与配置

① 医疗机构绿地树种选择。在医院、疗养院绿地规划设计中，要根据医疗单位的性质和功能，合理地选择和配置树种，构建保健型植物群落，以充分发挥绿地的功能作用。

保健型人工植物群落是利用具有促进人体健康的植物组成种群，合理配置植物，形成一定的植物生态结构，从而利用植物的有益分泌物质和挥发物质，达到增强人体健康、防病治病的目的。保健型植物群落的意义在于当植物群落与人类活动相互作用时，具有增强体质防止疾病或治疗疾病的功能。植物杀菌是植物保护自身的一种天然免疫因素，因此应选择杀菌保健类树种，利用杀菌能力强的植物配置在医院或疗养院中形成群落，结合植物的吸收CO_2、降温增湿、滞尘以及耐阴性等作用、构建适用于医院型绿地的园林植物群落，使绿地发挥综合功能，使居民增强体质，促进身心健康。另外，树种选择还可兼顾经济效益。

a. 杀菌保健类树种

松柏类植物。松树能挥发出一种萜烯的物质，对肺结核病人有良好的作用，如侧柏、圆柏、铅笔柏、雪松、杉松、油松、华山松、白皮松、红松、湿地松、火炬松、马尾松、黄山松、黑松等。松柏类植物可构建松柏型体疗型植物群落，处在此类型群落中会有祛风燥湿、舒筋通络的作用，对于关节痛、转筋痉挛、脚气痿软等病有一定助益。而柏科及罗汉松科植物也有一定的养生保健作用。

香花树种。许多香花树种均能挥发出具有强杀菌能力的芳香油类，故保健和净化空气能力较强，如广玉兰、樱花、白玉兰、腊梅、丁香、珍珠梅、紫藤、迎春、锦带花、蔷薇等可广泛应用芳香型生态植物群落。

分泌杀菌类物质的树种。银杏等能够分泌氢氰酸等杀菌物质能够杀灭真菌、细菌和原生动物，再如核桃、月桂、大叶桉、蓝桉、柠檬等。

另外，柳杉、黄栌、盐肤木、锦熟黄杨、尖叶冬青、大叶黄杨、桂香柳、合欢、刺槐、国槐、木槿、女贞、日本女贞、丁香、悬铃木、石榴、枣树、枇杷、石楠、麻叶绣球、枸橘、银白杨、钻天杨、垂柳、栗树、臭椿等树种也具有很强的杀菌保健功能。

b. 经济类树种。在医院疗养院绿地中，除应选择杀菌力强的树种外，还应尽可能选种经济类树种，如种植果树、药用植物等，这样的植物有：山楂、核桃、海棠、柿树、石榴、梨、杜仲、槐树、白芍药、金银花、连翘、丁香、垂盆草、麦冬、枸杞、丹参、鸡冠花、藿香等，使绿化同医疗结合起来，既美观又实用。

② 医疗机构种植设计原则

a. 总体艺术布局上要协调。规则式绿地植物种植多采用对植、列植形式，而自然式绿地则采用孤植、丛植等不对称的种植。根据局部环境和在总体布置中的要求，采用不同的种植形式，如医疗单位大门、门诊区广场、主干道两侧多采用规则式种植，如天津医科大学第二医院规则式种植的道路绿化；而在自然式的绿地、住院区小游园、疗养院游憩绿地及其他不规则的绿地，多采用自然式种植，以充分表现植物材料的自然姿态。

b. 考虑植物在观形、赏色、闻味、听声上的效果。人们欣赏植物景色的要求是多方面的，如观形、赏色、闻味、听声等。而全能的植物是极少的，如植物的干和枝有的笔直高耸，有的盘结曲折；植物的叶色有嫩绿、黄绿、墨绿等，而秋天一到，许多树叶又变成了一片金黄或火红。又如桃花主要是在春天观赏其花色，桂花在秋天欣赏其芬芳，蜡梅则是在冬季既闻其香韵，又赏其风骨，而成片成林的松树，则能形成"松涛"。因此，必须全面考虑植物的形态习性，合理配置，才会达到多方面的赏景效果。

c. 考虑植物的季相变化。植物造景要综合考虑时间、环境、植物种类及其生态条件的不同，使丰富的植物色彩随季节的变化交替出现。如住院区游园可在种植上突出观叶和观果，做秋景园设计。在医院的重点区域，要注意四季应有景可赏，植物景观要丰富多样。

d. 从总体着眼，考虑植物的群体景观。在绿化种植设计时，不仅要考虑植物的个体效果，更要善于合理配置，创造构图完整、和谐、生气勃勃的景观效果。在平面上要注意种植的林缘线，在竖向上要注意林冠线的变化，注意开辟透景线，重视植物景观的层次及远近效果。远观常看整体效果，如初春的嫩绿、秋叶的金黄等，近看才是单株树型、花、果等姿态。

e. 要有合理的种植密度和树种搭配。植物的种植密度应根据成年树木树冠大小来决定种植间距。如想在短期取得好的绿化效果，种植间距可近些。一般常用速生树和长寿树适当配植的办法来解决远近期过渡的问题。但树种搭配必须合适，要满足各种树木的生态要求，还应兼顾速生树与长寿树、常绿树与落叶树、乔木与灌木、观叶树与观花树及树木、花卉、草坪的搭配，在种植设计时应根据不同的目的和具体条件，确定树木花草间的合适比例。

在医疗机构绿地中，植物间的搭配要和谐，要渐次过渡，避免生硬，还要考虑保留、利用原有树木，尤其是古树名木，在条件许可的情况下，可将其作为主景观赏。

五、机关单位绿地规划设计

1. 机关单位绿地概述

机关单位绿地是指党政机关、行政事业单位、各种团体及部队机关内的环境绿地，也是城市园林绿地系统的重要组成部分。机关单位的园林绿化，不仅为工作人员创造良好的户外活动环境，工作时间得到放松和精神享受，也给外来访客留下美好印象，提高单位的知名度和荣誉度；也是提高城市绿化覆盖率的一条重要途径，对于绿化美化市容，保护城市生态环境的平衡，起着举足轻重的作用；还是机关单位乃至整个城市管理水平、文明程度、文化品位、面貌和形象的反映。

(1) 机关单位绿地特点及分类　机关单位绿地与其他类型绿地相比，规模小，较分散，其园林绿化需要突出特色及个性化。机关单位常位于街道旁，其建筑物又是街道景观的组成部分，因此，园林绿化要结合文明城市、园林城市、生态城市、卫生和旅游城市的创建工作，结合城市建设和改造，逐步实施"拆墙透绿"工程，拆除沿街围墙或用透花墙、栏杆墙代替，使单位绿地与街道绿地相互融合、渗透、补充、统一和谐。新建和改造的机关单位，在规划阶段就应尽可能扩大绿地面积，提高绿地率。大力发展垂直绿化和立体绿化，使机关单位在有限的绿地空间内取得较大的绿化效果，增加绿量。

由于机关单位的绿地面积的大小不是绝对地按机关级别的大小而分配的，因此，对于机关单位的绿地分类主要依可绿化面积的大小及机关单位的特点而定。

① 一般机关单位绿地。一般机关单位绿地重点为入口处和办公楼前，绿化面积一般在 $5000m^2$ 以下，在绿地的设计中应注意把绿地的实用性与装饰性结合起来，既可采取封闭型绿地布置，也可结合休息设施设计成开放式绿地形式。在封闭型绿地中，绿地本身可以是等高的，也可以处理成微地形起伏，增加一些变化。在开放式绿地中的休息设施要少而精，绿地以不对称的规则式为主，如有标高变化，可采用错台形式，结合花池、栏杆、座凳等使台阶变化错落有致。

② 大型机关单位绿地。除大门入口处和主办公楼前进行绿化外，还有较大面积的集中绿地及各办公楼间和附属用房旁的绿地，绿化面积一般在 $5000m^2$ 以上。这种大型机关单位的主办公楼前绿地，一般采用规则式布局，通过绿化装饰和衬托主建筑物或者楼前广场设立的喷泉、雕塑、组合式花池等，因此，植物种植的效果要给人以简洁、色彩明快的感觉。另外，在这种类型的机关内，一般都设有较大面积的集中绿地，通常可采用小游园的布局方式进行设计。

③ 部队机关单位绿地。部队机关单位绿化类似于大型机关单位的绿化，但也有其特殊的方面，如部队机关单位大部分有训练场地或活动场地（篮球场）等，这些场地的周围应种植高大挺拔的乔木，以起到遮阴及防风固沙的作用。种植形式可以成排成行地带状种植，在无人活动的地段，也可以与花灌木间种。

④ 其他机关单位绿地。其他机关单位主要是指从事农业、林业、园艺等的科学研究单位，其绿地规划设计时应根据科研课题的需要统一安排考虑，在突出其主业的基础上，加大绿地投入，为科研课题的研究创造良好的小环境。

（2）机关单位绿地的作用　机关单位庭院园林绿地建设是城市普遍绿化的基础之一，对保护整个城市的环境，改善城市面貌起着举足轻重的作用，同时也是提高城市绿化覆盖率的一个重要途径。因此，它除具有其他绿地所共有的功能外，还具有特殊作用。

① 环境效益。在城市中，高楼林立、交通拥挤、噪声干扰、空气质量逐渐下降，人们更需要一个优美、宁静、鸟语花香、自然清新的良好环境。在城市中，园林绿地是唯一的自然成分，首先要实现合理的绿地率与绿地分布，大力提倡植树、栽花、种草，以人工的方法形成植物群落，恢复自然环境，保护生态平衡，使之减少并缓冲由于大规模的营造、生产过程中所排放的有毒物质对环境的破坏。绿化植物对氧气、二氧化碳的平衡，吸收有毒气体、减弱噪声、调节小气候等方面都有良好的作用。对于机关单位内部而言，由于大面积绿化，其小环境下的空气质量大大改善，夏季的温度调节作用更为明显。

② 精神文明。在建设高度物质文明的同时，一定要努力建设高度的社会主义精神文明，机关单位绿化更是代表一个国家、一个政府机构、一个特定办事部门的精神面貌。良好的园林绿地环境不仅使职工在工作之余得到一种身体上的放松、精神上的享受，而且也给访客留下美好的印象。也可以说机关单位庭院园林绿化的好坏直接反映了国家、政府部门的管理水平及文明程度，对提高机关单位的知名度起到了推动作用。

由于机关单位围墙的透漏，其内部绿化与街道公共绿地连成一片，扩大了绿化视野，大大增加了视觉空间效果，从而达到人与自然和谐共存。

③ 经济效益。机关单位园林绿化在改善环境质量、满足人们精神上享受的同时，也获得了直接或间接的经济价值。机关单位绿地可以结合生产，特别是农、林业科研院所更可以发挥其独特的优势，培育具有较高经济价值的植物，为社会创造财富。如天津市园林绿化科学研究所绿地内进行的树木引种驯化、草坪品种培育等都为单位创造了直接的经济效益，同时也为天津市的城市绿化水平的提高做出了贡献。

（3）机关单位绿地规划设计的原则　由于机关单位类别不同、大小不同，大到一个国家的政府机构，小到局属机关，从其占地面积到主体建筑物的体量各不相同，因此，其绿化形式和绿化投入各不相同，但是不管是哪一类机关单位都应遵循以下原则。

① 绿化为主，突出重点。机关单位绿地建设是城市绿化的一部分，它对改善城市环境质量、增加城市景观具有很大的作用。因此，从对整个城市环境质量角度考虑和改善局部小环境气候状况考虑，机关单位的庭院应以绿化为主，这不仅增加了城市的绿地覆盖率，而且使机关单位内部处处充满生机，使人们能呼吸到新鲜空气，免受尘土飞扬的侵袭，仿佛置身于花园之中，同时用绿化衬托装饰主体建筑物，遮挡不美观场所。因此，对于机关单位不论是绿地率，还是绿地覆盖率都应高于城市绿地指标。

在普遍绿化的基础上，要突出本机关单位的特点与风格，应在重点部位进行重点装饰。特别是入口处及主办公楼前可做重点布置，以突出机关单位的绿化管理水平和特点，并衬托出机关单位的形象。

② 为机关单位工作人员提供良好的室外休息活动环境。良好的室外环境散发出清香的

气息，仿佛使人感觉置身花园之中，这样能很快消除疲劳，精神振奋、精力旺盛地投入工作。因此，在机关单位绿化时，要在树立本单位形象的基础上，尽可能满足工作人员对室外环境在生理、心理上的需求。在工作人员集中活动的地方，开辟小型活动场地，周围用鲜花、树木装饰。为保证环境的清洁，改硬质地面为嵌草路面，尽可能做到黄土不见天，在北方地区要做到"三季有花、四季常青"。有条件的单位可为职工提供一块菜地或建一个小型花圃，以增加职工对植物的了解，满足本单位的节日用花，同时对锻炼身体也有很大益处。

③ 布局合理，联成系统。在机关单位绿化前，特别是对于大型或占地面积较大的机关单位，园林绿地设计应纳入机关单位的总体规划中。在规划时运用一般与重点相结合，点、线、面相结合的布局方法，使其各部分有机地联系在一起，以提高审美和实用价值。

所谓点的绿化，就是机关单位园林绿地的重点，包括入口处和主办公楼前及设施完善的小游园。因为是单位绿化水平的缩影，应重点处理。所谓线的绿化，就是机关单位内部的道路系统及围墙边、河道边的绿化，它起着联系各部分绿地的作用，种植的方式为统一中求变化。所谓面的绿化即为机关单位各部位预留的绿地，它是整个机关单位绿地的基础，要让它充分发挥其绿化的保护、改善环境的作用。要做到布局合理，首先要实事求是地根据机关单位的特点及用地状况（土壤情况、水体状况等）来安排绿地位置，最大限度地提高绿地率，满足绿化要求。

2. 机关单位局部绿化设计

机关单位绿化应在总体设计原则的指导下，最大限度地提高绿地率，并细致地做好各部位的详细绿化设计。对于机关单位，不论绿化面积大小，就其组成来说，主要包括入口处绿地、办公楼前绿地（主要建筑物前）、附属建筑旁绿地、较集中的庭院休息绿地（小游园）、道路绿地等。

（1）大门入口绿化设计　大门是单位形象的缩影，入口处也是单位绿化的重点之一。绿地的形式、色彩和风格要与入口空间、大门建筑统一协调，设计时应充分考虑，以形成机关单位的特色及风格。一般大门外两侧采用规则式种植，以树冠规整、耐修剪的常绿树种为主，与大门形成强烈对比，或对植于大门两侧，衬托大门建筑，强调入口空间（图1-4-23）。在入口轴线对景位置可设计成花坛、喷泉、假山、雕塑、树丛等。大门外两侧绿地，应由规则式过渡到自然式，并与道绿地中人行道绿化带相结合。入口处及临街的围墙要通透，也可用攀援植物绿化。

（2）办公楼前绿化设计　办公楼绿地可分为楼前装饰性绿地、办公楼入口处绿地及楼周围基础绿地。大门入口至办公楼前，根据空间

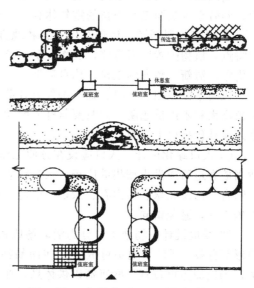

图 1-4-23　机关大门入口处绿化的形式

与场地大小，往往规划成广场，供人流交通集散和停车，绿地位于广场两侧。若空间较大，也可在楼前设置装饰性绿地，两侧为集散和停车广场。大楼前的广场可设置喷泉、假山、雕塑、花坛等，作为入口的对景，两侧可布置绿地。办公楼前绿地以规则式、封闭型为主，对办公楼及空间起装饰衬托美化作用；以草坪铺底，绿篱围边，点缀常绿树和花灌木，或设计为模纹图案，富有装饰效果。办公楼前广场两侧绿地，视场地大小而定，场地小宜设计成封

闭型绿地，起绿化、美化作用，场地可建成开放型绿地，兼休息功能。办公楼入口处绿地一般结合台阶，设花台或花坛，用球形或尖塔形的常绿树或耐修剪的花灌木，对植于入口两侧，或用盆栽的苏铁、南洋杉、鱼尾葵等摆放于大门两侧。

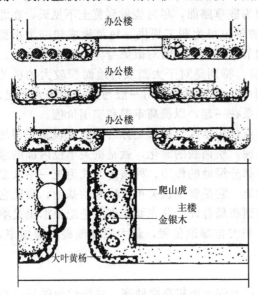

图 1-4-24　办公楼周围基础绿带

办公楼周围基础绿带（图 1-4-24），位于楼与道路之间，呈条带状，既美化衬托建筑，又进行隔离，保证室内安静。绿化设计应简洁明快，绿篱围边，草坪铺底，栽植常绿树与花灌木，低矮、开敞、整齐，富有装饰性。在建筑物的背阴面要选择耐阴植物。为保证室内通风采光，高大乔木可栽植在距建筑物 5m 之外，为防日晒，也可在建筑两山墙处结合行道树栽植高大乔木。

（3）庭园休息绿化设计　若机关单位内有较大面积的绿地，其绿化设计可以庭园方式出现，在庭园设计中要遵循园林造园手法，并结合本机关单位的性质和功能进行立意构思，使其庭园富有个性化，园内以绿化为主，结合设计主题安放简单的水池、雕塑，增强视觉、听觉效果，并结合安排道路、广场、休息设施等，以满足人们的散步与休息活动之用。

庭院绿地是机关单位内一处较大且集中的绿地，对改善机关内部的环境条件起了很大作用，同时它也是职工及来宾的室外休息、活动的场所。

① 立意构思新颖，体现时代气息和地方特色；② 功能全但不杂乱；③ 植物选择要有地方特点，植物配置错落有致，层次分明，色彩丰富。总之，要通过绿地设计为职工和客人提供优雅、清新、整齐的工作、休息环境。

机关单位庭园绿化时，如有条件可开辟工间操、篮球、羽毛球的活动场地，场地周围可种植高大乔木以供遮阴，同时要与庭园绿化有机地结合在一起，形成一个完整的庭园空间。庭园设计包括以下内容。

① 入口绿化设计。入口应设在方便工作人员出入的地方，数量 2~3 个，入口的位置应适当放宽道路或设小型集散广场，入口标志设计要新颖、简洁、灵活，要与园内内容与形式相吻合，内设花坛、假山石、景墙、雕塑、植物等作对景使入口处特点明显，且不同的入口简繁不一，避免雷同。

② 场地设计。场地主要分为活动场地和休息场地两部分，场地之间可利用植物、道路、地形等分隔。活动场地中可放置一些简易活动器械，或结合篮球等场地使用，地面要求平整，场地周边可设置一些座椅以供休息，在休息设施旁可种植一些高大乔木，以供遮阴。休息场地中可设置一些亭、廊、花架、园桌、园椅等设施，场地可设计成带图案地面，或卵石、嵌草路面以增强观赏性。场地周围的植物种植要有艺术性，充分体现出植物色彩变化、体形之美、组合之美。

③ 园路设计。由于机关单位内的庭园占地面积相对较小，游人少，园内主路宽度为 1.5~2m 即可，小路 1.2m 左右，根据景观要求，园路宽窄可稍作变化，园路的走向、弯曲、转折、起伏应随着地形自然地进行，但要自然流畅，不要出现死角。通常园路也是绿地排除雨水的渠道。因此，必须保持一定的坡度，横坡一般为 1.5%~2.0%，纵坡为 1.0%左

右。当园路的纵坡超过 8% 时，需做成台阶。园路的铺装可根据景观要求选择，以提高路面的艺术效果为目的。

④ 园林建筑与设施。机关单位内的庭园设计中园林建筑和设施也是不可缺少的一部分，但是也应注意，由于绿化面不大，园林建筑和设施的数量不宜过多，体量不宜过大。园林建筑与设施包括：亭、廊、花架、花坛、水池、喷泉、雕塑、景墙、栏杆、桌椅等。这些建筑和设置可结合庭园绿化的需要有选择地使用，使之与环境有机地组成园林景观。

⑤ 地形与种植。在机关单位内进行地形处理时，要考虑实际情况，因地制宜，一般可做成微地形起伏或利用台阶布置成一定的高差变化，既可以满足景观要求，又有利于排水。机关单位庭园主要以绿化为主，在植物配置中尽可能运用植物的姿态、体形、叶色、花色、花期、果实以及四季的景观变化等因素来提高园林艺术效果。

(4) 附属建筑旁绿化设计　单位绿化存在着杂物堆放处及围墙边的处理问题。杂物堆放处主要是食堂、锅炉房附近，这些地方的绿地应注意对不美观处进行遮挡，一般用常绿乔木、高篱、蔓性灌木组成较密的植物带，以阻挡人们的视线，可用的植物有圆柏、侧柏、大叶黄杨、蔷薇等。围墙边可种植乔木、灌木及藤本植物，分层种植，形成绿化带，以起卫生防护及美化作用。

(5) 道路绿化设计　道路绿化也是机关单位绿化的一个重点，它贯穿于机关单位各组成部分之间，起着既联系又分隔的作用。道路绿化根据道路分布的实际情况，可采用行道树种植及绿化带种植方式。在采用行道树种植形式时，植物一般选用具有较好的观赏性、分枝点较低的乔木为主，种植时应注意其株距可小于城市道路的行道树种植的株距，一般在 3m 左右，同时要处理好行道树与管线之间的距离。行道树的种类不宜繁杂，以 2～3 种为宜。

第二章

防护绿地规划设计

防护绿地是城市园林绿地系统的重要组成部分，一般布置在城市周围、江河湖海岸边和公路、铁路两侧。其分布广、范围大，对于调节和改善城市气候，减少和防止环境污染，抵御水、旱、风、沙等自然灾害的侵袭，保护生态环境的平衡等方面发挥着重要作用，同时在一定程度上美化市容市貌。

第一节　防护绿地概述

一、防护绿地的概念

防护绿地是指用于保护和改善城市环境的绿地，即在城市中具有卫生隔离和安全防护功能的绿地，包括卫生隔离林带、道路防护绿地、城市高压走廊绿带、防风林、城市组团隔离带等。

防护绿地是城市园林绿地系统的重要组成部分，这类绿地因其面积广阔、延伸远长、覆盖程度高、绿地比重大及功能针对性较强，是建立绿色屏障、维护城区生态平衡及净化城区环境极为简便有效的一种生物性的防护措施。

二、防护绿地的产生与发展现状

19世纪以前，由于生产力比较落后，工业和科技尚不发达，人们的生活水平相对较低，地球和城市的生态环境还处于良好的状态。

19世纪以来，西方国家的工业革命，使地球和城市的环境开始遭受破坏和污染。到了20世纪50年代，随着科学技术的发展，工业化和城市化进程的加快，自然环境遭受严重的破坏，大气、水质和土壤的污染日趋严重，对人们的健康和生活居住环境形成直接的威胁，环境的污染已成为一个社会公害。近20年来，由于工业的飞速发展，城镇建设的日新月异，新材料、新技术、新工艺的出现和应用，以及人们生活方式的改变，环境污染更为严重，生态环境的破坏到了更加严重的地步。

新中国成立后的城市绿化，从原来小规模和小容量的庭园绿化，发展到了大规模的城市绿化造林和园林绿化，并营造了大面积的环城林、海防林和风景林，把防护绿地的造林绿化作为城市建设的主要内容之一。现在各个城市的主要街道和城郊基本都进行了绿化，有的城区已经达到了绿树成荫的效果。这些城市的防护绿地，在功能上也充分发挥了树木在调节和改善城市气候、防治自然灾害、减弱和防止环境污染，恢复和保持城市生态平衡，形成安静美好的生活、劳动环境等方面的作用。

北京市采用"分散集团式"城市布局，在市区中心大团和边缘集团之间以及各边缘集团之间，由规划的约 240km² 的绿化隔离带相分隔。市区城市用地 650km²，规划绿地用地将近 700km²，在约 300km² 的城市建设集中的中心大团外围，与 10 个边缘集团之间还有 170km² 的绿化隔离带，在 10 个建设相对集中的边缘集团间，又有 70km² 的绿化隔离带。在城市中心大团与边缘集团之间栽植高大乔木为主，并适当种些灌木和草地，形成成片的、具有一定规模的乔、灌、草相结合的森林绿地。这种布局，不仅可以增加城市绿色空间，充分发挥绿地系统的各种保护环境的功能，还可以防止城市建设"摊大饼"式的发展，有效地控制城市中心地区的建设规模。

上海已开始实施外环线环城绿带建设工程，在外环线建成 500m 宽、97km 长的外环线绿带和 10 个大型主题公园构成的环绕市区的"长藤结瓜"式的大型绿化圈（图 2-1-1）；南京利用近郊 30km 半径内的水体、山林、防护林及其他植被构成城市生态防护网；合肥已建成长 87km，规划总用地面积达 136.6hm² 的环城公园（图 2-1-2）；西安沿绕城高速公路拟建 100～300m 宽、67.5km 长的林带；沈阳大二环沿线建成了景观生态林带，在外三环沿绕城高速公路，两侧外延各 100m，建成了以改善沈阳生态环境为主要功能的生态防护林带。

图 2-1-1　上海市环城绿带规划图

但是，由于多种原因，现在还有些城市的防护绿地仍处于无规划的混乱或空白状态，迫切需要建设和完善，有的城市城郊结合部原有的防护林随着城市化进程的推进被砍伐，防护绿地被侵占。农村实行联产承包后，一些农民出于私利，原有农田防护林被砍伐破坏，整体的防护林体系遭受严重破坏，使得风沙乘虚而入，对城市造成严重的侵袭和危害。所有这一切，应使我们认识到防护绿地的规划建设任重而道远，是一项长期的工作，各级政府和领导，要有全局观念、长远眼光，要引起足够的重视。

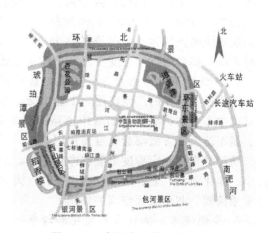

图 2-1-2　合肥市环城公园规划图

三、防护绿地的功能

防护绿地按不同的标准，分为不同的类型，各类防护绿地都有其主要的功能和基本特点。认识防护绿地的功能，掌握防护绿地的特点，是进行规划设计的主要依据。防护绿地的主要功能如下：

1. 防风、固沙、滞尘，保护和改善城市环境

防护绿地的主要作用是防风固沙滞尘（图2-1-3）、保护和改善城市环境。防护绿地中的树木，可以降低风速，减弱强风对城市的侵袭。另外，树木的枝叶可过滤、吸附空气中的飘尘。在北方内陆城市，营造防护林，其改善城市环境的作用是显著的。

图2-1-3　具有防风固沙作用的防护绿地

2. 净化空气，改善大气环境

近年来，在工业生产和交通运输中，随着煤炭、石油的大量燃用，大气中的二氧化碳浓度日益增高，产生了全球性的温室效应。防护绿地中的树木在光合作用中，吸收固定二氧化碳，释放氧气，调节大气中的碳氧比。

工业生产过程中产生的有害有毒气体排放到大气中污染环境，危害人体健康，使人们在生产、生活等方面造成一定的损失。防护绿地可以吸收空气中的有害有毒气体，对大气和环境有一定的净化作用（图2-1-4）。

3. 减弱温室效应，降温保温

防护绿地有降温保温作用，树木的蒸腾作用需要吸收大量的热能，从而使周围空气的温度得以降低。植物的蒸腾作用还能产生大量的水分，又增加了大气的湿度。因此，夏季防护林内的空气湿度要比市区高30%左右，而冬季林内风速小，蒸腾的水分不易扩散，林内的空气湿度普遍高于未绿化地区。

图2-1-4　具有净化大气作用的防护绿地

4. 降低噪声，净化水体和土壤，杀灭细菌等

随着各类机械的广泛使用，工业、交通等城市生活所产生的噪声污染问题也日益突出。在城市中布置防护绿地，如城市道路两侧的防护绿地，在改善城市生态环境、降低道路噪声、城市防风等方面都起着重要作用。

防护林带在一定程度上能够净化土壤，减轻农业施肥、城市工业和生活等活动对水体的污染，净化河流、涵养水源（图2-1-5），同时，一些防护林带树种（特别是香花树种）可以分泌杀菌素，起到杀灭细菌的作用。

5. 美化城市，体现城市文化和特色

通过对防护绿地的规划设计，可建成郊区风景区、公园、果园、隔离片林等，除发挥防

图 2-1-5　净化河流、涵养水源的防护绿地

护的主要功能，为市区创造一个清新洁净的环境外，也为人们提供一个良好的休闲场所。

道路防护绿地和行道树、道路分车带一起构成了城市道路的绿色走廊，可带给市民优美的绿色景观，形成城市的特色。

四、防护绿地的类型

按不同的标准，防护绿地可分为不同的类型。

按功能可分为防风引风林、水土保持林、水源涵养林、卫生隔离林、特殊防护林等。

按营造位置不同分为环城防护林、江河湖岸防护林、海防林、交通防护林（公路、铁路）、郊区风景林等。

按布置形式分为带状林、环状林、块状林、片状林等。

以上各类中，"防风、引风林"、"水土保持林"、"交通防护林"、"卫生隔离林"和"特殊防护林"是防护绿地的基本类型。

第二节　防护绿地的特点

不同类型的防护绿地各有其不同的地理位置与防护功能，其种植设计也不相同。各基本类型防护绿地的特点如下。

一、防风、引风林

防风林（图 2-2-1）多位于市郊，一般由几条林带构成，每条林带由不小于 10m 宽的主林带和与其垂直的、不小于 5m 宽的副林带组成。可在整个城区周围和各组团周围营造大片林地或数公里或数十公里宽的环城森林带，使城区成为茫茫林海中的"岛屿"，则可产生城区与郊区间的局部热力环流。城区气温较高，空气膨胀上升，周围绿地气温较低，空气收缩下沉，因而在近地面周围郊区的凉风向市区微微吹去，给城区带来凉爽的空气。

根据主导风向在城市外围规划几层防

图 2-2-1　防风林

风林带，对城市的防风效果是比较理想的，但由于城市用地紧张，所以多在市郊安排植物园、公园、果园，或将农田防护林网与防风林结合起来，起到防风林的作用。

在炎热的夏季，由于热岛效应加强，城市高温持续时间长，为了改善这种高温闷热的气候状况，需要在城市外围营造引风林，把城郊山林或湖面上的冷凉空气引入城市中，改善城市的小气候。

城市防风、引风林与环城绿化带的建设以生态防护建设为主，是以改善城市生态环境为主要功能的生态防护林带。其中环城林带是一项大规模的系统工程，与绿地、农田、水域、城市建筑浑然一体，相映生辉，增强了城市边缘效应，成为生物多样性保护基地，做好这一地区的绿化，不但将减少城市地区的风沙危害，而且会提高整个大环境的质量。

20世纪70年代，合肥市在城市夏季的上风方向——东南方向与巢湖之间，利用自然起伏的丘陵山地形成的西北东南向的谷地，规划建设了引风林带，在岗阜上植乔木林带，谷地保留农田和草地灌木丛，加强引风通道，使巢湖凉爽湿润的空气通过引风林源源不断地进入城市，取得了较好的降温效果。

二、水土保持林

水土保持林是在水土流失地区，以调节地表径流、防治土壤侵蚀、减少河流、水库泥沙淤积等为主要目的，并提供一定林副产品的天然林和人工林。城市及其周围的山坡、沟谷、塬头、梁卯、湖岸等，由于地势有高低变化，易发生水土流失，营造水土保持林（图2-2-2），通过林中乔、灌木林冠层对天然降水的截留可以缓和降雨对地面的冲击，减弱地表径流，增加土壤渗水量，固水保水，防止土壤侵蚀，改善地表物质组成，改善微生物环境，最终改善小气候，尤其是西北黄土高原地区的城市，更应重视水土保持林的建设。

图2-2-2 水土保持林

水土保持林的防护作用主要表现在以下方面。

1. 调节地表径流

配植在流域集水区或其他用地上坡的水土保持林，借助于组成林分乔、灌木林冠层对降水的截留，改变落在林地上的降水量和降水强度，从而有利于减少雨滴对地表的直接打击能量，延缓降水渗透和径流形成的时间。林地上形成的松软的死地被物层，包括枯枝落叶层和苔藓地衣等低等植物层，及其下面发育良好的森林土壤，其地表粗糙度大、水容量高和渗透系数高，发挥着很好的调节径流作用。一方面可以达到控制坡面径流泥沙的目的；另一方面有利于改善下坡其他生产用地的土壤水文条件。

2. 固持土壤

根据各种生产用地或设施特定的防护需要，如陡坎固持土体，防止滑坡、崩塌，以及防冲护岸、缓流挂淤等，通过专门配植形成一定结构的水土保持林，依靠乔、灌木树种浓密的地上部分及其强大的根系，以调节径流和机械固持土壤。林木生长过程中生物排水等功能，也有着良好的稳固土壤的作用。水土保持林和必要的坡面工程、护岸护滩、固沟护坝等工程相结合，往往可以取得良好的效果。

3. 改善局部小气候

通过水土保持林在各种生产用地上及其邻近地段的配置，发挥着改善局部小气候条件（如气流运动、气温、湿度、蒸发蒸腾等）的作用，从而使这些生产用地处于相对良好的生物气候环境之中。

三、交通防护林

交通防护林（图 2-2-3）是公路、高速公路和铁路两侧的防护林带，用以消除噪声、滤滞粉尘、减轻废气的污染，对城市起一定的隔离防护作用。

高速公路路面质量较高，车流量大，车速高，其主要防护重点在公路的上风向，应着重于上风向的防护林规划建设。现在高速公路防护林带多建在路两侧 10 多米宽范围

图 2-2-3　交通防风林

内，防护效果较差。高速公路防护绿地应扩展到几千米范围内，并与农田防护林网相结合，不仅能增强防护效果，还能形成优美的道路景观。

城市公路干道是城市内的主要交通道路，其防护林要求树形优美，便于远观近赏。城市干道的防护林要集遮阳、观景、防风固沙诸功能为一体。

铁路防护林带有防风、防沙、防雪、保护路基等作用，市区段铁路两侧的防护林带可减弱火车的噪声污染，减少铁路垃圾污染，保证行车安全和铁路运输的正常进行。城市的铁路防护林，也是城市景观林，可使乘客沿途欣赏到城市铁路景观走廊，在一定程度上体现城市的形象和外貌。同样，铁路防护林也应与两侧的农田防护林相结合，形成系统完整的铁路防护林体系，充分发挥林带的防护作用。

图 2-2-4　工业园区卫生隔离林带

四、卫生隔离林

城市中的工矿企业在生产中大量散发煤烟、粉尘、金属粉末和有毒有害气体，严重污染环境，危及居民身体健康，所以在工矿企业与居民区之间营造卫生隔离林带（图 2-2-4）是十分重要的。

卫生隔离带是指在城市非工业区（包括居住区、商业区、医院、文教区、机关行政区等）与工业用地、道路（街道）、石油气站、煤厂、垃圾处理场、水源地等之间规划建设的绿带，具有防护隔离的作用。通过卫生隔离林带的阻滞过滤，能减少工矿企业对大气的污染，通过林木枝叶对有毒气体的吸收来净化环境。

五、特殊防护林

特殊防护林是一类具有特殊用途的防护林或绿地，这类绿地位于城市外围，对城市生态环境质量、居民休闲生活、防空备战、城市景观和生物多样性保护有直接的关系，包括风景

名胜区、水源保护区、郊野公园（图2-2-5）、森林公园、自然保护区、风景林地、城市绿化隔离带、野生动植物园、湿地、矿渣山及垃圾填埋场恢复绿地（图2-2-6）等。如在城市的水源保护区营造防护林，可保持水源不受污染。利用城市周边的荒地、山坡地、河滩地营造防护林，兼有观赏休闲的风景林功能，战时可作为防空隐蔽林地，尤其是战略要地的城市更应优先建设完善的各类防护绿地。

图2-2-5　东莞佛灵湖郊野公园

图2-2-6　矿渣山恢复绿地

　　总之，城市的各类防护绿地具有多种不同的功能和作用，属于不同的部门管理，但从改善城市生态环境方面来看，其作用是一致的，它们共同组成城市园林绿地系统中的生态防护林体系，发挥着保护改善城市生态环境的作用。

第三节　防护绿地规划设计的主要内容

一、防护绿地规划设计的原则

　　防护绿地规划设计必须服从城市总体规划和园林绿地系统规划的要求进行，要全面安排、合理布局、系统完整、形成体系。具体原则如下：

　　1. 结合实际，因地制宜，突出特色，进行系统规划，构成防护绿地系统

　　各个城市由于地理位置、地形地貌、城市性质、规模不同，园林绿化及防护绿地的建设也应各具特点，才能显示城市独特的风貌，发挥各类防护绿地的主要功能。通过系统规划，使绿地的防护效果符合城市实际。北方内陆城市气候干燥，夏季炎热，冬季寒冷，降雨少，风沙大，在城市四周建设防风固沙林，突出防护功能的特色。南方及沿海城市设立的防治绿地除防风作用外，还能引入郊外凉爽清新的冷风，起到通风降温作用。

　　2. 长远规划，近期安排，远近结合

　　防护绿地的规划，既要研究城市远期发展的规模对人民物质文化生活水平提高后的要求，制定远景目标和远期发展规划，又要根据当前国民经济情况，安排近期目标和工程项目，以及考虑由近及远的过渡，做到远近结合，避免出现以后改造困难和浪费的情况。

　　3. 结合生产，创造财富

　　防护绿地占地面积大，又是由各种高低错落的乔灌木组成，在不影响防护功能的前提下，可栽植各种用材林树木（如杉木、松、柏、水杉、泡桐、毛白杨、刺槐等）、果树、药用或油料植物，也可林草、林药间作，既可达到防护的目的，又能生产各种副产品，创造一定的经济价值。

二、防护绿地建设的总体要求

在城市总体规划和园林绿地系统规划的指导下，防护绿地要对风沙、烟尘、噪声等有害的污染因素起到最大的防护效果，对城市环境发挥最大的净化作用，同时还要满足人们游览、休闲的需要，提高园林艺术水平。因此，要把城市防护绿地规划建设成一个完善的城市园林绿地防护系统。该防护体系以城市街道绿化为骨架，以庭园绿化为基础，以公园、游园和广场为景点，以环城防护林带为外围屏障，实现点、线、面、带、片结合，充分发挥其维护城市生态平衡的功能与丰富城市景观的作用。

防护绿地建设的总体要求，一般应具备以下几个条件。

① 要有足够的绿地面积和较高的绿化覆盖率。一般要求绿地面积占城市总用地面积30％以上，人均公共绿地面积应达到 10m² 以上。

② 结合城市道路水系的规划，把全市所有的绿地有机地联系起来，互相连接，形成完整的园林绿地系统和绿带网络，使各类绿地疏密适宜，均匀分布，具有合理的服务半径和防护范围。

③ 要因地制宜地规划设置防护绿地，有利于改善和保护环境。在居住区或生活区与工矿区之间设置卫生防护林，在城市两侧设置街道绿地，在城市周围建立防风林、引风林，在江河两岸设立带状游园、公园，营造护岸林（图 2-3-1）、护堤林，在城市周围的低山丘陵和沟谷地带建设水土保持和水源涵养林，在市内各个功能区之间用绿地或绿带分隔，充分发挥园林绿地对城市小气候和环境的改善和保护作用。

图 2-3-1　护岸林

④ 要因地制宜地选择绿化树种，做到适地适树，尤其要注意选择适应性强的乡土树种，以最大限度地体现各种园林绿地的功能。同时要通过植物的选择与配置，形成优美的景观，既体现防护功能，又达到美化环境的目的。

三、基本类型防护绿地的规划设计

防护绿地是城市园林绿地系统规划乃至城市规划的重要组成部分，各类防护绿地的规划设计要因地制宜地进行，体现综合功能，突出主要功能。

1. 城市防风林带的规划设计

城市防风林带可以防止大风及其夹带的粉尘、沙粒等对城市的袭击和污染，同时也可以吸收、稀释市内向外分散的有毒、有害气体，减轻对郊区的污染，还可调节市区的温度和湿度。

进行城市防风林的规划设计，首先要了解该城市主导风向和盛风方向的规律，根据风玫瑰图，规划布置防风林的位置。防风林应设在被防护城市的上风方向，并与该城市的盛风方向相垂直。如受地形或其他因素限制，可以允许有 30°的偏角，但不能超过 45°（图 2-3-2）。

防风林可以带状设置，也可以网状设置。防风林带的结构和带数要根据风力大小来确定，一般林带由三带、四带、五带等组合形式组成，每条林带的宽度不小于 10m，离市区

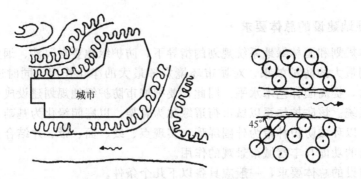

图 2-3-2　城市防护林带与主导或盛风方向的关系示意图（图中弯曲箭头表示风向）

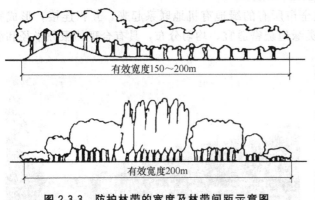

图 2-3-3　防护林带的宽度及林带间距示意图

越近，林带宽度越大，而林带间距越小。据测定，林带降低风速的有效距离为林带树高的 20 倍范围之内，因此，林带的间距保持在 200～400m，其防风效果最好。为了阻挡侧面来风，可在每隔 800～1000m 处设置与主林带垂直的副林带，其宽度不低于 5m（图 2-3-3）。

防风林带的防风效果和范围与林带结构密切相关，防风林的结构可分为透风林、半透风林和不透风林。

在城市的周边地区，根据土地面积大小，按不同的结构形式组合成多层防风林带。可在最外侧建立透风林，靠近城市和居民区的一般采用不透风林带，中间地带采用半透风结构，由透风结构到半透风结构，再到不透风结构，这一完整形式的组合，可以使林带发挥良好的防风作用，把风速降到最低程度。如在 50m 宽的绿地上，也可按透风林带、半透风林带和不透风林带的组合形式来布置，各林带宽 10m，林带间距 10m，用来栽植灌木和地被植物。

为了改善城市的风力状况，可结合城市道路绿化，将带状绿地与防风林带相结合布置，既要引进郊区新鲜空气，又要避免街道、林带与盛风方向平行，形成穿堂风而产生破坏作用。北方城市冬季要防西北风侵袭，南方滨海城市夏季要防台风侵害，因此，各城市要结合当地情况加强规划，有针对性地多营造防风林带。

城市防护林的树种选择，应根据当地的自然条件，因地制宜，适地适树，应以乡土树种为主，突出地方特色。要选择适应性强、耐恶劣环境、冠幅大、主根发达的深根性树种，充分发挥林带防风沙、滞粉尘，减弱和防止环境污染、保持生态平衡的多种功能。靠近市区或居住区附近的防护林要适当选择一些有观赏特性的树种，并适当配置一些常绿树和花灌木，有一定的层次和色彩，保证冬天的防风能力和景观效果。

在市郊适宜的地方，可结合林地、果园、水池、鱼塘和农田防护林网的建设，以高大的乔木为主，适当增加果树种类。在污染的地方，如河沟边、垃圾山等处，应选一些抗性强、成活率高的树种，如刺槐、柳树、臭椿、苦楝等。总之，防护林树种的选择要从生态平衡方面考虑，速生树种与慢生树种相结合，常绿树种与落叶树种相结合，乔、灌、草相结合，才能较快地达到所需的防护效果。

2. 水土保持林规划设计

在地形起伏比较大、水土易流失和气候干旱地区的城镇，营造水土保持林非常重要，通过林木及地被植物来截留雨水，缓冲降水对地面的直接冲击，减少地表径流，增加土壤渗水量，涵养水源，保持水土。

（1）水土保持林的树种选择　根据水土保持林的主要任务对其树种的选择有如下要求。

① 乔灌木根系发达，能网络固持土壤，特别在滑塌泻溜崩塌的地段，应注意采用根蘖性强的树种或蔓生树种。

② 林分的树冠浓密，落叶丰富，易于分解以便形成松软的枯枝落叶层，提高土壤的保水保肥能力。

③ 在水土流失特别严重的地段，应选用耐干旱瘠薄及适应性较强的乔灌木树种。

④ 选择生长迅速、分枝稠密，又具有一定经济价值的树种。有防风要求的某些水土保持林中还应选择树形高大、枝叶繁茂、生长迅速、不易风倒、风折及风干枯梢的树种。

为提高成活率，尽量选用乡土树种，根据立地条件、气候、光照、土壤养分等条件，在内蒙古地区选择的树种主要有油松、樟子松、白杨、青杨、旱柳、沙柳、刺槐、臭椿、沙棘、柽柳、胡枝子、紫穗槐、荆条、沙枣等。

（2）水土保持林的营造模式　水土保持林一般由多个树种组成，并形成结构比较紧密的林分群体的混交林。混交模式有以下几种。

① 乔灌木混交林。这种模式种间矛盾比较缓和，林分稳定，保持水土作用大。多用于立地条件较差的地方，而且条件越差，越应适当增加灌木的比重。

② 乔木之间混交林。即主要树种和伴生树种构成的混交林，优点是生产率较高，防护效能较好，稳定性较强。种间矛盾比较缓和，伴生树种多为耐阴的中等乔木树种，主要是改善树种的生长条件，不会对主要树种造成严重威胁，但是要求营造在较高的立地条件下。

③ 综合混交类型。由主要树种、伴生树种和灌木树种组成的混交林。它兼有上述两种混交类型的特点。在黄土丘陵地区用乔灌木混交或乔木混交类型，如刺槐和杨树、杨树和白榆、油松和侧柏，油松和刺槐成带状混交。刺槐与紫穗槐、柠条进行带状混交，这样既有利于保持水土，又可获得一定数量的木材，这些灌木的枝叶又是很好的三料（燃料、饲料、肥料）等，有利于农林牧业的全面发展。

除上述几种混交模式外，还有针阔叶树种混交，因为针叶树的落叶分解比较困难，这样若在针叶树中栽阔叶树，不仅可以促使落叶分解，防止粗腐殖质堆积过厚，还能改变由于营造针叶树纯林而引起的土壤养分不均衡的现象。

（3）造林密度

① 根据林种确定密度。有些林种（如沟底造林、护岸护滩林等），为发挥其水土保持作用，有时采用密植的方式，护坡用材林在水土流失地区立地条件较好的地段，希望获得一定的木材，应考虑第一次间伐能充分利用，为此初植密度应该适当大些，并在生长发育过程中适时适量间伐，调节其密度，促进林木快速生长，并取得部分小径林；培育薪炭林更应密植；特用经济林一般要求充足光照条件，经营强度较大，栽培过程中通常不考虑间伐问题，所以造林密度都较稀。

② 根据生物学特性确定密度。各树种合理的混交林搭配要很好地分析研究各树种的冠幅大小（扩冠树种要稀、窄冠树种要密），对光照要求程度（阳性树种要稀植，阴性树种可密植），生长状况（速生树种要稀植，慢生树种可密植），某些直干形差的阳性树种（如刺槐、榆树）应适当密植，以形成良好的干形，但应适当间伐，一些灌木树种则多采用较大的造林密度。

③ 根据立地条件确定密度。在立地条件较好的地方林木生长迅速，而又不计划间伐的，造林密度应该稀一些；林木生长慢的地方，而又计划间伐的造林密度应密些。在立地条件较差的地方，种植乔木树种密度应稀些，种植灌木树种应密些。在干旱地区，造林密度应稀些，以维持水分平衡。

（4）造林方法

① 播种造林。适用于种粒大，发芽容易，种源充足的树种。如山杏、核桃等大粒种子，再如华山松、油松、柠条、沙棘等小粒种子，也可用播种造林，但要有环境条件较好的造林地。这种方式一般要求较湿润的立地条件或比较湿润的年份，一般在雨季前进行。

② 植苗造林。植苗造林的关键是要保护好苗木，起苗时要注意伤根，多留须根，起苗后应及时假植，需经长距离运输的苗木，根部应浸水或沾泥浆，须根多的苗木不宜沾泥浆，起、运苗木最好利用早、晚或阴雨天，气温低湿度大的时间。造林时一定要保持苗根湿润，对针叶树种一般用容器苗；对萌蘖力强的树种，大面积小苗造林时，用截干造林，这种方式常在多风干旱、耽误春季造林时机或苗木质量不佳时应用。对于大苗造林时，常采用修枝、剪叶的办法，以减少蒸腾作用，保持水分平衡，土壤水分的多少对苗木的成活有明显的影响，山地土壤水分是在不断变化的，其成活阶段的土壤含水量不能低于15%，否则很难保证较高的成活率。除穴植外还有靠壁栽植，此法使部分苗根与不破坏毛细管作用的土壤密接，能及时供应苗木所需水分，常用于较干旱地区栽植针叶树苗。

（5）抚育保护

① 松土、除草。从造林开始至幼林郁闭为止。

② 间苗。随着幼树的生长，由于个体多，营养面积和营养空间不足，就需要间苗。除此之外，必要时还需进行平茬、除蘖、修枝等方法。

③ 补植。水土保持林在成活率低于85%时，均需进行补植，补植必须及时，第一次补植一般在造林后第二年春季或选当地有利季节进行。

3. 交通防护林规划设计

（1）公路的防护绿地 城市郊区的道路为公路，它联系着城镇、乡村以及通向风景区的道路，一般距市区、居民区较远，常常穿过农田、山林、水域。所以公路绿化的主要目的在于美化道路、防风、防尘，并满足行人车辆的遮阳的要求，再加上其地下管线设施简单，人为影响因素较少。因此在进行绿化设计时往往有它特殊的地方。在绿化设计时应考虑以下几个方面的问题。

① 根据公路的等级、路面宽度决定公路绿化带的宽度和树种的种植位置。当路面宽度在9m或9m以下时，公路绿化植树不宜栽在路间和路肩上，要栽到边沟以外，距边缘0.5m处为宜（图2-3-4、图2-3-5）。

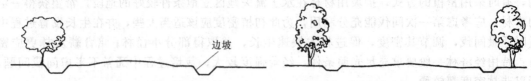

图 2-3-4 公路断面结构示意图   图 2-3-5 公路路宽 9m 以下时绿化示意图

当路面宽度在9m以上时（图2-3-6），公路绿化可种植在路肩上，距边沟内径不小于0.5m为宜，以免树木生长时，其地下部分破坏路基。

② 公路交叉口应留出足够的视距，在遇到桥梁、涵洞等构筑物时，5m以内不能种植任何植物。

③ 公路线较长时，应在 2～3km 处变换另外一树种，避免绿化单调，增加景色变化，保证行车安全，避免病虫害蔓延。

④ 选择公路绿化树种时要注意乔灌木相结合，常绿与落叶相结合，速生树与慢生树相结合，还应多采用地方乡土树种。

⑤ 城市公路绿化应尽可能与农田防护

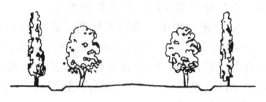

图 2-3-6　公路路宽 9m 以上时绿化示意图

林、护渠护堤林和郊区的卫生防护林相结合，做到一林多用，少占耕地。公路线长、面广，可由乡镇分段管理，结合生产的潜力很大，可以利用树木更新得到大量的木材，也可采收枝条如紫穗槐、柳条等，采用果树及木本油料、香料植物如核桃、乌桕、柿、花椒、枣等。

（2）铁路的绿化设计　铁路绿化是沿着铁路延伸方向进行的，目的是保护铁轨枕木少受风、沙、雨、雷的侵袭，还可保护路基。在铁路两侧进行合理的绿化，还可形成优美的景观效果（图 2-3-7）。

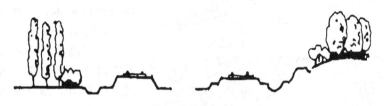

图 2-3-7　铁路绿化断面示意图

① 种植乔木应距 10m 以上，6m 以上种植灌木。

② 在铁路、公路平交的地方，50m 公路视距、400m 铁路视距范围内不得种植阻挡视线的乔灌木。

③ 铁路转弯内径 150m 内不得种植乔木，可种植小灌木及草本地被植物。

④ 在距机车信号灯 1200m 内，不得种植乔木，可种植小灌木及地被植物。

⑤ 在通过市区的铁路，左右应各有 30～50m 以上的防护绿化带，减弱城市噪声对居民的干扰。

⑥ 在铁路的边坡上，不宜种植高大植物，以免产生倒伏，影响铁路行车安全。坡面移植低矮灌木或植草，多采用撒播、穴播、沟播草种或铺草皮的方式，防止水土流失，以保证行车安全。

（3）高速公路绿地的规划设计　随着城市交通发展的进程，高速公路在我国得到了很好的发展，目的是要提高远距离的交通速度，做到交通畅通。高速公路是具有中央分隔带和完全防护设施，专供车辆快速行驶的现代公路，其车速为 80～120km/h，它的几何线形设计要求较高，采用高级路面，工程比较复杂。

① 高速公路的布置形式。高速公路的横断面包括中央隔离带（分车绿带）、行车道、路肩、护栏、边坡、路旁安全地带和护网。隔离带宽度为 1.8～4.5m，其内可种植花灌木、草皮、绿篱和较低矮的整形常绿树，较宽的隔离带还可以种植一些自然树丛，但不宜种植成行乔木，以免影响司机的视线。为了保证安全，高速公路一般不允许行人穿过，分车带内可装设喷灌或滴灌设施，采用自动或遥控装置。

② 高速公路对绿化的要求

a. 高速公路一般要远离建筑物，它们之间要用较宽的绿带隔开。绿带上一般不种植乔木，以免使司机晃眼而造成交通事故。

b. 高速公路中央隔离带的宽度最少为4m，但有些地方受条件限制，为了节约用地采用3m的隔离带宽度。隔离带中可种植花灌木、草坪、绿篱、矮性整形的常绿灌木，可以形成很好的配置效果，但是高速公路的隔离带也要因地制宜，做分段设计处理，以增加路面景观，消除司机视力疲劳。当隔离带较窄，为了安全往往需要增设防护栏，而当隔离带较宽时也可以种植自然的树木。

c. 当高速公路通过城区时，为了减少对城市环境的污染，往往要求在道的两侧种植20～30m宽的安全防护地带。

d. 为了保证安全，一般高速公路不允许行人与非机动车辆穿行3.5m以上的路肩，以供故障车辆停放。路肩上不宜栽种树木，可在其外侧边坡上和安全地带上种植树木、花卉和绿篱。大乔木距路面要有足够的距离，不使树影投射到车道上。

图 2-3-8　高速公路立交桥绿化

e. 高速公路的平面线形有一定距离要求，一般直线距离不应大于24km；在直线下坡拐弯的路段应在外侧种植树木，以增加司机的安全感，并可引导视线。

f. 当高速公路通过城市中心时，需要设立交桥，并且车行道与人行道严格分开，绿化时也不能种植乔木（图 2-3-8）。

g. 出入口的种植设计应充分把握车辆在这一路段行驶时的功能要求。如为便于车辆出入时的加速或减速，回转时车灯不致阻碍其他司机视线，应在相应的路侧进行引导视线的种植；驶出部位利用一定的绿化种植，以缩小视界，间接引导司机减低车速。另外在不同的出入口还应该栽种不同的主体花木，作为特征标志，以示与其他出入口的区别。

h. 在高速公路上，一般每50～100km设立一处休息站，供司机和乘客停车休息。休息站前后设计有减速道、加速道、停车场、加油站、汽车修理及食堂、小卖部、厕所等服务设施，需配以绿化（图 2-3-9）。

图 2-3-9　高速公路休息站绿化

4. 卫生隔离林规划设计

卫生隔离林是在城市工矿区和居民区之间建立的卫生隔离林带，利用植物的防尘吸毒特性，通过树木的过滤和吸附作用，消除或减弱有毒物质的危害，减小污染，净化环境。

工矿企业散发的煤烟粉尘、金属碎屑，排放的有毒、有害气体是当今世界环境污染的来源之一，这对人们的伤害极大，甚至还会危及人的生命。但许多植物却能利用其枝叶沉积和过滤烟尘，有些还可以吸收一定浓度的有毒、有害气体，因此利用植物的这些特性，在工厂及工业区的周围布置卫生防护林带，对于保护环境、净化城市的空气具有积极的意义。

① 树种选择。卫生防护林应尽量选择对有害物质抵抗性强或能吸收、吸附有害物质的乡土树种，以及杀菌、滞尘能力强的树种。要根据周边地区主要风向、粉尘、风沙和工业烟尘的走向等有计划地加以规划设计，确定种植哪些树种、种多少排及种植密度多少等重要问题。

在污染区内不宜种植瓜、果、粮食、蔬菜和食用油料作物，以免食用后引起慢性中毒。但可以栽种棉、麻及工业油料作物。

② 规划营造。卫生隔离林的规划营造，要根据污染源的各种因素，平行营造1~4条主林带，以及与主林带垂直的副林带。卫生隔离林带的宽度，要依照国家卫生部制定的标准，根据工矿企业的等级来确定，通常按污染程度把工矿企业分为5级，最高为Ⅰ级，林带总宽度为1000m，最低为Ⅴ级，林带宽度为50m（表2-3-1）。如果条件允许，林带越宽，防护效果会更好。

表 2-3-1   卫生防护林参考表

工业企业等级	卫生防护林总宽度/m	卫生防护林内林带数量	防护林带	
			宽度/m	间距/m
Ⅰ	1000	3~4	20~50	200~400
Ⅱ	500	2~3	10~30	150~300
Ⅲ	300	1~2	10~30	150~300
Ⅳ	100	1~2	10~20	50
Ⅴ	50	1	10~20	

工业企业污染等级划分标准：

Ⅰ级污染的工业企业及公用设施：氮及氮肥生产、硝酸的生产、用亚硫酸纸浆和硫酸纸浆造纸的生产、人造黏质纤维和玻璃纸的生产、浓缩矿物肥料的生产、石油加工企业（含硫重量在0.5%以上和含有大量挥发性烃）、可燃性页岩加工企业、煤炭加工企业、氯的生产、动物死尸加工厂、骨胶厂、大粪场及大型垃圾场、废弃物的掩埋场。

Ⅱ级污染的工业企业及公用设施：合成樟脑、纤维质酯类的生产、用纤维质酯类制造塑料的生产、用氯化法提炼稀有金属的生产、黑色和有色金属矿石及碎黄铁矿的烧结企业、高炉容积为500~1500m³的炼铁生产、用水溶液电解法提炼锌、铜、镍、钴的生产、生产量低于15万吨的硅酸盐水泥、矿渣硅酸盐水泥生产、1000头以上的家禽场、屠宰场、垃圾利用场、污水灌溉场和过滤器（污水量≤5000m³/24h）、中型垃圾场、火葬场。

Ⅲ级污染的工业企业及公用设施：塑料（电木、氯乙烯等）的生产、橡皮及橡胶的再生企业、混合肥料的生产、高炉容量低于500m³的炼铁生产、金属及非金属矿石（铅、砷及锰矿除外）的露天采掘、玻璃丝及矿渣粉的生产、动物的生毛皮加工及染色或鞣制企业、甜菜制糖工厂、渔场、垃圾生物发酵室、污水处理场（包括生物滤池、曝气池、沉淀池及淤泥场）、垃圾、粪便运输工具停留场、能利用的废弃物的总仓库。

Ⅳ级污染的工业企业及公用设施：用现成纸浆和破皮造纸的企业、假象牙和其他蛋白质塑料（氨基塑料）的生产、甘油的生产、用醋酸法和氨基酸法制造人造纤维的生产、锅炉的生产、水银仪器（水银整流器）的生产、用电炉炼钢的生产、石棉水泥及石板的生产、一般红砖及盐的生产、陶制品及瓷制品的生产、大型木船造船厂、缫丝工厂、漂染工厂、毛毡的生产、人造皮革的生产、蛋粉工厂、酒精工厂、肉类联合工厂及冷藏肉制造厂、烟草工厂、基地和临时存放未加工的废弃物仓库。

V级污染的工业企业及公用设施：肥皂的生产、盐场、用废纸及现成纸浆和破皮制造不漂白的纸的生产、天然矿物颜料（白垩、赭石、普鲁士红等）的生产、塑料制品（机械加工）的生产、二氧化碳和干冰的生产、香料的生产、火柴的生产、蓄电池的生产（小型企业）、进行热处理而不进行铸造的金属加工企业、石膏制品的生产、毛毯及人造毛皮的生产、生皮革（200张以下）的临时仓库（不加工）、啤酒酿造企业、麦芽酵母制造企业、罐头加工、糖果糕点制造工厂（大型企业）。

③ 污水与土壤净化。有害工业中的污水，直接排放会造成水源的污染，而有时虽然直接排入江河，但由于有害气体在空气中被雨水、雾气溶解，降落到地面，或者将少量的污水直接排放在附近的地面，则会造成土壤的污染，并间接污染水体。卫生防护林带在一定程度上也能对土壤产生净化作用，避免了对水源的间接污染。除了在工业区需要用营林的手段净化土壤，保证水源的洁净、卫生外，河流的沿岸，尤其是靠近居民生活区的河流两岸净化和涵养水土的问题已为人们所重视，近年来上海在黄浦江及淀浦河的上游启动的水土涵养林工程，就是为此而开展的。

④ 防声林带。随着各类机械的广泛使用，噪声污染问题也日益突出，道路绿化的作用之一就是降低车辆发出的噪声。在工业区卫生防护林带也需对防止噪声污染予以考虑。在国外，防声林带的结构通常使用高、中、低树组成密林，宽度在3～15m之间，林带长度为声源距离的两倍。

此外在冬季漫长而多积雪的地区，为防止积雪影响交通，需要营造积雪林；沿海及靠近沙漠的城市还应营造防风固沙林，以免流沙吞噬城市。

但应该注意到，卫生防护林具有一定的净化空气的能力，却无法根治这些污染。即使以最大防护宽度，即2000m设置林带，也难以将某些工厂产生的污染物吸收干净，因为有的化工厂散发的异味可以随风传到10km以外，所以单靠一定规模卫生防护林带的营建来消除污染很难达到目的，消除污染是一项综合性的项目。首先应从工厂本身的技术工艺、设备条件予以改进，采取措施，尽量杜绝或回收不符合排放标准的废物、废水及废气，使进入自然环境的污染物减少到最低的水平；其次是在规划上进行调整，根据风向、水流、地形环境等情况，合理调整或规划工业区的布局，合理确定工业区的位置，尽量减少对大气和居住区的污染，以减小工业污染对城市的直接影响；最后才是利用植物对不同污染物的抵御、吸收能力，在城市与工业区之间、各工厂的外围建立一条适当宽度的绿带。

5. 特殊防护林规划设计

(1) 保护水源地防护林

① 造林选择。在各河流的水源地区，多是石质山地和土石山区，一般都保存有一定数量天然林或天然次生林，但是由于长期的毁林、放牧、开荒等原因造成森林面积缩小、林分质量退化，因此需要通过造林、封育等手段进行水源保护林的恢复。在水源保护林的区划范围内，由于所处的海拔、坡度、坡向、小地形、土壤及其母质的不同，形成非常复杂的立地条件；同时，这些石质山地和土石山区大部都遭受过不同程度的人为破坏，存在着不同程度的水土流失。因此，水源保护区的立地条件比较复杂，在营造林时必须加以认真研究，对立地质量作出确切的评价是水源保护林规划、设计、造林、经营管理的前提。

② 树种选择。水源涵养林多处在我国边远深山、地广人稀、交通不便的地方，因此，

选择营造水源涵养林的树种时，应遵循以下几方面的原则：

a. 要从实际出发，以乡土树种为主。这不仅符合植物区系和类型规律，形成的林分较为稳定，而且在组织造林时比较方便；

b. 水源涵养林组成树种的寿命要长，不早衰，不自枯，且自我更新能力强；

c. 选择树种以深根性、根量多和根幅宽树种为主；

d. 选择树种要树冠大，枝叶繁茂，枯叶落叶量大。为使混交树种具有固土改土的作用，最好是选择一些根瘤固氮的树种。

③ 营造技术。水源保护林应当尽量营造混交林。营造混交林的主要技术关键是通过混交树种的选择，混交类型、混交比例和混交方法确定，以及栽培抚育等技术措施调节好树种间的关系，尽量使目的树种受益，确保混交林的自我更新、发育，维持较高的混交效益。

④ 植被恢复。水源保护林植被恢复，从本质上讲，就是对水源区森林进行更新改造，进行可持续经营和管理。人工诱导天然混合更新是一种切实可行的高速树种结构的更新方式，通过采取人工诱导培育混交林技术来改造迹地是可行的。通过多种方法改良林分，提高林分质量和生产力，最终实现永续利用的目的。因此，掌握人工促进天然更新过程的客观规律，依靠人工促进天然更新为主的方法恢复森林是水源涵养林区恢复植被，特别是恢复混交林的良好途径。

水源区人工促进植被恢复。水源保护林由于培育目的多样，培育期较长，可充分利用人工天然更新方式进行更新，加快恢复森林植被，形成稳定的森林植物群落，以较小的投入获得最大的水源保护林防护功能，保持其永续利用和多种收益。人工诱导促进天然更新是其经营和定向恢复的发展方向，是一种切实可行的调整树种结构的更新方式。依靠人工促进天然更新为主的方法恢复森林是水源保护林区恢复混交林的良好途径。促进天然更新受到种源、土壤、植被和气候条件的严格制约。人工促进天然更新的效果，主要取决于种源、出苗环境、幼苗生长环境三个条件的限制。在以上三个条件适合的前提下，应大力进行水源保护林人工诱导定向恢复技术措施。

（2）战备隐蔽林　利用城市周围的荒山荒地、河滩地植树造林，和平时期是绿地，战时作为人员和物资的隐蔽地。军事单位周围及重要的战备区域更应通过营造战备隐蔽林进行防护。

第三章

公园绿地规划设计

第一节 公园绿地规划设计的基本知识

一、公园绿地概述

1. 公园绿地的概念

公园绿地是向全社会开放的供公众游览、观赏、休憩，开展户外科普、文化及健身等活动，具有完善的设施及良好生态环境的城市绿地，是城市公共绿地的重要组成部分，也是反映城市园林绿化水平的重要窗口。

2. 公园的发展概况

（1）公园的产生　在人类的造园历史中，每个国家和地区都形成了自己独特的园林艺术，但是纵观这些园林的建设与发展，会发现它们多数是由帝王皇室、贵族大夫、富商巨贾投资建造，服务对象只是少数特权阶层。市民的游园娱乐活动则多集中于寺庙附属园林，以及城郭之外风景优美的公共游乐地，城市中几乎没有公共性场所。城市公园的出现，是随着社会的蓬勃发展，最近一二百年才刚刚开始。

18世纪中叶，英国工业革命开始后，资本主义迅猛发展使城市结构发生了巨大的变化，人口的快速增加，城市用地的不断扩大，导致城市居民的生活环境急剧恶化，居民的身体健康遭到极大损害。在此背景下，英国议会讨论通过了一系列关于工人健康的法令，这些法令规定：允许使用公共资金如税收改善城市的下水道、环境卫生系统及建设公园。

1843年，英国利物浦市动用税收建造了公众可免费使用的伯肯海德公园（图3-1-1），标志着第一个城市公园正式诞生。公园在规划设计和经营管理上取得了极大的成功，并由此带动了一系列城市公园建设。

公认较早的真正按近代公园构想建设的公园思想出现在美国，建设城市公园和提倡自然

图3-1-1　伯肯海德公园

保护的创始人是著名的风景园林大师奥姆斯特德（1822～1903 年），他和他的助手沃克斯（1824～1895 年）合作设计了美国纽约中央公园（图 3-1-2、图 3-1-3）。纽约中央公园面积 340hm²，以田园风景、自然布置为特色，设有儿童游戏场、骑马道。公园建成后，利用率很高，据统计，1871 年的游览人员高达 1000 万人次（当时全市居民尚不足百万）。纽约中央公园的成功受到了社会的瞩目和赞赏，从而影响了世界各国，推动了城市公园的发展。

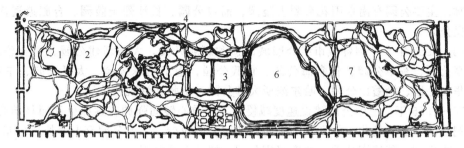

图 3-1-2　纽约中央公园平面图
1—球场；2—草地；3—贮水池；4,5—博物馆；6—新贮水池；7—北部草地

（2）奥姆斯特德原则　奥姆斯特德在规划构思纽约中央公园中所提出的设计要点，后来被美国园林界归纳和总结，成为"奥姆斯特德原则"。其内容为：

① 保护自然景观，恢复或进一步强调自然景观；

② 除了在非常有限的范围内，尽可能避免使用规则形式；

③ 开阔的草坪要设在公园的中心地带；

④ 选用当地的乔木和灌木来造成特别浓郁的边界栽植；

图 3-1-3　纽约中央公园

⑤ 公园中的所有园路应设计成流畅的曲线，并形成循环系统；

⑥ 主要园路要基本上能穿过整个庭园，并由主要道路将全园划分为不同的区域。

以上规划原则，可以归纳为以下 2 个要点：

① 强调公园的规划必须满足人的需要，满足环境的需要；

② 强调保护自然景观，强调自然式，并提出公园中乔灌木的应用及草坪、园路的规划布置。

奥姆斯特德的公园作品更多的是效仿欧洲的英国自然风景园。进而，美国从城市公园运动发展到公园体系运动，如风景园林大师奥姆斯特德在波士顿规划编制了第一个公园系统，即公园体系规划。

（3）我国公园的发展概况　1840 年鸦片战争以后，在中国的西方殖民者为了满足自己的游憩需要，在租界兴建了一批公园，其中最早的是 1868 年在上海公共租界建成开放的外滩公园，全园面积 2.03hm²，耗资 9600 两白银，所有权属工局部，并建立了一个公园管理委员会，每年投资 1000～2000 两白银作为维护经费。作为中国的第一座城市公园，遗憾的是竟然直到 1928 年才对华人开放。因此从严格意义上讲，外滩公园只能算是为少数人服务的绿地花园，并不是一个纯粹的现代城市公园。

1949 年以前，公园性质的园林出现于近代，主要类型包括中国自建公园和租界的公园，一些古典园林也改为公园，门票昂贵。此时主要自建公园有齐齐哈尔的龙沙公园（建于1897年）、无锡的城中公园（建于1906年）；租界公园有上海的外滩公园、天津的英国公园等。此外北京相继开放中山公园、北海公园、颐和园，广州开放越秀公园，南京开放玄武湖公园。

1949～1952年，以恢复整理旧有公园和改造开放私园为主，新建的较少，并大多为纪念性园林。主要公园有南京雨花台烈士陵园、浦口公园、长沙烈士陵园、合肥逍遥津公园、郑州人民公园。

1953～1957年，全国各城市结合旧城改造和新城开发，大量新建公园。主要公园有北京陶然亭公园、东单公园、什刹海公园、宣武公园，南京绣球公园、太平公园、午朝门公园、九华山公园、栖霞山公园，哈尔滨斯大林公园，杭州花港观鱼公园。

1958～1965年，全国公园建设速度减慢，工作重心转向强调普遍绿化和园林结合生产，出现了把公园经营农场化、林场化的倾向，新建公园较少。主要公园有上海长风公园，广州流花湖、东山湖、荔湾湖公园，西安兴庆公园，桂林七星公园。

1966～1976年，十年动乱期间，城市公园建设事业处于停滞状态。

1977～1984年，城市公园建设在医治文革创伤的基础上重新起步，数量增加，质量提高，建设速度加快，新建公园300多个。如上海东安公园、北京紫竹院公园、洛阳植物园、济南环城公园、昆明西华园、杭州太子湾公园等。

1985年以后，公园发展迅速，旅游事业促进了城市公园的发展，数量激增，类型多样化，出现了农业观光园、民俗文化村等主题公园，范围也由大中城市扩大到小城镇。如北京丽都公园、北京奥林匹克体育公园、深圳的锦绣中华、陶然亭公园的华夏名亭园等。

（4）公园发展的特点　纵观城市中公园的发展，其特点主要表现在以下4个方面：

① 公园数量不断增加，面积不断扩大；

② 公园类型日趋多样化；

③ 在公园的规划布局上，普遍以植物造景为主，追求真实、朴素的自然美；

④ 在园林规划设计和公园的养护管理上广泛采用先进的技术设备和科学的管理方法，电脑辅助设计广泛应用，植物的养护一般都实现了机械化。

3. 公园的分类

（1）国外公园的分类　各国的国情不同，公园分类标准不同，名称也各有区别。

① 美国公园分类。美国公园分为儿童公园、近邻娱乐公园（游戏场）、运动公园（包括运动场、地区运动公园、体育运动中心、田径场、高尔夫球场、海滨、游泳场、营地等）、教育公园（文化遗迹）、广场公园、地方公园（市区小公园）、风景眺望公园、滨水公园、城市综合公园（国家公园）、林荫大道与公园道路、保留地公园。此外，美国的城市绿地，市民人均标准面积为40m²，市民人均公园绿地12m²，于1872年建立的美国黄石国家公园（图3-1-4、图3-1-5）是世界上第一个国家公园。

图3-1-4　美国黄石国家公园

图3-1-5　美国黄石国家公园大棱镜温泉

② 德国公园分类。德国公园分为郊外森林公园、国民公园、运动场及游乐场、各种广场、有行道树装饰的道路（花园路）、郊外绿地、蔬菜园、运动公园。

③ 日本公园分类。日本公园分为儿童公园、邻里公园、地区公园、综合公园、运动公园、风景公园、动植物园、历史公园、区域公园、游憩观光公园、中央公园。

④ 苏联公园分类。苏联1917年十月革命胜利后，政府除了将宫廷和贵族所有的园林全部没收作为公园外，还于1929年在莫斯科兴建了高尔基文化休闲公园。也对公园进行了分类：文化休息公园、儿童公园、体育公园、城市花园、动植物园、森林公园、郊区公园。并设置了一些主要的功能分区：公共设施区、文化教育设施区、体育活动设施区、儿童活动区、安静休息区、经营管理设施区。

（2）我国公园的分类

① 中国现有的公园类型

a. 根据原建设部城建司1994年印发的《全国城市公园情况表》将中国城市公园分类，包括：综合性公园、居住区公园、居住小区游园、带状公园、儿童公园、少年公园、青年公园、老年公园、动物园、植物园、专类植物园、森林公园、盆景园、风景名胜公园、历史名园、文物古迹公园、纪念性公园、文化公园、体育公园、雕塑公园、交通公园、科学公园、国防公园、游乐公园、主题公园。

b. 一般按公园的功能不同可分为以下几类：市、区级综合性公园，儿童公园，动物园，植物园，体育公园，纪念性公园，主题公园。

c. 公园系统分类：分散式公园、绿道式公园、环状绿带式公园、放射式绿地公园、放射环状式公园、分离绿带式公园。

② 2002年之前城市公园的常规分类

a. 居住区小游园。该类公园是居民活动的基本公园，是城市公园的最小单位，可以是居住区内的中心绿地或组团游园。

b. 邻里公园。是指在几个邻里单位之间形成的为满足近邻居民日常户外活动需求的公园，是服务区范围内居民的主要休闲活动场所。

c. 社区公园。社区公园是指在一定规模的社区范围内建立的游憩设施较为齐备的群众性的文化活动、娱乐、休息的绿化场所，该类公园是居住区基本公园的主要组成部分，是居住区小游园、邻里公园的有机补充。

d. 区级综合性公园。是指在一个较大的城市中，为一个行政区居民服务的，满足居民或游人休憩娱乐、文化、科普教育等多方面需求的，有丰富内容和设施的城市公共绿地。

e. 市级综合性公园。是指为全市居民服务的，全市公共绿地中，集中面积较大、活动内容和设施最完善的绿地。

f. 线型公园。该类公园是指依托水体和道路等线型资源而发展起来的公园形式。

g. 专类公园。

风景名胜公园。该类公园（图3-1-6、图3-1-7）是指依托风景名胜区发展起来的，以满足人们游憩活动需要为主要目的，以开发、利用、保护风景名胜资源为基本任务的游憩绿地形式。

植物园。植物园是以植物科学研究为主，以引种驯化、栽培实验为中心，培育和引进国内外优良品种，不断发掘扩大野生植物资源在农业、园艺、林业、医药、环保、园林等方面应用的综合研究机构和展览性公共绿地。

动物园。动物园是集中饲养、展览和研究种类较多的野生动物及附有少数优良品种家禽家畜的公共绿地。动物园的规划布局包括：按动物的进化顺序布局；按动物地理分布布局；

图 3-1-6 风景名胜公园（一）

图 3-1-7 风景名胜公园（二）

按动物生态安排布局；按游人爱好、动物珍贵程度、地区特产动物安排布局。

历史名园。历史公园是指一些在城市历史发展中具有相当重要的地位和具有相当历史价值的并在当前被开发为公园之用的著名园林，私家园林如苏州园林（图 3-1-8），公共园林如颐和园（图 3-1-9）。

图 3-1-8 苏州园林

图 3-1-9 颐和园

主题公园。如美国迪士尼乐园（图 3-1-10）和中国深圳的锦绣中华（图 3-1-11、图 3-1-12）。

图 3-1-10 美国迪士尼乐园

图 3-1-11 深圳锦绣中华微景之圆明园

博览会公园。博览会公园实际上是一种展览综合体，是介绍或展览科学、技术、农业、文化、艺术、园艺等方面的成就而形成的公园绿化环境，其在城市规划中的位置与建筑设计布局是由它的功能决定的。

雕塑公园。雕塑公园在雕塑材料的产地建设雕塑公园（图3-1-13）。包括：请雕塑家就地创作组成的国际性雕塑公园；临时性的流动雕塑公园；以不同题材建立起的专题雕塑公园；由多件雕塑作品组合而成的一般性雕塑公园。

图3-1-12　深圳锦绣中华民俗村

图3-1-13　雕塑公园

③ 2002年之后公园的分类。2002年之后根据新的公园绿地分类标准对公园绿地进行了分类。

4.公园绿地的功能

公园绿地是为城市居民提供室外休息、观赏、游戏、运动、娱乐，由政府或公共团体经营的市政设施。公园绿地补充了城市生活中所缺少的自然山林、冠大荫浓的树木、宽阔的草坪、五彩的花卉，新鲜湿润的空气，为城市居民提供了放松身心、享受自然、陶冶情操的优美环境。同时，公园绿地在净化空气、改善环境方面也发挥着重要作用。因此，公园绿地的功能是多方面的。

（1）社会文化功能

① 休闲游憩；

② 作为精神文明建设和科研教育的基地。

（2）经济功能

① 防灾、减灾；

② 预留城市用地，为建设未来城市公共设施之用；

③ 带动地方社会经济的发展；

④ 促进城市旅游业的发展。

（3）环境功能

① 维持城市生态平衡；

② 美化城市景观。

二、公园绿地规划设计的程序

1.区位条件分析

包括城市性质及自然条件分析、公园在城市中的位置分析、附近公共建筑及停车场地状况分析、游人主要流量分析、公共交通状况分析、公园外围状况分析、气象资料分析、历史沿革及目前使用状况分析、国民素质分析等。

2.现状资料收集

（1）基础资料　公园所在城市及区域的历史沿革，城市的总体规划与各个专项规划，城市经济发展计划，社会发展计划，产业发展计划，城市环境质量，城市交通条件等。

（2）公园外部条件

① 地理位置。地理位置指公园在城市中与周边其他用地的关系。

② 人口状况。人口状况指公园服务范围内的居民类型，如人口组成结构、分布、密度、发展及老龄化程度。

③ 交通条件。交通条件指公园周边的景观及城市道路的等级；公园周围公共交通的类型与数量，停车场分布，人流集散方向。

④ 城市景观条件。城市景观条件指公园周边建筑的形式、体量、色彩。

（3）公园基地条件

① 气象状况。气象状况指年最高、最低及平均气温，历年最高、最低及平均降水量，湿度、风向与风速，晴雨天数，冰冻线深度，大气污染等。

② 水文状况。水文状况指现有水面与水系的范围。水底标高，河床情况。常水位，最高与最低水位。历史上最高洪水位的标高。水流的方向、水质、水温与岸线情况，地下水的常水位与最高、最低水位的标高，地下水的水质情况。

③ 地形、地质、土壤状况。地形、地质、土壤状况指地质构造、地基承载力、表层地质、冰冻系数、自然稳定角度，地形类型、倾斜度，起伏度、地貌特点、土壤种类、排水、肥沃度、土壤侵蚀等。

④ 山体土丘状况。山体土丘状况指位置、坡度、面积、土方量、形状等。

⑤ 植被状况。植被状况指现有园林植物、生态、群落组成，古树、大树的品种、数量、分布、覆盖范围、地面标高、质量、生长情况、姿态及观赏价值。

⑥ 建筑状况。建筑状况指现有建筑的位置、面积、高度、建筑风格、立面形式、平面形状、基地标高、用途及使用情况等。

⑦ 历史状况。历史状况指公园用地的历史沿革，现有文化古迹的数量、类型、分布、保护情况等。

⑧ 市政管线。市政管线指公园内及公园外围供电、给水、排水、排污、通信情况，现有地上地下管线的种类、走向、管径、埋设深度、标高和柱杆的位置高度。

⑨ 造园材料。造园材料指公园所在地区优良植被品种、特色植被品种及植被生态群落生长情况，造园施工材料的来源、种类、价格等。

（4）图纸资料 在总体规划设计时，应由甲方提供以下图纸资料。

① 地形图。地形图指根据面积大小，提供1∶2000、1∶1000、1∶500园址范围内总平面地形图。

② 要保留使用的建筑物的平、立面图。要保留使用的建筑物的平、立面图指平面位置注明室内外标高，立面图标明建筑物的尺寸、颜色、材质等内容。

③ 现状植物分布位置图（比例尺在1∶500左右）。现状植物分布位置图指主要标明要保留林木的位置，并注明品种、胸径、生长状况。

④ 地下管线图。地下管线图指比例尺一般与施工图比例相同。图内包括要保留的给水、雨水、污水、电信、电力、散热器沟、煤气、热力等管线位置以及井位等，提供相应剖面图，并需要注明管径大小、管底、管顶标高、压力、坡度等。

（5）社会调查与公众参与 公园的最根本目的是为城市居民提供休憩娱乐的场所，规划设计应该满足居民的实际需求。可以通过发放社会调查表、举行小型座谈会的形式，征集附近居民的要求与建议，使设计者了解居民的想法、期望。在将来方案设计时，从实际使用情况出发，创造出符合市民需要的作品。

（6）实地勘察　实地勘察也是资料收集阶段不可缺少的一步。一般来说，由于地形图的测量时间与公园规划设计时间不同步，基地现状与地形图之间存在或多或少的差别，这就要求设计者必须到现场认真勘察，核对、补充手头的资料，纠正图纸与现状不一致的地方。设计者到基地现场踏勘，通过仔细观察现状环境，有助于建立直观认识，激发创作灵感，同时对园址周边的景物也有了更深的认识，在将来的规划设计中可以有的放矢地采用借景或屏蔽的手法，确定公园景观的主要取向。在勘察过程中，最好请当地有关部门的人员陪同解说，有助于增加设计者对公园场地植物、地形地貌、人文历史的全面了解，把握公园所在地的文脉与特色，创造有个性的公园。在勘察过程中，综合使用照相机、摄像机，拍摄一些基地环境的素材，供将来规划设计时参考，以及后期制作多媒体成果时使用。

3. 编制总体设计任务书

设计者根据所收集到的文件，结合甲方设计任务书的要求，经过分析研究，定出总体设计原则和目标，编制出进行公园设计的要求和说明，即总体设计任务文件。主要内容包括：公园在城市绿地系统中的关系，公园所处地段的特征和四周环境，公园面积和游人容量，公园总体设计的艺术特色和风格要求。根据公园地形设计、建筑设计、道路设计、水体设计、种植设计的要求，拟定出公园内应该设置的项目内容与设施各部分规模大小，公园建设的投资概算，设计工作进度安排。

4. 总体规划

确定公园的总体布局，对公园各部分作全面的安排。常用的图纸比例为 1：500，1：1000 或 1：2000。包括的内容有：

① 确定公园的范围，公园用地内外分隔的设计处理与四周环境的关系，园外借景或障景的分析和设计处理；

② 计算用地面积和游人量、确定公园活动内容、需设置的项目和设施的规模、建筑面积和设备要求；

③ 确定出入口位置，并进行园门布置和机动车停车场、自行车停车棚的位置安排；

④ 公园的功能分区，活动项目和设施的布局，确定公园建筑的位置和组织活动空间；

⑤ 景色分区按各种景色构成不同景观的艺术境界来进行分区；

⑥ 公园河湖水系的规划、水底标高、水面标高的控制、水中构筑物的设置；

⑦ 公园道路系统、广场的布局及组织游线；

⑧ 规划设计公园的艺术布局、安排平面及立面的构图中心和景点，组织风景视线和景观空间；

⑨ 地形处理、竖向规划，估计填挖土方的数量、运土方向和距离，进行土方平衡；

⑩ 造园工程设计：护坡、驳岸、挡土墙、围墙、水塔、水中构筑物、变电间、厕所、化粪池、消防用水、灌溉和生活给水、雨水排水、污水排水、电力线、照明线、广播通讯线等管网的布置；

⑪ 植物群落的分布、树木种植规划、制定苗木计划、估算树种规格与数量；

⑫ 公园规划设计意图的说明、土地使用平衡表、工程量计算、造价概算、分期建园计划。

5. 详细设计

在全园规划的基础上，对公园的各个局部地段及各项工程设施进行详细的设计，常用的图纸比例为 1：500 或 1：200。

（1）主要出入口、次要出入口和专用出入口的设计　包括园门建筑、内外广场、服务设施、景观小品、绿化种植、市政管线、室外照明、汽车停车场和自行车停车棚等的设计。

（2）各功能区的设计 各区的建筑物、室外场地、活动设施、道路广场、园林小品、绿地植物种植、山石水体、园林工程、构筑物、管线、照明等的设计。

（3）园内各种道路的走向 纵横断面、宽度、路面材料及做法、道路中心线坐标及标高、道路长度及坡度、曲线及转弯半径、行道树的配置、道路透景视线。

（4）各种公园建筑初步设计方案 平面、立面、剖面、主要尺寸、标高、坐标、结构形式、建筑材料、主要设备。

（5）管线规格及位置规划 各种管线的规格，管径尺寸、埋置深度、标高、坐标、长度、坡度或电杆灯柱的位置、形式、高度，水、电表位置，变电或配电间，广播调度室位置，音箱位置，室外照明方式和照明点位置，消防栓位置。

（6）地面排水的设计 分水线、汇水线、汇水面积、明沟或暗管的大小、线路走向、进水口、出水口和窨井位置。

（7）土山、石山设计 平面范围、面积、坐标、等高线、标高、立面、立体轮廓、叠石的艺术造型。

（8）水体设计 河湖的范围、形状，水底的土质处理、标高，水面控制标高，岸线处理。

（9）各种建筑小品的位置、平面形状、立面形式。

（10）园林植物的品种、位置和配植形式 确定乔木和灌木的群植、丛植、孤植及与绿篱的位置，花卉的布置，草地的范围。

6. 植物种植设计

依据树木种植规划，对公园各局部地段进行植物配置。常用的图纸比例为1∶500或1∶200。包括以下内容：

① 树木种植的位置、标高、品种、规格、数量。

② 树木配植形式：平面、立面形式。乔木与灌木，落叶与常绿，针叶与阔叶等的树种组合。

③ 蔓生植物的种植位置、标高、品种、规格、数量、攀援与棚架情况。

④ 水生植物的种植位置、范围、品种、规格、数量，水底与水面的标高。

⑤ 花卉的布置，花坛、花境、花架等的位置，标高、品种、规格、数量。

⑥ 花卉种植排列的形式：图案排列的式样，自然排列的范围与疏密程度，不同的花期、色彩、高低、草本与木本花卉的组合。

⑦ 草地的位置范围、标高、地形坡度、品种。

⑧ 园林植物的修剪要求，自然的与整形的形式。

⑨ 园林植物的生长期，速生与慢生品种的组合，在近期与远期需要保留、疏伐与调整的方案。

⑩ 植物材料表：品种、规格、数量，种植日期。

7. 施工详图

按详细设计的意图，对部分内容和复杂工程进行结构设计，制定施工的图纸与说明，常用的图纸比例为1∶100，1∶50或1∶20。包括的内容有：

① 给水工程：水池、水闸、泵房、水塔、水表、消防栓、灌溉用水的水龙头等的施工详图。

② 排水工程：雨水进水口、明沟、窨井及出水口的铺设，厕所化粪池的施工图。

③ 供电及照明：电表、配电间或变电间、电杆、灯柱、照明灯等施工详图。

④ 广播通信：广播室施工图，广播喇叭的装饰设计。

⑤ 煤气管线，煤气表具。

⑥ 废物收集处，废物箱的施工图。

⑦ 护坡、驳岸、挡土墙、围墙、台阶等园林工程的施工图。

⑧ 叠石、雕塑、栏杆、踏步、说明牌、指路牌等小品的施工图。

⑨ 道路广场硬地的铺设及回车道，停车场的施工图。

⑩ 公园建筑、庭院、活动设施及场地的施工图。

8. 编制预算及说明书

对各阶段布置内容的设计意图、经济技术指标，工程的安排等用图表及文字形式说明。

① 公园建设的工程项目、工程量、建筑材料、价格预算表。

② 公园建筑物、活动设施及场地的项目、面积、容量表。

③ 公园分期建设计划，要求在每期建设后，在建设地段能形成公园的面貌，以便分期投入使用。

④ 建园的人力配备：工种、技术要求、工作日数量、工作日期。

⑤ 公园概况，在城市绿地系统中的地位，公园四周情况等的说明。

⑥ 公园规划设计的原则、特点及设计意图的说明。

⑦ 公园各个功能分区及景色分区的设计说明。

⑧ 公园的经济技术指标：游人量、游人分布、每人用地面积及土地使用平衡表。

⑨ 公园施工建设程序。

⑩ 公园规划设计中要说明的其他问题。

为了表现公园规划设计的意图，除绘制平面图、立面图、剖面图外，还可采用绘制轴测投影图、鸟瞰图、透视图和制作模型，使用电脑制作多媒体等多种形式，以便形象地表现公园的设计构思。规划设计的程序根据公园面积的大小，工程复杂的程度，可按具体情况增减。如公园面积很大，则需先有分区的规划；如公园规模不大，则公园规划与详细设计可结合进行。公园规划设计后，进行施工阶段还需制定施工组织设计。在施工放样时，对规划设计结合地形的实际情况需要校核、修正和补充。在施工后需进行地形测量，以便复核整形。有些造园工程内容如叠石、大树的种植等，在施工过程中还需在现场根据实际的情况，对原设计方案进行调整。

三、公园绿地规划设计的原则

① 根据城市总体及绿地系统规划对该用地的要求，进行规划设计。

② 贯彻政府在园林绿化建设方面的方针政策，遵守相关国家及地方规范及标准，如《城市绿化条例》《公园设计规范》等。

③ 继承和发扬我国传统造园艺术，吸收国外先进经验，以人为本，满足游人使用要求，创造具有时代特色的新园林。

④ 表现地方特色和时代风格，避免盲目模仿和景观重复。

⑤ 在城市总体规划或城市绿地系统规划的指导下，使公园在全市均衡分布，并与各区域建筑、市政设施融为一体，既显出各自特色、富有变化，又不相互重复。

⑥ 因地制宜，使公园与当地历史文化及自然特征相结合，体现公园的自身特色。

⑦ 充分利用基地现状及自然地形，有机组织公园各个部分。

⑧ 规划设计要切合实际，满足工程技术和经济要求，并制定切实的分期建设计划及经营管理措施。

四、公园绿地的总体设计及布局

1. 公园绿地的总体设计

公园绿地的总体设计应根据批准的设计任务书，结合现状条件对功能或景区划分、景观构想、景点设置、出入口位置、竖向及地貌、园路系统、河湖水系、植物布局以及建筑物和构筑物的位置、规模、造型及各专业工程管线系统等做出综合设计。

2. 公园绿地的布局

(1) 公园景区的连接　公园绿地的布局要有机地组织不同的景区，使各景区间有联系而又有各自的特色，全园既有景色的变化又有统一的艺术风格。对公园的景色，要考虑其观赏的方式，何处是以停留静观为主，何处是以游览动观为主，静观要考虑观赏点、观赏视线。往往观赏与被观赏是相互的，既是观赏风景的点也是被观赏的点。动观要考虑观赏位置的移动要求，从不同的距离、高度、角度、天气、早晚、季节等因素可观赏到不同的景色。

公园景色的观赏要组织导游路线，引导游人按照观赏程序游览。景色的变化要结合导游线来布置，使游人在游览观赏的时候，产生一幅幅有节奏的连续风景画面。导游线常用道路广场、建筑空间和山水植物的景色来吸引游人，按设计的艺术境界，循序游览，可增强造景艺术效果的感染力。例如，要引导游人进入一个开阔的景区时，先使游人经过一个狭窄的地带，使游人从对比中加强对这种艺术境界的理解。导游线应该按游人兴致曲线的高潮起伏来组织，由公园入口起，即应设有较好的景色，吸引游人入园。如上海松江方塔园东大门外，透过方池，可看到部分水景，起引景的作用。从进入公园起即应以导游线串联各个园景，逐步引人入胜，到达主景进入高潮，并在游览结束前应以余景提高游兴，使得游人产生无穷的回味，离园时留下深刻的印象，导游线的组织是公园艺术布局的重要设计内容。

(2) 公园景色布局与活动设施的布置　公园的景色布局与活动设施的布置，要有机地组织起来，在公园中要有构图中心。在平面布局上起游览高潮作用的主景，常在平面构图的中心。在立体轮廓上起观赏视线焦点作用的制高点，常为立面构图中心。平面构图中心及立面构图中心可以分为两处。如杭州的花港观鱼，以金鱼池为平面构图中心，以较高的牡丹亭为立面构图中心；也可以就是一处，如北京的景山公园，以山上五亭组成的景点，是景山公园的平面构图中心，也是立面构图中心。

平面构图中心的位置，一般设在适中的地段，较常见的是由建筑群、中心广场、雕塑、岛屿、"园中园"及突出的景点组成。上海虹口公园以鲁迅墓作为平面构图中心，在全园可有一二个平面构图中心，当公园的面积较大时，各景区可有次一级的平面构图中心，以衬托补充全园的构图中心，两者之间既有呼应与联系又有主从的区别。

立面构图中心中较常见的是由雄峙的建筑和雕塑、耸立的山石、高大的古树及标高较高的景点组成，如颐和园以佛香阁为立面构图中心。立面构图中心是公园立体轮廓的主要组成部分，对公园内外的景观都有很大的影响，是公园内观赏视线的焦点，是公园外观的主要标志，也是城市面貌的组成部分。如北京的白塔是北海公园的特征；镇江北固公园耸立的峰峦形成的主体轮廓，成为城市面貌的突出部分。

公园立体轮廓的构成是由地形、建筑、树木、山石、水体等的高低起伏而形成的，常是远距离观赏的对象及其他景物的远景。在地形起伏变化的公园里，立体轮廓必须结合地形设计，填高挖低，造成有节奏、韵律感的、层次丰富的立体轮廓。

在地形平坦的公园中，可利用建筑物的高低、树本树冠线的变化构成立体轮廓。公园中常利用园林植物的体型及色彩的变化种植成树林，形成在平面构图中具有曲折变化的、层次丰富的林缘线，在立面构图中，具有高低起伏、色彩多样的林冠线，增加公园立体轮廓的艺术效果。造园时也常以人工挖湖堆山，造成其有层次变化的立体轮廓。如上海的长风公园铁臂山是以挖银锄湖的土方堆山，主峰最高达 20 多米，并以大小高低不同的起伏山峦构成公园的立体轮廓。公园里以地形的变化形成的立体轮廓比以建筑、树木等形成的立体轮廓其形象效果更易显著，但为了使游人活动有足够的平坦用地，起伏的地段或山地不宜过多，应适当集中。

（3）公园绿地规划布局的形式　公园绿地规划布局的形式有规则式、自然式与混合式三种。

规则式布局强调轴线对称，多用几何形体，比较整齐，有庄严、雄伟、开朗的感觉。当公园设置的内容需要形成这种效果，并且有规则地形或平坦地形的条件，适于用这种布局的方式。

自然式布局是完全结合自然地形、原有建筑、树木等现状的环境条件或按美观与功能的需要灵活地布置的，可有主体和重点，但无一定的几何规律，有自由、活泼的感觉，在地形复杂、有较多不规则的现状条件的情况下采用自然式比较适合，可形成富有变化的风景视线。

混合式布局是部分地段为规则式，部分地段为自然式，在用地面积较大的公园内常采用，可按不同地段的情况分别处理。例如在主要出入口处及主要的园林建筑地段采用规则的布局，安静游览区则采用自然的布局，以取得不同的园景效果。

五、公园绿地设施的分类

为发挥公园绿地的使用功能，公园绿地内应安排各种设施，以满足游人的需求。公园的设施不是孤立的，而是与园内景色相协调的，是公园景色的重要组成部分。

（1）造景设施　包括树木、草坪、花坛、花台、花境、喷泉、假山、溪流、湖池、瀑布、雕塑、广场等。

（2）休息设施　包括亭、廊、花架、榭、舫、台、椅凳等。

（3）游戏设施　包括沙坑、秋千、转椅、滑梯、迷宫、浪木、攀登架、戏水池等。

（4）社交设施　包括植物专类园、温室、阅览室、棋艺室、陈列室、纪念碑、眺望台、文物名胜古迹等。

（5）服务设施　包括停车场、厕所、服务中心、饮水台、洗手池、电话亭、摄影部、垃圾箱、指示牌等。

（6）管理设施　包括公园管理处、仓库、材料场、苗圃、派出所、售票处、配电室等。

六、公园绿地指标和游人容量

1. 公园绿地指标计算

按人均游憩绿地的计算方法，可以计算出公园绿地的人均指标和全市指标。人均指标（需求量）计算公式：

$$F = P \times \frac{f}{e}$$

式中，F 为人均指标，m²/人；P 为游览季节双休日居民的出游率，%；f 为每个游人占有的公园面积，m²/人；e 为公园游人周转系数。大型公园，取 $P_1 > 12\%$，60m²/人 $< f_1 < 100$m²/人，$e_1 < 1.5$；小型公园，取 $P_2 > 20\%$，$f_2 = 60$m²/人，$e_2 < 3$。

城市居民所需公园绿地总面积由下式可得

城市公园绿地总用地＝居民（人数）×$F_{总}$

2. 影响公园面积的因素

影响公园面积的因素包括：时代的变化、城市规模、城市性质及自然条件、国民素质。

3. 公园面积的计算基础

① 按年龄分配不同的公园面积；

② 按活动项目决定面积；

③ 按利用时间决定面积；

④ 按使用次数；

⑤ 人均公园面积；

⑥ 公园的最小面积；

⑦ 吸引距离；

⑧ 公园的种类。

4. 公园绿地游人容量计算

公园绿地游人容量是确定内部各种设施数量或规模的依据，也是公园绿地管理上控制游人量的依据，通过游人数量的控制，避免公园绿地超容量接纳游人。公园绿地的游人随季节、假日与平日、一日之中的高峰与低谷而变化；一般节日最多，游览旺季周末次之。旺季平日和淡季周末较少，淡季平日最少；一日之中又有峰谷之分。确定公园绿地游人容量以游览旺季的周末为标准，这是公园发挥作用的主要时间。

公园绿地游人容量是指游览旺季高峰期时同时在公园内的游人数。按以下公式计算：

$$C = A/A_m$$

式中，C 为公园游人容量，人；A 为公园总面积，m^2；A_m 为公园游人均占地面积，$m^2/$人。

一般市、区级公园游人人均占有公园面积以 $60m^2$ 为宜，最低人均陆地面积不宜小于 $15m^2$（见《公园设计规范》），居住区公园、带状公园和居住小区游园以 $30m^2$ 为宜，风景名胜区游人人均占有公园面积宜大于 $100m^2$。

在假日和节日里，游人的容纳量约为服务范围居民人数的 $15\% \sim 20\%$，每个游人在公园中的活动面积约为 $10 \sim 50m^2$。人口在 50 万人以上的城市中，全市性综合公园至少应能容纳全市居民中 10% 的人同时游园。

按规定，水面面积与坡度大于 50% 的陡坡山地面积之和超过总面积 50% 的公园，游人人均占有公园面积应适当增加，其指标应符合表 3-1-1 的规定。

表 3-1-1　水面和陡坡面积较大的公园游人人均占有面积指标

水面和陡坡面积占总面积比例/%	0～50	60	70	80
近期游人占有公园面积/(m²/人)	≥30	≥40	≥50	≥75
远期游人占有公园面积/(m²/人)	≥60	≥75	≥100	≥150

第二节　综合公园规划设计

综合性公园是城市公园绿地系统的重要组成部分，是城市居民文化生活不可缺少的重要因素，它不仅为城市提供大面积绿地，而且具有丰富的户外游憩活动内容，适合各种年龄和职业的城市居民进行一日或者半日的游赏活动，是全市居民共享的"绿色空间"。综合性公园面积一般不少于 $10hm^2$，游人的容纳量约为服务范围内居民人数的 $15\% \sim 20\%$，每个游人在公园的活动面积为 $10 \sim 50m^2$。

一、综合公园概述

1. 综合公园的定义与分类

（1）综合公园的定义　综合公园是在市、区范围内为城市居民提供良好游憩休息、文化娱乐活动的综合性、多功能、自然化的大型绿地，其用地规模一般较大，园内设施活动丰富完备，适合各阶层的城市居民进行一日之内的游赏活动。综合公园作为城市主要的公共开放空间，是城市绿地系统的重要组成部分，对于城市景观环境塑造、城市生态环境调节、居民社会生活起着极为重要的作用。

（2）综合公园的分类　按照服务对象和管理体系的不同，综合公园分为城市性公园和区域性公园两类。

① 城市性公园。为全市居民服务。用地面积一般为 10~100hm² 或更大，其服务半径约 3~5km，居民步行约 30~50min 内可达，乘坐公共交通工具约 10~20min 可达。它是全市公园绿地中，用地面积较大、活动内容和设施最完善的绿地，大城市根据实际情况可以设置数个市级公园，中、小城市可设 1~2 处。

② 区域性公园。服务对象是市区一定区域的城市居民。用地面积按该区域居民的人数而定，一般为 10hm² 左右，服务半径约 1~2km，步行 15~25min 内可达，乘坐公共交通工具约 5~10min 可达。园内有较丰富的内容和设施，市区各区域内可设置 1~2 处。

2. 综合公园的功能

综合公园除具有绿地的一般作用外，对丰富城市居民的文化娱乐生活方面承担着更为重要的任务。

（1）游乐休憩　为增强人民的身心健康，设置游览、娱乐、休息的设施，要全面地考虑各种年龄、性别、职业、爱好、习惯等不同要求，尽可能使来到综合公园的游人各得其所。

（2）文化节庆　举办节日游园活动、国际友好活动，为少年儿童的组织活动提供场所。

（3）科普教育　宣传政策法令，介绍时事新闻，展示科学技术的新成就，普及自然人文知识。

3. 综合公园的面积与位置

（1）面积　综合公园一般包括有较多的活动内容和设施，故用地需要有较大的面积，一般不少于 10hm²。在假日和节日里，游人的容纳量约为服务范围居民人数的 15%~20%，每个游人在公园中的活动面积约为 10~50m²/人。在 50 万以上人口的城市中，全市性公园至少应能容纳全市居民中 10% 的人同时游园。综合公园的面积还应结合城市规模、性质、用地条件、气候、绿化状况及公园在城市中的位置与作用等因素全面考虑来确定。

（2）位置　综合公园在城市中的位置，应在城市绿地系统规划中确定。在城市规划设计时，应结合河湖系统、道路系统及生活居住用地的规划综合考虑。在选址时应考虑：

① 综合公园的服务半径应使生活居住用地内的居民能方便地使用，并与城市主要道路有密切的联系；

② 利用不宜于工程建设及农业生产的复杂破碎的地形，起伏变化较大的坡地。充分利用地形，避免大动土方，既节约城市用地和建园的投资，又有利于丰富园景；

③ 可选择在具有水面及河湖沿岸景色优美的地段，充分发挥水面的作用，有利于改善城市小气候，增加公园的景色，开展各项水上活动，还有利于地面排水；

④ 可选择在现有树木较多和有古树的地段。在森林、丛林、花圃等原有种植的基础上加以改造，建设公园，投资少，见效快；

⑤ 可选择在原有绿地的地段。将现有的公园建筑、名胜古迹、革命遗址，纪念人物事

迹和历史传说的地方，加以扩充和改建，补充活动内容和设施。在这类地段建园，可丰富公园的内容，有利于保存文化遗产，起到爱国及民族传统教育的作用；

⑥ 公园用地应考虑将来有发展的余地。随着国民经济的发展和人民生活水平不断提高，对综合公园的要求会增加，故应保留适当发展的备用地。

4. 综合公园项目设置的影响因素

(1) 居民的习惯爱好　公园内可考虑按当地居民所喜爱的活动、风俗、生活习惯等地方特点来设置项目内容。

(2) 公园在城市中的地位　在整个城市的规划布局中，城市绿地系统对该公园的要求；位置处于城市中心地区的公园，一般游人较多，人流量大，要考虑他们的多样活动要求；在城市边缘地区的公园则更多考虑安静观赏的要求。

(3) 公园附近的城市文化娱乐设置情况　公园附近已有的大型文娱设施，公园内就不一定重复设置。例如，附近有剧场、音乐厅则公园内就可不再设置这些项目。

(4) 公园面积的大小　大面积的公园设置的项目多、规模大，游人在园内的时间一般较长，对服务设施有更多的要求。

(5) 公园的自然条件情况　例如，有风景、山石、岩洞、水体、古树、树林、竹林、较好的大片花草，起伏的地形等，可因地制宜地设置活动项目。

5. 综合公园规划设计内容

综合公园规划设计的内容主要包括以下几方面：

① 收集图纸资料；

② 现场踏查；

③ 编制总体设计任务文件；

④ 进行公园总体规划；

⑤ 报批和详细设计；

⑥ 编制局部详图；

⑦ 编制全园工程预算及文字说明书。

6. 综合公园用地比例

综合公园的用地比例因公园中的陆地面积的不同而略有差别（表3-2-1）。

表3-2-1　综合公园用地比例/%

用地类型	陆地面积/hm²			
	5～10	10～20	20～50	＞50
园路及铺装场地	8～18	5～15	5～15	5～10
管理建筑	＜1.5	＜1.5	＜1.0	＜1.0
游憩建筑	＜5.5	＜4.5	＜4.0	＜3.0
绿化用地	＞70	＞75	＞75	＞80

二、综合公园规划设计的原则

公园是城市绿地系统的重要组成部分，综合公园规划要综合体现实用性、生态性、艺术性、经济性。

(1) 满足功能，合理分区　综合公园的规划布局首先要满足功能要求。公园有多种功能，除调节温度、净化空气、美化景观、供人观赏外，还可使城市居民通过游憩活动接近大自然，达到消除疲劳、调节精神、增添活力、陶冶情操的目的。不同类型的公园有不同的功能和不同的内容，所以分区也随之不同。功能分区还要善于结合用地条件和周围环境，把建筑、道路、水体、植物等综合起来组成空间。

（2）园以景胜，巧于组景　公园以景取胜，由景点和景区构成。景观特色和组景是公园规划布局之本，即所谓"园以景胜"。就综合公园规划设计而言，组景应注重意境的创造，处理好自然与人工的关系，充分利用山石、水体、植物、动物、天象之美，塑造自然景色，并把人工设施和雕琢痕迹融于自然景色之中。将公园划分为具有不同特色的景区，即景色分区，是规划布局的重要内容。景色分区一般是随着功能分区不同而不同，然而景色分区往往比功能分区更加细致深入，即同一功能分区中，往往规划多种小景区，左右逢源，既有统一基调的景色，又有各具特色的景观，使动观静观均相适宜。

（3）因地制宜，注重选址　公园规划布局应该因地制宜，充分发挥原有地形和植被优势，结合自然，塑造自然。公园的造景应具备地形、植被和古迹等优越条件，公园选址则具有战略意义，务必在城市绿地系统规划中予以重视。因公园处在人工环境的城市里，但其造景是以自然为特征的，故选址时宜选有山有水、低地畦地、植被良好、交通方便、利于管理之处。有些公园在城市中心，对于平衡城市生态环境有重要作用，宜完善充实。

（4）组织导游，路成系统　园路的功能主要是作为导游观赏之用，其次才是供管理运输和人流集散。因此绝大多数的园路都是联系公园各景区、景点的导游线、观赏线、动观线，所以必须注意园路景观设计。如园路的对景、框景、左右视觉空间变化，以及园路线型、竖向高低给人的心理感受等。

（5）突出主题，创造特色　综合公园规划布局应注意突出主题，使其各具特色。主题和特色除与公园类型有关外，还与园址的自然环境与人文环境（如名胜古迹）有密切联系，要巧于利用自然和善于结合古迹。一般综合公园的主题因园而异，为了突出公园主题，创造特色，必须要有相适应的规划结构形式。

三、综合公园的分区规划设计

所谓分区规划设计就是将整个公园分成若干个区，然后对各区进行详细规划。任何一个公园都是一个综合体，具有多种功能，面向各种不同使用者（即使是儿童公园，也要考虑监护人的使用需要）。这些各不相同的功能和人群需要各自适合的空间和设施，必然要求将公园划分成相应的几部分。

1. 分区的依据
① 根据功能差异，要满足功能，合理分区；
② 根据公园所在地的自然条件；
③ 根据公园所在地的人文条件；
④ 应根据公园性质和现状条件，确定各分区的规模及特色。

2. 分区的形式

（1）景观分区　景观分区是我国古典园林特有的规划方法，现代公园规划时也经常采用。在公园中利用自然的景色或人工创造的景色构成景点，联系着若干个景点，组成景区。按公园的规划意图，组成一定范围各种景色地段，形成各种风景环境和艺术境界，以此划分成不同的景区。景观分区的特点是从艺术的角度来考虑公园的布局，含蓄优美，韵味无穷，往往将园林中自然景色、艺术境界与人文景观特色作为划分标准，每一个景区有一个主题，如广州越秀公园（图3-2-1）。

公园中构成主题的因素通常有山水、建筑、动物、植物、民间传说、文物古迹等。

景观分区的形式多样，每个公园风格各异，景观分区可有很大的不同，如：

① 按景区效果的感受效果划分为开朗的景区、雄伟的景区、幽深的景区、清静的景

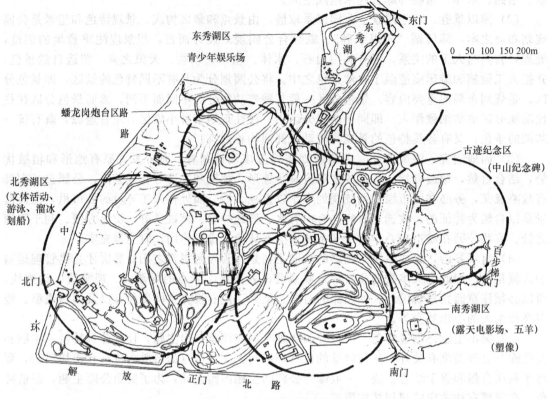

图 3-2-1　广州越秀公园分区

区等；

② 按复合式的空间组织划分为园中之园、岛中之岛等；

③ 按季相景观划分为春景区、夏景区、秋景区、冬景区等；

④ 按造园材料划分为山景区、水景区、花卉景区、林地景区。

景观分区作用主要有：

① 景观分区要使公园的风景与使用功能要求相配合，增强功能要求的效果；

② 同一功能区中，有的可以形成不同的景观，使得景观有变化、有节奏、有韵律、生动有趣。

（2）功能分区　功能分区从实用的角度规划公园的活动内容，强调宣传教育与游憩活动的完美结合。公园的规划通常多以功能分区为主，结合游人的活动内容及公园的植物景观进行分区规划，一般分为文化娱乐区、观赏游览区、安静休息区、体育活动区、儿童活动区、老人活动区、园务管理区等。

① 文化娱乐区。此区主要在公园中进行群众娱乐、游戏、游泳、划船和观赏电影、音乐、舞蹈、戏剧、杂技等节目以及群众的自由娱乐活动。具有活动场所多、活动形式多、人流多等特点，可设置露天剧场、文娱室、阅览室、游艺室、展览厅、音乐厅、茶座等园内主要建筑，常位于公园的中部，成为全园布置的重点。各建筑物、活动设施之间保持一定的距离，以避免相互干扰，并利用树木、建筑、山石等加以隔离，充分体现公园的特色。该区应尽可能接近公园出入口或与出入口有方便的联系，要求较平坦的地形，考虑设置足够的道路广场，以便快速集散人群，最好用地达到 $30m^2$/人。

绿地规划设计常设置大型的建筑物、广场、雕塑等。绿化要求以花坛、花境、草坪为主，以便于游人的集散。可以适当地点缀种植几种常绿的大乔木，不宜多栽植灌木。树木的枝下净空间应大于 $22m^2$，以免影响视线和人流的通行。为和建筑相协调，多采用规则式或混合式的绿化配置形式。

② 观赏游览区。本区以游人在公园中观赏、游览、参观为主，是公园中景色最优美的区域。包括观赏山水风景、奇花异草、鸟兽虫鱼，游览名胜古迹、欣赏建筑、雕塑、盆景、假山等。观赏游览区行进参观路线的组织规划是十分重要的，道路的平、纵曲线、铺装材料、铺装纹样、宽度变化都应适应景观展示、动态观赏的要求进行规划设计。

绿地规划设计应选择现状地形、植被等比较优越的地段设计布置园林景观。植物的设计应突出季相变化的特点。技法如下。

a. 把盛花植物配置在一起，形成花卉观赏区或专类园；

b. 以水体为主景，配置不同的植物以形成不同情调的景致；

c. 利用植物组成群落以体现植物的群体美；

d. 用借景手法把园外的自然风景引入园内，形成内外一体的壮丽景观。

③ 安静休息区。提供安静优美的自然环境，供人在此安静休息、散步、品茗、垂钓、弈棋、书法、绘画、学习、静思、气功等相对较为安静的活动，一般老年人、中年人、学生等较喜欢在环境优美、干扰较少的安静公园绿地空间中进行以上活动。在公园内占的面积比例较大，是公园的重要部分。安静活动的设施应与喧闹的活动隔离，以防止活动时的干扰，离主要出入口可以远些，用地应选择具有一定地形起伏、原有树木茂盛、景色优美的地方。安静休息区可分布于多处，其中的建筑宜散不宜聚，用地状况为 $100m^2/人$。

绿地规划设计多用自然式植物配置方式，并以密林为主，形成优美的林缘线、起伏的林冠线，突出植物的季相变化。建筑布局宜散不宜聚，宜素雅不宜华丽，可结合自然风景设立亭、台、廊、花架、座凳等。

④ 体育活动区。提供开展体育活动的场所，可根据当地的具体情况决定取舍，如果周围有大型的体育场，体育馆等，在公园中就不必设置体育活动区。此区距主要入口较远，有一块平坦的运动比赛场地，靠近水面，可供游泳、划船等。比较完整的体育活动区一般设有体育场、体育馆、游泳池及各种球类活动、健身器材的场所。该区的功能特征是使用时间比较集中，对其他区域干扰较大，设计时要尽量靠近城市主干道，或设置专用入口，可因地制宜地设置游泳池、溜冰场、划船码头、球场等。

绿地规划设计宜选择生长快、高大挺拔、冠下整齐、不落花落果、不散发飞毛的树种。树种的色调不宜过于复杂，并应避免选用树叶发光发亮的树种，否则会刺激运动员的视线。球类运动场周围的绿化地，要离运动场 5～6m。在游泳池附近绿化可以设置一些花廊、花架，不要种植带刺或夏季落花落果的花木和易染病虫害、分蘖强的树种。日光浴场周围应铺设柔软而耐踩踏的草坪。本区最好用常绿的绿篱与其他功能区隔离分开并以规则式的绿化配置为主。

⑤ 儿童活动区。为促进儿童的身心健康而设立的活动区。本区需接近出入口，并与其他用地有分隔。地势平坦，阳光充足，自然景色开朗，有一定的遮阴条件。公园中一般设有供学龄前儿童与学龄儿童活动的设施，如游戏娱乐广场（宫、室）、少年宫、迷宫、障碍游戏场、小型动物角、植物观赏角、少年体育运动场、少年阅览室、科普园地等。有些儿童由成人携带，还要考虑成人休息和照看儿童的需要。其中儿童游戏场和儿童游戏设施，要符合儿童的尺度和心理特征，造型新颖、色彩鲜艳、尺度合理，道路布置要简洁明确，容易辨认，最好不要设台阶或坡度过大的道路。布置秋千、滑梯、电动设施、涉水池等幼儿游戏设施以及瀑岩、吊索等有惊无险的少年活动设施，还需设置厕所、小卖部等服务设施。

绿地规划设计树木种类宜丰富，以生长健壮、冠大荫浓的乔木为主，不宜种植有刺、有毒或有强烈刺激性反应的植物。出入口可配置一些雕像、花坛、山石或小喷泉等，配以体形优美、奇特、色彩鲜艳的灌木和花卉，活动场地铺设草坪，四周要用密林或树墙与其他区域相隔离，规划设计以自然式绿化配置为主。

⑥ 老人活动区。近几年，老年人口迅增，长寿老人增多，老年"生力军"突起，进而老年人对文化休息空间的要求更迫切，老人娱乐活动具有社会性、趣味性、持久性、选择性、局限性的特点。此区是供老年人活跃晚年生活，开展政治、文化、体育活动的场所，充足的阳光为老人身心健康所必需，因此，老人活动区最好选择在背风向阳之处，要求有充足的阳光、新鲜的空气、紧凑的布局和丰富的景观；老人活动区的建筑设施主要是供点景和游赏之用，供老年人休息赏景；设置茶室、活动室、林中桌椅等供老人饮茶、聊天、开展各项活动。老人活动区的设施安排一定要充分考虑老人活动的特点和安全性。大型公园的老人活动区可以进行分区规划，可设活动区、聊天区、棋艺区、园艺区。

绿地规划设计植物配置应以落叶阔叶林为主，保证夏季凉阴、冬季阳光，并应多植姿态优美的开花植物、色叶植物，体现鲜明的季相变化。

⑦ 园务管理区。该区是为公园经营管理的需要而设置的专用区域。一般设置有办公、会议、学习、苗圃、温室、花圃、食堂、保安、宿舍、浴室、给水排水、通信供电、广播室、工具间、仓库、堆场、杂院等。园务管理区一般设在既便于公园管理又便于与城市联系的地方，大门附近的僻静之地，生产用的花圃、苗圃可另居一隅，四周要与游人有所隔离，要有专用的出入口。

绿地规划设计多以规则式为主，建筑物面向游览区的一面应多植高大乔木，以遮挡游人视线。周围应有绿色树木与各区分离，绿化因地制宜，并与全园风格相协调。

四、综合公园的出入口规划设计

1. 综合公园出入口的组成

《公园设计规范》第 2.1.4 条指出"市、区级公园各个方向出入口的游人流量与附近公交车设站点位置、附近人口密度及城市道路的客流量密切相关，所以公园出入口位置的确定需要考虑这些条件。主要出入口前设置集散广场，是为了避免大股游人出入时影响城市道路交通，并确保游人安全。"

综合公园出入口的位置选择与详细设计对于公园的设计成功具有重要的作用，它的影响与作用体现在：公园的可达性程度、园内活动设施的分布结构、大量人流的安全疏散、城市道路景观的塑造、游客对公园的第一印象等。出入口的规划设计是公园设计成功与否的重要一环。

出入口位置的确定应综合考虑游人能否方便进出公园，周边城市公交站点的分布，周边城市用地的类型，是否能与周边景观环境协调，避免对过境交通的干扰以及协调将来公园的空间结构布局等。

公园出入口（图 3-2-2）一般包括主要出入口、次要出入口和专用出入口 3 种。每种类型的数量与具体位置应根据公园的规模、游人的容量、活动设施的设置以及城市交通状况安排，一般主要出入口设置一个，次要出入口设置一个或多个，专用出入口设置一到二个。为了集散方便，入口处还设有园内和园外的集散广场。

2. 综合公园出入口的大小

公园大出入口一般应考虑供两股车流并行，所以宽度大约 7～8m；公园小出入口一般应考虑 1～3 股人流并行即可，所以宽度大约 1～2m。一般要根据游人量来确定出入口的

图 3-2-2　公园出入口

大小。

3. 综合公园出入口的功能

集散交通；门卫、管理；组织园林出入口的空间及景致；大门形象具有美化街景的作用。

4. 综合公园出入口设置原则

① 满足城市规划和公园功能分区的具体要求；

② 方便游人出入公园；

③ 利于城市交通的组织与街景的形成；

④ 便于公园的管理。

5. 综合公园出入口常见的设计手法

① 先抑后扬式，即入口处设障景，转过障景后豁然开朗，造成强烈的空间对比。

② 开门见山式，即不设置任何障景，入园后园林景观一目了然。

③ 外场内院式，即以大门为界，大门外为交通场地，大门内为步行内院。

④ "T"字形障景式，即进门后广场与主要园路"T"字形相连。

6. 综合公园出入口布局

综合公园出入口布局形式包括对称均衡（图 3-2-3）与不对称均衡（图 3-2-4）两种，其中对称均衡有明确的中轴线，不对称均衡无明确的中轴线。

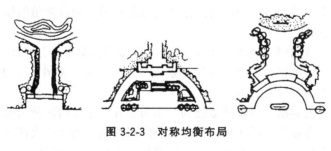

图 3-2-3　对称均衡布局

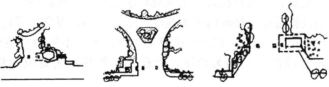

图 3-2-4　不对称均衡布局

7. 综合公园出入口的规划设计要点

综合公园出入口设计要充分考虑到它对城市的街景的美化作用以及对公园景观的影响，

出入口作为给游人第一印象，其平面布局、立面造型、整体风格应根据公园的性质和内容来具体确定。一般公园大门造型都与其周围的城市建筑有较明显的区别，以突出其特色。

综合公园出入口所包括的建筑物、构筑物有：公园内、外集散广场，公园大门、停车场、存车处、售票处、收票处、小卖部、休息廊、公用电话、寄存物品、导游牌、陈列栏、办公等。园门外广场面积大小和形状，要与下列因素相适应：公园的规模、游人量、园门外道路等级、宽度、形式，是否存在道路交叉口，临近建筑及街道里面的情况等。根据出入口的景观要求及服务功能要求、用地面积大小，可以设置丰富的水池、花坛、雕像、山石等景观小品。

（1）主要入口　主要入口是公园大多数游人出入公园的地方，一般直接或间接通向公园的中心区。一般包括大门建筑、入口前广场、入口后广场3个部分。主要出入口应与城市主要交通干道、游人主要来源方位以及公园用地的自然条件等诸因素协调后确定。位置上要求面对游人的主要来向，直接和城市街道相连，位置明显，但应避免设于几条主要街道的交叉口上，以免影响城市交通组织；应设在城市主要交通干道和有公共交通的地方，同时要使出入口有足够的集散人流的用地，与园内道路联系方便，城市居民可方便快捷地到达公园内；地形上要求有大面积的平坦地形；外观上要求美观大方。

① 大门。作为游人进入公园的第一个视线焦点，给游人第一印象。其平面布局、立面造型、整体风格应根据公园的性质和内容来具体确定，一般公园大门（图3-2-5）造型都与其周围的城市建筑有较明显的区别，以突出其特色。

图3-2-5　公园大门

② 入口前广场。位于大门外，起集散作用。应退后于街道，要考虑游人集散量的大小，一般要与公园的规模、游人量、园门前道路宽度与形状所在城市街道的位置等相适应。应设停车场和自行车存放处。

③ 入口后广场。处于大门入口之内，它是园外和园内集散的过渡地段，往往与主路直接联系，面积可小些。可以设置丰富出入口景观的园林小品，如花坛、水池、喷泉、雕塑、花架、宣传牌、导游团和服务部等。

（2）次要入口　次要出入口是辅助性的，是为了方便附近居民使用或为园内局部地区某些设施服务的。要求方便本区游人出入，以免公园周围居民需要绕大圈子才能入园，同时也为主要出入口分担人流量。一般设在游人量流通较小但临近居住区的地方，或设在公园内有大量集中人流集散的设施附近，如园内的表演厅、露天剧场、展览馆等场所附近。

（3）专用入口　专用入口是为了园务管理需要而设的，不供游览使用。其位置可稍偏僻，既方便管理又不影响游人活动为原则，设在公园管理区附近或较偏僻不易为人所发现处。

五、综合公园的地形规划设计

综合公园的地形规划设计，以公园绿地需要为主要依据，充分利用原地形、景观，创造出自然和谐的景观骨架。结合公园外围城市道路规划设计标高及部分公园分区内容和景点建设要求进行，以最少的土方量丰富园林地形。

规则式园林中的地形设计，主要是应用直线和折线，创造不同高程平面的布局。规则式园林中水体主要以长方形、正方形、圆形或椭圆形为主要造型的水渠、水池，一般渠底、池底也为平面，在满足排水的要求下，标高基本相等。由于规则式园林的直线和折线体系的控制，高标高平面所构成的平台，又继续了规则平面图案的布置。

自然式园林的地形设计，首先要根据公园用地的地形特点，一般包括原有水面或低洼沼泽地、地形多变且起伏不平的山林等几种形式。

无论上述哪种地形，基本的手法，即《园冶》中所讲的"高方欲就亭台，低凹可开池沼"的"挖池堆山"法。地形设计还应结合各分区的要求，如安静休息区、老人活动区等都要求有一定的山林地和水面，或利用山水组合空间造成局部幽静环境。

1. 平地

平地为公园中平缓用地，适宜开展娱乐活动及休息观景。平地处理应注意与山坡、水体自然联系，形成"冲积平原"景观，利于游人观景和进行群体娱乐活动。平地应铺设草坪覆盖，以滞尘和防止水土流失。林中空地宜处理为闭锁空间，适宜夏季活动；集散广场、交通广场等为开敞空间，适宜节日活动。

2. 山丘

主要功能是供游人登高眺望，或阻挡视线、分割空间、组织交通等。山丘可分为主景山、配景山两种。

（1）主景山　主景山的设计，可利用原有山丘改造，也可由人工创造，与配景山、平地、水景组合创造主景。一般高 10～30m，体量大小适中，给游人有活动的余地。山体要自然稳定，其坡度超过自然安息角时应采取护坡工程措施。优美的山面应向着游人主要来向，形成视线交点。山体组合应注意形有起伏，坡有陡缓，峰有主次，山有主从。建筑应设于山地平坦台地之上，以利游人观景休息。

（2）配景山　配景山的大小、高低以遮挡视线为宜，配景山的造型应与环境相协调统一，形成带状，蜿蜒起伏，有断有续，其上以植被覆盖，护坡可用挡土墙及小道排水，形成山林气氛。

六、综合公园的水体规划设计

水体可创造明净、爽朗、秀丽的景观，还可养鱼和种植水生生物，大水面还可开展各种水上运动。

① 综合公园的水体要因地制宜地选好位置，即"高方欲就亭台，低凹可开池沼"，这是历来造园常用的手法。

② 综合公园的水体要有明确的来源和去脉，因为无源不持久，无脉造水灾。池底应透水，大水面应辽阔、开朗，以利开展群众活动。可分隔，但不可居中，四周要有山和平地，以形成山水风景。小水面应迂回曲折，引人入胜，有收有放，层次丰富，增强趣味性。

③ 综合公园的水体要与环境配合，创造出山谷、溪流，与建筑结合，造成园中园、水中水等层次丰富的景观。

七、综合公园的建筑规划设计

建筑作为公园绿地的组成要素，包括组景建筑、管理用建筑、服务性建筑等。它们或在综合公园的布局和组景中起着重要的作用，或为游人的活动提供方便。

综合公园中的建筑形式要与其性质、功能相协调，全园的建筑风格应保持统一。园中的建筑的作用主要是创造景观、开展文化娱乐活动和防风避雨。公园中的主题建筑通常会成为公园的中心、重心。管理和附属服务建筑设施在位置、朝向、高度、体量、色彩及其使用功能，应符合公园总体设计的要求。

综合公园中的管理建筑，如变电室、泵房等，在设置时既要隐蔽，又要有明显的标志以方便游人使用。公园其他工程设施，也要满足游览、赏景、管理的需要。游览、休憩、服务性建筑物设计应与地形、地貌、山石、水体、植物等其他造园要素统一协调。厕所等建筑物的位置应隐蔽又方便使用。

综合公园中的建筑及其设计要点主要有以下几点。

1. 组景建筑

主要包括亭、廊、榭、舫、楼阁、塔、台等。设计时应注意：

① "巧于因借，精在体宜"，根据具体环境和功能选择建筑的类型和位置；

② 全园的建筑风格要一致，与自然景色要协调统一；

③ 建筑本身要讲究造型艺术，既要有统一风格，又不能千篇一律。个体之间要有一定的变化对比，要有民族形式、地方风格、时代特色；

④ 多布置于视线开阔的地方作为艺术构图中心。

2. 管理用建筑

主要包括变电室、泵房等。设计时应注意位置宜隐蔽，不能影响和破坏景观。

3. 服务性建筑

主要包括小卖部、厕所等。设计时应注意以方便游人为出发点。如厕所的服务半径不宜超过 250m；各厕所内的蹲位数应与公园内的游人分布密度相适应；在儿童游戏场附近，应设置方便儿童使用的厕所；公园还应设方便残疾人使用的厕所。

八、综合公园的植物规划设计

综合公园的植物规划设计应在公园的总体规划过程中，和功能分区、道路系统、地貌设计以及建筑布置等同时进行，确定适宜的种植类型。

1. 综合性公园的植物规划设计原则

① 全面规划，重点突出，远期和近期相结合；

② 突出公园的植物特色，注重植物品种搭配；

③ 公园植物规划应注意植物基调及各景区的主配调的规划；

④ 植物规划充分满足使用功能要求；

⑤ 四季景观和专类园的设计是植物造景的突出点；

⑥ 注意植物的生态条件，创造适宜的植物生长环境。

2. 综合公园的设施环境绿化要点

(1) 大门绿化　大门为公园主要出入口，大都面向城镇主干道，绿化时应注意丰富街景并与大门建筑相协调，同时还要突出公园的特色。

(2) 园路绿化　主要干道绿化可选用高大，荫浓的乔木和耐阳的花卉植物在两旁布置花境，但在配植上要有利于交通，还要根据地形、建筑、风景的需要而起伏、蜿蜒。小路深入到公园的各个角落，其绿化更要丰富多彩，达到步移景异的目的。山水园的园路多依山面水，绿化应点缀风景而不碍视线。平地处的园路可用乔灌木树丛、绿篱、绿带来分隔空间，使园路高低起伏，时隐时现。山地则要根据其地形的起伏、环路、绿化有疏有密；在有风景可观的山路外侧，宜种矮小的花灌木及草花，才不影响景观。

（3）广场绿化　广场绿化既不要影响交通，又要形成景观。如休息广场，四周可植乔木、灌木；中间布置草坪、花坛，形成宁静的气氛。停车广场铺装，应留有树穴，种植落叶大乔木，利于夏季遮阳，但冠下分枝高应为4m，以便满足行车要求。如果与地形相结合种植花草、灌木、草坪，还可设计成山地、林间、临水之类的活动草坪广场。停车场的种植场树木间距应满足车位、通道、转弯、回车半径的要求。

庇阴乔木枝下净空的标准为：大、中型汽车停车场大于4.0m；小汽车停车场大于2.5m；自行车停车场大于2.2m。场内种植池宽度应大于1.5m，并应设置保护设施。

（4）园林建筑小品周边绿化　综合公园建筑小品附近可设置花坛、花台、花境。展览室、游览室内可设置耐阴花木，门前可种植浓荫大冠的落叶大乔或布置花台等。沿墙可利用各种花卉境域，成丛布置花灌木。所有树木花草的布置都要和小品建筑协调统一，与周围环境相呼应，四季色彩变化要丰富，给游人以愉快之感。

3. 综合公园植物规划设计应注意的问题

（1）符合综合公园的活动特点

① 保证综合公园良好的卫生和绿化环境。综合公园四周宜以常绿树种为主布置防护林；国内除种植树木外，尽可能多的铺设草皮和种植地被植物，以免尘土飞扬；绿化应发挥遮阴、创造安静休息环境、提供活动场地等多方面的功能。

② 植物配置应注意全园的整体效果。全园应有基调树种，做到主体突出、富有特色。各区可根据不同的活动内容安排不同的种植类型，选择相应的植物种类，使全园风格既统一又有变化。

（2）树种的选择在美观丰富的前提下尽可能多的选用乡土树种　乡土树种成活率高，易于管理，既经济又有地方特色。还要充分利用现有树木，特别是古树名木。

（3）利用植物造景，充分体现园林的季相变化和丰富的色彩　园林植物的形态、色彩、风韵随着季节和物候期的转换而不断变化，要利用这一特性配合不同的景区、景点形成不同的美景。如以丁香、玉兰为春的主题进行植物造景，春天满园飘香，春意盎然；以火炬树、黄栌、银杏为秋的主题造景，秋季层林尽染，韵味无穷。

（4）合理确定种植比例

① 种植类型比例。一般密林40%，疏林和树丛25%～30%，草地20%～25%，花卉3%～5%。

② 常绿与落叶树的比例。华北地区：常绿树30%～50%，落叶树50%～70%；长江流域：常绿树50%，落叶树50%；华南地区：常绿树70%～90%，落叶树10%～30%。

九、综合公园的广场布局及主要功能

综合公园中广场的主要功能是为游人集散、活动、演出、休息等，其形式有自然式、规则式两种。由于功能的不同可分为集散广场、休息广场、生产广场等。

综合公园中广场铺装应根据公园总体设计的布局要求，确定各种铺装场地的面积。综合公园铺装场地应根据集散、活动、演出、赏景、休憩等使用功能要求做出不同设计。内容丰富的公园游人出入口内外、集散广场的面积指标应以综合公园游人容量为依据。安静休息广场应利用地形、植物与喧闹区隔离。演出广场应有方便观赏的适宜坡度和观众席位。

十、综合公园的园路规划设计

园路联系着不同的分区、建筑、活动设施、景点，组织交通，引导游览，便于识别方向。同时也是公园景观、骨架、脉络、景点纽带、构景的要素。园路系统设计，应根据公园

的规模、各分区的活动内容、游人容量和管理需要，确定园路的路线、分类分级和园桥、铺装场地的位置和特色要求。

综合公园园路的规划设计应以总体设计为依据，确定园路宽度、平曲线和竖曲线的线形以及路面结构。

1. 园路的类型

（1）主干道　主干道是全园主道，用于联系公园各区、主要活动建筑设施、风景点，要处理成园路系统的主环，方便游人集散、成双，通畅、蜿蜒、起伏、曲折并组织大区景观。路面应以耐压力强、易于清扫的材料铺装。

（2）次干道　次干道是公园各区内的主道，引导游人到各景点、专类园，可自成体系布置成局部环路，沿路景观宜丰富，可多用地形的起伏展开丰富的风景画面。铺装形式宜大方而美观。

（3）专用道　专用道多为园务管理使用，在国内与游览路分开，应减少交叉，以免干扰游览。

（4）散步道　散步道为游人散步使用，宽1.2～2m。铺装形式宜美观自然。

2. 园路线形设计

园路线形设计应与地形、水体、植物、建筑物、铺装场地及其他设施结合形成完整的风景构图，创造连续展示园林景观的空间或欣赏景物的透视线。

主路纵坡宜小于8%，横坡宜小于3%，粒料路面横坡宜小于4%，纵、横坡不得同时无坡度。山地公园的园路纵坡应小于12%，超过12%应做防滑处理。不宜设梯道，必须设梯道时，纵坡宜小于36%。次路和小路，纵坡宜小于18%。纵坡超15%路段，路面应做防滑处理；超过18%，宜按台阶、梯道设计，台阶踏步数不得少于两级，坡度大于58%的梯道应做防滑处理，宜设置护栏设施。通往孤岛、山顶等卡口的路段，宜设通行复线，须沿原路返回的，宜适当放宽路面。应根据路段行程及通行难易程度，适当设置供游人短暂休憩的场所及护栏设施。园路及铺装场地应根据不同功能要求确定其结构和饰面，面层材料应与公园风格相协调，并宜与城市车行路有所区别。

3. 园路布局

综合公园道路的布局（图3-2-6）要根据公园绿地内容和游人容量大小来定。要求主次分明，因地制宜，和地形密切配合。如山水公园的园路要环山绕水，但不应与水平行，因为依山面水，活动人次多，设施内容多；平地公园的园路要弯曲柔和，密度可大，但不要形成方格网状，山地路纵坡12%以下，弯曲度大，密度应小，以免游人走回头路。大山的园路可与等高线斜交、蜿蜒起伏，小山的园路可上下回环起伏。因此，园路布局应考虑园路的回环性、疏密适度、因景筑路、曲折性、多样性和装饰性。

4. 园路弯道的处理

路的转折应衔接通顺，符合游人的行为规律。园路遇到建筑、山、水、树、陡坡等障碍，必然会产生弯道。弯道有组织景观的作用，弯曲弧度要大，外侧高，内侧低，外侧应设栏杆，以防发生事故。经常通行机动车的园路宽度应大于4m，转弯半径不得小于12m。

5. 园路交叉口处理

两条园路交叉或从一条干道分出两条小路时，会产生交叉口。两条相交时，交叉口应做扩大处理，做正交方式，形成小广场，以方便行车、行人。小路应斜交，但应避免交叉过多，两个交叉口不宜太近，要主次分明，相交角度不宜太小。"丁"字交叉口交点，可点缀风景。上山路与主干道交叉要自然，藏而不显，又要吸引游人上山。

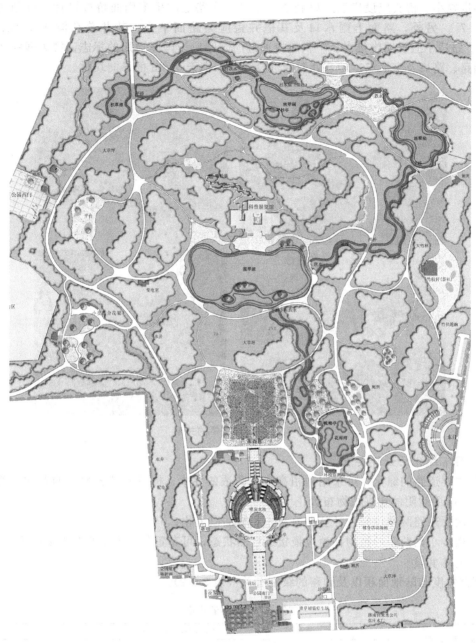

图 3-2-6　公园道路布局

6. 园路与建筑关系的处理

园路通往大建筑时，为了避免路上游人干扰建筑内部活动，可在建筑前设集散广场，使园路由广场过渡再和建筑联系；园路通往一般建筑时，可在建筑前适当加宽路面，或形成分支，以利游人分流。园路一般不穿过建筑物，而从四周绕过。

7. 园路与桥关系的处理

桥的风格、体量、色彩应与综合公园总体周围环境相协调。桥的作用是联络交通，创造景观，组织导游，分隔水面，有利造景、观赏。但要注明承载游人流量的最高限额。桥应设置在水面较窄处，桥身应与岸垂直创造游人视线交叉，以利观景。主干道上的桥以平桥为宜，拱度要小，桥头应设广场，以利游人集散；小路上的桥多用曲桥或拱桥，以创造桥景（图 3-2-7）。另外，路面上雨水口及其他井盖应与路面平齐，其井盖孔洞小于 20mm×20mm，路边不宜设明沟排水。可供轮椅通过的园路应设国际通用的标志。视力残疾者可使用的园路、路口及交汇点、转弯处两侧可设宽度不小于 0.6m 的导向块材。

图 3-2-7　园路与桥的关系

8. 园路绿化的设计要点

① 主要道路的绿化，可采用列植高大、荫浓的乔木，树下配植较耐阴的草坪植物，园路两旁可以用耐阴的花卉植物布置花境；

② 次要道路两旁可布置林丛、灌丛、花境加以美化；

③ 散步小路两旁的植物种植应最接近自然状态，可布置色彩丰富的乔灌木树丛。

9. 园路宽度

园路宽度与陆地面积以及园路的级别有关（表 3-2-2）。

表 3-2-2　园路的宽度

园路级别	陆地面积 S/hm^2			
	$S<2$	$2<S<10$	$10<S<15$	$S>50$
主路	2.0～3.5	2.5～4.5	3.5～5.0	5.0～7.0
支路	1.2～2.0	2.0～3.5	2.0～3.5	3.5～5.0
小路	0.9～1.2	0.9～2.0	1.2～2.0	1.2～3.0

十一、综合公园的供电规划

公园中由于照明、交通、游具等能源的需要，电气设施是不可少的。而在开展电动游乐活动的公园、开放地下岩洞的公园和架空索道的风景区中，应设两个电源供电。

1. 变电所

位置应设在隐蔽之处，闸盒、接线盒、电动开关等不得露在室外。

2. 电动游乐设施

公园照明灯及其他游人能触到的电动器械，都必须安装漏电保护自动开关。

城市高压配电架空线以外的其他架空线和市政管线不宜通过公园，特殊情况时应符合下列规定：选线符合公园总体设计要求；管线从乔、灌木设计位置下部通过时，其埋深应大于1.5m，从现状大树下部通过，地面不得开槽且埋深应大于3m。

对管线采取必要的保护措施，公园内不宜设置架空线路，必须设置时，应符合下列规定：避开主要景点和游人密集活动区；不得影响原有树木的生长，对计划新栽的树木，应提出解决树木和架空线路矛盾的措施，乔木林有架空线通过时，要有保证树木正常生长的措施。

十二、综合公园给排水规划

1. 给水

根据灌溉、湖池水体大小、游人饮用水量、卫生和消防的实际需要确定。给水水源、管网布置、水量、水压应做配套工程设计，给水以节约用水为原则，设计人工水池、喷泉、瀑布。喷泉应采用循环水，并防止水池渗漏。取用地下水或其他废水，以不妨碍植物生长和污染环境为准。给水灌溉设计应与种植设计配合，分段控制，浇水龙头和喷嘴在不使用时应与地面持平。饮水站的饮用水和天然游泳池的水质必须保证清洁，符合国家规定的卫生标准。我国北方冬季室外灌溉设备、水池，必须考虑防冻措施。木结构的古建筑和古树的附近，应设置专用消防栓。养护园林植物用的灌溉系统应与种植设计配合，喷灌或滴灌设施应分段控制。

2. 排水

污水应接入城市活水系统，不得在地表排泄或排入湖中，雨水排放应有明确的引导去向，地表排水应有防止径流冲刷的措施。

第三节　专类公园规划设计

一、动物园规划设计

1. 动物园的产生与发展

从动物园的形态改变方面来看，可以将动物园分为起源、笼养式、现代初期、壕沟式、景观式五个阶段。

（1）起源　最初的动物园雏形起源于古代国王、皇帝和王公贵族们的一种嗜好，从各地收集珍禽异兽圈在皇宫里供其玩赏，那时的动物被关在笼子里，只考虑如何让参观者看得更清楚一些，公元前2300年前的一块石匾上就有对当时在美索不达米亚南部苏美尔的重要城市乌尔收集珍稀动物的描述，这可能是人类有记载的最早的动物采集行为。

动物收藏虽然是统治者权势的象征，但在动物的收集和饲养过程中，人们开始逐渐了解动物与自然，并开始积累驯化动物的知识。古希腊著名的哲学家亚里士多德通过观察、研究动物，写了一本关于动物学的百科全书，名叫《动物的历史》，书中描述了300多种脊椎动物。

13世纪，动物收藏开始成为时尚，王公贵族们又开始把动物当成礼品互相交换。18世纪，动物一直都是上流社会的玩物，但随着贵族们在世界各地不同地区权势的消退，动物收藏逐渐大众化，并把搜集来的动物关在笼子里进行展示。

（2）笼养式动物园时期　笼养式动物园，只考虑参观者的观看，除了铁栏杆，什么设施都没有，甚至把动物放到一个下陷式的大坑中供人参观。如 1768 年在奥地利维也纳开幕的谢布伦动物园，也是目前世界上现存最古老的动物园。到了 18 世纪 90 年代，法国市民的权利中有一项就是有权参观动物园。

（3）现代动物园初期　1828 年，在伦敦的摄政公园，成立了人类历史上第一家现代动物园——摄政动物园，开创了动物园史上的新纪元，其宗旨为：在人工饲养条件下研究这些动物，以便更好地了解它们在野外的相关物种。

整个 19 世纪，从英格兰到整个欧洲大陆动物园不断普及，在牛津英语词典中注明：Zoo（动物园）于 1874 年被正式使用。这时动物园动物的排放次序是按动物分类法进行的。

（4）壕沟式动物园时期　1907 年，德国人卡尔·哈根贝克开了一家私人动物园，引进了在动物展区边缘立壕沟的新概念，根据训练动物的经验测试出每种动物能跳多高和多远，从而得出壕沟的宽度和高度，再利用地形或种植物的办法把壕沟隐蔽起来，让观众看不见，但同时保证动物不能跑出来。还设计把猛兽和草食动物放到一起的展区，如把狮子和斑马放在一起展览，其实也是用一道看不见的壕沟把它们分开。这样，观众很容易了解动物物种之间的关系，对捕食者、被捕食者和生境的概念也更形象化，使游客们觉得和在野外欣赏动物没什么区别。

20 世纪 60 年代，动物园开始经历一场革命，人们开始更多考虑自然保护，开始重新认识动物园的作用以及如何对待动物，提出必须从生理、心理和社会学角度满足动物在动物园小空间环境下的各种需求，判定一个动物园中的动物的生活标准，应以它们在自然界中的生活为指导。同时，一些生物学家所从事的动物行为学研究，也让人们对动物在自然环境中的生活有更多的了解。而今天的动物园已经成为一个向公众介绍动物知识的重要场所，公众教育已经在动物园普及并扮演着重要角色。

（5）景观式动物园时期　20 世纪 70 年代，当人们对动物园护理动物的标准有更深认识的同时，善待动物园动物的呼声在急切增长，动物园界发生了彻底的改观，动物园之间的竞争关系被合作精神所取代，优秀的动物园之间加强合作，共同改善动物的居住条件，更好地开展公众教育，并且最重要的是共同在动物的自然生境实施保护工作。对野外动物的研究、科学研讨会以及全世界动物园间的人员和信息交流也越来越多。

在设计西雅图的林地公园动物园（Woodland Park Zoo）的大猩猩馆时出现了"沉浸式景观"展区的新概念，这种展览把动物放到一个到处是植物、山石，有时还有其他物种的完全自然化环境中，把参观者带进了实地环境，在沉浸式景观设计中使观众感觉到自己也是大猩猩生境中的一部分。

（6）中国动物园简史　我国圈养作观赏的野生动物最早记载见于夏桀时期。《太平御览》引管子说："桀之时，女乐三万人，放虎于市，观其惊骇。"说明我国远在 3600 年前的夏桀时期，奴隶主已豢养猛兽取乐。以后各个朝代亦建有"灵囿"、"虎圈"或"苑囿"等设施，用来豢养野兽，这是我国皇家动物园的雏形，为中国动物园历史的第一页。

我国最早对民众公开展览的动物园是"万牲园"（现北京动物园的东南角），它创建于 1906 年，1908 年开始正式对外开放，最多时展出有 700 余只动物。

（7）动物园的发展方向　目前世界上有不少物种仅存活于动物园中，现在美国动物园和水族馆协会（AZA）已对动物园的几项使命的排列次序进行了重新调整，即自然保护、公众教育和科学研究必须排到娱乐功能的前面，这种进步是不言而喻的，动物园有义务在野外和动物园内同时保护野生动物，有一些珍稀动物已在动物园取得了成功繁殖的经验，野外濒危物种的保护也正在进行，动物园已从原先的小天地跨入了全球性自然保护大协作之中。

20世纪90年代由世界动物园园长联盟（IUDZG）和圈养繁殖专家小组（CBSG）共同制定了《动物园发展战略》，提出了动物园和水族馆的自然保护目标：支持濒危物种及其生态系统的自然保护工作；为有利于自然保护的科学研究提供技术支持；增强公众的自然保护意识。这个发展战略强调，动物园保护工作是对其他领域保护工作的补充，需要和其他研究工作有机结合。

在21世纪，动物园的工作将不再局限在一个园区或一个国家之内，将扩展到人类复杂生物圈上的每一个结点，在广大的生境中去保护动物和植物的生物多样性。

2. 动物园的定义与类型

（1）动物园的定义　动物园是在人工饲养条件下，移地保护野生动物，供观赏、普及科学知识，进行科学研究和动物繁殖，并且具有良好设施的城市专类公园。其主要任务是普及动物科学知识、宣传动物与人的利害关系及经济价值等，用为中小学生动物知识直观教材、大专院校实习基地。

世界各区域对动物园的定义又有细微的差异。

① 欧洲。动物园的地位相等于博物馆和美术馆，是极为重要的文化设施，多半采用有系统的搜集与展示，是饲养着动物的庭园，也是儿童的乐园。

② 美国。美国的动物园侧重在教育活动的角色，透过教育活动扩展对动物的知识，传播自然保护的重要性。目前，繁衍所饲养的动物以保持其种族的延续，也是动物园的重要功能之一，同时也是儿童的乐园。

③ 亚洲。动物园和游乐场处于相同的地位，饲养、展览、研究种类较多的野生动物，其展览主要目的是为了使参观者能够观赏到所有的动物。

（2）动物园的类型

① 动物园的一般类型

a. 传统牢笼式动物园。传统牢笼式动物园以动物分类学为主要方法，以简单的牢笼饲养，故占地面积通常较少，多为建筑式场馆，室内展览方式为主。中国许多动物园，特别是中小城市动物园仍属此类型，笼舍条件非常简陋，动物环境恶劣，导致公众对动物的感性认识极差。

b. 现代城市动物园。多建于城市市区，甚至市中心，除动物园的本身职能以外，还兼有城市绿地功能。适应社会发展需求的动物园模式，在动物分类学的基础上，考虑动物地理学、动物行为学、动物心理学等。结合自然生境进行设计，以"沉浸式景观"设计为主，建筑式场馆与自然式场馆相结合，充分考虑动物生理，动物与人类的关系，故此类动物园为现代主流动物园类型。

c. 野生动物园。多建于野外，基本根据当地的自然环境，创造出适合动物生活的环境，采取自由放养的方式让动物回归自然。参观形式也多以游客乘坐游览车的形式为主，与城市动物园的游赏形式相反。这类野生动物园多环境优美，适合动物生活，但也存在管理上的缺点。

d. 专业动物园。动物园的业务性质，不断向专业化方向分化。目前世界上已出现了以猿猴类为中心的灵长类动物园，以水禽类为中心的水禽动物园，以爬虫类为中心的爬虫类动物园，以鱼类为中心的水族类动物园，以昆虫类为中心的昆虫类动物园。这种业务上的分化，对研究和繁殖都是有益的，是值得推广的。

e. 夜间动物园。分为普通动物园的夜间动物展区和完全的夜间动物园。前者通常建于室内或地下，通常利用人工的方式营造出一些夜间动物所需的生境、不受时间的限制。后者则在夜间开放，其中最著名的是新加坡夜间动物园。这类型动物园可以提供给游客不同的感受，看到平常只在夜晚运动的动物的真实活动性。

② 动物园的特殊类型。依据动物园的位置、规模、展出形式，还可将动物园划分为 4 种类型。

a. 城市动物园。一般位于大城市的近郊区，用地面积大于 $20hm^2$，展出的动物种类丰富，常常有几百种至上千种，展出形式比较集中，以人工兽舍结合动物室外运动场为主。我国的北京动物园（图3-3-1）、杭州动物园、上海动物园、美国纽约动物园均属此类。其中北京动物园是中国开放最早、珍禽异兽种类最多的动物园，国际国内动物交换频繁，多次在国外进行大熊猫展和金丝猴展。

b. 专类动物园。该类型动物园多数位于城市的近郊，用地面积较小，一般在 5～ $20hm^2$。多数以展示具有地方或类型特点的动物为主要内容，如泰国的鳄鱼公园、蝴蝶公园，北京的百鸟苑均属于此类。

c. 人工自然动物园。该类型动物园多数位于城市的远郊区，用地面积较大，一般在 $100hm^2$ 以上。动物的展出种类不多，通常为几十个种类。一般模拟动物在自然界的生存环境散养，富于自然情趣和真实感，此类动物因此在世界上呈发展趋势。

d. 自然动物园。多数位于自然环境优美，野生动物资源丰富的森林、风景区及自然保护区。自然动物园用地面积大，动物以自然状态生存。游人可在自然状态下观赏野生动物，富于野趣。在非洲、美洲、欧洲许多国家公园里，均以观赏野生动物为主要游览内容。

除上述 4 种类型的动物园以外，为满足当地游人的需要，还常采取在综合性公园内设置动物展区的形式，或在城市的绿地中布置动物角，多以金鱼类、猴类展区为主。

3. 动物园的功能

关于动物园的社会职能，在世界范围内，已经形成了比较统一的意见，即保护、教育、科研、娱乐、认识自然五大功能。

（1）野生动物保护的场所　动物园通过宣传教育、饲养、繁殖、建立人工繁殖种群等各种途径进行保护，是对野生动物栖息地保护的一个补充，其作用是栖息地保护不能取代的，动物园对生物多样性保护担负着重要义务。

（2）宣传教育的场所　普及动物科学知识，宣传达尔文进化论基础上使游人认识动物，了解世界的动物分布，本土丰富的动物资源，以及动物与人的关系、经济价值等。作为中小学的直观教材和动物学及相关专业等学生的实习基地，帮助他们丰富动物学知识。

（3）科学研究的场所　供研究动物的驯化和繁殖、病理和治疗法、习性与饲养学，并进一步揭示动物变异进化的规律，创造新品种，使动物为人类服务。特别在现代空间科学发展的今天，动物更成为探索太空必不可少的实验品。

（4）供人们消遣、休息、娱乐的场所　提供闲暇游憩的场所和内容，舒解身心、增广见闻。

（5）认识自然的场所　近来在已经城市化发达国家，又提出了第五个职能——认识自然的场所，就是通过动物园，使市民得以认识自然。

4. 动物园规划设计的主要内容

为了保证动物园的规划设计全面合理、切实可行，在总体规划时，必须由园林规划设计人员、动物学专家、饲养管理人员共同参与规划计划的制订。

动物园的规划设计需要确定指导思想、规则原则、建设的规模、类型、功能分区、动物展览的方式、园林环境、建筑形式的风格、服务半径、管理设施配套等。

（1）动物园的园址选择

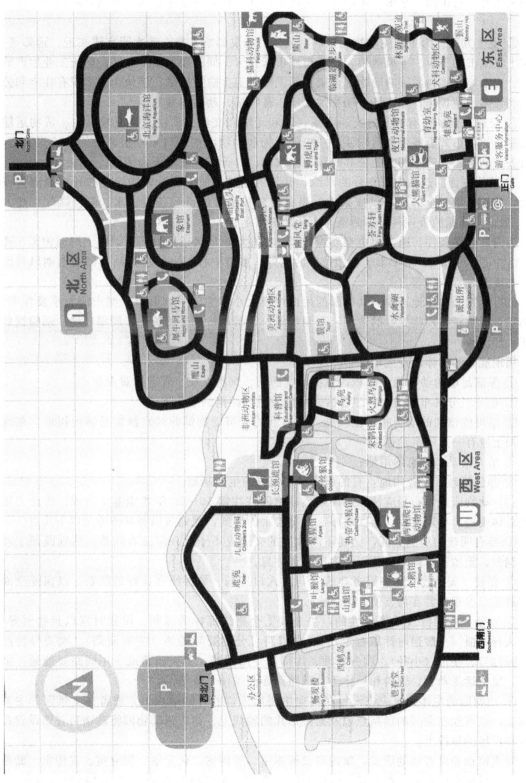

图 3-3-1　北京动物园总平面图

① 环境方面。为满足来自不同生态环境的动物的需要，动物园址应尽量选择在地形地貌较为丰富，有山冈、平地、水面等自然风景条件和良好的绿化基础，并具有不同小气候的地方。

② 卫生方面。为了避免动物的疾病、吼声、恶臭影响人类，动物园宜建在近、远郊区。原则上在城市的下游、下风地带，要远离城市居住区。同时要远离工业区，防止工业生产的废气、废水等有害物质影响动物的健康。周围要有卫生防护地带。该地带内不应有住宅和公共福利设施、垃圾场、屠宰场、动物加工厂、畜牧场、动物埋葬地等。

③ 交通方面。要有方便的交通联系，以利运输和交流。动物园客流较集中、货物运输也较多，如在市郊更需要交通联系。一般停车场和动物园的入口宜在道路一侧，较为安全，如西安市动物园。停车场上的公共汽车、小汽车、自行车应适当隔离使用。

④ 其他方面。选址应有充分的水源，良好的地基，便于建设动物笼舍和开挖隔离沟或水池，并有经济安全的水电供应条件。要有配套较完善的市政条件（水、电、煤气、热力等），保证动物园的管理科研、游览、生活的正常运行。

为满足上述条件，通常大中型动物园都选择在城市郊区或风景区内，如上海动物园在离静安区中心 7～8km，南宁市动物园位于西北郊，离市中心 5km，杭州动物园在西湖风景区内，与虎跑风景点相邻。

（2）动物园的用地规模　动物园的用地规模大小取决于下列因素：城市的大小及性质、动物品种与数量、动物笼舍的造型、全园规划、构景风格、自然条件、周围环境、动物饲料来源、经济条件等。

用地规模的具体确定应依据：

① 保证足够的动物笼舍面积，包括动物活动、饲料堆放、管理参观面积；

② 在分组分区布置时，各组各区之间应有适当距离的绿化地段；

③ 给可能增加的动物和其他设施（如适当的经济动物饲养区）预留足够的用地，在规划布局上应有一定的机动性；

④ 游人活动和休息的用地；

⑤ 办公管理、服务用地，有的还要考虑饲料的生产基地。

（3）动物园规划布局应注意的问题　动物园往往需 10～20 年才能基本建成。因此必须遵循总体规划、分期建设、全面着眼、局部着手的原则，规划布局要具体考虑以下几点。

① 要有明确的功能分区，做到不同性质的交通互不干扰，但又有联系，达到既便于动物的饲养、繁殖和管理，又便于游客的参观休息。

② 要使主要动物笼舍和服务建筑等与出入口广场、导游线有良好的联系，以保证全面参观和重点参观的游客均方便。

③ 动物园的导游线是建议性的，决非展览会路线那样的强制。设置时应以景物引导，符合人行习惯（一般逆时针靠右走）。园内道路可分主要导游路（主要园路）、次要导游路（次要园路）、便道（小径）、园务管理、接待等专用园路。主要园路或专用园路要能通行消防车，便于运送动物、饲料和尸体等，园路路面必须便于清洁。

④ 动物园的主体建筑应该设置在面向主要出入口的开阔地段上，或者在主景区的主要景点上，也可能在全园的制高点以及某种形式的轴线上。如广州动物园将动物科普馆设置在出入口广场的轴线上。

要重视动物科普馆的建设，馆内可设标本室、解剖室、化验室、研究室、宣传室、阅览室，还有可供电化宣传，如放映幻灯电影的小会堂，也可组织生动活泼的动物参观游戏等。交互性强，有助于宣传教育。

笼舍布置宜力求自然，可采用分散与集中相结合，如鸣禽、攀禽、雉鸡；游禽、涉禽、走禽；小猛兽；黑、白、棕熊可分别适当集中。导游与观览相结合，如当人们游步在上海动物园天鹅湖沿岸时，既可赏湖面景色，又可观赏沿途鸳鸯、涉禽、游禽，动静结合，如鸣禽可布置在水边树林中，创造鸟语花香、一框一景的诗情画意，如杭州动物园鸣禽馆。

服务休息设施要有良好的景观，有的动物园将主要服务设施布置在中部，与动物展览区有方便的联系。厕所、服务点等还可结合在主要动物笼舍建筑内或在附近，有利游客使用和观瞻。园内通常不设立俱乐部、剧院、音乐厅、溜冰场等，以保证动物夜间休息和防止瘟疫的传染。

⑤ 动物园四周应有坚固的围墙、隔离沟和林墙，并要有方便的出入口及专用的出入口，以防动物逃出园外，伤害人畜，并保证安全疏散。

（4）动物园规划设计的原则与要求

① 动物园应有明确的功能分区，相互间应有方便的联系，以便于游人参观。

② 动物的笼舍和服务建筑应与出入口、广场、导游线相协调，形成串联、并联、放射、混合等方式，以方便游人全面或重点参观。

③ 游览路线一般逆行针靠右走，主要道路和专用道路要求能通行汽车，以便管理使用。

④ 主体建筑设在主要出入口的开阔地上、全园主要轴线上或全园制高点上。

⑤ 外围应设有围墙、隔离沟和林地，设置方便的出入口、专用出入口，以防动物出园伤害人畜。

（5）动物园的分区规划

① 宣传教育、科学研究区。是全园科普、科研活动的中心，由动物科普馆组成，一般布置在出入口附近较宽阔地段，交通方便。

② 动物展区。由各种动物笼舍组成，是动物园用地面积最大的区。

a. 按动物的进化顺序安排，即由低等动物到高等动物：无脊椎动物——鱼类——两栖类——爬行类——鸟类——哺乳类。在这一顺序下，结合动物的生态习性、地理分布、游人爱好、珍稀程度、建筑艺术等，作局部调整。不同展览区应有绿化隔离。

b. 按动物的地理分布安排，即按动物生活的地区，如：欧洲、亚洲、非洲、美洲、大洋洲等，这种布置方法有利于创造出不同景区的特色，给游人以明确的动物分布概念。

c. 按动物生态安排，即按动物生态环境，如分水生、高山、疏林、草原、沙漠、冰山等，这种布置对动物生长有利，园林景观也生动自然。

d. 按游人爱好、动物珍贵程度、地区特产动物安排，如我国珍稀动物大熊猫是四川特产，成都动物园将熊猫馆安排在入口附近的主要位置。一般游人喜爱的猴、猩猩、狮、虎等也多布置在主要位置上。

③ 服务休息区。为游人设置的休息亭廊、接待室、饭馆、小卖部等，便于游人使用。

④ 经营管理区。包括饲料站、兽疗所、检疫站、行政办公室等。其位置一般设在园内隐蔽偏僻处，与动物展区、动物科普区等既要有绿化隔离又要有方便的联系。此区设专用出入口，以便运输与对外联系，有的将兽医站、检疫站设在园外。

⑤ 职工生活区。为了避免干扰和保持环境卫生，一般设在园外。

（6）动物园道路与建筑规划　动物园的道路一般有主要导游路（主要园路）、次要导游路（次要园路）、便道（小径）、专用道路（供园务管理之用）4 种。主要道路或专用道路要能通行消防车，便于运送动物、饲料和尸体等，路面必须便于清扫。

由于动物园的导游线布置比较灵活，因而，其主干道和支路的布局可有多种布局形式，规划时可根据不同的分区和笼舍布局采用合适的形式。

① 串联式。建筑出入口与道路连接。适于小型动物园。

② 并联式。建筑在道路的两侧，需次级道路联系，便于车行、步行分工和选择参观。适于大中型动物园。

③ 放射式。从入口可直接到达园内各区主要笼舍，适于目的性强、游览时间短暂的对象，如国内外宾客、科研人员等的参观。

④ 混合式。混合式是以上几种方式根据实际情况的结合，是通常采用的一种方式。它既便于很快地到达主要动物笼舍，又具有完整的布局联系。

（7）动物园的绿地设计　自然式动物园绿化的特点是仿造各种动物的自然生态环境，包括植物、气候、土壤、地形等。所以绿化布置首先要解决异地动物生态环境的创造或模拟，其次要配合总体布局，把各种不同环境组织在同一园内，适当地联系过渡，形成一个统一完整的群体。

动物园的绿化首先要维护动物生活，结合动物生态习性和生活环境，创造自然的生态模式。其绿化应适当结合动物饲料的需要，结合生产，节省开支。

在园的外围应设置宽30m的防风、防尘、杀菌林带。在陈列区，特别是兽舍旁，应结合动物的生态习性，表现动物原产地的景观，既不能阻挡游人的视线，又要满足游人夏季遮阳的需要。

在休息游览区，可结合干道、广场，种植林荫树，设置花坛和花架。在大面积的生产区，可结合生产种植果木、生产饲料。绿化布置的主要内容有：动物园分区与地段绿化，园路场地绿化，动物笼舍绿化，卫生防护林带、饲料场、苗圃等。

① 绿化布局

a. "园中园"方式。即将动物园同组或同区动物地段视为具有相同内容的"小园"，在各"小园"之间以过渡性的绿带、树群、水面、山丘等加以隔离。

b. "专类园"方式。如展览大熊猫的地段可栽植多品种竹丛，既反映熊猫的生活环境，又可观赏休息；大象、长颈鹿产于热带，可构成棕榈园、芭蕉园、椰林的景色。

c. "四季园"方式。即将植物依生长季节区分为春、夏、秋、冬各类，并视动物原产地的气候类型相应配置，结合丰富的地形设计，体现该种动物的气候环境。亦可在同一地段种植四季花果，供观赏和饲料之用，如猴山种植以桃为主的花果树较为相宜。

② 树种选择

a. 从组景要求考虑。进入动物园的游人除观赏动物外，还可通过周围的植物配置了解、熟悉与动物生长发育有关的环境，同时产生各种美好的联想。如杭州动物园，在猴山周围种植桃、李、杨梅、金橘、柚等，以造成花果山气氛；在鸣禽馆栽桂花、茶花、碧桃、紫藤等，笼内配花木，可勾画出鸟语花香的画面。

b. 从动物的生态环境需要考虑。结合动物的生态习性和生活环境，创造自然的生态模式。

c. 从满足遮阴、游憩等要求考虑。如种植冠大荫浓的乔木，满足人和动物遮阴的要求，在服务休息区内可采用疏林草地、花坛等绿化手法进行处理，以便为游人提供良好的游憩环境。

d. 从结合生产考虑。在笼舍旁、路边隙地可种植女贞、水蜡、四季竹、红叶李，为熊猫、部分猴类和小动物提供饲料。此外，榆、柳、桑、荷叶、聚合草等都可作饲料用。

（8）动物园配套设施规划设计

① 动物安全与福利设施规划设计

a. 生物标准规划。包括规划和设计标准必须基于生物和动物种群的心理需要，活动的增加，社会的需要以及温度的要求，还有动物的能力和身体的尺度。

b. 动物安全系统。包括室内/室外的动物栅栏、牢笼、门、观察资料和日常管理系统，为管理人员的安全和动物福利不断变化的标准要求更综合的材料、设备和设计。事实上，有动物滑到或掉进壕沟受伤的例子，也有动物掉进水沟淹死的情况。一方面是由于障碍物缺少保护性的结构；另一方面是由操作性失误而引起的。壕沟可以是干的或充满水，后者禁止动物爬上外面垂直的墙。应假设动物有一天会误入壕沟，展馆设计时要考虑发生事故以后，营救工作如何开展。

c. 动物生命维持系统。包括物种必要条件和药物治疗系统。观察资料，驯化和检疫隔离。空气的过滤、加热、制冷和通风也需要专门的设计和设备。

d. WAZA 道德规范。世界动物园和水族馆协会（WAZA）道德规范是于 1999 年 10 月在南非的比勒陀利亚正式通过的，是对所有成员对待动物问题的一种道德约束。

② 动物园基础设施规划设计

a. 教育解说系统。包括发展教育的解说和与展示解说相关的信息。这些因素包括整理室内视线和解说图表，照明设备观察窗口和游客交流界面。

展览的所有成分应紧密地结合在一起形成一个媒介，使观众了解自然历史信息。通过文字、画图、模型、雕塑等展览及类似的教育形式帮助游客从中获取更多的信息，此类的教育形式是需要的。应把宣传材料设计成展馆的一部分，并在展馆中设计教室、小课堂等，也包括显微镜插座、扩大系统，这些能为导游在展馆中讲课提供条件。

b. 后勤饲养系统。现代动物园不能仅仅满足动物的温饱问题，而忽略动物的心理健康。进食是动物日常行为的主要活动项目。通常占据了动物日常清醒状态下将近一半的时间，如果进食方式过于简单，会造成空余时间过多，让动物无所事事，造成心理的非正常状态。所以动物饲养的丰富性是最佳的解决方式。通过食物投放方式的改变，取食方便度的降低，取食趣味性的增加等方法提供给动物们更多可消磨时间，可改善生活质量的活动方式。

③ 动物园商业、服务设施规划设计。动物园的商业及服务设施，应根据游线组织进行分布。不仅要考虑游客的需求，更要注重动物的特点，结合动物园功能上的需要。比如，一些游客喜欢给动物喂食，当然大部分的动物是不被允许喂食的，但是在允许喂食的展馆、笼舍、园区的地方设置投币喂食机，方便游客取用安全卫生的食物，对动物健康也有很大保障。

动物园的商业服务设施一般包括：向导信息中心、餐饮休憩场所、纪念品购物商店、厕所、垃圾环保点等。不仅兼顾普通公园的功能，而且也增加了动物园所特有的教育功能。尤其向导信息中心和纪念品购物商店，更应该结合此功能。

二、植物园规划设计

1. 植物园的产生与发展

植物园是从栽培药用植物开始的，东西方情况有些相似，不过中国要早大约 5 个世纪。《古今图书集成》考工典中有"园林部"，记述北宋至清代的名园很多。只有司马光（1019～1086）一篇《独乐园记》（载十九卷 790 册 12 页）中比较具体地记述了该园中的"采药圃"。原文有："沼东治地为百有二十畦，杂莳草药，辨其名物而揭之。畦北植竹，方若棋局，径一丈，屈其杪，交桐掩以为屋。植竹于其前，夹道如步廊，皆以蔓药覆之，四周植木药为藩援，命之曰采药圃。"从这短短的几十个字中可看出两点：其一，这里种了三种药，即草药、蔓药、木药，显然是按形态分为草本、藤本和木本三大类；其二，"辨其名物而揭之"是辨别出这些草药的形态（物）和名称，并表示（揭之）或标示出来。由此可以看出这里已经是一个小型药用植物园的雏形了。从文章中知道该园建于北宋熙宁四年（1071年），距今已是900多年。

在古代，植物学与本草学几乎是同义语。中国的《神农本草经》成书于公元前200～25年，是中国最早的一部本草著作。从此以后的一千多年中，到19世纪末，本草著作已达到400种以上。其中最丰富、最突出的是1578年问世的《本草纲目》，该书著者李时珍总结并澄清了历代的本草书籍，集千年之大成，是我国500年前一部超出本草学的植物学巨著。

（1）国外植物园概况　就欧洲的情况而言，1535年德国威滕伯格（Wittenberg）大学一位青年学者斯科杜斯（Valerius Cordus）撰写了一本药草的书籍，该书出版10年以后，1545年意大利的帕多瓦城诞生了第一座药用植物园，这说明植物学的发展与植物园的建立是有相互作用的。帕多瓦城位于意大利北部亚德里亚海边名城威尼斯以西，历史古迹很多，该城的帕多瓦大学是1222年建立的古老大学，由于有药学系，为了满足教学的需要，建立起了欧洲史上最古老的帕多瓦药用植物园，至今仍可供参观。以后欧洲各国陆续建立植物园。在1550年意大利建立起佛罗伦萨植物园，1587年在北欧芬兰的莱顿建立了植物园，1635年法国巴黎植物园建成，1638年荷兰首都阿姆斯特丹建成植物园，1670年英国爱丁堡建成植物园，至于规模宏大的英国皇家植物园邱园是1759年初建，后经1841年扩建后才有如今的园貌。所以，从16世纪初的药用植物园转为17、18世纪的普通植物园，风起云涌般先后在欧洲各国大城市纷纷兴起，在这300年中欧洲共建立27处。这一阶段可以说是植物园的萌芽时期。但是到了19世纪，世界各国兴建的植物园有96处，达到300年的3.5倍，呈现突飞猛进的态势，可以说是植物园的发展时期。20世纪末21世纪初，植物园的建设仍旧十分迅猛，总数已经超过1000座，可以说进入了植物园发展的辉煌时期。

（2）国内植物园发展概况　我国由于长期处在封建统治下，自然科学始终受到压制，植物园的发展也是如此。本草学与药圃能得以同步发展是直接服务于大众健康的结果，也可以说为中国植物学史打下了深厚的基础，因为古老的本草学对大量植物种类做了不少分类学的尝试。如南北朝时期的药物学家陶弘景（452或456～536）所编《神农本草经注》已知按植物的形态分为草、木、果、菜、米、食五类，这一分类在我国药用植物书籍中沿用了1000多年。至于古代药圃的记载就非常稀少了。

直到20世纪初，我国在少数留学回国的植物学者们的倡导下，才开始筹建我国最早的植物园。如：1929年兴建的南京中山植物园，1934年在江西庐山建造的植物园等。正式取名的北京植物园是1956年在北京西郊香山开始筹建的，该园的基础部分即是从北京动物园内的植物研究所迁来的。

1949年以后我国植物园事业的大发展是在中国科学院的倡导下开始的。当时以学习前苏联为主，而前苏联的科学院在莫斯科成立有总植物园，全国各地设立分园。我国50年代先后成立或接收的植物园有：南京中山植物园、昆明植物园、云南西双版纳植物园、武汉植物园、沈阳林土所植物园、庐山植物园、西安植物园、贵州植物园、鼎湖山树木园等，都是隶属于科学院的。但是后来多次调整，移交各省管理或科学院分院管理，变化很多，总数约在12座。

各大城市园林局为该城市园林绿化的需要，各大专院校为教学的需要，也都纷纷设立植物园、如北京教学植物园、北京市植物园、昆明园林植物园等。

其他还有不少为专业研究需要而设立的药用、森林、沙生、竹类、耐盐植物等比较专门的植物园等。

2. 植物园的定义与类型

（1）植物园的定义　从世界上最早的植物园至今，经过500年的演变，其数量和内容均发生了许多变化，植物园一词的含义和对它的解释也随着植物科学的发展与人类需求的变更发生了各种不同的变化。

1926年日本上原敬二博士在所编《造园大辞典》中的"植物园"一条下称："植物园是专门以教育为主的造园。"

美国康乃尔大学1976年出版的《园艺大词典》中对"植物园"一词的解释称："植物园是在科学管理之下的研究单位，是人工养护的活植物搜集区，是与图书馆、标本馆一起进行教育和研究工作的场所。"

1988年版《中国大百科全书》（建筑、园林、城市规划卷）对植物园的解释是"从事植物物种资源的收集、比较、保存和育种等科学研究的园地。还作为传播植物学知识，并以种类丰富的植物构成美好的园景供观赏游憩之用"。

从以上各文献的记载中可知植物园的含义在逐渐变化，因此现代意义上的植物园定义为：搜集和栽培大量国内外植物，进行植物研究和驯化，并供观赏、示范、游憩及开展科普活动的城市专类公园。

（2）植物园的类型　按业务范围分：

a. 科研为主的植物园。世界上发达国家已经建立了许多研究深度与广度很大、设备相当充足与完善的研究所与实验园地，在科研的同时还搞好园貌、开放展览。

b. 科普为主的植物园。以科普为中心工作的植物园在总数中占比例较高，原因是活植物展出的规定是挂名牌，它本身的作用就是使游人认识植物，含有普及植物学的效果，不少植物园还设有专室展览，专车开到中小学校展示，专门派导师讲解。

c. 为专业服务的植物园。这类植物园是指展出的植物侧重于某一专业的需要，如药用植物、竹藤类植物、森林植物、观赏植物等。

d. 属于专项搜集的植物园。从事专项搜集的植物园很多，也有少数植物园只进行一个属的搜集。

按植物园的不同归属分为科学研究单位办的植物园、高等院校办的植物园、国家公立的植物园、私人捐助或募集基金会承办、用过去皇家的土地和资金办植物园。

一般情况下，还可以分为综合性植物园和专业性植物园。

综合性植物园。兼顾科研、游览、科普及生产多种智能的规模较大的植物园。一般规模较大，占地面积在 $100hm^2$ 左右。如上海植物园（图3-3-2）。

专业性植物园。根据一定的学科、专业内容布置的植物标本园、树木园、花卉园、药圃等。

3. 植物园的功能

植物园是植物科学研究机构，也是植物采集、鉴定、引种驯化、栽培实验的中心，可供人们游览的公园，其主要任务是发掘野生植物资源，引进国内外重要的经济植物，调查收集稀有珍贵和濒危植物的种类，以丰富栽培植物的种类或品种，为生产实践服务；研究植物的生长发育规律，植物引种后的适应性和经济性状及遗传变异的原因，总结和提高植物引种驯化的理论和方法，同时植物园还担负着向人民普及植物科学知识的任务，如西苑公园（图3-3-3）。除此之外，还应为广大人民群众提供游览休息的场所。所以植物园主要任务包括科学研究、观光游览、科学普及、生产等。

（1）科研基地　古老的植物园是以科学研究的面貌出现的。尤其在医药还处于探索性的时代，野生植物凡是有一定疗效的，很快即转入栽培植物，植物园是重要的药物引种试验场所。

中世纪以后，农、林、园艺、工业原料等许多以植物为主要经营目标的行业，无不需要

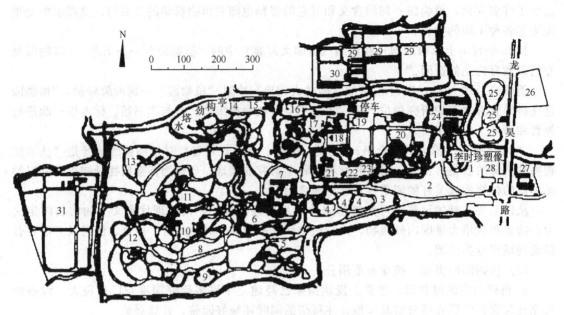

图 3-3-2 上海植物园总平面图

1—药园；2—竹林；3—大假山；4—环境保护区；5—竹园；6—科普厅；7—植物楼；8—蔷薇园；9—桂花园；
10—水生池；11—牡丹园；12—槭树园；13—杜鹃园；14—松柏园；15—抽水站；16—盆景生产区；17—盆景园；
18—人工生态区；19—接待楼；20—展览温室；21—兰花室；22—杜鹃；23—山茶；24—引种温室；25—果树试验区；
26—植物检疫站；27—生活区；28—停车场；29—草本引种试验区；30—科研区；31—树木引种区

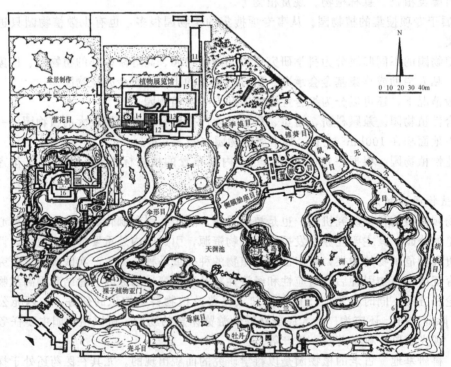

图 3-3-3 西苑公园总平面图

优良品种以达到较高的生产效益，除去各行业自己进行试验研究外，植物园是许多引种驯化单位的原材料供应基地。植物园在获得大量野生植物之后，首先鉴定其名称，然后分次繁殖

（防止失败），观察和记载其生长情况，化验其可用成分，跟着进行一系列引种的程序，并发表大量的科学论文报道其引种成果。

国外许多附设在大学里的植物园招收研究生进行许多科研项目的研究工作并授给学位，如纽约植物园等。植物研究所附设在植物园内的也有，如英国邱园。相反，植物园设在植物研究所内的也很多，如中国科学院北京植物园等。总之，植物园大量的活植物，加之图书馆、标本馆，三位一体成为植物学科研究的重要基地。

（2）科学普及　几乎大部分植物园均进行科学普及活动。因为国际植物园协会曾规定"植物园展出的植物必须挂名牌，具有拉丁学名，当地名称和原产地"，这本身即具有科普意义。

（3）示范作用　植物园以活植物为材料进行各种示范，如科研成果的展出、植物学科内各分支学科的示范以及按地理分布及生态习性分区展示等。最普遍的是植物分类学的展出，使活植物按科属排列，几乎世界各植物园均无例外，游人可从中了解到植物形态上的差异和特点及进化的历程等。

（4）专业生产　大部分植物园都与生产密切结合，如出售苗木或技术转让等。专业性较强的植物园，如药用植物园、森林植物园等，为生产服务的方向既单一、又明确，在科研、科普及示范的基础上进一步为本专业的生产需要服务。

（5）参观游览　植物园内植物景观较为丰富，科学的内涵多种多样，自然景观使人身心愉快，是最能招引游人的公共游览场所。有些附设在大学校园内的教学植物园，属于半开放性，并不属于公共园林性质。植物园与大学校园合为一体的例子有挪威的卑尔根大学，这是让人参观的一所植物园式的校园。

4. 植物园规划设计的主要内容

（1）植物园园址选择

① 植物园的园址选择要求

a. 侧重于科学研究的植物园，一般从属于科研单位，服务对象是科学工作者，它的位置可以选交通方便的远郊区，一年之中可以缩短开放期，冬季在北方可以停止游览。

b. 侧重于科学普及的植物园，多属于市一级的园林单位，主要服务对象是城市居民、中小学生等，它的位置最好选在交通方便的近郊区。如前苏联就主张接近原有名胜或古迹的地方更能吸引游人，所以北京市植物园内设置一座唐代古刹卧佛寺。

c. 如果是研究某些特殊生态要求的植物园，如热带植物园、高山植物园、沙生植物园等，就必须选相应的特殊地点才便于研究，但也要交通方便。

d. 附属于大专院校的植物园，最好在校园内辟地为园或与校园融为一体，可方便师生教学。有许多大学附设的植物园是在校园以外另觅地点建园，如德国柏林大学的大莱植物园、美国哈佛大学的阿诺尔德树木园、明尼苏达大学的风景树木园、英国牛津大学的牛津植物园等，均远离校园。我国重点大学如中国农业大学、北京林业大学等也建有附属的植物园。

② 可供植物生长的自然条件选择要求

a. 地形条件。植物园应以平坦、向阳的场地为主，以满足植物园在引种驯化的过程中栽植植物的需要。在此基础上，植物园还应该具有复杂的地形、地貌，以满足植物对不同生态环境的要求，并形成不同小气候，要有高山、平地、丘陵、沟谷及不同坡度、坡向等地形、地貌的组合。不同的海拔高度可为引种提供有利因素，如在长江以南低海拔地区，由于夏季炎热，引种东北的落叶松等树种不易成功，但在庐山植物园海拔高度 1100m 以上就能引种成功而且生长良好。

b. 土壤条件。土壤选择的基本条件是：能适合大多数植物的生长，要求土层深厚、土壤疏松肥沃、腐殖质含量高、地下害虫少、旱涝容易控制。在此基础上，还要有不同的土壤条件、不同的土壤结构和不同的酸碱度。因为一个园内土壤有不同的组成、不同的酸度、不同的深度、不同的土壤腐殖质含量和含水量，才能给引种驯化工作创造良好的条件。如杜鹃、山茶、毛竹、马尾松、栀子花、红松等为酸性土植物；柽柳、沙棘等为碱性土植物；大多数花草树木是中性土植物。

　　c. 水利条件。植物园要有充足的水源。一方面水体可以丰富园内的景观，提供灌溉水源；另一方面，具有高低不同的地下水位，能解决引种驯化栽培的需要。植物园内的水体，最好具有泉水、溪流、瀑布、河流、湖沼等多种形式，并有动水区、静水区及深水区、浅水区之分。

　　d. 植被条件。选定的植物园用地内原有植被要丰富。植被丰富说明综合自然条件好，选作植物园用地。

　　e. 其他条件。植物园一般位于城市的近郊区，具有方便的交通条件，具有与城市一样的供电系统和排水系统，应位于城市活水的上流和城市主要风向的上风方向，要远离厂矿区、污染的水体和大气。植物对所在环境的气温最具敏感性，迁地保护的植物，如果限于露地栽培，环境中只有气温是人力最难以保证的条件。经常采用的消极的办法如熏烟、搭风障等，对局部可以有一定的作用，但大面积种植就比较困难，尤其可能出现的绝对最低温度。如持续时间超过某种植物的耐性，迁地保护就会遭到失败，所以说植物的耐寒性是一件复杂的生理问题。植物园可以创造条件既引种又驯化、既锻炼又提高，但植物园本身所在地的气温要有一定的代表性，才能向外推广。其次是湿度问题，北方春季干旱，植物在缺水与低温的双重威胁下，比湿润下的低温更容易死亡，所以每月降水量与空气相对湿度也应该有所保证，这对迁地保护或引种后的推广很重要。

　　(2) 植物园的用地规模　植物园的用地规模，应根据植物园的性质、展览区的数量、搜集品种多少、经济水平以及园址所在位置等因素综合考虑。

　　世界上几个闻名的植物园的面积情况如下：英国皇家植物园邱园 121.5hm²；美国阿诺尔德树木园 106.7hm²；德国大莱植物园 42.0hm²；加拿大蒙特利尔植物园 72.8hm²；俄罗斯莫斯科总植物园 136.5hm²；中国中科院北京植物园 58.5hm²；庐山植物园（已建成部分）93.4hm²；上海植物园 66.7hm²。

　　一般综合性植物园的面积（不包括水面）在 50～100hm² 的范围内比较合宜，在做总体规划时，应该考虑到将来发展的可能性，留有余地，暂时不用的土地可以作为生产基地。

　　(3) 植物园的分区规划

　　① 科普展览区。其主要目的在于把植物生长的自然规律以及人类利用植物、改造植物的知识陈列和展览出来供人们参观学习，同时也为科学研究创造有利条件。

　　展览区有以下几种布置方式。

　　a. 按进化系统布置（植物进化系统展览区）。按植物的进化系统和植物科、属分类结合起来布置，反映植物界发展由低级到高级进化的过程，使参观者不仅能得到植物进化系统的概念，而且对植物的分类、各科属特征也有个概括了解，如上海植物园。在植物配置上，在反映植物分类系统的前提下，结合生态习性要求、园林艺术效果进行布置。

　　b. 按植物的生活型布置。例如乔木区、灌木区、藤本植物区、多年生草本植物区、球根植物区、一年生草本植物区等。

　　c. 按植物对环境因子的要求布置。例如旱生植物群落、中生植物群落、湿生植物群落、盐生植物群落、岩石植物群落、水生植物群落、沙漠植物群落等。

d. 按植被类型布置。我国的主要植被类型有热带雨林、亚热带季雨林、亚热带常绿阔叶林、暖温带落叶阔叶林、温带针阔叶混交林、寒温带针叶林、亚高山针叶林、草原草甸灌丛带、干草原带、荒漠带等。

e. 按地理分布和植物区系原则来布置。以植物原产地的地理分布或以植物的区系分布原则进行布置。如以亚洲、欧洲、大洋洲、非洲、美洲的代表性植物分区布置，同一洲中又按国别而分别栽培。

f. 按植物的经济用途来布置（经济植物展览区）。展示经过搜集以后认为大有前途，经过栽培试验确属有用的经济植物，为农业医药、林业以及园林结合生产提供参考资料，并加以推广。例如按纤维类、淀粉和糖类、油脂类、鞣料类、芳香类、橡胶类、药用类等布置。

g. 按植物的景观特征布置。把有一定特色的园林植物组成专类园，如牡丹、芍药、梅花、杜鹃、山茶、月季、兰花等专类园；或以芳香为主题的芳香园等专题园；以园林手法为主的展区如盆景桩景展区，花境、花坛展区等。

h. 按植物抗性来布置（抗性植物展览区）。将对大气污染物质有较强抗性和吸收能力的树种，挑选出来，按其抗毒物质的类型及强弱分组移植本区进行展览，为园林绿化选择抗性树种提供可靠的科学依据。

i. 专类园。把一些具有一定特色、栽培历史悠久、品种变种丰富、用途广泛和观赏价值很高的植物，加以搜集，辟为专区集中栽植。

j. 温室区。用来展出不能在本地区露地越冬，必须有温室设备才能正常生长发育的植物。

k. 树木区。展出本地区或从国内外引进的一些在当地能够露地生长的主要乔灌木树种。

② 苗圃及试验区。包括试验地、苗圃、引种驯化区、生产示范区、检疫地等。这部分是专供科学研究以及生产的用地，是植物园中不向群众开放的区域。一般要有一定的防范措施，做好保密工作和保护措施，与展览区要有一定的隔离。植物园的苗圃包括实验苗圃、繁殖苗圃、移植苗圃、原始材料圃等，用途广泛，内容较多，苗圃用地要求地势平坦、土壤深厚、水源充足、排灌方便。

③ 生活区。为保证植物优质环境，植物园与城市市区一般有一定距离。如果大部分职工在植物园内居住，在规划时则应考虑设置宿舍、浴室、锅炉房、餐厅、综合性商店、幼儿园、车库等设施，其布局规划与城市中一般生活区相似，但应处理好与植物园的关系，防止破坏植物园内的景观。

（4）植物园道路系统规划

① 道路系统。道路系统最好与分区系统取得一致，如以植物园中的主干道作为大区的分界线，以支路和小路作为小区界限。

② 道路布局。大多采用自然式道路布局。

③ 道路宽度。一般分3级，即主路、次路、小路。主路一般宽4~7m，为主要展览区之间的分界线和联系纽带。次路3~4m宽，主要用于游人进入各主要展览区和主要建筑物，是各展览区内的主要通道，一般不通行大型汽车。次路是各区或专类园的界线，并将各区或各类园联系起来。小路1~2m宽，是深入到各展览小区的游览路线，一般以步行为主，为方便游人近距离观赏植物及管理人员日常养护而建，有时也起到景区分界线的作用。

④ 路面铺装。支路和小路可进行装饰性铺装，铺装材料和铺砌方式多种多样，以增添园景的艺术性。路面铺装以外的部分可以留出较宽的路肩，铺设草皮或作花坛花境，配以花灌木和乔木作背景树，使沿路景观丰富多彩。

（5）植物园建筑设施规划

① 展览性建筑，如展览温室可布置于出入口附近、主干道轴线上。

② 科研用房，如繁殖温室应靠近苗圃、试验地。

③ 服务性建筑，如小卖部应方便使用。

（6）植物园绿化设计

① 植物园的绿化设计，应在满足其性质和功能需要的前提下，讲究园林艺术构图，使全园具有绿色覆盖，形成较稳定的植物群落。

② 在形式上，以自然式为主，创造各种密林、疏林、树丛、孤植树、草地、花丛等景观。注意设置乔、灌、草相结合的立体、混交绿地。

③ 对科普、科研具有重要价值。

④ 种植在城市绿化美化功能等方面有特殊意义的植物种类。根据其经济价值和对环境保护的作用、园林绿化的效果、栽培的前途等综合因素来选择重点种和一般种。对于重点种，可以突出栽植或成片栽植，形成一定的栽培数量。

⑤ 在植物园的植物种植株数上，因受面积和种植种类多样性等因素的限制，每一植物种植的株数，也应有一定的规定，即初次引种试验栽培的或有前途、有经济价值的植物，或列为重点研究的树种，每种为 20～30 株；一般树种，乔木 5～10 株，灌木 10～15 株。

5. 植物园规划设计的原则与要求

① 明确建园目的、性质、任务。

② 功能分区及用地平衡，展览区用地最大，可占全园总面积的 40%～60%，苗圃及实验区占 25%～35%，其他占 25%～35%。

③ 展览区是为群众开放使用的，用地应地形富于变化、交通联系方便、游人易到达为宜。

④ 苗圃是科研、生产场所，一般不向群众开放，应与展览区隔离。

⑤ 定建筑种类及位置。植物园建筑有展览建筑、科学研究用建筑及服务性建筑三类。

⑥ 道路系统：主干道对坡度应有一定的控制，而其他两级道路都应充分利用原有地形，形成"路随势转又一景"的错综多变格局。

⑦ 排灌工程：一般利用地势起伏的自然坡度或暗沟，将雨水排入附近的水体中为主，但是在距离水体较远或者排水不顺的地段，必须铺设雨水管，辅助排出。

三、儿童公园规划设计

1. 儿童公园的产生与发展

农业文明时代及以前的儿童游乐环境就是整个大自然，大自然为儿童提供草地、山丘、树林、小溪、河流，儿童与自然的交流毫无障碍。近代以来城镇社会的人们居住在低层的院落式住宅中，儿童的户外活动主要在院内进行。

随着工业文明时代的来临，现代意义上的儿童游乐环境出现了，它的产生和发展与城市、城市居住区的建设、演变以及体育运动的开展有着密切的关系。

18 世纪工业革命开始以后，许多农耕时代的城市迅速发展成为较大的工业城市，人口急剧增加，机动车辆迅速增多，原来可以供儿童活动的街巷相对不安全。19 世纪初，体育活动逐渐国际化，并出现了较为完善的体育组织，对儿童游戏场的发展是个很大的促进。最初只在城市公园开辟儿童游戏的专用场地，如 1845 年由琼夏·曼齐克设计的自由贸易公司中的儿童游戏场。游戏场的出现很受家长的欢迎和儿童的喜爱，这就促使更多的公园开辟了专用场地，以后儿童公园也相继出现。有的国家还专门为残疾儿童设计游戏场，场内设有水池、矮墙、花台等，在场内残疾儿童可以安全舒适地游憩。1933 年国际建筑师大会通过的雅典宪章《城市规划大纲》首次在国际学术界提出了在居住区内建设儿童游戏场的号召。宪章写道："在新建居住区，应该预先留出空地作为建造公园、运动场及儿童游戏场之用。"

随着城市的不断发展，城市用地日益紧张，居住区的建设方式相应地发生了变化，多层和高层住宅逐渐增多，在居住区内建设儿童游戏场需求更加迫切。一些发达国家都较早重视和关心儿童公园和儿童游戏场的建设，在规划、立法、资金、土地等方面都有规定。美国于1906年成立了"全美儿童游园协会"，发行杂志，推动儿童游园的发展。同时，许多国家的社会团体和教育与保护儿童的机构也采取了多种办法，为儿童争取游戏场所，如英国自由团体"儿童救济基金会"发起的大城市和工业区的"游戏班"运动（一种简易的学龄前儿童园），并于1962年成立了全国组织"游戏班联合会"。第二次世界大战后，各国更加重视在居住区布置分散的儿童游戏场，并注意解决儿童在几个楼房围成的公共院落游戏时干扰居住环境的问题。

国际组织积极倡导和支持为儿童创办福利设施，1924年《日内瓦儿童权利宣言》第七条写道："儿童享有游戏和娱乐充分机会的权利，各种游戏和娱乐必须与教育保持同一目的，社会和主管机关必须为促进儿童对这种权利的享有而努力。"1957年在联合国第十四次全体会议上通过了"儿童权利宣言"，再次确认上述宣言。1961年"国际游戏协会"由八个国家在丹麦讨论促进儿童游戏场的发展问题。

日本城市公园绿地系统中的居住区主要公园即由儿童公园、近邻公园和地区公园组成。其中儿童公园面积标准为$0.25hm^2$，服务半径为250m，居民步行2～3min即可到达。1998年日本儿童公园达45304个，面积为$8096hm^2$，占全国居住区公园49593个的91.35％，占全国城市公园总面积$61836hm^2$的13.09％，占全国居住区公园面积$18687hm^2$的43.32％。

我国自1949年以来，一些城市公园中开辟儿童游戏场、儿童公园，在居住区内开始建设儿童乐园等游戏场地。随着近几十年居住区的新建与再建，居住区不断出现儿童游戏场，儿童可就近游玩，受到儿童和家长的欢迎。

近几年，国内就儿童与居住环境的问题做过调查研究。对8～10岁学龄儿童调查，其结果显示，儿童在户外活动场地中最喜爱的是儿童游戏场和儿童公园，其次是小区公共绿地小游园和运动场。住四合院的儿童喜欢在庭院、门前、街道活动的约占1/3，住高层的儿童约44％集中在门前活动，20.6％在楼内走廊活动。因此，为儿童解决户外活动场地，使儿童有自己活动的小天地，以利于儿童的身心健康与智力开发，利于儿童的意志与性格的锻炼，满足儿童活动与互相交往的心理要求。在各个儿童易于到达的地方，如居住区绿地、公园、滨河区域开辟游戏场地是社会的基本生活需要。

2. 儿童公园的定义与类型

（1）儿童公园的定义　儿童公园是单独或组合设置的，拥有部分或完善的儿童活动设施，为学龄前儿童和学龄儿童创造和提供以户外活动为主的良好环境，供他们游戏、娱乐、开展体育活动和科普活动，并从中得到文化与科学知识，有安全、完善设施的城市专类公园。

建设儿童公园的目的是让儿童在活动中接触大自然，熟悉大自然，接触科学，掌握知识。人的一生要学会许多知识本领，并以此为人类造福和为社会作出贡献。这一切必须以幼年时期健康的体魄，健全发展的神经系统，良好的道德品质作为基础。而儿童公园所提供的游戏方式及活动是学龄前儿童和学龄儿童的主要活动形式，是促进儿童全面发展的最好方式。

（2）儿童公园的类型　儿童公园分为综合性儿童公园、特色性儿童公园和小型儿童乐园三类。

① 综合性儿童公园。综合性儿童公园是供全市或地区少年休息、游戏娱乐、体育活动及进行文化科学活动的专业性公园，如广州儿童公园、湛江儿童公园。综合性儿童公园一般应选择在风景优美的地区，面积可达 5hm² 左右。公园活动内容和设备可有游戏场、沙坑、戏水池、球场、大型电动游戏器械、阅览室、科技站、少年宫、小卖部、供休息的亭、廊等，如大连儿童公园（图 3-3-4）、杭州儿童公园（图 3-3-5）。

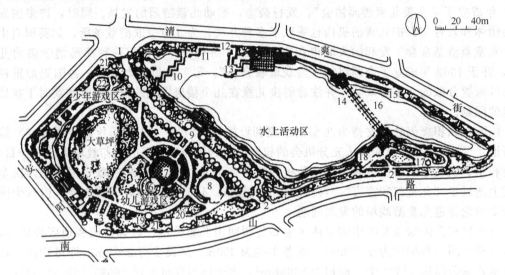

图 3-3-4　大连儿童公园总平面图
1—主要入口；2—次要入口；3—雕塑；4—五爱碑；5—勇敢之路；6—组亭；7—露天讲坛；8—电动飞机场；
9—眺望台；10—曲桥；11—水榭；12—长廊；13—双方亭；14—码头；15—四方亭；
16—铁索桥；17—六角亭；18—科技宫；19—小卖部；20—办公室；21—厕所；22—水井

② 特色性儿童公园。特色性儿童公园突出某一活动内容，且系统比较完整，同时再配以一般儿童公园应有的项目，如哈尔滨儿童公园总面积 16hm²，布置了 2km 长儿童小火车，铁轨沿着公园周围，自 1954 年建成以来深受国内外游人的赞扬。其他如儿童交通公园，可系统地布置各种象征性的城市交通设施，使儿童通过活动了解城市交通的一般特点和规则，培养儿童遵守交通制度等的良好习惯，如哈尔滨儿童公园。

③ 小型儿童乐园。其作用与儿童公园相似，但一般设施简易，数量较少，占地也较少，通常设在城市综合性公园内，如上海杨浦公园的儿童乐园。

3. 儿童公园规划设计的主要内容

（1）儿童的心理及行为特征　学龄前儿童教育阶段首先要保护儿童生理上的健康发展，生理是心理发展的前提。注意营养，保证骨骼、肌肉的正常发育等是保护学龄前儿童健康的重要内容，特别需要强调的是要保护学龄前儿童神经系统的健康发展，除从饮食上使他们得到丰富的营养外，组织合理而丰富的活动是刺激神经系统正常发育的主要方法。

学龄前儿童的认识能力是有限的，儿童知识的获得是主体作用于客体的过程，即对客体施加动作的过程。由此可以认识到，游戏是学龄前儿童的主要活动，是促进儿童全面发展的最好方式，儿童只有在游戏中认识环境，才能丰富自己的知识和发展活动能力。

① 儿童的年龄特征分组

a. 2 周岁以前。婴儿哺乳期，不能独立活动，由家长怀抱或推车在户外散步，或在地上引导学龄前儿童学步。这个时期是识别和标记的时期。

b. 3～6 周岁。儿童开始具有一定的思维能力和求知欲，这个时期儿童开始了观察、测

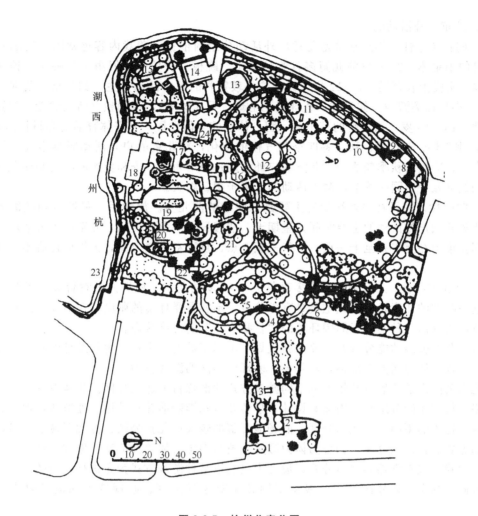

图 3-3-5　杭州儿童公园

1—大门；2—小卖部；3—雕像；4—喷水池；5—照壁；6—万水千山活动区；7—露天舞台；8—游船码头；
9—花架廊；10—秋千；11—浪船；12—电动玩具；13—幼儿戏水池；14—游艺室；15—跷跷板；16—滑梯；
17—图书室；18—陈列室；19—童车场；20—光电玩具；21—转椅；22—小卖部；23—边门；24—厕所

量和认识空间、世界的逻辑思维过程，明显好动，喜欢拍球、掘土、骑车等，但他们独立活动能力弱，需要家长伴随。

c. 7～12周岁。童年期，这一时期儿童已经上学，儿童掌握了一定知识，思维能力逐渐加强，活动量也增大，男孩子喜欢踢小足球、打羽毛球或下棋、玩扑克等；女孩子则喜欢跳橡皮筋、跳舞或表演节目等。

d. 13～15周岁。少年期是儿童德、智、体全面发展时期，逻辑思维能力和独立活动能力都增强，喜欢参加各项体育活动。

从以上分析来看，儿童游戏场的规划设计应以3～15周岁的儿童为主要服务对象。

② 儿童游戏类型。儿童游戏可以分为角色游戏、数学游戏和活动游戏三种，这三种游戏应占儿童的大部分活动空间。这些游戏能促进儿童心理发展，锻炼感觉、知觉、表象、思维、言语、记忆等能力，并培养儿童的基本运动技能：走、跑、跳、投掷、攀登、平衡，并在各种生活环境中运用这些动作。因此有"儿童游戏乃是一种最令人惊叹不已的社会教育"之说。

③ 儿童户外活动的特点

a. 同龄聚集性。年龄常常是儿童户外活动分组的依据。游戏内容也常因年龄的不同分为各自的小集体。3~6岁的儿童多喜欢玩秋千、跷板、沙坑等，但由于年龄小，独立活动能力弱，常需家长伴随；7~12岁，以在户外较宽阔的地方活动为主，如跳格、跳绳（或橡皮筋），小型球类游戏（如足球、板球、羽毛球、乒乓球等），他们独立活动的能力较强，有群聚性；13~15岁，该年龄的孩子德、智、体已较全面发展，爱好体育活动和科技活动。

b. 季节性。春、夏、秋、冬四季和气候的变化，对儿童的户外活动影响很大。气候温暖的春季、凉爽的秋季最适合于儿童的户外活动；而严寒的冬季和炎热的盛夏则使儿童的户外活动显著减少。同一季节，晴天活动的人多于阴、雨天。

c. 时间性。白天在户外活动的主要是一些学龄前儿童。放学后、午饭后和晚饭前后是各种年龄儿童户外活动的主要时间。星期天、节假日、寒暑假期间，儿童活动人数增多，活动时间多集中在上午九至十一点，下午三至五点，夏季室内气温高，天黑后还有不少儿童在户外游戏。

d. 自我中心性。儿童公园中许多对象是2~7岁的儿童。根据儿童教育和心理学家的研究，这一时期的儿童思维方式主要是直觉阶段，不容易受环境的刺激，在活动中注意力集中在一点，表现出一种不注意周围环境的"自我中心"的思维状态。

（2）儿童公园功能分区及主要设施规划　不同年龄的儿童处在生长发育的不同阶段，在生理、心理、体力诸方面都存在着差异，表现出不同的游戏行为。

儿童公园内游戏场可按年龄或不同游戏方式的锻炼目的适当分区。儿童游戏场不可能非常严格地按照年龄分组来组织场地设计，学龄儿童和学龄前儿童共用一处游戏场地时，则可根据游戏行为的不同进行适当分区，而场地开阔的较大型儿童公园，游戏器械多，可以根据游戏的方式进行适当分区，如分为体力锻炼、技巧训练、体验性活动、思维活动锻炼等。但是这些游戏方式常常很难严格分开，设计中只能以某种游戏方式为主进行适当的区划。

因此，综合上述分区特点，根据不同儿童对象的生理、心理特点和活动要求，一般可分：

① 学龄前儿童区：属学龄前儿童活动的地方；

② 学龄儿童区：为学龄儿童游戏活动的地方；

③ 体育活动区：是进行体育活动的场地，也可设障碍活动区；

④ 娱乐和科学活动区：可设各种娱乐活动项目和少年科学爱好者活动设备以及科普教育设施等；

⑤ 办公管理区：对于小型儿童公园，此区可放在园外。

功能分区及主要设施如表3-3-1所示。

表 3-3-1　儿童公园的功能分区及设施

分区	设施
学龄前活动区	滑梯、斜坡、沙坑、阶梯、游戏矮墙、涉水池、摇椅、跷跷板、电瓶车、桌椅、游戏室
学龄儿童区	滑梯、秋千、攀岩、迷宫、涉水池、戏水池、自由游戏广场
体育活动区	溜冰场、球类场地、碰碰车、单杠、双杠、跳跃触板、吊环
娱乐科技活动区	攀爬架、平衡设施、水上滑索、水车、杠杆游戏设施、放映室、幻想世界
办公管理区	办公、管理等辅助建筑

（3）儿童公园规划设计的原则与要求

① 按不同年龄儿童使用比例，心理及活动特点来划分空间。

② 创造优良的自然环境，绿化用地占全园用地的 50％ 以上，保持全园绿化覆盖率在 70％ 以上，并注意通风、日照。

③ 大门设置道路网、雕塑等，要简明、醒目，以便幼儿寻找。

④ 建筑等小品设施要求形象生动，色彩鲜明，主题突出，比例尺度适宜，易为儿童接受。

（4）儿童公园规划设计的要点

① 规划布置要求

a. 面积不宜过大；

b. 用地比例可按幼儿区 1/5、少年儿童区 3/5、其他 1/5 的比例进行用地划分；

c. 绿化用地面积应占 50％ 左右，绿化覆盖率宜占全园的 70％ 以上；

d. 道路网宜简单明确，便于辨别方向；

e. 幼儿活动区宜靠近大门出入口；

f. 建筑小品、游戏器械应形象生动，组合合理；

g. 要重视水景的应用，以满足儿童的喜水心理；

h. 各活动场地中应设置座椅和休息亭廊，供看护儿童的成年人使用。

② 儿童游戏场的设计。游戏活动的内容依据儿童年龄大小进行分类，场地也因此会做出不同的安排。学龄前儿童多安排运动量小、安全和便于管理的室内外游戏活动内容，如游戏小屋、室内玩具、电瓶车、转盘、跷跷板、摇马、绘画板、绘画地、沙坑等，这些游戏活动内容形成了自己的活动场地分区，成为学龄前儿童喜欢去玩的游戏场地。而学龄儿童多安排少年科技站、阅览室、障碍活动、水上活动、小剧场、集体游戏等活动内容，这些活动场地也形成了学龄儿童的活动场地分区。也可以把以上活动场地组合起来，形成儿童可以连续活动的场地，如上海海伦儿童公园的"勇敢者之路"就是由爬网、高架滑梯、溜索、独木桥等 15 种游戏组合而成的游戏设施，这些场地组合对少年儿童有较大的吸引力。

学龄儿童游戏场也可以按分区进行设计，一般划分为运动区、游戏器械区、科学园地、草坪和铺面等。

学龄前儿童游戏场，一般以儿童器械为主，器械可以是成品器械或利用废物制作。还可以为学龄前儿童建造一些特殊类型的游戏场所，如营造场，在一块有围栏的场地里，堆放一些砖木瓦石或模拟这些材料的轻质代用品，供儿童营造、拆卸。学龄前儿童游戏场，多为单一空间，一般配置小水池、沙坑、铺面、绿化，周围用绿篱或矮墙围栏。出入口尽量少，一般设计成口袋型，出入口对着居住建筑入口一边。

③ 儿童游戏场的空间艺术。构成儿童游戏场空间的基本要素是周围的建筑、小径、铺面、绿地、篱笆、矮墙等。绿地是儿童游戏场空间组成的重要元素，绿化环境设计得好常常突出和加强了游戏场的个性和趣味。

儿童游戏场的小径铺面可以使用水泥、沥青材料，也可以采用质感与色彩强烈的材料，如松散状软石铺面、石块地面彩色缸砖地面。小径的线形应活泼曲折，富于变化。

矮墙、篱笆、灌木常用来作为围合空间的构件，其色彩、质感应与整体环境相协调，并应注意到儿童的心理特点。

树种的搭配要考虑遮阳和构图效果，尺度要适宜，应使儿童感到亲切。

游戏器械是儿童游戏场空间的核心，也可用来围合空间，如由矮墙组成的迷宫，迷宫的一端可以适当延长作为与道路或其他需要遮挡环境的屏障。

此外，为了点缀儿童游戏场的空间环境，还可以设置雕塑和建筑小品等。

④ 让儿童自由选择自己感兴趣的活动。通过有意义的游戏培养儿童的自信心、好奇心、

创造力、动手能力，并从中了解自然，了解社会。如在儿童游戏场喂养小动物，孩子们在工作人员的指导下，亲手为小动物搭窝、喂食、照顾、驯化等，从中观赏它们的习性和生长过程。此外，儿童游戏场还设有各种工作室，有纸工、泥工、木工、纺线等，孩子们可以自己动手建造房屋、桌椅、制作模型等。有的游戏场还建有花园和温室，孩子们可以自己种植和管理花草。

⑤ 重视残疾儿童的游戏要求。在"所有孩子都有游戏权利"思想的指导下，为了消除残疾儿童心灵的创伤，建设残疾儿童游戏场也是必要的。在儿童公园内应设有专为盲童设计制造的秋千、转马、攀登等游戏器械，这些器械的构造及用料应适合盲童特点，不会对他们产生任何伤害。同时，整个公园干净整洁，孩子们可以尽情玩耍，而不必担心被东西绊倒。

⑥ 在科学的基础上建造游戏场。儿童游戏场和游戏器械的建造是在广泛收集最新的科技成果，并结合儿童心理教育理论的基础上研制出样品，然后放在游戏场中接受孩子们的检验。经专家鉴定，符合安全标准，方可进行批量生产。

（5）儿童公园的绿化设计　儿童公园一般位于城市生活居住区内。为了给儿童活动创造一个良好的自然环境，游戏场周围需要栽植浓密乔灌木或设置假山以屏障之，公园内各功能分区间也应以绿化等适当分隔，尤其要保证学龄前儿童活动安全。要注意园内的庇荫，适当种植行道树和庭荫树。

① 树种的选择

a. 生长健壮，便于管理的乡土树种。它们少病虫害，耐干耐寒，耐贫瘠土壤，便于管理，具有地方特色。

b. 乔木宜选用高大荫浓的树种，分枝点不宜低于 1.8m。灌木宜选用萌发力强，直立生长的中、高型树种，这些树种生存能力强、占地面积小，不会影响儿童的游戏活动。

c. 姿态美、树冠大、枝叶茂盛的树种。夏季可使场地有大面积遮阴，枝叶茂盛，能多吸附一些灰尘和噪声，使儿童能在空气新鲜、安静的环境中愉快游戏，如北方的槐树，南方的榕树、银桦等。

d. 在植物的配置上要有完整的主调和基调，以造成全园既有变化而又完整统一的绿色环境。

e. 在植物选择方面要忌用下列植物。

有毒植物：凡花、叶、果等有毒植物均不宜选用，如凌霄、夹竹桃等。

有刺植物：易刺伤儿童皮肤和刺破儿童衣服，如枸骨、刺槐、蔷薇等。

有絮植物：此类植物易引起儿童患呼吸道疾病，如杨、柳、悬铃木等。

有刺激性和有奇臭的植物：会引起儿童的过敏性反应，如漆树等。

② 绿化设计

a. 儿童游戏场的四周应种植浓密的乔木和灌木，形成封闭场地，有利于保证儿童的安全。

b. 绿化面积应不小于65%。

c. 游戏场内应有一定的遮阴区、草坪和花卉。

d. 树种不宜过多，应便于儿童记忆，辨认场地和道路。

e. 绿化布置手法应适合儿童心理，引起儿童的兴趣。体态活泼、色彩鲜艳的龙爪槐、山桃、柳树（雄株）、红叶枫树等都是有特点的树种。

（6）儿童公园道路与广场规划设计　儿童公园的道路宜成环路，应根据公园的大小和人流的方向设置一个主要出入口或1~2个次要出入口，入口处应进行处理，以便"开门见山"点出主题。园内主要道路应能通行汽车，次要园路和游憩小路应平坦，并要进行装饰和铺装，不可用卵石式的毛面铺装，以免儿童摔跤。此外，主要园路还应考虑童车的推行以及儿童骑童车的需要，故在主要园路上，一般不宜设踏步、台阶。

广场分为两种、一是集散广场，多设在大门入口，主要建筑物附近，一般多为混凝土铺装，供游人集散、停放车辆。二是游憩广场，主要供儿童或家长休息、游玩，如草地、水泥铺装地。

（7）儿童公园建筑规划设计　尽管儿童公园以儿童的游戏活动为主，但建筑仍是必不可少的。这是因为儿童活动空间的环境创造是通过场地内建筑、游戏器械和绿化设置等共同完成的。其中建筑是主要方面，它触及场地内的各个环节，甚至包括花坛护栏的造型和铺地的色彩（广义地讲，场地内的设施器械也可以认为是建筑）。因此，在进行场地规划时，必须充分考虑建筑，其中主要指游乐、服务、管理、休息等几类建筑的规划与设计。

它不仅需要布局合理、活泼、趣味性强，而且要满足各自的服务要求，以此提高游戏场的效益。特别在稍大型的游戏场中，建筑则更有可能成为全园景观的主角。在建筑群体组合时往往主次分明，并常以有代表性的建筑作为环境的主题，这符合儿童的心理特性。

儿童游戏场内的建筑以它特定的环境和对象，限定了它所特有的建筑风格和特点，体型活泼多样，色彩对比鲜明，易于识别记忆，富于想象力和尺度适当，安全设施齐备等，并可灵活地采用多种结构形式和材料构筑。其分类的方法有两种：一是按用途划分，二是按风格划分。

① 按用途划分

a. 游艺性建筑。游艺性建筑指内容游戏器械，使一些游戏项目不致暴露在室外而建的建筑，也包括那些本身极富游戏性、空间有趣味、样式别致的建筑，这类建筑一般体量较大。多用钢结构、钢筋混凝土结构，并常用先进复杂的设计形式来营造较大的空间。

b. 服务性建筑。服务性建筑指为儿童、游客提供购物、饮食、卫生等服务的建筑，如商店、冷热饮店、小吃店及洗盂厕所等，建筑规模一般属中小型，多采用砖混结构。

c. 管理建筑。指儿童公园的管理、营业、服务、维修人员的办公用房，其中也包括与管理有关的维护建筑物，如围墙、办公室、值班室、售票室、仓库等。

d. 休息建筑。指为儿童、游客提供休息场所的建筑，如亭、廊等，多属建筑小品，建筑风格、式样、材料不拘一格。钢、石、砖木巧妙营造，点缀园景。

e. 综合性建筑。指具有以上几种功能的多功能建筑，比如游艺、服务、管理、休息等结合在一起的较大型组合式建筑。

② 按风格划分

a. 童话型建筑。童话型建筑多取材于一些童话故事或神话传说中所想象出来的建筑形象，如古城堡、宫殿、天宫、仙山等，儿童在其中常常会自扮成各种故事中熟悉的人物进行游戏，提高趣味性。此类建筑适用于大、中型游戏场所。

b. 科幻型建筑。科幻型建筑造型模仿大型的科学仪器，有现实存在的，也有科学幻想出来的，如航天飞机、火箭、飞碟、原子结构模型等。此类适用于大型活动场所。

c. 古典型建筑。古典型建筑模仿古典建筑式样或一些名胜的原形。

d. 现代型建筑。现代型建筑风格、式样、材料使用不断翻新。当前以体积构成、色彩构成、符号学、高技术等流派为主导。

e. 一般型建筑。造型较一般，突出使用功能。

（8）儿童公园主要设施规划设计　游戏是一种本能的活动，儿童公园应鼓励儿童进行积极的、自发的、创造性的游戏活动，应根据他们的年龄及兴趣爱好安排活动内容，并提供必要的游戏设施。

①　草坪与铺面。柔软的草坪是儿童进行各种活动的良好场所，还要设置一些用砖、石、沥青、玻璃锦砖等做铺面材料的硬地面。

②　沙土。在儿童游戏中，沙土游戏是最简单的一种。学龄前儿童踏进沙坑立即感到轻松愉快，并在沙土上进行游戏。

沙土的深度以 30cm 为宜，每个儿童 1m² 左右，沙坑最好设置在向阳的地方，既有利于学龄前儿童的健康，又能给沙土消毒。要经常保持沙土的松软和清洁，定期更换沙土。

③　水体。在较大的儿童游戏场常常设置浅水池，在炎热的夏季不仅吸引儿童游嬉，同时也可以改善局部地区的气候。水深以 15～30cm 为宜，可修成各种形状，也可用喷泉、雕塑加以装饰，池水要常换，冬天可改作沙坑使用。

④　游戏墙和"迷宫"。游戏墙，各种"迷宫"以及专用地面是儿童游戏场常见的游戏设施。游戏墙可以设计成不同形状，便于儿童攀登，锻炼儿童的识别、记忆、判断能力。墙体可设计成带有抽象图案的断开的几组墙面，也可以设计成连成一体的长墙，还可以做成能在上面画画的墙面。"迷宫"是游戏墙的一种形式，中心部分应加以处理，使儿童在"迷宫"外就能看到，以吸引孩子们去寻找。有时也可以强调它的出入口，让孩子在出入口的变幻中提高兴趣。

四、体育公园规划设计

1. 体育公园的产生与发展

尽管在 20 世纪后半期国际上才提出体育公园的概念，但自古以来，人类在园林中开展体育活动未曾间断，园林由此被赋予了运动的功能。在不同的历史时期和地域环境中，因运动的目的不同，园林的运动功能也各具特点。

早在 3000 多年前，中国商周时期的"囿"便以祭祀、检阅士兵、习箭、战车演习为主要目的，显示着强烈的政治和军事功能。随着田猎之风的盛行，"囿"发展成为贵族进行围猎活动的重要场所。由于此时的"囿"主要是宫室用于养育禽畜、种植果蔬的农林用地，但为了减少对田禾的踩踏，贵族们常在非农田的"囿"内狩猎，体现出体育活动场地已经逐渐开始从农林用地中分离出来的趋势。

至秦汉时，"囿"更名为"苑"，但仍保存着射猎游乐的传统。汉时的皇家宫苑——上林苑，纵横三百里，并于其中专门设置狩猎场，供皇族射猎、游乐之用。据《汉书·旧仪》载："苑中养百兽，天子春秋射猎苑中，取兽无数。其中离宫七十所，容千骑万乘。"可见，体育运动场地的设置在中国古代园林规划布局中已有所体现。

而在西方，出现时间较早的体育公园形式是古希腊时期（公元前 654 年至公元前 358 年）的运动场。古希腊作为奥林匹克运动的发源地，体育运动在国民生活中一直占据着举足轻重的地位，并且他们认为，只有在自然环境中进行体育锻炼，才能对人的智慧和身体发育产生有益的作用和影响。正是基于这种观念，在绿地中建设运动场的做法已受到当时社会的普遍认同。例如，柏拉图时代（公元前 427 年至公元前 347 年）的体育场就多建于城外河畔的绿地之间，人们还可以在看台上欣赏体育竞赛。

此后，运动场的设计形式逐渐呈现出与当今的体育场相似的轮廓外形，并向"公园化"发展。希腊雅典郊外的 4 个大体育场内均设有大的公园，在公元 3 世纪时，它们被描述得如同花园一般。在莱基亚，这类运动场建在公园中；而在埃利斯，环绕体育场所建的花园，本来就是天然的森林。人们通过在运动场中举行体育比赛，开展哲学座谈，以实现身心素质的提升。

进入中世纪（约公元 476 年至公元 1453 年），欧洲大陆上修建的，用于射箭、骑马、狩猎的私家园林，成为皇室贵族显赫身份的标榜和地位的象征，在这类园林中，以英国的"鹿园（Deer Park）"为突出代表，它被认为是欧洲公园的历史原型，在景观上基本保留着较为原始的自然风貌，往往用高墙与树篱限定园界。随着18世纪自然风景式园林的兴起，吸纳了风景园林设计的新思想，对园林的布置日益精心，进一步突出园林的美学意味。

19世纪中后期，美国掀起了一场城市公园运动。这场运动的标志性成果——纽约中央公园，延续并发展了园林的运动功能，将体育运动带到大众生活中，实现了"公园属于人民，公园应当是市民锻炼身体和保持健康的场所"的愿望。中央公园的设计师考虑到纽约人喜爱在大自然环境中运动的特点，在园中设置了许多体育活动设施，公园的发展适应了当代各项文化娱乐及体育运动的需求，中央公园从此成为纽约人开展体育活动的大本营。人们穿着各式运动服，随意地或有组织地进行练习和比赛。英国在同一时期建设的公园，主要是出于大众健康方面的考虑，满足群众体育活动的需要，所以在设计公园时，特别注意保留大片的草地。这些草地不是用来观赏，而是作为人们的运动场地。一部分皇家园林，如英国摄政园（Regent Park）也于1845年对公众开放，园中可开展网球、足球、板球、跑步、飞盘等十多项运动项目，而且还设有三个儿童游戏场并配备专人看护。如今，摄政园已经成为伦敦最大的户外运动场所。

可见，在园林中设置运动场地的做法由来已久，从我国商周时期的"囿"发展到现如今的城市公园，运动环境不再是天然林地与农田，而是精心设计过的园林景观，反映出人类对景色优美的运动场所的向往。同时，伴随着园林由"私"向"公"的转变过程，园林的运动功能也从最开始专门服务于统治阶级，逐渐转而面向广大群众。正因为服务对象的转变，在园林中设置运动场地的目的也有所不同。在私家园林中，中国古代的"囿"，其狩猎场地主要用于皇家军队的训练；"苑"中狩猎场则在此基础上成为皇室的游乐场所，这与英国"鹿园（Deer Park）"颇为相似，运动场地开始具备了休闲的性质。就公共园林而言，古希腊时期的运动场使运动场地变得更为规范化，有利于体育竞技比赛的举行。而现代城市公园的运动功能并不强调体育的竞技性，更多地表现为一种娱乐功能。

2. 体育公园的定义与类型

（1）体育公园的定义　国内较早提出体育公园定义的是1982年，由中国建筑工业出版社出版的《城市园林绿地规划》（城市园林绿地规划编写组，1982）一书："体育公园是一种特殊的城市公园，既有符合一定技术标准的体育运动设施，又有较充分的绿化布置。主要是进行各类体育运动比赛和练习用，同时可供运动员及群众休息游憩。"

国外对体育公园的定义，如1985年前苏联出版的《世界公园》认为："体育公园是设在景色如画的园林空间中的，包含体育设施、运动场以及在这些场地所举办的体育系统训练活动、体育表演和竞技比赛及保健活动，吸引城市居民来此休息的公园。"

在1994年，我国建设部城建司根据当时全国城市公园的调查情况，将体育公园定义为"以突出开展体育活动，如游泳、划船、球类、体操等为主的公园，并具有较多的体育活动场地及符合技术标准的设施，体育活动场地与设施数量、面积等要求的活动区域，花园排除在体育公园的范畴之外"。并特别指出"那些附属于专业体育运动场馆的'花园'，以及设置简单健身器械的活动区，或公园中辟出的，仅供少部分人临时活动的小块场所，都不能称为体育公园（建设部城建司，1994）。"

由于2002年出台了新的《城市绿地分类标准》，其中，体育公园划归为专类公园的一种，因此，体育公园的定义也产生了相应的调整——体育公园是在大面积园林绿地中，设置体育场馆，以及文教、服务建筑供市民进行体育锻炼、游览休憩或供体育竞技比赛活动的专类公园。体育公园一般应包括体育竞技、体育休闲和体育医疗三部分功能。

体育公园是专供市民开展群众性体育活动的公园，大型体育公园体育设施完善，可以承办运动会，也可开展其他活动，如北京奥林匹克体育中心（图3-3-6），其绿化设计思想为"绿苗包围的花园式运动场"，以自由式种植为主，在整体统一的风格基础上局部又各有特色，重点突出，形式上开朗、活泼、艳丽、简洁。

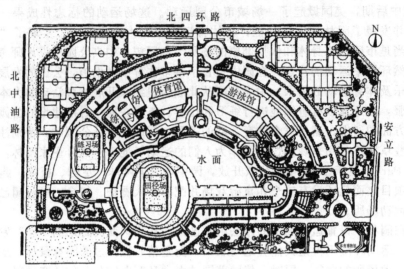

图 3-3-6　北京奥林匹克体育中心平面图

综上分析可知，体育公园的定义涵盖了以下几方面内容。

① 外貌特征。体育公园首先要有充分的绿化，拥有风景如画的园林景观，而且体育设施须与绿化紧密结合。那些附属于专业体育运动场馆的"花园"，并不能称为体育公园。

② 开展的活动。体育公园中开展的活动主要以体育运动为主，包括体育锻炼、体育训练及比赛、体育表演、休闲类体育活动、游憩等。其中，体育锻炼侧重于计划性、规律性、以强身健体为目的的身体活动，体育休闲则不以增强体质和提高运动技巧为目的，而以个人休闲、身体和心理的放松为目的，更强调的是一种体验。因此，体育运动应该是一个广泛的概念，它是以游戏、竞技、身体表现和身体运动为主要形式，以娱乐、身心健康为目的的非竞技性身体娱乐活动和以追求提高运动成绩为目的的竞技性身体运动的总称。总之，体育公园中所开展的体育运动类型十分丰富，它有别于普通城市公园中主要开展休闲性体育运动的特点，而是为不同运动目的的人准备相应场地与设施，体现出强大的运动功能。

③ 运动场地及设施。我国城建部门规定，凡仅设置有简单健身器械的活动区，或公园中辟出的，仅供少部分人临时活动的小块场所，都不能称为体育公园。因此，运动场地及设施的数量与占地面积成为判定是否是体育公园的标准之一，但我国目前仍未见具体的数量指标。此外，运动场地及设施还必须符合一定的技术标准。

④ 服务对象。不同于一些专门供专业运动员使用的体育场馆，体育公园主要服务于普通城市居民，供居民体育锻炼、游览、休憩之用。园中设置的体育场馆，以及文教、服务建筑等都面向群众开放。

（2）体育公园的类型　体育公园中包含的体育活动类型较多，如体育锻炼、体育训练及比赛、体育表演、休闲类体育活动、游憩等，并且体育项目类别丰富，有各自的运动群体。为使各项活动正常进行，除了可以划分不同的运动区域，还可以设计不同类型的体育公园，为不同运动需求的人提供更有针对性的服务。有关体育公园类型的划分国外曾提出了以下几种方法。

① 按运动项目来划分的体育公园。如美国加利福尼亚州洛杉矶的高尔夫球场公园，由于公园基址地形复杂，大量天然障碍物与起伏不平的地形为开展高尔夫运动创造了有利条件；美国利富特湖畔的航空公园，园内设有小型运动飞机的机场，为飞行爱好者提供场地；还有一些以开展极限运动为主的公园，如赛车体育公园等。

② 按功能（如训练、体育表演、体育医疗等）不同而划分的体育公园。如立陶宛的"德鲁斯基宁凯"疗养地的体育保健公园，公园分儿童区、男区、女区和公共区等四个区，人们在医生和教练员的辅导下，从事各种体育医疗活动和运用各种设备进行休息及体育锻炼。

③ 按主要服务对象，可以分为供各种年龄组（如少年儿童、青年）使用的体育公园。国内则提出按服务范围划分，可分为地域型体育公园、市域型体育公园、社区型体育公园，以及按是否与大型体育场馆结合，可分为场馆型体育公园与非场馆型体育公园。

④ 综合性体育公园。可供运动员进行各种不同项目的体育训练和比赛，又可供游人进行休息，从事健身运动和体育娱乐活动，如各国的奥林匹克公园、体育中心等。

除上述划分方法外，还可以按公园选址的地形条件（如山地、滨海地区）来划分，如森林体育公园、水上体育公园等。

以上方法为我国在划分体育公园类型时提供了参考依据，同时也要注意，各城市应在认清自身特点的基础上，建设符合本地人民需要的各类体育公园。

3. 体育公园规划设计的主要内容

（1）体育公园规划设计的原则

① 保证有符合技术标准的各类体育运动场地和较齐全的体育棚。

② 以体育活动场所和棚为中心，保证绿地与体育场地平衡发展。

③ 分区合理，使不同年龄、不同爱好的人能各得其所。

④ 应以污染少、观赏价值高的植物种类为主进行绿化。

（2）体育公园的分区规划　体育公园一般分为室内场馆区、室外体育活动区、儿童活动区、园林区等。

① 室内区。具有各种室内运动设施，如各种运动设施、管理室、更衣室等。建筑如体育馆、室内游泳馆、附属建筑集中于此区。在建筑前或大门附近应安排停车场，适当点缀花坛、喷泉等以调节小气候，面积为5%～10%。

② 室外区。具有各种运动器械的设备场所，如田径场、球场、游泳池等。应安排规范的室外活动场地，并于四周设看台，面积为50%～60%。

③ 儿童活动区。供儿童游戏之用，有各种游乐器具，应位于出入口附近或较醒目的地方。体育设施应能满足不同年龄阶段儿童活动的需要，以活泼的造型、欢快的色彩为主，面积为15%～20%。

④ 园林区。供游人参观休息，内含水池、植物、座椅等。在不影响体育活动的前提下，应尽可能增加绿地面积，以达到改善小气候、创造优美环境的目的。绿地中可安排一些小型体育锻炼设施，面积为10%～30%。

（3）体育公园的绿化设计

① 出入口绿化。出入口附近绿化应简洁明快，可设置一些花坛和平坦的草坪，如兼作停车场可用草坪砖铺设，花坛花卉应以具有强烈运动感的色彩为主，创造欢快、活泼的气氛。

② 室内场馆周围的绿化。场馆出入口要留出集散场地，场馆周围应种植乔灌木树种以衬托建筑本身的雄伟。

③ 室外运动场的绿化。体育场周围宜栽植分枝点较高的乔木树种，不宜选用带刺的和易引起过敏的植物。场地内可布置耐踩踏的草坪。

④ 园林区绿化。园林区是绿化设计的重点，要求在功能上既要有助于一些体育锻炼的特殊需要，又能对整个公园的环境起到美化和改善小气候的作用。应选择具有良好观赏价值和较强适应性的树种。

⑤ 儿童活动区。以开花艳丽的灌木和落叶乔木为主，但不能选用有毒、有刺、有异味和易引起过敏的植物种类。

为方便体育运动和观赏体育比赛，形成符合体育公园气氛的绿色环境，在绿化种植上，应尽量种植大乔木，以满足人们夏季对遮阴、冬季对阳光的需要。在人流集散处及冬季西北风方向配植适当比例的常绿树，保持四季景观和起防风作用。植物的种植设计不应妨碍比赛及观众的视线，尽量少采用落叶早或落叶不整齐、飞毛飘絮的植物以及不利于人体呼吸、游泳池清洁卫生的树种，草坪及广场面积可适当多一些。应选择抗病虫害能力强的树种。此外，体育公园中还应设置一定数量的休息、游览建筑及其他服务设施。

五、纪念性公园规划设计

1. 纪念性公园的产生与发展

纪念性公园起初由纪念性建筑和纪念性景观发展而来，其产生主要有以下三种。

（1）古代陵墓　远古时陵墓是人们借助来表达对死者怀念之情的构筑物，可以认为是人类最原始的纪念性行为。如古埃及的金字塔，远在公元前二千六百年前，埃及就开始建造人类有史以来最具规模的陵墓——金字塔，用于埋葬法老的尸体。埃及第四王朝的法老动员一万奴隶以及成千上万的技工、测量师和数学家，耗巨资在尼罗河西岸建造了方锥体形金字塔，是世界七大奇迹之一。这种简单的几何造型和巨大的规模，代表了帝王超人的权利和追求永恒的意愿。金字塔矗立在苍茫的沙漠中，巨大无比，已经融成大地的一部分，具有恒久的纪念性。另外，还有中国古代帝王的陵墓，是集建筑、雕塑、绘画、自然环境于一体的综合性纪念艺术群体。陕西临潼的秦始皇陵，规模巨大，封土很高，围绕陵丘设内外二城及享殿、石刻、陪葬墓等。汉代帝王陵墓大多于陵侧建成邑，称陵邑。唐代是中国陵墓建筑史上的高潮，有的陵墓因山而筑，气势雄伟。在陵园设立祭祀殿堂，称上宫，同时陵外设置斋戒用的宫殿，称下宫，陵区设置陪葬。

此外，古印度的泰姬·玛哈尔陵也是古印度陵墓的代表。泰姬·玛哈尔陵是印度莫卧儿王朝皇帝沙贾汗为爱妃泰姬·玛哈尔建造的墓，因此而得名。泰姬陵位于印度北方邦阿古拉城外，陵墓坐落在一个长方形花园中，外面是围墙。陵墓位于白色大理石台基上，台基四角各有一座光塔，白色大理石的陵墓和两赭旁色砂石建筑物之间各有一长方形水池相隔。陵墓主体为八角形，中央覆盖复合式的弯顶，四角各有一座形状相似的小弯顶，体量匀称。四角的光塔和陵墓弯顶呼应，形成变化丰富的天际轮廓。整个陵墓建筑和陵园构成完整的一体，成为世界七大奇迹之一，达到了永恒的和谐和景观之美。

可以看出，这些各代帝王陵墓和陵园的修建目的都具有强烈的纪念性，并且其附属陵园已经具有"纪念性庭院"或"纪念性园林"的性质，可以视为纪念性公园的起源之一。

（2）纪念物　古埃及的方尖碑（公元前1580年）、佛陀塔、古罗马凯旋门（公元1～3世纪）、图拉真记功柱等都属于纪念构筑物，这些古老的经典构筑物逐渐发展为世代继承的纪念景观的样式。如罗马凯旋门是古罗马纪念出征胜利、表彰统帅功勋的建筑物，起源于罗马共和国后期，帝国时期建造的较多。罗马早期的凯旋门多为单开间，立面大体为长方形，用券柱构图，中央是一个券洞，两侧立两对科林斯式或混合式柱子，有很高的女儿墙，刻记功铭文。中国古代具有表彰、纪念、导向或标志作用的建筑物，称为坊表，包括牌坊、华表等。在单排立柱上加额枋等构件而不加屋顶的称牌坊。明代的石牌楼、清代的琉璃牌楼是两个时代的不同特色，起标志或纪念作用。成对的立柱称华表，明清时的华表主要立在宫殿、陵墓前，个别的立在桥头。

这些纪念物都包含了很强的标志与纪念意义，可认为是纪念性建筑的重要起源，演化出现代的众多纪念构筑物，也可视为纪念性公园的起源之一。

(3) 庙宇和祭祀空间　古代的庙宇和祭祀空间在当时承担了进行纪念活动和公共集会的功能，如古埃及最大的庙宇建筑群凯尔奈克神庙，包括大量的神殿、方尖碑、塔门和石刻雕像，其主要的神庙是阿蒙神庙，代表了风和气之神。在古希腊、古罗马同样有许多类似的神庙，例如古希腊雅典卫城的帕提农神庙、胜利神庙、罗马万神庙。中美洲和南美洲的古代玛雅文明中的金字塔是典型的祭祀空间。公元前 1000 年左右，在墨西哥湾附近建造了一批宗教建筑，多为金字塔形，顶部有平台，上建神殿，供宗教活动，具有极强的纪念性。而在中国古代，坛和庙也是典型的纪念性空间。坛是中国古代主要用于祭天、地，举行会盟、誓师、封禅、拜相师等活动与仪式的台型建筑。坛既是祭祀的建筑主体，也是相关的整组建筑的总称，例如北京的天坛、地坛。庙是中国古代的祭祀建筑，祭祀祖先的庙称宗庙，帝王的宗庙称太庙，祭祀圣贤的庙称文庙，还有祭祀山川、神灵的庙。这些庙宇和祭祀空间是古代纪念性活动的主要举行场所，大多具有较强的公共参与性，因此，也可视为纪念性公园的第三个起源。

近代随着城市公园的兴起，以美国为代表的一些西方国家建造了大量的陵园，这些陵园园林区逐渐扩大，其纪念对象由帝王转向其他社会重要人物，其功能也由单一的纪念转变为兼有公众观赏和游憩功能，进而具有了城市公园的形态。例如美国最早的芒特奥本陵园，于 1831 年建于波士顿附近，随后建造的还有斯普林·格罗夫陵园、芝加哥莱斯兰陵园。

二战以后，伴随战争的结束，一些有关战争和政治事件的纪念性公园应运而生。如美国在 1946 年建造的罗斯福总统纪念园；日本 1954 年建造的广岛和平纪念公园、1975 年建造的冲绳县和平纪念公园。这些纪念性公园具有较强的民主纪念性质，也更强调对公众的开放性与参与性。

我国出现的第一个为公众开放的陵园是 1926 年建成的中山陵，中山陵是中国近代伟大的政治家孙中山先生的陵墓，它坐落在江苏省南京市东郊钟山东峰小茅山的南麓，陵墓的平面图呈警钟形，象征孙中山先生毕生致力于唤醒民众、拯救国家和民族的奋斗不息的精神。中山陵在形式上虽然与我国传统皇陵有相似之处，但它已经具有纪念性公园的基本特征：兼有纪念性与公共性两重性质。中山陵自建成后，其管理当局于 1929 年 9 月颁布了《谒陵规则》，规定中山陵堂每天都对游人开放。随着游人数量的增多，中山陵的公共性更加强化了，此时，中山陵已不仅是公众缅怀孙中山先生的场所，也成为南京的一大公共游憩场所。

另外，1926 年，为纪念镇江同盟会员烈士赵声，由镇江各界人士赞助，著名园林专家陈植教授设计，辟云台山南麓修建了一座纪念性公园——伯先（赵声）公园。占地 120 亩，历时五年，至 1931 年 6 月落成开放。全园分成草皮、纪念、森林、园艺四个区。陈植教授在《镇江赵声公园设计书》中，对公园的设计的方针、区划、局部设施、植物、杂件分别进行论述，并提出此纪念性公园应为市民服务的特性。

新中国成立后，为了对解放中国而牺牲的烈士表达纪念，并解决烈士遗骨的安葬问题，20 世纪 50 年代在全国各地市都兴建了一批革命烈士陵园，例如西安烈士陵园、上海宝山烈士陵园等，弘扬了革命烈士的爱国主义、集体主义、国际主义和共产主义精神。这些烈士陵园成为新中国成立以后建造的第一批纪念性公园。

20 世纪 80 年代以后随着改革开放和经济发展，对文脉思想的认同成为当时人们普遍关注的问题，在种种背景下，我国出现了一批名人纪念园。如上海的宋庆龄陵园、云南玉溪聂耳公园。聂耳公园位于玉溪市南门街南端，1985 年 6 月兴建，1987 年 7 月竣工，是以纪念人民音乐家聂耳为主，具有兼容文化、休息、娱乐的功能，园内分为纪念区、游乐区、文化活动区、安静休息区、儿童游乐区、花卉生产观赏区和公园管理区。这些纪念性公园更加注重与环境的紧密结合以及纪念氛围的艺术塑造。

近年来我国又涌现了相当数量的纪念性公园，纪念对象朝多元化的方向发展，多为古代名人、重要事件。如红军长征纪念馆、三峡截流纪念园、广东东莞市袁崇焕纪念园、汶川地震遗址纪念公园等。这些纪念性公园的兴起与我国近年来旅游业的发展有着密切联系，纪念性公园由于具有文化价值而成为重要旅游资源，同时也是体现一个城市文化脉络的不可分割的部分。

2. 纪念性公园的定义与类型

(1) 纪念性公园的定义　纪念性公园（图 3-3-7）是为当地的历史人物、革命活动发生地、革命伟人及有重大历史意义的事件而设置的公园。另外还有些纪念公园是以纪念馆、陵墓等形式建造的，如南京中山陵、鲁迅纪念馆等。

为颂扬具有纪念意义的著名历史事件、重大革命运动或纪念杰出的科学文化名人而建造的公园，其任务就是供后人瞻仰、怀念、学习等，另外，还可供游览、休息和观赏。

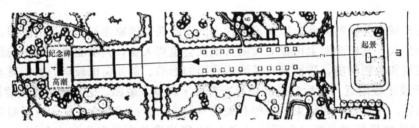

图 3-3-7　纪念性公园总平面图

《纪念性景观与旅游规划设计》一书中对纪念性景观的定义是：用于标志某一事物或为了使后人记住的物质性或抽象性景观，能够引发人类群体的联想和回忆的物质性或抽象性景观，以及具有历史价值或文化遗迹的物质性或抽象性景观。包括：标志景观、极限景观、文化遗址、历史景观等实体景观，以及宗教景观、民俗景观、传说故事等抽象景观。

纪念性公园属于纪念性景观的一部分，根据纪念性景观，可将纪念性公园定义归纳为："具有一定的纪念实体物质，承载了一定历史文化价值，以纪念历史事件、人物为主而建设的公园。是人们为了达到对纪念对象的思念、回忆而建设的有一定历史文化价值的公园。纪念性公园是纪念性景观的一种类型，整个纪念性公园可能是一个完整的纪念性空间，也可能其中的某部分是一个纪念性空间。

《园林基本术语标准》（CJJ/T 91—2002）中，所采用的称谓是"纪念公园"，其定义为：以纪念历史事件、缅怀名人和革命烈士为主题的公园。相对应的英文名是 Memorial park。"memorial" 词源来自于拉丁语"memoria"，具有"纪念物、纪念碑"的意思，同时也可解释为"纪念仪式"，以及"历史记载、编年史"等。

根据我国《城市绿地分类标准》（CJJ/T 85—2002，J185—2002），其中明确了纪念性公园属于 6137 其他专类公园中的一种。

(2) 纪念性公园的类型

① 按纪念主体分类。以人物为纪念主体。这一类纪念性公园有明确纪念人物主体，且

往往以纪念的人物命名。其中又可分为名人故居、名人陵园，是对纪念人物的"初次承载"，如：我国梅州市的叶剑英纪念园是在叶剑英元帅故居和纪念馆的基地上建设的。南京中山陵是孙中山先生的安息之所，成为中外人士景仰的圣地。以纪念人物的功绩而建的公园，公园基地与人物没有直接的联系，是对纪念人物的"二次承载"。如美国富兰克林·罗斯福公园，以石墙分隔成四个各自独立但又一气呵成的部分，以浮雕形式纪念罗斯福执政的四个时期。我国云南的郑和公园，以纪念郑和下西洋的航海创举而建。

以历史事件为纪念主体。这一类则往往结合历史上发生的某一事件为纪念主题，是特定时间发生的，具有历史和时间上的标识性，主要可分为两类：有的是为纪念历史事件而建，基地与事件发生地点没有直接联系，是对历史事件的"二次承载"；有的则是历史事件发生的遗址，往往利用某一地点的历史真实性而建，是对历史事件的"初次承载"。如：我国汶川地震遗址纪念公园，在青川县东河口原地震遗址上建设以"纪念"为主题的地震遗址纪念公园。

② 按纪念目的分类。按纪念目的可分为三类：反思、解释、缅怀。

以反思为目的，主要是为唤起后人对某一历史时刻和事件的思考、反省而建，具有警鉴后人之意，前事不忘后事之师。如位于塞班岛的和平纪念公园，用来纪念及哀悼战役中伤亡的人，并希望世人能吸取战争的教训，并通过广场中央立了一个十字架和观世音像，传达祈求世界和平的美好愿景。

以解释为目的，包括两种：一种是将纪念的历史事件和名人生平展示给观者，让人能了解历史；另一种是要激发人们的爱国热情和斗志，多有教育基地的功能。如：红军长征纪念碑碑园，位于我国松潘县川主寺镇元宝山，为纪念红军长征这一人类史上的奇迹而修建，能激发极大的民族自豪感。

以缅怀为目的，则是以缅怀为主，为了达到对人物的记忆和回忆，歌颂和表彰人物的业绩而建设。如上海宋庆龄陵园，坐落于上海西郊陵园路上，建造是为了缅怀宋庆龄为人民的解放、民族的团结、国家的统一建树而做出的丰功伟绩。

③ 按纪念的形成过程分类。按纪念的形成过程可分为主动型和被动型纪念性公园。主动型纪念性公园是在公园营建之初就具有纪念性。例如：兰州华林山烈士陵园，为悼念解放兰州而牺牲的革命先烈而建，所在地为当年的战场，建设之初就具有纪念目的。被动型纪念性公园是建成起初不具备纪念性，通过长期演变而赋予其纪念意义。如上海鲁迅公园，原名虹口公园，后于1956年迁入了鲁迅墓而成为纪念性公园，并更名为鲁迅公园。

3. 纪念性公园规划设计的主要内容

（1）纪念性公园规划设计的原则

① 布局形式应采用规则式布局，特别是在纪念区，在总体规划图中应有明显的轴线和干道。

② 地形处理方面，在纪念区应为规则式的平地或台地，主体建筑应安排在园内最高点处。

③ 在建筑的布局上，以中轴对称的布局方式为原则，主体建筑应在中轴的终点或轴线上，在轴线两侧，可以适当布置一些配体建筑，主体建筑可以是纪念碑、纪念馆、墓地、雕塑等。在纪念区，为方便群众的纪念活动，应在纪念主体建筑前方，安排有规则式的广场，广场的中轴线应与主体建筑轴线在同一条直线上。除纪念区外，还应有一般园林所应有的园林区，但要求两区之间必须建筑、山体或树木分开，二者互不通视为好。

④ 在树种规划上，纪念区以具有某些象征意义的树种为主，如松柏等，而在休息区则营造一种轻松的环境。

（2）纪念性公园功能分区与设施规划

① 纪念区。位于大门的正前方，从公园大门进入园区后，直接进入视线的就是纪念区。在纪念区由于游人较多，因此应有一个集散广场，此广场与纪念物周围的广场可以用规划的树木、绿篱或其他建筑分隔开。在纪念区，一般根据其纪念性的内容不同而有不同的建筑和设施。

② 园林区。布局上以自然式布局为主，不管在种植还是在地形处理上。在地形处理上要因地制宜，自然布局，一些在综合性公园内的设施均可以此区设置，如果有条件许可，还应设置一些水景，座椅等。

（3）纪念性公园的绿化设计

① 出入口。纪念性公园的大门一般位于城市主干道的一侧，因此，在地理位置上特别醒目，同时为突出纪念性公园的特殊性，一般在门口两侧用规则式的种植方式对植一些常绿树种。大门内外可设置大小型广场，为疏散人流之用。

② 纪念区。在布局上，以规则的平台式建筑为主，纪念碑一般位于纪念性广场的几何中心，所以在绿化种植上应与纪念碑相协调，为使主体建筑具有高大雄伟之感，在种植设计上，纪念碑周围以草坪为主，可以适当种植一些具有规则形状的常绿树种。纪念馆一般位于广场的一侧，建筑本身应采用中轴对称的布局方法，周围其他建筑与主体建筑相协调，起陪衬作用，在纪念馆前，用常绿树按规则式种植，以达到与主体建筑相协调的目的。

③ 园林区。园林区在种植上应结合地形条件，按自然式布局，特别是一些树丛、灌木丛，是最常用的自然式种植方式。此外，植物的选择上应注意与纪念区有所区别。

（4）纪念性公园的道路系统规划

① 纪念区。纪念区在道路布置上，一般所占比例相对较小，因为纪念区常把宽大的广场作为道路的一部分，在此区，结合规则式的总体布局，道路也应该以直线形道路为主，特别是在出入口处，其主路轴线应与纪念区的中轴线在同一条直线上，在道路两侧应采用规则式种植方式，常以绿篱、常绿行道树为主，使游人的视线集中在纪念碑、雕塑上。道路宽度应该在 7～10m 左右。

② 园林区。园林区的绿化常以自然式种植，因此道路也应为自然式布置，但关键是园林区与纪念区的道路连接处的位置选择，应选择在纪念区的后方或在纪念区与出入口之间的某一位置，最好不要选择在纪念区的纪念广场边缘处。

六、老年公园规划设计

1. 老年公园的产生与发展

纵观以往的研究，大多涉及老年人的心理、生理、老年人的行为活动特征、老年住宅设计、老年人居住区设计等相关理论，也有少数研究从城市规划角度剖析老年人户外空间设计，但在园林设计领域内就适宜老年人的公园绿地规划设计来说，到目前还没有形成完备的理论体系。

随着全球人口老龄化趋势的加剧，人口老龄化所带来的诸多问题也越来越引起普遍的关注。西方国家研究人口老龄化问题起步早，覆盖面广，细致量化，建立了与之相关的一整套法律和规章，并在多年的实践中，积累了大量成功的经验。

第一个比较系统地研究老年心理学的是克托莱（Quetelet），他是从心理学的角度，全面系统地研究了随着年龄的增长人的老化问题。美国的霍尔（Hall）首创用问卷调查法收集老年心理学的资料。到了 20 世纪 30 年代，随着医学技术的发展，人口的老龄化问题日益显露出来，老年问题也因此很快扩展到社会学、心理学等研究领域，由此产生了一门综合性的学科——老年学（Gerontology）。安德鲁斯（Andrews）和威西（Withey）在1976年提出主观幸福感的三个基本因素，并把生活满意度看作是预测主观幸福感的关键因素。里夫（Ryff）根据以往的理论研究提出了一个主观幸福感的结构模型。理查德（Richard）的《老年心理学》阐述了关于老年人的心理特征的两种观点：一种是认为随着年龄增长，老年人会出现一些不利的情绪变化，如焦虑感、孤独感、猜疑心和嫉妒心的加重；另一种是认为不利情绪与年龄无关，老年人除了更加关注身体健康外，并没有比其他年龄段的人有更多的情绪变化。《老年心理学》中指出：老年人在退休后成了"无角色的角色"，原先建立起来的生活方式及生活规律已不再适应现时的生活境况，他们发现自己社会存在的意义减少了，个人积极参与的权利被剥夺了，并且还面临着生老病死的现实问题，有强烈的被遗弃感、孤独感、自卑感。

法国最早于1872年步入老龄化社会，随后是美国、瑞士、德国、比利时等国步入老龄化，这期间，老年学研究获得初步成果。美国首先颁布《社会保护法条例》，随后，英国、日本、德国建立了相应的法规，对老年人的生活方式和居住环境进行了研究。国外比较有代表性的老年人户外空间规划设计，如黛安娜·Y·卡斯坦斯的《针对老人的场地规划和设计》，这是第一本分析与户外空间规划设计相关的老人需求的综合型手册，此外相关的还有《环境与年龄》、《生态与年龄，老年人的空间行为》、《美国老年社区规划及启示》等，主要介绍了美国社会对老龄问题认识的进步和老年社区规划的基本构思以及设计要点。美国设计师弗利镕博格指出老年人活动具有"地域性行为"特征。美国的克莱尔·库珀·马库斯所著的《人性场所——城市开放空间设计导则》一书中提出利用人的行为或社会活动来启发并塑造环境设计是园林设计的正确途径。他从老年人的生理、心理、总体布局、护理服务等各个角度详细阐述了老年住宅区户外空间的设计。

国内关于老年人生理学、心理学研究的文章很多，研究内容包括老年人健康状况和心理状况的增龄变化，老年人心理特征及其影响因素，老年人行为活动特征，老年人心理需要等方面。胡先进阐述了老年人常见心理活动：自卑、孤独寂寞、抑郁、焦虑，并分析了老年人的行为特点。容小翔在《老年人的心理需要》中认为老年人的心理特点主要表现为：求得尊重和理解、得到情感交流、要求帮助和照顾。万邦伟在《老年人行为活动特征之研究》中从出行活动分布圈、活动领域性、互感——集聚性、时域性和地域性等方面对老年人的行为活动特征进行了阐述，老年人行为活动特征研究对于未来城市老年公共活动场所与环境的规划建设起到重大作用，并将为推动城市现有老年活动场所的改建提供有效依据。研究发现体育锻炼在改善老年人生理和心理状况方面都有重要作用，有利于提高老年人的幸福度，长期参加体育锻炼能提高老年人的生命质量。

胡仁禄先生负责的城市老年居住建筑环境研究，是我国城市建筑科学中的全新课题，在对我国城市老年居住环境现状进行充分调查分析的基础上，结合我国社会变革和经济发展的实际，借鉴欧美、亚洲一些国家和地区在老年居住环境研究和实践中的经验，提出了我国城市老年居住建筑环境的基本构想。一些研究者把住宅分为内部空间环境和外部空间环境并进行分析，提出适宜老年人的住宅设计应以老年人为核心，创造易于识别、易于控制、易于到达、易于交往和无障碍的空间环境。现阶段居住区生活服务网络还不够完善，文化娱乐设施不足，使城市老年人的余暇时间得不到充分利用。张军民根据我国特有的养老服务体系及老年人特征，阐述了对适合人口老龄化的居住区公建配置、环境设计、交往活动的系统见解。邓月华在《居住区老年人户外环境设计研究——以武汉市为例》中总结出老年人的活动特点，提炼出体现对老年人亲切关怀的户外环境设计方法。聂庆娟针对在寒地城市特殊气候条件下建造适应老年人的户外休闲空间提出了自己的见解：室内外过渡观赏空间的处理，丰富冬季户外景观，建立室内外的无障碍通道，并提出一些道路辅助性建议和作息设施材质的建议等。

随着社会老龄化问题日益突出，老年人成为街头绿地的第一大使用人群。李迪华、范闻捷在入户抽样调查的基础上，分析总结了北京城市离退休居民与城市公园绿地的关系。结果显示，按照全部被调查人数计算，北京离退休居民平均每个月有 11 天去公园，平均每人在公园滞留 1.1h，方便居民生活的小区公园数量和质量还不能完全满足要求，城区公园对居民的户外活动仍然十分重要。孙樱探讨了城市老年休闲特征和群体分异机理，即：

① 城市老年休闲正从单位制向社区制转化；

② 休闲质量有待在活动内容和方式上提高；

③ 活动场地经常受到各种条件限制；

④ 活动设施受市场经济影响严重不足；

⑤ 群体休闲以自发、松散为主，不够普遍。并揭示户外公共活动空间在当前老年休闲活动中的重要作用。

李弦分析了武汉市老年人行为活动的特征和规律，对武汉市老年人休闲活动空间的规划及环境特点做了详细分析，强调分析了西安环城公园老年人公共环境空间设计现状和存在的问题，对老年人户外活动空间的设计原则的研究增加补充为：无障碍原则、场地就近原则、"一绿二静三平坦"原则、安全原则、环境易于识别原则以及场所热闹、便捷原则。一些研究指出应当在城市绿地系统内设置不同形式的老年人活动区，指出目前老年人活动区存在的问题：对老年人考虑不够、活动场地狭小、缺少活动设施、互相干扰。提出充分利用城市绿地资源、建设城市老年休闲绿地系统的思想，即将社区老年休闲的组织管理与城市绿地系统的规划建设相结合，为提高城市老年休闲质量创造有利条件，包括为城市老年休闲提供场地、改善环境、降低费用，以及促成设施体系建设，并提出老年人活动区的改造方法，设计的形式、内容及组成要素的布置。

2. 老年公园的定义与规划设计意义

(1) 老年公园的定义　2006 年，世界卫生组织的"生活过程和老年人计划"与加拿大公共卫生署合作发起老年友好型城市项目。根据世界卫生组织的界定，老年友好型城市是指能够防止和纠正人们在变老的过程中越来越多的遇到各种问题的城市，在这样的城市里，与物质环境和社会环境有关的政策、服务和结构支持人们并能使人们"积极老龄化"。"积极老龄化"的态度是"健康、参与、安全保障"，它涵盖了生物、心理、行为、经济和环境因素，强调引导全社会接纳老年人，鼓励老年人参与社会、经济、文化、精神和公民事务。

老年友好型城市的创建，需要园林绿化、基础设施、医疗、文化教育等一系列产业相配套，以优化产业结构，应对人口老龄化带来的诸多问题。公园绿地作为城市绿地建设的重要组成部分，其规划设计与建设应该符合于城市的发展要求。老年公园应该是能够无条件的接纳老年人，为老年人提供友好、便利、健康舒适以及无障碍的设施、环境及空间的公园绿地。

(2) 老年公园规划设计的意义　老年人是当前社会中使用公园绿地较为频繁的人群，城市中是否有一个良好的、能够无障碍的接纳老年人的公园绿地十分重要。了解老年人变化的生理、心理和社会行为特征，以这些理论数据为基础来设计建设老年友好型公园绿地，将有助于帮助老年人维持其独立生活的能力，保持他们的身体健康，为老年人自发性活动与社会性活动创造积极的条件。

因此，老年公园的规划设计具有极其重要的现实意义。

① 尊老爱幼是我们中华民族的优良传统，根据我国这一道德标准，老年人在享受老年

群体独有的社会权利外，还有权与社会其他群体共同享有经济、社会、科学发展的各种成果。老年公园规划设计，能够更好地体现社会资源全民共享的原则。

② 老年人是城市中使用公园绿地频率较高的人群，他们比任何人更需要有一个安全、方便、舒适、无障碍的活动环境。高品质的公园绿地有利于老年人保持身体健康，老年公园将有助于健康老龄化目标的实现。

③ 随着城市老龄化进程的加快，在我国老年人中，约有1/2生活在城市中，并且独居的老年人比例不断增大。因此，老年公园为老年人尤其是空巢老人创造一个积极、健康的社会环境，使他们与社会建立必要而密切的联系，具有尤为重要的意义。

④ 随着老年人的思想观念、社会角色、经济地位和行为方式的改变，当前的老年人不再局限于物质生活的需要，他们更看重精神生活的质量。公园绿地作为老年人户外活动的主要场所，它不能仅仅被看作是为老年人提供休闲场所，更重要的是，它应被看作是为老年人提供一个实现个人目标、意愿和潜力的场所。因此，老年公园对促进老年人参与社会，实现自我开发具有重要意义。

3. 老年公园规划设计的主要内容

当今社会出现了人口老龄化的趋势，老年公园可适应老年人的生理特征和心理要求，满足老年人娱乐、休息、户外交往的需求，丰富他们的晚年生活。老年人对环境的感知和体验有其独到之处，对娱乐内容的要求也不同于其他群体，公园的设计必须在了解老年人的心理特征和娱乐偏好的基础上进行。

（1）老年人户外活动特点

① 社会性。老年人社会责任心较强，社会活动和集体活动的参与积极性较高。

② 怀旧性。对年轻时体验过的活动情有独钟。

③ 趣味性。喜欢热闹，对各种文体活动兴趣较大。

④ 持久性。由于空闲时间较多，对所喜爱的活动专注力较强，能长期坚持。

⑤ 选择性。由于文化素养、身体素质和爱好不同，对娱乐活动有所选择，主动性游乐的意愿强，不愿过多地受人牵制。

⑥ 局限性。由于年龄的增加，生理与心理的变化使活动内容受到限制。

（2）老年公园的功能分区规划

根据老年人的户外活动特点，老年公园的功能分区与其他综合性公园既有相似之处又略有区别，可分为活动健身区、安静休息区、文娱活动区、休憩交流区等。

① 活动健身区。体能的下降和疾病的困扰使老年人更加珍视健康和注重锻炼，体育锻炼已成为许多老年人每天的必修课，因此活动健身区是必不可少的。可安排适应老年人活动特征的门球、钓鱼、太极拳等场地，设置进行运动的健身设施，局部铺设足底按摩的卵石路面，周边设舒适的座椅、凉亭等。

② 安静休息区。为老年人聊天提供清新自然、安静宜人的环境。安排幽静的密林，林中空地设桌椅、亭廊。

③ 文娱活动区。老年人常因共同的文娱爱好而自发地组织在一起，如京剧、合唱、交谊舞等。园林建筑可分组而设，以避免不同文娱爱好群体之间的相互干扰。

④ 休憩交流区。老年人可以在此处进行休憩交流，增加个人充实感，其中一些爱鸟养鸟的老年人可以在此进行清晨遛鸟并相互交流养鸟心得。区内安排悬挂鸟笼的位置，周围安排休息座凳。

（3）老年公园的规划设计要点

① 活动设施。应根据老年人的娱乐特点，结合地形、建筑、园林植物等综合考虑。

a. 以主动性的文体活动为主，充分调动老年人身心的内在积极因素。

b. 内向活动内容（如茶室）和外向活动内容（如演讲厅）使不同性格的老年人各得其所。

c. 集体活动与单独活动相结合，主动休息与被动休息相结合，室内活动与室外活动相结合，学习活动与娱乐活动相结合。

② 建筑小品

a. 以老人为中心，综合考虑建筑的功能要求和造景要求，力求美观并方便实用。

b. 考虑老年人的活动特点，注重建筑小品的舒适性和安全性，如座椅多设扶手椅，并以木制和藤制为佳。

③ 道路与场地。道路宜平坦而防滑，在水池旁或高处的路旁应设置保护栏杆，道路转弯、交叉口及主要景点应设路标。

④ 园林植物

a. 以落叶阔叶林为主，夏季能遮阴，冬季又能让阳光透过。

b. 配植色彩绚丽、花朵芬芳的植物，以利于老年人消除疲劳，愉悦身心。

c. 注重保健植物的应用，包括芳香植物，如桂花、丁香、腊梅、香樟、茉莉花、玫瑰花等，杀菌植物如侧柏、圆柏、沙地柏、樟树、银杏等。

第四节　主题公园规划设计

一、主题公园概述

1. 主题公园的产生及发展

主题公园也称主题游乐园或主题乐园，是在城市游乐园的基础上发展起来的，它是通过对特定主题的整体设计，创造出特色鲜明的体验空间，进而使游人获得一气呵成的游览经历，兼有休闲娱乐和教育科普的双重功能，以满足不同年龄层次游览需求的一种现代公园。往往以一个特定的内容为主题，规划建造出与其氛围相适应的民俗、历史、文化和游乐空间，使游人能切身感受、亲自参与一个特定内容，是集特定的文化主题内容和相应的游乐设施为一体的游览空间，其内容给人以知识性和趣味性，较一般游乐园更加丰富多彩，更具有吸引力。

世界上第一个主题公园诞生在荷兰，但世界上最著名的主题公园是位于美国佛罗里达的的迪士尼乐园，这是一个充满情节的"游戏王国"，是一个引导游人自发地探究主题、体验空间的经典范例。20世纪80年代以后，主题公园这种新型旅游休闲公园高速发展，风靡全世界。

我国主题公园产业的发展是国内旅游业发展到一定阶段的产物。1989年深圳的"锦绣中华"，开创了中国主题公园的先河。"锦绣中华"位于深圳华侨城，占地30 hm²，园内按照中国版图布置微缩景观，共分为古建类、山水名胜类、民居民俗类三大类。古建类又分为宫、寺、庙、楼、塔、桥等；山水名胜类囊括了中国名江大川、三山五岳；民居民俗类则反映了我国多民族国家风格迥异的建筑及生活习俗。游"锦绣中华"，可"一眼望尽千年华夏文华，一日畅游万里大好河山"。继"锦绣中华"之后，又兴建了"中国民俗文化村"、"世界之窗"等主题公园，同样在全国旅游业产生了震撼性的影响，使全国各地掀起主题公园建设的热潮。

2. 主题公园的类型

目前主题公园大致可以分为微缩景观园、民俗景观类、古建筑类、影视城类、自然生态类文化主题园、观光农业园等。

（1）微缩景观园　将大范围的园林景观加以提炼、概括、缩小，并集中展示于一园，人们在短时间内可以观赏到琳琅满目的园林景观，如深圳的"锦绣中华"、北京的"老北京微缩景园"等。

（2）民俗景观、古建筑类　按空间线索展示不同的地域、不同民族的风俗、文化景观，让游人可以领略到他乡的风土人情。如中华民族园、昆明云南民族村、杭州的宋城、苏州的吴城、上海影视乐园中的"老上海"、宁波的"中国渔村"等。

（3）影视城类　指以影视作品中展示的电影、电视场景作为主题进行规划立意的主题公园，常常结合实际的影视拍摄进行布置，做到拍摄与游览两者并重。如涿州影视城、北京北普陀影视城、杭州横店影视城、上海影视乐园、上海大观园、美国迪士尼乐园中的"童话乐园"等。

（4）自然生态类　以自然界的生态环境、野生动物、野生植物、海洋生物等作为主题的主题公园。如我国各地建成和正在建设的野生动物区、湿地和海洋馆等。

（5）文化主题园　指以历史题材或文学作品中描述的场景、人物、文化作为主题，进行景观布置的主题公园。如三国城、水泊梁山宫、封神演义宫、西游记宫、中国成语艺术宫、文化艺术中心、江西汤显祖文化艺术中心等。

（6）观光农业园　指以现有或开发的农业和农村资源为对象，按照现代旅游业的发展规律和构成要素，对其进行改造、配套、组装、深度开发，赋予其观赏、品尝、购买、娱乐、劳动、学习和居住等不同的旅游功能，创造出可经营的、具有农业特色和功能的旅游资源及产品，形成第一产业和三产相融合，生产和消费相统一的新型产业形态，具体还包括多元综合型（如北京锦绣大地农业观光园）、科技示范型（如陕西杨凌农科城、上海浦东孙桥现代农业开发区）、高效生产型（如宁夏银川葡萄大观园）、休闲度假型（如广东东莞的"绿色世界"、北京顺义的"家庭农场"等）。

二、主题的组成及主题选择

1. 主题的组成

（1）包含式　全园有一个明确的主题内容，各区的内容组成服从于这一总的主题思想，是对总主题的具体展开。

（2）组合式　全园有一个共同的内在主题思想，各分区的主题内容在类型上、内容上都没有直接关系。整个主题公园呈现出一种组合风格，依靠各分区表达的内容创造出的气氛、环境，共同烘托出主题乐园的整体风格。

2. 主题选择

主题是一个主题公园的核心和特色，主题的独特性是主题公园成功的基石，是该公园区别于其他主题公园、游乐场的关键所在。确定特色鲜明的主题是使游乐园富于整体感和凝聚力的重要途径，也是一个主题公园进行策划、构思、规划设计的第一步。主题公园中内容的选择和组织都应围绕着该公园的特定主题进行。因此，主题的选择和定位对主题公园的环境形象、整体风格都会产生重要的影响。

如何利用造园各要素表达出乐园所要体现的主题内容是乐园设计中重点考虑的问题，充分发挥各类建筑、道路、广场、建筑小品、植物、地形、水体等要素的造景功能，结合文化、科技、历史、风情等内容可创造出丰富的主题内涵。

主题选择的考虑因素：

（1）主题公园所在城市的地位和性质　主题公园所在城市与公园的兴衰有着密切的关系。一个城市的地位和性质决定了建在该城市的主题公园是否能够拥有充足的客源，该公园是否可以持续运营、健康发展。如北京作为全国政治文化中心，游客很多，人们到北京后也希望能了解到世界的风土人情，世界公园的建设就顺应了这些要求。

（2）主题公园所在城市的历史与风土人情　城市的历史记载着这个城市的发展历程，人们希望了解这座城市的人文风情、历史文化，主题公园的选材相应地也要从这些方面进行考虑。

（3）主题公园所在城市特有的文化　城市的文化是经过上百年甚至上千年的发展而逐渐沉积下来的，经过发展，它逐渐形成了这座城市有代表特色的内涵，利用这种特色文化就可以创造出独特的主题。

（4）从人们的游赏要求出发，结合具体条件选择主题　我国早期的主题公园获得成功的重要因素就是抓住了当时国门大开，国民渴望了解外面世界的游赏要求，在主题公园中集中反映世界各国精华旅游景观，使游人在一个公园中可集中领略中国和世界各国风情。

（5）注重参与性内容　我国的旅游者已从以前单纯的观光旅游逐渐转到要求参与到乐园项目中，从被动转为主动，并要求常看常新，具有刺激性、冒险性。因此参与性、互动性是主题公园的发展方向。沃尔特·迪士尼在进行迪士尼乐园设计构思时，把游人也当作表演者，他认为，观众不参与，主题公园中精心设计的各种表演都将徒劳，起不了太大的作用。我国近几年兴起的水上乐园、阳光健身广场等主题公园，在设计时以游客参与性项目为主，有力地吸引了游客。

三、主题公园规划设计的原则与设计要素

1. 主题公园规划设计的原则

① 多样性和变异性；

② 高度人情化；

③ 围绕特色，强化特征；

④ 生态环境和园林艺术结合；

⑤ 因地制宜，重视绿地建设。

2. 主题公园规划设计的要素

（1）空间　公园空间的层次、序列和节点对游人的影响至关重要。空间的起始、展开、收放、收尾，各分区内部和外部的造型，区域的围护，各区的景观组织等，与公园景观的连续性和整体风格的塑造密切相关。

（2）表现技术手段　公园的主题内容必须通过一定的表现技术手段来体现。先进的声、光、电等高科技手段的应用使公园充满生动的主题环境，是现代主题公园中不可缺少的要素。

（3）游览交通　一般主题公园的面积都比较大，而且景点多，如何利用交通将这些分布于全园的景点有机地串联起来，使游人可以方便、有序地进行游览和参与是公园交通处理需重点解决的问题。

四、主题公园规划设计的要点

主题公园的设计内容，可以概括为主题内容、表达方式、空间形态和环境氛围的设计。在主题公园的设计中，要兼顾其功能性、艺术性和技术可行性，要满足大多数游人的审美情

趣和精神需求，并将生态造景的观点贯彻始终。如深圳华侨城欢乐谷二期主题公园的规划设计，将自然生态环境和生物群落作为设计主题，在老金矿区、路风湾区、森林探险区和休闲区4个主题景区的设计中，始终将各主题的故事线索贯穿于娱乐设施、景观设置及绿化配置中，融参与性、观赏性、娱乐性、趣味性于一体，是一座主题鲜明的、高科技的现代化主题乐园。

主题公园的设计与城市公园的设计有共同之处，如地形的处理，空间的处理等，但由于其突出主题性、参与性，许多主题公园在突出"乐"上做文章，以游乐参与作为其重头戏，故其设计也应相应借鉴、综合一些娱乐设施、场所的设计手法。

1. 空间与环境设计

主题公园通过优美的空间造型，创造出丰富的视觉效果。形成空间的元素有建筑物、铺装材料、植物、水体、山石等，这些元素的不同组合可产生或亲切质朴、或典雅凝重，或轻盈飘逸、或欢快热烈的空间效果。我国造园艺术源远流长，风格独特，在主题公园的设计中体现民族的特点，突出园林风格，将优美的园林景致和现代化的娱乐设计、特色主题内容相结合，是我国许多大中型主题公园的特色。大中型主题公园常采用自然的山水园林与现代化娱乐公园相结合的手法。风景园林设计中常用的竖向设计、水体设计、建筑布局、道路系统、种植设计以及空间组合、空间变换、立意、借景等造景手法的运用可以为公园创造优美、丰富的游乐环境。

2. "游戏规则"的应用

"游戏规则"是指用游戏或拟态等方式诱导人们对环境的体察、感知，激发人们对活动的参与性，这种游戏规则可以是时间性的，也可以是情节性的。其突出的特点是让游客以从未经历过的新奇方式参与到游乐活动之中。通过游人的参与，成功诱发人们对环境的兴趣，让游人感受到自己是乐园环境的一分子，融入公园之中，增强游乐内容和环境的吸引力。在迪士尼乐园，游客在体验某种游戏或场景时，很少是作为观众出现的，而几乎都是以参加者的身份出现。在未来乐园，游人乘坐飞船在太空里盘旋遨游；在幻想乐园，游人被带到白雪公主和七个小矮人的森林和钻石矿中；在西部乐园，游人用老式步枪在乡村酒吧中射击，乘坐采矿列车在旧矿山中穿梭，体验西部开拓时代的生活。

3. 游乐大环境的塑造

参照中国传统庙会手法，创造富有弹性的娱乐大环境。中国传统庙会的布局是将大型的马戏、杂技、戏剧、武术等表演场置于中心部位，四周用各种摊点、活动设施、剧场、舞台等创造一个围合空间——中心广场，形成一个气氛热烈的活动区域，各种活动内容在广场附近展开。这种琳琅满目的铺陈手法在现代主题公园的规划设计中可以进行借鉴，将娱乐资源聚集在一个相对集中的场地中，形成热闹、欢快的游乐大环境。

五、主题公园游览区的规划设计

1. 各景区的独立性

即各景区应有自己的中心主题，围绕核心景区展开，在内容与其他景区有所不同，在环境上各区之间有相应的造景要素隔开；保持各景区的独立性有助于突出各主题环境的个性，增强整个主题公园环境组成结构逻辑。

2. 景区的连贯性

作为整体环境的组成部分，各个景区是共享的。各景区环境应注意连贯性和协调性，游人从一个景区转到另一个景区仍能感到不突兀、不冲突，这有利于整体规划尺度的统一和富于趣味的空间序列组织。

3. 景区的主次关系

几个景区共同构成公园游览区，必有1~2个景区作为公园的中心主景区，起到主要作用。主景区要有一定的统帅力，从空间规模、景观构成、游览组织上起到主景的作用，其他几个景区或大或小与之相得益彰地进行组织布局。

4. 过渡区的布置

过渡区是指从主题公园的入口到主体游乐区之间的空间区域，是游乐活动的过渡区域，起到承先启后的作用。过渡区一般采用三种形式。

（1）广场 广场有多种形式，有的以主体雕塑为主，有的以喷泉为主，有的以露天剧场为主，有的以绿地为主，有的以建筑为主。

（2）街 即由景观性或功能性的要素围合而成的形式，游人通过街进入主体游乐区。景观性的街如林荫道、滨湖道；功能性的街有饮食街、商业街。

（3）广场与街相结合 即由广场和街组成的过渡区，游人经过后进入主体游乐区。

5. 游览区的节点设计

游览区的节点（图3-4-1）是各游览区之间的连接点或转折点，精心设计的节点可以"激活"周围的空间环境，使整个空间序列起承转合、变化丰富。

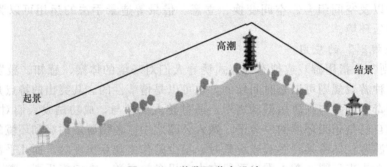

图 3-4-1 游览区节点设计

（1）控制性节点 主要指有独特代表性的标志，一般设于中央广场或主要道路的尽端、交点、地形制高点或水面中央。

（2）连接性节点 连接性节点主要作用是提供导向信息，连接和过渡不同的游览空间以及活跃区域空间的环境气氛。连接性节点主要有雕塑、小型游乐设施、一定面积绿地等。一般分布在道路的转折处、交叉点、小片开阔地等处。

6. 游览交通的组织

（1）游览路线的组织

① 游览空间序列。在整个游览空间序列都应包含序幕、高潮、松弛阶段，有节奏地组织环境，保持游人的体力和游览心情。

② 游线组织。包括环线组织、线性组织、放射状组织、树枝状组织、复合流线组织。

（2）道路系统 包括主干道，各景区中的二级路及小路。

（3）交通系统 包括地面交通、水上交通和空中交通。

六、主题公园的植物规划设计

主题公园与城市公园的植物景观规划有很多互通之处，其首要之处是创造出一个绿色氛围。主题公园的绿地率一般都应在70%以上，这样才能创造一个良好的适于游客参观、游览、活动的生态环境。许多成功的主题公园，都拥有优美的园林景观，使游人不但体会主题内容给予的乐趣，而且可以在林下、花丛边、草坪上享受植物给予人们的清新和美感。植物景观规划可以从以下几个方面重点考虑。

① 绿地形式采用现代园艺手法，成片、成丛、成林，讲究群体色彩效应，乔、灌、草相结合，形成复层式绿化层次，利用纯林、混交林、疏林草地等结构形式组合不同性格的绿地空间。

② 各游览区的过渡都结合自然植物群落进行，使每一游览区都掩映在绿树丛中，增强自然气息，突出生态造园。

③ 采用多种植物配植形式与各区呼应，如规则式场景布局采用规则式绿地形式，自由组合的区域布局则用自然种植形式与之协调，使绿地与各区域形成一个统一和谐的整体。

④ 植物选择上立足于当地乡土树种，合理引进优良品系，形成公园自己的绿地特色。

⑤ 充分利用植物的季相变化增加乐园的色彩和时空的变幻，做到四季景致各不相同，丰富游览情趣。常绿树和落叶树、秋色叶树的灵活运用，季相配置，以及观花、观叶、观干树种的协调搭配，可以使公园中植物景观丰富多彩，增强景观的变化。

第四章

风景名胜区、森林公园和自然保护区规划

第一节　风景名胜区规划

一、风景名胜区概述

1. 风景名胜区的定义及相关专业术语

（1）风景名胜区的定义　风景名胜区也称风景区，是经政府审定命名、风景资源集中、环境优美、具有一定规模和游览条件，可供人们游览欣赏、休憩娱乐或进行科学文化活动的地域。

我国确定风景名胜区的标准是：具有观赏、文化或科学价值，自然景物、人文景物比较集中，环境优美，可供人们游览、休息，或进行科学文化教育活动，具有一定的规模和范围。因此，风景名胜区事业是国家社会公益事业，与国际上建立国家公园一样，我国建立风景名胜区，是要为国家保留一批珍贵的风景名胜资源（包括生物资源），同时科学地建设管理、合理地开发利用。

图 4-1-1　中国国家风景名胜区徽志

现代英语中的 National Park，即"国家公园"，相当于我国的国家重点风景名胜区。徽志图案（图 4-1-1）为圆形，徽志设置于国家级风景名胜区主要入口的标志物上。标志物的背面要镌刻该风景名胜区简介，内容包括风景名胜区的地理位置、历史沿革、四至界限、总面积、景区（景点）名称、风景资源和周围环境概况等。文字要言简意赅，便于阅读。

（2）风景名胜区的相关专业术语

① 风景名胜区规划。风景名胜区规划，也称风景区规划，是保护培育、开发利用和经营管理风景区，并发挥其多种功能作用的统筹部署和具体安排。经相应的人民政府审查批准后的风景区规划，具有法律权威，必须严格执行。

② 景物。景物指具有独立欣赏价值的风景素材的个体，是风景区构景的基本单元。

③ 景观。景观指可以引起视觉感受的某种景象，或一定区域内具有特征的景象。

④ 景点。景点指由若干相互关联的景物所构成、具有相对独立性和完整性、并具有审美特征的基本境域单位。

⑤ 景群。景群指由若干相关景点所构成的景点群落或群体。

⑥ 景区。景区指在风景区规划中，根据景源类型、景观特征或游赏需求而划分的一定

用地范围，包含有较多的景物和景点或若干景群，形成相对独立的分区特征。

⑦ 风景线。风景线也称景线，由一连串相关景点所构成的线性风景形态或系列。

⑧ 游览线。游览线也称游线，指为游人安排的游览欣赏风景的路线。

⑨ 游人容量 。游人容量指在保持景观稳定性，保障游人游赏质量和舒适安全，以及合理利用资源的限度内，单位时间、一定规划单元内所能容纳的游人数量，是限制某时、某地游人过量集聚的警戒值。

⑩ 居民容量。居民容量指在保持生态平衡与环境优美、依靠当地资源与维护风景区正常运转的前提下，一定地域范围内允许分布的常住居民数量，是限制某个地区过量发展生产或聚居人口的特殊警戒值。

2. 风景名胜区发展概况

(1) 国内风景名胜区发展概况　1982 年，以国务院公布第一批 24 个国家级重点风景名胜区为标志，我国正式建立了风景名胜区管理体系。1985 年国务院发布了《风景名胜区管理暂行条例》。至 2012 年，我国各级风景名胜区的总面积，约占我国陆地总面积 2.02%。其中，国家级重点风景名胜区共 225 个，从空间上基本覆盖了全国风景资源最典型、最集中、价值最高的区域，如以山岳景观为主的泰山风景名胜区（图 4-1-2）、以保护自然景观为主的九寨沟风景名胜区（图 4-1-3）、以中国元、明、清三代汉族和宗教建筑为主的武当山古建筑群（图 4-1-4）等。截至 2016 年 7 月，共有 17 处风景名胜区被联合国教科文组织列入《世界遗产名录》（表 4-1-1）。中国的风景名胜区正走向世界，在国际上更加广泛地展现其珍贵价值和绚丽风姿。

图 4-1-2　泰山风景名胜区

图 4-1-3　九寨沟风景名胜区

图 4-1-4　武当山古建筑群

表 4-1-1 被列入世界遗产名录的中国风景名胜区

遗产名称	入选时间	遗产类型	风景名胜区名称
泰山	1987 年 12 月	文化与自然双遗产	泰山风景名胜区
长城	1987 年 12 月	文化遗产	八达岭 十三陵风景名胜区
黄山	1990 年 12 月	文化与自然双遗产	黄山风景名胜区
九寨沟风景名胜区	1992 年 12 月	自然遗产	黄龙寺 九寨沟风景名胜区
黄龙寺风景名胜区	1992 年 12 月	自然遗产	
武陵源风景名胜区	1992 年 12 月	自然遗产	武陵源风景名胜区
承德避暑山庄和外八庙	1994 年 12 月	文化遗产	承德避暑山庄外八庙风景名胜区
武当山古建筑群	1994 年 12 月	文化遗产	武当山风景名胜区
庐山	1996 年 12 月	文化景观遗产	庐山风景名胜区
峨眉山和乐山大佛	1996 年 12 月	文化与自然双遗产	峨眉山风景名胜区
武夷山	1999 年 12 月	文化与自然双遗产	武夷山风景名胜区
青城山 都江堰	2000 年 12 月	文化遗产	青城山 都江堰风景名胜区
龙门石窟	2000 年 12 月	文化遗产	洛阳龙门风景名胜区
三江并流	2003 年 7 月	自然遗产	三江并流风景名胜区
江西 三清山	2008 年 7 月	自然遗产	江西三清山风景名胜区
山西 五台山	2009 年 6 月	文化遗产	五台山风景名胜区
杭州西湖文化景观	2011 年 6 月	文化遗产	杭州西湖风景名胜区

注：本表根据国务院历次公布的国家风景名胜区名单和世界遗产名录整理，截止至 2016 年。

风景名胜区一般具有独特的地质地貌构造、优良的自然生态环境、优秀的历史文化积淀，具备游憩审美、教育科研、展示国土形象、生态保护、历史文化保护、带动地区发展等功能。

国际上，很多国家有类似的国家公园与保护区体系。与西方的国家公园体系相比较，我国风景名胜区的特点在于：地貌与生态类型多样、发展历史悠久、具有人工与自然和谐共生的文化传统。

（2）国外风景名胜区发展概况 在国外，相当于我国国家级风景名胜区的绿地多被称为"国家公园"（National Park）、"自然公园"（Natural Park）或"野趣公园"（Wild Park）等。

1872 年 3 月 1 日，经美国国会批准，在怀俄明州方圆 898km² 的区域建立了世界上第一个国家公园——黄石国家公园，并公布了《黄石公园法案》，它标志着最初的自然保护思想的胜利。在这之后的 50 年间，国家公园理念在美国得到了广泛而迅速的传播，1890 年，美国建立了巨杉和约塞米蒂国家公园，其他一些国家也相继开辟了国家公园。如 1885 年，加拿大在西部设立了冰川、班夫和瓦特尔腾湖 3 个国家公园；1895 年，英国效仿美国，在海外殖民地设立了国家托拉斯，负责规划土地并建立自然保护区；澳大利亚、新西兰、南非也相继建立了国家公园或类似的保护区。19 世纪，国家公园几乎都是在美国和英联邦范围内建立的。

通过国家立法而建立起来的国家公园和国家公园制度，在美国、英国诞生，并经过近 30 年的缓慢发展，逐渐扩展到欧洲大陆。瑞典在 1900 年设立了 8 座国家公园，瑞士在 1914 年设立了 1 座国家公园，前苏联在十月革命后设立了 4 个自然保护区，其中 1 个保护区是列宁于 1920 年亲自批准设立的。而比利时和意大利等人口较密集的欧洲国家，则仿效英国的做法，纷纷在海外殖民地设置国家公园。1925 年，比利时在刚果设立了阿尔贝国家公园。1926 年，意大利在索马里设立国家公园。而法国则在非洲的马达加斯加和东南亚，荷兰则在印度尼西亚等地设置类似的国家公园或自然保护区。这一时期，英国进一步将海外殖民地的国家公园体制扩展到斯里兰卡、苏丹和埃及等地。

两次世界大战期间，世界大多数地区，特别是在非洲、大洋洲、亚洲的一些殖民地国家，由英、法、荷、意、比等国家设立了一批国家公园，北欧、北美也新建了一批国家公园。

第二次世界大战使国家公园的发展非常缓慢。第二次世界大战以后，由于生态保护运动的开展，工业化国家居民对"绿色空间"的渴求，以及世界旅游业的发展等原因，使国家公园有了更大的发展。20世纪50年代以后，世界各国已具备相当大的规模，特别是北半球更为迅速。在北美，国家公园从50个扩大到356个，数量扩大了6倍；在欧洲，从25个扩大到379个，扩大了14倍，其他大陆上的发展（特别是非洲和亚洲）同样也很显著。到20世纪70年代中期，全世界已有1204个国家公园。

随着城市化的迅猛发展和城市人口的高速增长，环境污染加剧，城市生态系统失调，人们户外游憩的需求加大，再因国际旅游事业的兴旺及全球对生态环境的日渐重视与关注，促使国际保护运动蓬勃发展，更促进了国家公园的普遍建立。截至1997年，世界上共有225个国家和地区建了国家公园和保护区体系，国家公园与保护区的数目为30350个，总面积约为$1323 \times 10^4 m^2$，相当于中国与印度国土面积之和，占地球表面积的8.83%。

3. 风景名胜区的类型

美国国家公园截至1998年11月发展到了379处，其分类以主要保护对象为划分原则，分为20个类别，即：国际历史地段、国家战场、国家战场公园、国家战争纪念地、国家历史地段、国家历史公园、国家湖滨、国家纪念战场、国家军事公园、国家纪念地、国家公园、国家景观大道、国家保护区、国家休闲地、国家保留地、国家河流、国家风景路、国家海滨、国家野生与风景河流、其他公园地。

我国风景名胜区的类型，可以按照用地规模与管理、景观特征进行划分：

（1）按规模分类 包括小型风景区、中型风景区、大型风景区和特大型风景区；

（2）按管理分类 包括国家重点风景名胜区、省级风景名胜区和市（县）级风景名胜区；

（3）按景观分类 包括山岳型、江湖型、山水结合型、名胜古迹型和现代工程。

4. 风景名胜区的特点

不同风景名胜区具有不同的特点，具体特点详见表4-1-2。

表4-1-2　风景名胜区的类型及其特点

分类标准	主要类型	基本特点
按规模分类	小型风景区	面积20km²
	中型风景区	面积21～100km²
	大型风景区	面积101～500km²
	特大型风景区	面积500km²以上
按管理分类	国家重点风景名胜区	具有重要观赏、文化或科学价值，景观独特，国内外著名，规模较大的定为国家重点风景名胜区。由省、自治区、直辖市人民政府提出风景名胜资源调查评价报告，报国务院审定公布
	省级风景名胜区	具有较重要观赏、文化或科学价值，景观有地方代表性，有一定规模和设施条件，在省内外有影响的定为省级风景名胜区。由市、县人民政府提出风景名胜资源调查评价报告，报省、自治区、直辖市人民政府审定公布，并报建设部备案
	市（县）级风景名胜区	具有一定观赏、文化或科学价值，环境优美，规模较小，设施简单，以接待本地区游人为主的定为市（县）级风景名胜区。由市、县主管部门组织有关部门提出风景名胜资源调查评价报告，报市、县人民政府审定公布，并报省级主管部门备案

分类标准	主要类型	基本特点
按景观分类	山岳型	以山岳景观为主的风景名胜区。如安徽黄山、四川峨眉山、江西庐山、山东泰山等风景名胜区
	江湖型	以江河、湖泊等水体景观为主的风景区。如杭州西湖、苏州太湖等风景区
	山水结合型	山水景观相互结合的风景区。如桂林漓江、台湾日月潭、江西龙虎山等风景区
	名胜古迹型	以名胜古迹或重要纪念地为主的风景区。如西安临潼、江西井冈山等风景区
	现代工程	因现代工程建设而形成的风景区。如江西仙女湖、河北官厅等风景区

二、风景名胜区风景资源评价

风景资源是指能引起审美与欣赏活动，可以作为风景游览对象和风景开发利用的事物与因素的总称。风景资源是构成风景环境的基本要素，是风景区产生环境效益、社会效益、经济效益的物质基础。

风景资源评价的目的是寻觅、探察、领悟、赏析、判别、筛选、研讨各类风景资源的潜力，并给予有效、可靠、简便、恰当地评估。风景资源评价一般包括四个部分：风景资源调查；风景资源筛选与分类；景源评分与分级；评价结论。风景资源评价是风景区确定景区性质、发展对策，进行规划布局的重要依据，是风景名胜区规划的一项重要工作。

1. 风景资源分类

《风景名胜区规划规范》（GB 50298—1999）的分类方法，以景观特色为主要划分依据，将风景资源划分为2个大类、8个中类、74个小类，详见表4-1-3。

在进行风景资源调查以后，根据表4-1-3对规划区内的风景资源进行筛选归类，制作分类统计表格，计算各类风景资源的数量及比重。

表 4-1-3　风景资源分类表

大类	中类	小类
一、自然景源	1. 天景	(1)日月星光；(2)虹霞蜃景；(3)风雨阴晴；(4)气候景象；(5)自然景象；(6)云雾景观；(7)冰雪霜露；(8)其他天景
	2. 地景	(1)大尺度山地；(2)山景；(3)奇峰；(4)峡谷；(5)洞府；(6)石林石景；(7)沙景沙漠；(8)火山熔岩；(9)蚀余景观；(10)洲岛屿礁；(11)海岸景观；(12)海底地形；(13)地质珍迹；(14)其他地景
	3. 水景	(1)泉井；(2)溪流；(3)江河；(4)湖泊；(5)潭池；(6)瀑布跌水；(7)沼泽滩涂；(8)海湾海域；(9)冰雪冰川；(10)其他水景
	4. 生景	(1)森林；(2)草地草原；(3)古树古木；(4)珍稀生物；(5)植物生态类群；(6)动物群栖息地；(7)物候季相景观；(8)其他生物景观
二、人文景源	1. 园景	(1)历史名园；(2)现代公园；(3)植物园；(4)动物园；(5)庭宅花园；(6)专类游园；(7)陵园墓园；(8)其他园景
	2. 建筑	(1)风景建筑；(2)民居宗祠；(3)文娱建筑；(4)商业服务建筑；(5)宫殿衙署；(6)宗教建筑；(7)纪念建筑；(8)公交建筑；(9)工程构筑物；(10)其他建筑
	3. 胜迹	(1)遗址遗迹；(2)摩崖题刻；(3)石窟；(4)雕塑；(5)纪念地；(6)科技工程；(7)游娱文体场地；(8)其他胜迹
	4. 风物	(1)节假庆典；(2)民族民俗；(3)宗教礼仪；(4)神话传；(5)民间文艺；(6)地方人物；(7)地方物产；(8)其他风物

注：摘自《风景名胜区规划规范》（GB 50298—1999）。

2. 风景资源评价原则

① 扎实做好现场踏勘工作，认真研究相关文献资料，以便为风景资源评价打好基础。

② 风景资源评价应采取定性概括与定量分析相结合、主观与客观评价相结合的方法，对风景资源进行综合评估。

③ 根据风景资源的类别及其组合特点，选择适当的评价单元和评价指标。对独特或濒危景源，宜作单独评价。

3. 风景资源评价方法

风景资源的评价，有两种常用的方法，即定性评价和定量评价。

（1）定性评价　定性评价是比较传统的评价方法，侧重于经验概括，具有整体思维的观念，往往抓住风景资源的显著特点，采用艺术化的语言进行概括描述，例如"桂林山水甲天下"、"登泰山而小天下"、"华山天下雄"、"青城天下幽"、"武陵源的山，九寨沟的水"等等。这样的评价比较形象生动，富有艺术感染力，但是也有很大的局限性，比较突出的是缺乏严格统一的评价标准，可比性差；评价语言偏重于文学描述，主观色彩较浓，经常带有不切实际的夸大成分。

（2）定量评价　定量评价侧重于数量统计分析，一般事先提出一套评价指标（因子）体系，再根据调查结果，对于风景资源进行赋值，然后计算各风景资源的得分，根据得分的多少评出资源的等级。定量评价方法具有明确统一的评价标准，易于操作，容易普及，但是也存在着一些缺陷：定量评价把资源的质量分解为几个单项的指标（因子），比较机械呆板，容易忽视资源的整体特征。

根据以上的分析可以看到，为了科学、准确、全面地评价风景资源，必须把定性评价和定量评价相互结合，缺一不可。在实际的工作中，可以定量评价为主，同时通过定性评价，整合、修正、反馈和检验定量评价工作的成果。

风景资源评价可以采用表 4-1-4 中的评价指标体系。

表 4-1-4　风景资源评价指标体系

综合评价层	赋值	项目评价层	权重	因子评价层
1. 景源价值 70	70～80	(1)欣赏价值 (2)科学价值 (3)历史价值 (4)保健价值 (5)游憩价值		①景感度②奇特度③完整度 ①科技值②科普值③科教值 ①年代值②知名度③人文值 ①生理值②心理值③应用值 ①功利性②舒适度③承受力
2. 环境水平 20	20～10	(1)生态特征 (2)环境质量 (3)设施状况 (4)监护管理		①种类值②结构值③功能值 ①要素值②等级值③灾变率 ①水电能源②工程管网③环保设施 ①监测机能②法规配套③机构设置
3. 利用条件 5	5	(1)交通通讯 (2)食宿接待 (3)客源市场 (4)运营管理		①便捷性②可靠性③效能 ①能力②标准③规模 ①分布②结构③消费 ①职能体系②经济结构③居民社会
4. 规模范围 5	5	(1)面积 (2)体量 (3)空间 (4)容量		

在使用表 4-1-4 时，不同层次的风景资源评价应该选择适宜的评价层指标。当对风景区或部分较大景区进行评价时，宜选用综合评价层指标；当对景点或景群进行评价时，宜选用项目评价层指标；当对景物进行评价时，宜在因子评价层指标中选择。

在确定评价指标的权重时，须关注有利于体现评价对象的景观特征，突出特色。例如在评价山水结合型风景区的风景资源时，应强调欣赏价值这个指标；在评价名胜古迹型的风景区时，则应加大历史价值的权重。

4. 风景资源分级

根据风景资源评价单元的特征，以及不同层次的评价指标得分和吸引力范围，把风景资源等级划分为特级、一级、二级、三级、四级。

① 特级景源应具有珍贵、独特、世界遗产价值和意义，有世界奇迹般的吸引力。

② 一级景源应具有珍贵、罕见、国家重点保护价值和国家代表性作用，在国内外著名和有国际吸引力。

③ 二级景源应具有重要、特殊、省级重点保护价值和地方代表性作用，在省内外闻名和有省际吸引力。

④ 三级景源应具有一定价值和游线辅助作用，具有市县级保护价值和相关地区的吸引力。

⑤ 四级景源应具有一般价值和构景作用，有本风景区或当地的吸引力。

5. 风景资源的空间分析

在对风景资源的数量、等级进行评价以后，还需要对风景资源的空间分布与组合状况进行分析，以便为后续的景区划分、游线组织等提供依据，这项工作可以结合风景资源分布与评价图来完成。主要任务是分析不同类型、不同等级的风景资源的空间分布状况，确定风景资源密集地区、风景资源类型组合丰富地区、高品位风景资源集中地区等典型区域。

6. 风景资源评价的结论

综合以上各项分析结果，对风景区的风景资源作出总结性评价，主要是评价风景资源的分项优势、劣势、潜力状态，概括风景资源的若干项综合特征，为风景区定性、发展对策、规划布局提供依据。

三、风景名胜区规划的程序

风景名胜区小者 $10km^2$ 以上，大者几百甚至上千平方公里，在这样大范围内将风景名胜有机地组织，安排好各项事业和工程设施是一项相当复杂的工作，所以风景名胜区规划一般分为总体规划、详细规划两个阶段进行。大型而又复杂的风景区，可以增编分区规划和景点规划，一些重点建设地段，也可以增编控制性详细规划或修建性详细规划。

从实际工作的步骤来看，风景名胜区规划工作分为资源调查分析、编制、规划大纲、总体规划、方案决策、管理实施规划编制、规划审批权限六个阶段。

1. 资源调查分析阶段

本阶段主要进行资源调查、资源分析、分类，并分别进行评价和收集基础资料汇编工作。编制规划工作除了收集规划所需的基础资料，对风景资源进行调查外，对风景资源的鉴定、评价、分级也是十分重要的，这不仅是为后阶段的规划大纲编制及总体规划提供有利依据，而且风景资源评价材料也是规划文件中的一个必要组成部分。

2. 编制规划大纲及论证阶段

本阶段工作是在充分了解基础资料的情况下，对风景区开发过程中的几个重大问题进行分析、论证。工作成果以文字为主，并有必要的现状与规划图纸。

3. 总体规划阶段

总体规划以已经评议审批过的规划大纲为依据，编制风景区总体规划说明书和绘制总体规划图纸，其编制说明书及图纸因各风景区的范围、等级、现状基础、服务对象、游人规模、开发程度的不同而有差异。

4. 方案决策阶段

此阶段的工作主要是政府部门组织有关专家，对各项专业规划方案进行专业评议，对总体规划方案进行综合评议，并做出技术鉴定报告，经修改后的总体规划文件再报有关部门审批、定案。

5. 管理实施规划编制阶段

此阶段是风景区建设及管理的规划，主要包括：管理体制的调整和设施的建设及人才规划；制订风景区保护管理条例及执行细则；旅游经营方式及导游组织方案的实施；各项建设的投资落实及设计方案制订；实施规划的具体步骤、计划及措施；经营管理体制及措施的建议规划。

6. 规划审批权限

风景区规划是一项综合性、政策性和技术性都很强的工作，必须在当地人民政府的领导下，广泛听取广大群众的意见，具体规划文件还要委托有经验的规划设计部门或科研部门及有资格的大专院校进行编制。

根据国家规定，各级风景名胜区规划的审批须按如下程序。

① 国家重点风景名胜区规划，由所在省、自治区、直辖市人民政府审查后，报国务院审批。

② 国家重点风景名胜区的详细规划，一般由所在省、自治区、直辖市建设厅（建委）审批，特殊重要的区域详细规划，经省级建设部门审查后报建设部审批。

③ 省级风景名胜区规划，由风景名胜区管理机构所在市、县人民政府审查后，报省、自治区、直辖市人民政府审批，并向建设部备案。

④ 市、县级风景名胜区规划，由风景名胜区管理机构所在的市、县城建部门审查后，报市、县人民政府审批，并向省级城乡建设主管部门备案。

⑤ 跨行政区的风景区规划，由有关政府联合审查上报审批。

⑥ 位于城市范围的风景名胜区规划，如果与城市总体规划的审批权限相同时，应当纳入城市总体规划，一并上报审批。

经批准后的规划文件，具有法律效应，必须严格执行，任何组织和个人不得擅自改变。主管部门或管理机构认为确实需要对性质、范围、总体布局、游览容量等作重大修改或者需要增建重大工程项目时，必须经过风景名胜区主管部门同意，报原受理审批的人民政府批准。

四、风景名胜区的规划布局

风景名胜区的规划布局，是一个战略统筹过程。该过程在规划界线内，将规划对象和规划构思通过不同的规划策略和处理方式，全面系统地安排在适当位置，为规划对象的各组成要素、组成部分均能共同发挥应有的作用，创造最优整体。

风景区的规划布局形态，既反映风景区各组成要素的分区、结构、地域等整体形态规律，也影响着风景区的有序发展及其与外围环境的关系。

1. 风景名胜区的规划布局原则

① 正确处理规划区局部、整体、外围三层次的关系；

② 风景区的总体空间布局与职能结构有机结合；

③ 调控布局形态对风景区有序发展的影响，为各组成要素和部分共同发挥作用创造满意条件；

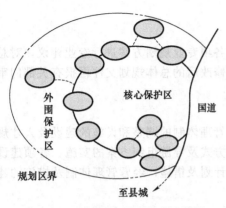

外围保护区

核心保护区

国道

规划区界

至县城

图 4-1-5 某风景名胜区的布局结构

④ 规划构思新颖,体现地方和自身特色。

风景名胜区的规划布局一般采用的形式有:集中型(块状)、线形(带状)、组团状(集团)、链珠形(串状)、放射形(枝状)、星座形(散点)等形态(图 4-1-5)。

2. 风景名胜区的基础资料和现状分析

(1)基础资料 基础资料应依据风景区的类型、特征和实际需要,提出相应的调查提纲和指标体系,进行统计和典型调查,同时应在多学科综合考察或深入调查研究的基础上,取得完整、正确的现状和历史基础资料,并做到统计口径一致或具有可比性。

基础资料调查类别,应符合表 4-1-5 的规定。

表 4-1-5 基础资料调查类别

大类	中类	小 类
一、测量资料	1. 地形图	小型风景区图纸比例为 1/2000～1/10000 中型风景区图纸比例为 1/10000～1/25000 大型风景区图纸比例为 1/25000～1/50000 特大型风景区图纸比例为 1/50000～1/200000
	2. 专业图	航片、卫片、遥感影像图、地下岩洞与河流测图、地下工程与管网等专业测图
二、自然与资源条件	1. 气象资料	温度、湿度、降水、蒸发、风向、风速、日照、冰冻等
	2. 水文资料	江河湖海的水位、流量、流速、流向、水量、水温、洪水淹没线;江河区的流域情况、流域规划、河道整治规划、防洪设施;滨海区的潮汐、海流、浪涛;山区的山洪、泥石流、水土流失等
	3. 地质资料	地质、地貌、土层、建设地段承载力;地震或重要地质灾害的评估;地下水存在形式、储量、水质、开采及补给条件
	4. 自然资源	景源、生物资源、水土资源、农林牧副渔资源、能源、矿产等资源的分布、数量、开发利用价值等资料;自然保护对象及地段
三、人文与经济条件	1. 历史与文化	历史沿革及变迁、文物、胜迹、风物、历史与文化保护对象及地段
	2. 人口资料	历史常住人口的数量、年龄构成、劳动构成、教育状况、自然增长与机械增长;服务职工和暂住人口及其结构变化;居民、职工、游人分布状况
	3. 行政区划	行政建制及区划、各类居民点及分布、城镇辖区、村界、乡界及其他相关地界
	4. 经济社会	有关经济社会发展状况、计划及其发展战略;风景区范围的国民生产总值、财政、产业产值状况;国土规划、区域规划、相关专业考察报告及其规划
	5. 企事业单位	主要农林牧副渔和科教文卫军与工矿企事业单位的现状及发展资料,风景区管理现状
四、设施与基础工程条件	1. 交通运输	风景区及其可依托的城镇的对外交通运输和内部交通运输的现状、规划及发展资料
	2. 旅游设施	风景区及其可以依托的城镇的旅行、游览、饮食、住宿、购物、娱乐、保健等设施的现状及发展资料
	3. 基础工程	水电气热、环保、环卫、防灾等基础工程的现状及发展资料
五、土地与其他资料	1. 土地利用	规划区内各类用地分布状况,历史上土地利用重大变更资料,土地资源分析评价资料
	2. 建筑工程	各类主要建筑物、工程物、园景、场馆场地等项目的分布状况、用地面积、建筑面积、体量、质量、特点等资料
	3. 环境资料	环境监测成果,三废排放的数量和危害情况;垃圾、灾变及其他影响环境的有害因素的分布及危害情况;地方病及其他有害公民健康的环境资料

（2）现状分析　对风景名胜区进行现状分析，主要包括以下几方面：

① 自然和历史人文特点；

② 各种资源的类型、特征、分布及其多重性分析；

③ 资源开发利用的方向、潜力、条件与利弊；

④ 土地利用结构、布局和矛盾的分析；

⑤ 风景区的生态、环境、社会与区域因素。

3. 风景名胜区的范围、性质与发展目标

（1）为便于总体布局、保护和管理，每个风景区必须有确定的范围和外围特定的保护地带。划定风景区范围的界限必须符合下列规定：

① 必须有明确的地形标志物为依托，既能在地形图上标出，又能在现场立桩标界；

② 地形图上的标界范围，应是风景区面积的计量依据；

③ 规划阶段的所有面积计量，均应以同精度的地形图的投影面积为准。

（2）风景区的性质应明确表述风景特征、主要功能、风景区级别三方面内容。

（3）风景区的发展目标应遵循以下原则

① 贯彻严格保护、统一管理、合理开发、永续利用的基本原则；

② 充分考虑历史、当代、未来三个阶段的关系，科学预测风景区发展的各种需求；

③ 因地制宜地处理人与自然的和谐关系；

④ 使资源保护和综合利用、功能安排和项目配置、人口规模和建设标准等各项主要目标，同国家与地区的社会经济技术发展水平、趋势及步调相适应。

4. 风景名胜区的人口构成

风景名胜区的人口构成如图 4-1-6 所示。

其中，住宿旅游人口是指在规划区内留宿一天以上的游客；当日旅游人口指当天离去的游客；直接服务人口指规划区内从事游览接待服务的职工；维护管理人口是指从事风景名胜区的环境卫生、市政公用、文化教育等工作的职工；职工抚养人口是指由职工抚养的家属及其他非劳动人口；居民是指规划区范围内未从事游览服务工作的本地居民。

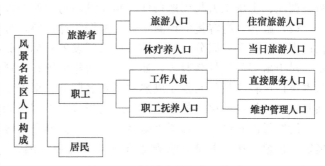

图 4-1-6　风景名胜区人口构成

5. 风景名胜区的规模与容量

（1）当地居民　在预测当地居民的规模时，不仅要考虑到居民自身的发展，还要充分考虑到风景区整体的发展要求。根据有关规划规范，当规划地区的居民人口密度在 50～100 人/km² 时，宜测定用地的居民容量；当规划地区的居民人口密度超过 100 人/km² 时，必须测定用地的居民容量。据统计，我国大多数风景区的居民密度超过 100 人/km²，需测定其范围内的居民容量。

测定风景区的居民容量，关键是要抓住影响最大的要素，如居民生活所必需的淡水、用地、相关设施等。可首先测算这些要素的可能供应量，再预测居民对这些要素的需求方式与数量，然后对两列数字进行对应分析估算，可以得知当地的淡水、用地、相关设施所允许容纳的居民数量。一般在上述三类指标中取最小指标作为当地的居民容量，各类型用地的指标统计及其生态原则见表 4-1-6、表 4-1-7 所示。

表 4-1-6　各类型用地的指标统计

(1) 游览用地 名称	(2) 计算面积 （m²）	(3) 计算指标 （m²/人）	(4) 一次性容量 （人/次）	(5) 日周转率 （次）	(6) 日游人容量 （人次/日）	(7) 备注

表 4-1-7　各类型用地的生态原则

生态分区	环境要素状况			利用与保护措施
	大气	水域	土壤植被	
危机区	×	×	×	应完全限制发展，并不再发生人为压力，实施综合的自然保育措施
	一或+	×	×	
	×	一或+	×	
	×	×	一或+	
不利区	×	一或+	一或+	应限制发展，对不利状态的环境要素要减轻其人为压力，实施针对性的自然保护措施
	一或+	×	一或+	
	一或+	一或+	×	
稳定区	一	一	+	要稳定对环境要素造成的人为压力，实施对其适用的自然保护措施
	一	+	一	
有利区	+	+	+	需规定人为压力的限度，根据需要而确定自然保护措施
	一	+	+	
	+	一	+	
	+	+	一	

注：×表示不利；一表示稳定；+表示有利。

　　风景区的居民容量是一个动态的数值，在一定的社会经济和科技发展条件下，当淡水资源与调配、土壤肥力与用地条件、相关设施与生产力发生变化时，会影响容量数值。

　　（2）游客　游客量的预测，需要根据统计资料，分析风景区历年的游客规模、结构、增长速率、时间和空间分布等，结合风景区发展目标、旅游市场趋向，进行市场分析和规模预测。对于新兴的风景名胜区，如果没有历年的统计资料，则可采取类比法进行预测，即选择基本条件比较类似的其他较成熟的风景名胜区，根据这些风景区的客源发展情况，进行类推预测。为了提高类比法的准确性，应选择多个类似风景区进行比较。

　　游客量的预测中，除了年游客总人次、高峰日游客量等主要指标以外，一个关键问题是确定床位数，床位数是影响服务设施规模的主要因素。床位数的确定一般采用下面的计算公式：

　　　　床位数＝平均停留天数×年住宿人数/年旅游天数×床位利用率

　　在缺乏基础数据的情况下，可以采用下面的近似计算公式，作粗略估算：

　　　　床位数＝现状高峰日住宿游人数＋年平均增长率×规划年数

　　（3）职工　风景区的直接服务人口可根据床位数进行测算，计算公式为：

　　　　直接服务人员＝床位数×直接服务人员与床位数比例

　　式中，直接服务人口与床位数比例一般取（1∶2）～（1∶10）。

　　风景区的维护管理人员以及职工抚养人口的规模测算，则可以借鉴城市规划中的劳动平衡法，即把直接服务人口看作城市的"基本人口"，然后确定一定的系数，推算出维护管理人员和职工抚养人口的数量。这个系数均确定，可以通过分析历年的人口统计资料，并结合其他风景区的经验数据来获得。

　　6. 风景名胜区的分区与结构

　　风景名胜区包含风景游赏、游览服务、科研教育、生态保护等多项功能，为了科学合理地配置各项功能和设施，首先需要对风景区进行规划分区。

规划分区的基本方法是选取一定的分区标准，按照规划对象的基本属性和主要特征进行空间分区，对于不同的分区，分别进行规划设计，实施相应的建设强度和管理制度。在规划分区中，应该突出各分区的特点，控制各分区的规模，并提出相应的规划措施；同时应注意解决好分区之间的分隔、过渡与联络关系；应尽量维护原有的自然单元、人文单元、线状单元的相对完整性。规划分区的大小、粗细、特点是随着规划深度而变化的，规划愈深则分区愈精细，分区规模愈小，各分区的特点也愈显简洁或单一，各分区之间的分隔、过渡、联络等关系的处理也趋向精细或丰富。

当需调节控制功能特征时，应进行功能分区；当需组织景观和游赏特征时，应进行景区划分；当需确定保护培育特征时，应进行保护区划分；在大型或复杂的风景区中，可以几种方法协调并用。

在风景名胜区的规划工作中，比较常用的是景区划分与功能分区这两种规划分区。

（1）景区划分　为了组织风景游赏活动，须进行景区划分。景区是风景名胜区内部相对独立的功能单元，景区的划分应当以下面的依据为指导。

① 风景资源特点及其空间组合特征。风景资源是风景区开发建设最基础的依托，景源特点及其空间组合特征决定了各个分区的功能方向，是景区划分最基本的依据。

② 景区之间以及景区与外部联系的便利程度。风景区的整体功能、风景区与外界的关系应当相互整合成为综合体。各景区之间及景区与外部的联系方式，以及内外联系的便利程度，是分区的基本依据之一。

③ 风景区游览线路设计和游览活动组织的要求。风景区的风景游赏功能要通过游览线路和游览活动组织来实现，但最终也要落实到各景区。在景区划分时，应当把游览线路设计和游览活动组织的要求作为依据之一。

④ 景区景点的开发时序。在风景区的实际开发建设工作中，考虑风景资源的持续利用，应当在不同阶段有不同的开发重点，在景区划分时需要考虑景区景点的开发时序。

（2）功能分区　风景名胜区的功能分区，应该综合考虑风景名胜区的性质、规模和特点。一般来说，风景名胜区按照其功能构成可以划分为以下几个区：核心（生态）保护区、游览区、住宿接待区、休疗养区、野营、商业服务区、文化娱乐区、行政管理区、职工生活区、居民生活区、农林生产区、农副业等，各分区之间的关系可用图4-1-7表示。

（3）风景名胜区的职能结构　不同的风景名胜区，具有不同的功能构成，相应形成不同的职能结构。风景区的职能结构可概括为三种基本类型。

① 单一型结构。在内容简单、功能单一的风景区，其构成主要是由风景游览欣赏对象组成的风景游赏系统，其结构为一个职能系统组成的单一型结构。这样的风景名胜区一般是地理位置远离城市、开发时间较短、设施基础薄弱。

② 复合型结构。在内容和功能均较丰富的风景区，其构成不仅有风景游赏对象，还有相应的旅行游览接待服务设施组成的旅游设施系统，其结构由风景游赏和旅游设施两大职能系统复合组成。

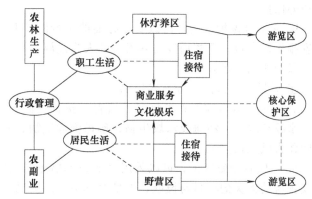

图 4-1-7　风景名胜区的功能结构关系

③ 综合型结构。在内容和功能均为复杂的风景区，其构成不仅有游赏对象、旅游设施，还有相当规模的居民生产、社会管理内容组成的居民社会系统，其结构应由风景游赏、旅游设施、居民社会三大职能系统综合组成。

风景名胜区的职能结构，涉及风景区的自我生存条件、发展动力、运营机制等关键问题，对风景名胜区的规划、实施管理和运行意义重大。对于单一性结构的风景名胜区，在规划中需要重点解决风景游憩组织和游览设施的配置布局。对于综合型结构的风景名胜区，则要特别注意协调风景游赏、居民生活、生态保护等各项功能与用地的关系；解决好游览服务设施的调整、优化与更新；发掘开发新的风景资源等。

五、风景名胜区专项规划

1. 保护与培育规划

（1）保护与培育规划内容　保护与培育规划是风景区专项保护与培育规划中的重要内容。规划应包括查清保护与培育资源，明确保护与培育的具体对象、划定保护与培育范围、确定保护与培育原则和措施等基本内容。保护与培育规划应依据本风景区的具体情况和保护对象的级别择优实行分类保护或分级保护，或两种方法并用，应协调处理保护培育、开发利用、经营管理的有机关系，加强引导性规划措施。

（2）分类保护　分类保护即将风景区内的保护对象分类，并按照该类别的特点执行不同的保护原则与措施。一般可分为生态保护区、自然景观保护区、史迹保护区、风景恢复区、风景游览区和发展控制区6类。

① 生态保护区的划分与保护规定

a. 对风景区内有科学研究价值或其他保存价值的生物种群及其环境，应划出一定的范围与空间作为生态保护区。

b. 在生态保护区内，可以配置必要的研究和安全防护性设施，应禁止游人进入，不得进行任何建筑设施，严禁机动交通及其设施进入。

② 自然景观保护区的划分与保护规定

a. 对需要严格限制开发行为的特殊天然景源和景观，应划出一定的范围与空间作为自然景观保护区。

b. 在自然景观保护区内，可以配置必要的步行游览和安全防护设施，宜控制游人进入，不得安排与其无关的人为设施，严禁机动交通及其设施进入。

③ 史迹保护区的划分与保护规定

a. 在风景区内各级文物和有价值的历代史迹遗址的周围，应划出一定的范围与空间作为史迹保护区。

b. 在史迹保护区内，可以安置必要的步行游览和安全防护设施，宜控制游人进入，不得安排旅宿床位，严禁增设与其无关的人为设施，严禁机动交通及其设施进入，严禁任何不利于保护的因素进入。

④ 风景恢复区的划分与保护规定

a. 对风景区内需要重点恢复、培育、抚育、涵养、保持的对象与地区，例如森林与植被、水源与水土、浅海及水域生物、珍稀濒危生物、岩溶发育条件等，宜划出一定的范围与空间作为风景恢复区。

b. 在风景恢复区内，可以采用必要技术措施与设施；应分别限制游人和居民活动，不得安排与其无关的项目与设施，严禁对其不利的活动。

⑤ 风景游览区的划分与保护规定

a. 对风景区的景物、景点、景群、景区等各级风景结构单元和风景游赏对象集中地，可以划出一定的范围与空间作为风景游览区。

b. 在风景游览区内，可以进行适度的资源利用行为，适宜安排各种游览欣赏项目；应分级限制机动交通及旅游设施的配置，并分级限制居民活动进入。

⑥ 发展控制区的划分与保护规定

a. 在风景区范围内，对上述五类保育区以外的用地与水面及其他各项用地，均应划为发展控制区。

b. 在发展控制区内，可以准许原有土地利用方式与形态，可以安排同风景区性质与容量相一致的各项旅游设施及基地，可以安排有序的生产、经营管理等设施，应分别控制各项设施的规模与内容。

（3）分级保护　风景保护的分级是以保护对象的价值和级别特征为依据，结合土地利用方式而划分相应级别的保护区。应包括特级保护区、一级保护区、二级保护区和三级保护区4级内容。

在做风景区保护与培育规划时，应注意协调处理保护培育、开发利用、经营管理的有机关系；应加强引导性规划措施。

① 特级保护区的划分与保护规定

a. 风景区内的自然保护核心区以及其他不应进入游人的区域应划为特级保护区。

b. 特级保护区应以自然地形地物为分界线，其外围应有较好的缓冲条件，在区内不得进行任何建筑设施。

② 一级保护区的划分与保护规定

a. 在一级景点和景物周围应划出一定范围与空间作为一级保护区，宜以一级景点的视域范围作为主要划分依据。

b. 一级保护区内可以安置必需的步行游赏道路和相关设施，严禁建设与风景无关的设施，不得安排旅宿床位，机动交通工具不得进入此区。

③ 二级保护区的划分与保护规定

a. 在景区范围内，以及景区范围之外的非一级景点和景物周围应划为二级保护区。

b. 二级保护区内可以安排少量旅宿设施，但必须限制与风景游赏无关的建设，应限制机动交通工具进入本区。

④ 三级保护区的划分与保护规定

a. 在风景区范围内，对以上各级保护区之外的地区应划为三级保护区。

b. 在三级保护区内，应有序控制各项建设与设施，并应与风景环境相协调。

2. 风景游赏规划

风景游赏规划是风景区规划的主体部分，通常包括景观特征分析和景象展示构思、游赏项目组织、风景结构单元组织、游线与游程安排等内容。

（1）景观特征分析和景象展示构思　风景名胜区内景观丰富多样、各具特点，需要通过景观特征分析，发掘和概括其中最具特色与价值的景观主体，并通过景象展示构思，找到展示给观赏者的最佳手段和方法。风景名胜区内一般常见的景观主题可分为以下几类。

① 以眺望为主的景观。这类景观以登高俯视远望为主，如黄山清凉台是观日出云海的理想之处，泰山日观峰可远望东海日出景观等。

② 以水景为主的景观。这类景观主要指包括溪水、泉水、瀑布、水潭等景观主题，如黄果树瀑布的瀑景、杭州的虎跑泉、无锡鼋头渚等。

③ 以山景为主的景观。这类景观以突出的山峰、石林、山洞等作为主要的观赏主题，

如桂林独秀峰、黄山天都峰、庐山五老峰等。

④ 以植物为主的景观。这类景观以观赏富有特色的植物群落或古树名木为主题，如北京香山红叶林、黄山迎客松、无锡梅园等景观。

⑤ 以珍奇的自然景观为主的景观。主要指由于古地质现象遗留的痕迹或者由于气象原因形成的独特景观，如庐山"飞来石"（第四纪冰川搬运的巨砾），峨眉山的"佛光"等景观。

⑥ 以历史古迹为主的景观。我国的风景名胜区，拥有丰富的历史文化遗存，具有重要的文化价值，如武当山金顶、龙虎山岩棺、四川都江堰等。

（2）游赏项目组织　游赏项目的组织，应遵循"因地因时、因景制宜"和突出特色这两个基本原则。同时，充分考虑风景资源特点、用地条件、游客需求、技术要求和地域文化等因素，选择协调适宜的游赏活动项目。

风景名胜区内通常开展的游赏项目见表 4-1-8。

表 4-1-8　风景名胜区游赏项目

游 赏 类 别	游 赏 项 目
1. 野外游憩	①休闲散步②郊游野游③垂钓④登山攀岩⑤骑驭
2. 审美欣赏	①览胜②摄影③写生④寻幽⑤访古 ⑥寄情⑦鉴赏⑧品评⑨写作⑩创作
3. 科技教育	①考察②探胜探险③观测研究④科普⑤教育 ⑥采集⑦寻根回归⑧文博展览⑨纪念⑩宣传
4. 娱乐体育	①游戏娱乐②健身③演艺④体育⑤水上水下运动 ⑥冰雪活动⑦沙草场活动⑧其他体智技能运动
5. 休养保健	①避暑避寒②野营露营③休养④疗养⑤温泉浴 ⑥海水浴⑦泥沙浴⑧日光浴⑨空气浴⑩森林浴
6. 其他	①民俗节庆②社交聚会③宗教礼仪④购物商贸⑤劳作体验

（3）风景单元组织　对于风景单元的组织，我国传统的方法是选择与提炼若干个景致，作为某个风景区的典型与代表，并命名为"某某八景"，"某某十景"或"某某二十四景"等。这个方法的好处是形象生动，特色鲜明，容易产生较好的宣传效果，但是往往也缺乏科学性和合理性，不能很好地发挥实际的景观组织作用。

风景单元的组织可划分为两个层次。对于景点的组织，应包括景点的构成内容、特征、范围、容量；景点的主、次、配景和游赏序列组织；景点的设施配备；景点规划一览表等内容。对于景区组织，主要应包括：景区的构成内容、特征、范围、容量；景区的结构布局、主景、景观多样化组织；景区的游赏活动和游线组织；景区的设施和交通组织要点等内容。

（4）游览组织与线路设计　风景资源的美，需要有人进入其中直接感受才能获得。要使游人获得良好的游览效果，需要精心进行游览组织和线路设计。

在游览组织中，不同的景象特征要选择与之相适应的游览方式。这些游赏方式可以是静赏、动观、登山、涉水、探洞，也可以是步行、乘车、坐船、骑马等，需要根据景观的特点、游人的偏好和自身条件来选择。在游览组织中，还要注意调动各种手段来突出景象高潮和主题区段的感染力，注意空间上的层层进深、穿插贯通，景象上的主次景设置、借景配景，时间速度上的景点疏密、展现节奏，景感上的明暗色彩、比拟联想，手法上的掩藏显露、呼应衬托等。

（5）游程安排　游程安排应由游赏内容、游览时间、游览距离限定。游程的确定宜符合下列规定。

① 一日游：不需住宿，当日往返；

② 二日游：住宿一夜；

③ 多日游：住宿二夜以上。

3. 典型景观规划

风景区应依据其主体特征景观或有特殊价值的景观进行典型景观规划。应包括典型景观的特征与作用分析；规划原则与目标；规划内容、项目、设施与组织；典型景观与风景区整体关系等内容。主要有植物景观规划、建筑景观规划、溶洞景观规划、竖向（山水）景观规划等项目。

典型景观规划必须保护景观本体及其环境，保持典型景观的永续利用；应充分挖掘与合理利用典型景观的特征及价值，突出特点，组织适宜的游赏项目与活动；应妥善处理典型景观与其他景观的关系。

（1）植物景观规划　植物景观规划应符合以下规定。

① 维护原生种群和区系，保护古树名木和现有大树，培育地带性树种和特有植物群落；

② 因地制宜地恢复、提高植被覆盖率，以适地适树的原则扩大林地，发挥植物的多种功能优势，改善风景区的生态和环境；

③ 利用和创造多种类型的植物景观或景点，重视植物的科学意义，组织专题游览环境和活动；

④ 对各类植物景观的植被覆盖率、林木郁闭度、植物结构、季相变化、主要树种、地被与攀援植物、特有植物群落、特殊意义植物等，应有明确的分区分级的控制性指标及要求；

⑤ 植物景观分布应同其他内容的规划分区相互协调；在旅游设施和居民社会用地范围内，应保持一定比例的高绿地率或高覆盖率控制区。

（2）建筑景观规划　建筑景观规划应符合以下规定。

① 应维护一切有价值的原有建筑及其环境，严格保护文物类建筑，保护有特点的民居、村寨和乡土建筑及其风貌；

② 风景区的各类新建筑，应服从风景环境的整体需求，不得与大自然争高低，在人工与自然协调融合的基础上，创造建筑景观和景点；

③ 建筑布局与相地立基，均应因地制宜，充分顺应和利用原有地形，尽量减少对原有地物与环境的损伤或改造；

④ 对风景区内各类建筑的性质与功能、内容与规模、标准与档次、位置与高度、体量与体形、色彩与风格等，均应有明确的分区分级控制措施；

⑤ 在景点规划或景区详细规划中，对主要建筑宜提出：总平面布置、剖面标高、立面标高总框架，同自然环境和原有建筑的关系等四项控制措施。

（3）溶洞景观规划　溶洞景观规划应符合以下规定。

① 必须维护岩溶地貌、洞穴体系及其形成条件，保护溶洞的各种景物及其形成因素，保护珍稀、独特的景物及其存在环境；

② 在溶洞功能选择与游人容量控制、游赏对象确定与景象意趣展示、景点组织与景区划分、游赏方式与游线组织、导游与赏景点组织等方面，均应遵循自然与科学规律及其成景原理，兼顾洞景的欣赏、科学、历史、保健等价值，有度有序地利用与发挥洞景潜力，组织适合本溶洞特征的景观特色；

③ 应统筹安排洞内与洞外景观，培育洞顶植被，禁止对溶洞自然景物滥施人工；

④ 溶洞的石景与土石方工程、水景与给排水工程、交通与道桥工程、电源与电缆工程、防洪与安全设备工程等，均应服从风景整体需求，并同步规划设计；

⑤ 对溶洞的灯光与灯具配置、导游与电器控制，以及光象、音响、卫生等因素，均应有明确的分区分级控制要求及配套措施。

（4）竖向地形规划　竖向地形规划应符合以下规定。

① 维护原有地貌特征和地景环境，保护地质珍迹、岩石与基岩、土层与地被、水体与水系，严禁炸山采石取土、乱挖滥填盲目整平、剥离及覆盖表土，防止水土流失、土壤退化、污染环境；

② 合理利用地形要素和地景素材，应随形就势、因高就低地组织地景特色，不得大范围地改变地形或平整土地，应把未利用的废弃地、洪泛地纳入治山理水范围加以规划利用；

③ 对重点建设地段，必须实行在保护中开发、在开发中保护的原则，不得套用"几通一平"的开发模式，应统筹安排地形利用、工程补救、水系修复、表土恢复、地被更新、景观创意等各项技术措施；

④ 有效保护与展示大地标志物、主峰最高点、地形与测绘控制点，对海拔高度高差、坡度坡向、海河湖岸、水网密度、地表排水与地下水系、洪水潮汐淹没与浸蚀、水土流失与崩塌、滑坡与泥石流灾变等地形因素，均应有明确的分区分级控制；

⑤ 竖向地形规划应为其他景观规划、基础工程、水体水系流域整治及其他专项规划创造有利条件，并相互协调。

4. 服务设施规划

旅行游览接待服务设施规划应包括游人与游览设施现状分析、客源分析预测与游人发展规模的选择、游览设施配备与直接服务人口估算、旅游基地组织与相关基础工程、游览设施系统及其环境分析等五部分。

游人现状分析，应包括游人的规模、结构、递增率、时间和空间分布及其消费状况。游览设施现状分析，应表明供需状况、设施与景观及其环境的相互关系。客源分析与游人发展规模选择应分析客源地的游人数量与结构、时空分布、出游规律、消费状况等；分析客源市场发展方向和发展目标；应预测本地区游人、国内游人、海外游人递增率和旅游收入；同时合理的年、日游人发展规模不得大于相应的游人容量。

（1）游览设施规划原则

① 因地制宜原则。选择适宜的基地，安排相应的游览设施建设，尽量利用现有的设施基础，进行改建、更新或提升。

② 相对集中与适当分散相结合的原则。相对集中有利于提高基础设施效能、土地使用效能和旅游服务的效益；相对分散则便于游人在景区内享受到服务。

③ 与需求相适应的原则。游览设施的配备，既要满足游人的需要，也要适应景区和设施自身管理的要求，并考虑必要的弹性或利用系数，合理、协调地配备相应类型、相应级别、相应规模的游览设施。

④ 分期建设的原则。根据风景区的布局和总体发展要求，考虑投资、基础设施建设和营运的时空特点，对游览设施实行分期分批建设。

（2）游览设施的类型与分级配置　游览设施主要包括旅行、游览、饮食、住宿、购物、娱乐、保健和其他等八类相关设施。规划须依据风景区、景区、景点的性质与功能，游人规模与结构，以及用地、淡水、环境等条件，配备相应种类、级别、规模的设施项目。

游览设施要发挥应有效能，就要有相应的级配结构和合理的定位布局，并能与风景游赏和居民社会两个职能系统相互协调。根据设施内容、规模大小、等级标准的差异，通常可以组成五级旅游设施基地，其中：

① 服务部的规模最小，其标志性特点是没有住宿设施，其他设施也比较简单，可以根

据需要而灵活配置。

② 旅游点的规模虽小，但已开始有住宿设施，其床位常控制在数十个以内，可以满足简易的游览服务需求。

③ 旅游村或度假村已有比较齐全的行、游、食、宿、购、娱、健等各项设施，其床位常以百计，可以达到规模经营，需要比较齐全的基础工程与之相配套。旅游村可以独立设置，可以三五集聚而成旅游村群，也可以依托在其他城市或村镇。

④ 旅游镇已相当于建制镇的规模，有基本健全的行、游、食、宿、购、娱、健等各类设施，其床位常在数千以内，并有比较健全的基础设施相配套，有完整的居民社会组织系统。旅游镇可以独立设置，也可以依托在其他城镇或为其中的一个镇区，如庐山的牯岭镇，衡山的南岳镇等。

⑤ 旅游城已相当于县城的规模，有完整的行、游、食、宿、购、娱、健等设施，其床位规模可以近万，并有基础设施相配套，所包含的居民社会组织系统完善。旅游城很少独立设置，常与县城并联或合成一体，也可以成为大城市的卫星城或相对独立的一个区，例如漓江与阳朔，苍山洱海与大理古城等。

各级设施基地应配备的游览设施见表4-1-9。

表 4-1-9 游览设施分级配备表

设施类型	设施项目	服务部	旅游点	旅游村	旅游镇	旅游城	备 注
旅行	1. 非机动交通	▲	▲	▲	▲	▲	步道、马道、自行车道、存车、修理
	2. 邮电通信	△	△	▲	▲	▲	话亭、邮亭、邮电所、邮电局
	3. 机动车船	×	△	△	▲	▲	车站、车场、码头、油站、道班
	4. 火车站	×	×	×	△	△	对外交通,位于风景区外缘
	5. 机场	×	×	×	×	△	对外交通,位于风景区外缘
游览	1. 导游小品	▲	▲	▲	▲	▲	标示、标志、公告牌、解说图片
	2. 休憩庇护	△	▲	▲	▲	▲	座椅桌、风雨亭、避难屋、集散点
	3. 环境卫生	△	▲	▲	▲	▲	废弃物箱、公厕、盥洗处、垃圾站
	4. 宣讲咨询	×	△	△	▲	▲	宣讲设施、模型、影视、游人中心
	5. 公安设施	×	△	△	▲	▲	派出所、公安局、消防站、巡警
饮食	1. 饮食点	▲	▲	▲	▲	▲	冷热饮料、乳品、面包、糕点、糖果
	2. 饮食店	△	▲	▲	▲	▲	包括快餐、小吃、野餐烧烤点
	3. 一般餐厅	×	△	△	▲	▲	饭馆、饭铺、食堂
	4. 中级餐厅	×	×	△	△	▲	有停车车位
	5. 高级餐厅	×	×	×	△	▲	有停车车位
住宿	1. 简易旅宿点	×	▲	▲	▲	▲	包括野营点、公用卫生间
	2. 一般旅馆	×	△	▲	▲	▲	六级旅馆、团体旅舍
	3. 中级旅馆	×	×	▲	▲	▲	四五级旅馆
	4. 高级旅馆	×	×	△	▲	▲	二三级旅馆
	5. 豪华旅馆	×	×	△	△	▲	一级旅馆
购物	1. 小卖部、商亭	▲	▲	▲	▲	▲	
	2. 商摊集市墟场	×	△	△	▲	▲	集散有时、场地稳定
	3. 商店	×	△	△	▲	▲	包括商业买卖街、步行街
	4. 银行、金融	×	×	△	△	▲	储蓄所、银行
	5. 大型综合商场	×	×	×	△	▲	

设施类型	设施项目	服务部	旅游点	旅游村	旅游镇	旅游城	备　注
娱乐	1. 文博展览	×	△	△	▲	▲	文化、图书、博物、科技、展览等馆
	2. 艺术表演	×	△	△	▲	▲	影剧院、音乐厅、杂技场、表演场
	3. 游戏娱乐	×	×	△	△	▲	游乐场、歌舞厅、俱乐部、活动中心
	4. 体育运动	×	×	△	△	▲	室内外各类体育活动健身竞赛场地
	5. 其他游娱文体	×	×	×	△	△	其他游娱文体台站团体训练基地
保健	1. 门诊所	△	△	▲	▲	▲	无床位、卫生站
	2. 医院	×	×	△	▲	▲	有床位
	3. 救护站	×	×	△	△	△	无床位
	4. 休养度假	×	×	×	△	△	有床位
	5. 疗养	×	×	×	×	▲	有床位
其他	1. 审美欣赏	▲	▲	▲	▲	▲	景观、寄情、鉴赏、小品类设施
	2. 科技教育	△	△	▲	▲	▲	观测、试验、科教、纪念设施
	3. 社会民俗	×	×	△	△	▲	民俗、节庆、乡土设施
	4. 宗教礼仪	×	×	△	△	△	宗教设施、坛庙堂祠、社交礼制设施
	5. 宜配新项目	×	△	△	△	△	演化中的德智体技能和功能设施

注：限定说明：禁止设置×；可设置△；应该设置▲。

（3）游览设施的布局　游览设施的布局一般有以下几种形式。

① 分散布局。游览设施分散布置在各个风景点附近，这样布置的好处是方便游客使用，但是不利于管理，基础设施不经济或缺乏基础设施，设施的整体经营效果不佳，且极易降低景观的品质，极易导致开发性的破坏。

② 分片布局。即把各种等级或者各种类型的游览设施分片布置在若干特定的地段，相对集中，这样布置便于管理，但有时会造成服务区的功能呆板或配置不合理。

③ 集中布局。在风景区内或城镇边缘，集中开发建设旅游接待区，这样布置的优点很多，如服务区功能比较完善、综合接待能力强、用地效率高、便于管理等。从经营管理角度来看，这样布局是较佳方式。但是，集中布局也有不足之处：首先，设施集中在服务基地，游客在游览过程中使用不便；另外，村镇的景观环境现状，要适应旅游的要求，整治任务艰巨。

综合以上的分析，风景区的设施布局要因地制宜，综合统筹。

5. 基础设施规划

风景区基础工程设施，涉及交通运输、道路桥梁、邮电通信、给水排水、电力热力、燃气燃料、防洪防火、环保环卫等多种基础工程。其中，大多数已有各自专业的国家或行业技术标准与规范。在规划中，必须严格遵照这些标准规范执行。

（1）风景区的基础设施规划　在风景区的基础设施规划中，还要符合下面的基本原则。

① 符合风景区保护、利用、管理的要求。

② 合理利用地形，因地制宜地选线，同当地景观和环境相配合，同风景区的特征、功能、级别和分区相适应，不得损坏景源、景观和风景环境。

③ 要确定合理的配套工程、发展目标和布局，并进行综合协调。

④ 对需要安排的各项工程设施的选址和布局提出控制性建设要求。

⑤ 对于大型工程或干扰性较大的工程项目，如隧道、缆车、索道等项目，必须进行专项景观论证、生态与环境敏感性分析，并提交环境影响评价报告。

（2）风景名胜区交通规划　风景区交通规划，应分为对外交通和内部交通两方面内容。应进行各类交通流量和设施的调查、分析、预测，提出各类交通存在的问题及其解决措施等内容。

① 对外交通应要求快速便捷，布置于风景区以外或边缘地区；

② 内部交通应具有方便可靠和适合风景区特点，并形成合理的网络系统；

③ 对内部交通的水、陆、空等机动交通的种类选择、交通流量、线路走向、场站码头及其配套设施，均应提出明确而有效的控制要求和措施。

（3）风景名胜区道路规划　风景名胜区道路规划，应符合以下规定：

① 合理利用地形，因地制宜地选线，同当地景观和环境相配合；

② 对景观敏感地段，应用直观透视演示法进行检验，提出相应的景观控制要求；

③ 不得因追求某种道路等级标准而损伤景源与地貌，不得损坏景物和景观；

④ 应避免深挖高填，因道路通过而形成的竖向创伤面的高度或竖向砌筑面的高度，均不得大于道路宽度，并应对创伤面提出恢复性补救措施。

（4）风景区邮电通信规划　风景区邮电通信规划，应提供风景区内外通信设施的容量、线路及布局，并应符合以下规定：

① 各级风景区均应配备能与国内联系的通信设施；

② 国家级风景区还应配备能与海外联系的现代化通信设施；

③ 在景点范围内，不得安排架空电线穿过，宜采用隐蔽工程。

（5）风景区给水排水规划　风景区给水排水规划，应包括现状分析，给、排水量预测，水源地选择与配套设施，给、排水系统组织，污染源预测及污水处理措施，工程投资匡算。给、排水设施布局还应符合以下规定：

① 在景点和景区范围内，不得布置暴露于地表的大体量给水和污水处理设施；

② 在旅游村镇和居民村镇宜采用集中给水、排水系统，主要给水设施和污水处理设施可安排在居民村镇及其附近。

（6）风景区供电规划　风景区供电规划，应提供供电及能源现状分析、负荷预测、供电电源点和电网规划三项基本内容，并应符合以下规定：

① 在景点和景区内不得安排高压电缆和架空电线穿过；

② 在景点和景区内不得布置大型供电设施；

③ 主要供电设施宜布置于居民村镇及其附近。

6. 土地利用协调规划

风景名胜区土地利用协调规划的主要目的是综合协调、有效控制各种土地利用方式，一般包括三方面内容，即用地评估、现状分析、协调规划。

用地评估，主要包括对土地资源的特点、数量、质量与潜力进行综合评估或专项评估，为估计土地利用潜力、确定规划目标、平衡用地矛盾及土地开发提供依据。其中，专项评估是以某一种专项的用途或利益为出发点，例如分等评估、价值评估、因素评估等；综合评估可在专项评估的基础上进行，它是以所有可能的用途或利益为出发点，在一系列自然和人文因素方面，对用地进行可比的规划评估。一般按其可利用程度分为有利、不利和比较有利等三种地区、地段或地块，并在地形图上表示。

土地利用现状分析，是在风景区的自然、社会经济条件下，对全区各类土地的不同利用方式及其结构所做的分析，包括风景、社会、经济三方面效益的分析。通过分析，总结其土地利用的变化规律及保护、利用和管理上存在的问题。

土地利用协调规划，是在土地资源评估、土地利用现状分析、土地利用策略研究的基础上，根据规划的目标与任务，对各种用地进行需求预测和反复平衡，拟定各种用地指标，编制规划方案和编绘规划图纸。规划图纸的主要内容为土地利用分区，风景区的土地利用分区是控制和调整各类用地，协调各种用地矛盾，限制不适当开发利用行为，实施宏观控制管理的基本依据和手段。在土地利用协调规划中，需要遵循下列基本原则。

① 突出风景区土地利用的重点与特点，扩大风景区用地；
② 保护风景游赏地、林地、水源地和优良耕地；
③ 因地制宜地合理调整土地利用分区，发展符合风景区特征的土地利用方式与结构。

风景区的用地分类应按土地使用的主导性质进行划分，应符合表 4-1-10 的规定。土地利用规划应扩展甲类用地，控制乙类、丙类、丁类、庚类用地，缩减癸类用地。

表 4-1-10　风景名胜区土地利用分类及规划限定表

类别代号 (大类)	类别代号 (中类)	用地名称	范围	规划限定
甲		风景游赏用地	游览欣赏对象集中区的用地，向游人开放	▲
	甲1	风景点建设用地	各级风景结构单元（如景物、景点、景群、园院、景区等）的用地	▲
	甲2	风景保护用地	独立于景点以外的自然景观、史迹、生态等保护区用地	▲
	甲3	风景恢复用地	独立于景点以外的需要重点恢复、培育、涵养和保持的对象用地	▲
	甲4	野外游憩用地	独立于景点之外，人工设施较少的大型自然露天游憩场所	▲
	甲5	其他观光用地	独立于上述四类用地之外的风景游赏用地，如宗教、风景林地等	△
乙		游览设施用地	直接为游人服务而又独立于景点之外的旅行游览接待服务设施用地	▲
	乙1	旅游点建设用地	独立设置的各级旅游基地（如组、点、村、镇、城等）的用地	▲
	乙2	游娱文体用地	独立于旅游点外的游戏娱乐、文化体育、艺术表演用地	▲
	乙3	休养保健用地	独立设置的避暑避寒、休养、疗养、医疗、保健、康复等用地	▲
	乙4	购物商贸用地	独立设置的商贸、金融保险、集贸市场、食宿服务等设施用地	△
	乙5	其他游览设施用地	上述四类之外，独立设置的游览设施用地，如公共浴场等用地	△
丙		居民社会用地	间接为游人服务而又独立设置的居民社会、生产管理等用地	△
	丙1	居民点建设用地	独立设置的各级居民点（如组、点、村、镇、城等）的用地	△
	丙2	管理机构用地	独立设置的风景区管理机构、行政机构用地	▲
	丙3	科技教育用地	独立地段的科技教育用地，如观测科研、广播、职教等用地	△
	丙4	工副业生产用地	为风景区服务而独立设置的各种工副业及附属设施用地	△
	丙5	其他居民社会用地	如殡葬设施等	○
丁		交通与工程用地	风景区自身需求的对外、内部交通通信与独立的基础工程用地	▲
	丁1	对外交通通信地	风景区入口同外部沟通的交通用地，位于风景区外缘	▲
	丁2	内部交通通信地	独立于风景点、旅游点、居民点之外的风景区内部联系交通	▲
	丁3	供应工程用地	独立设置的水、电、气、热等工程及其附属设施用地	△
	丁4	环境工程用地	独立设置的环保、环卫、水保、垃圾、污物处理设施用地	△
	丁5	其他工程用地	如防洪水利、消防防灾、工程设施、养护管理设施等工程用地	△
戊		林地	生长乔木、竹类、灌木、沿海红树林等林木的土地，风景林不包括在内，有林地，郁闭度大于 30% 的林地	△
	戊1	成林地	有林地，郁闭度大于 30% 的林地	△

类别代号 大类	类别代号 中类	用地名称	范　围	规划限定
戊	戊2	灌木林	覆盖度大于40%的灌木林地	△
	戊3	苗圃	固定的育苗地	△
	戊4	竹林	生长竹类的林地	△
	戊5	其他林地	如迹地、未成林造林地、郁闭度小于30%的林地	○
己		园地	种植以采集果、叶、根、茎为主的集约经营的多年生植物	△
	己1	果园	种植果树的园地	△
	己2	桑园	种植桑树的园地	△
	己3	茶园	种植茶园的园地	○
	己4	胶园	种植橡胶树的园地	△
	己5	其他园地	如花圃苗圃、热作园地及其他多年生物园地	○
庚		耕地	种植农作物的土地	○
	庚1		种植蔬菜为主的耕地	○
	庚2	水浇地	指水田菜地以外、一般年景能正常生长灌溉的耕地	○
	庚3	水田	种植水生作物的耕地	○
	庚4	旱地	无灌溉设施、靠降水生长作物的耕地	○
	庚5	其他耕地	如季节性、一次性使用的耕地、望天田等	○
辛		草地	生长各种草本植物为主的土地	△
	辛1	天然牧草地	用于放牧或割草的草地、花草地	○
	辛2	改良牧草地	采用灌排水、施肥、松耙、补植进行改良的草地	○
	辛3	人工牧草地	人工种植牧草的草地	○
	辛4	人工草地	人工种植铺装的草地、草坪、花草地	△
	辛5	其他草地	如荒草地、杂草地	△
壬		水域	未列入各景点或单位的水域	△
	壬1	江、河		△
	壬2	海域	海湾	△
	壬3	海域	海湾	△
	壬4	滩涂	包括沼泽、水中苇地	△
	壬5	其他水域用地	冰川及永久积雪地、沟渠水工建筑地	△
癸		滞留用地	非风景区需求，但滞留在风景区内的各项用地	×
	癸1	滞留工厂仓储用地		×
	癸2	滞留事业单位用地		×
	癸3	滞留交通工程用地		×
	癸4	未利用地	因各种原因尚未使用的土地	○
	癸5	其他滞留用地		×

注：规划限定说明：应该设置▲；可以设置△；可保留不宜新置○；禁止设置×。

7. 居民社会调控规划

凡具有居民点的风景区，应编制居民点调控规划；凡含有一个乡或镇以上的风景区，必须编制居民社会系统规划。

居民社会调控规划应包括现状、特征与趋势分析；人口发展规模与分析；经营管理与社会组织；居民点性质、职能、动因特征和分析；用地方向与规划布局；产业和劳力发展规划等内容。

居民社会调控规划应遵循下列基本原则：

① 严格控制人口规模，建立适合风景区特点的社会运转机制；

② 建立合理的居民点或居民点系统；

③ 引导淘汰型产业的劳力合理转向。

居民社会调控规划应科学预测和严格限定各种常住人口规模及其分布的控制性指标；应

根据风景区需要划定无居民区、居民衰减区和居民控制区。

居民点系统规划，应与城市规划和村镇规划相互协调，对已有的城镇和村点提出调整要求，对拟建的旅游村、镇和管理基地提出控制性规划纲要。

对农村居民点应划分为搬迁型、缩小型、控制型和聚居型等四种基本类型，并分别控制其规模布局和建设管理措施。

居民社会用地规划严禁在景点和景区内安排工业项目、城镇建设和其他企事业单位用地，不得在风景区内安排有污染的工副业和有碍风景的农业生产用地，不得破坏林木而安排建设项目。

8. 经济发展引导规划

经济发展引导规划应以国民经济和社会发展规划、风景与旅游发展战略为基本依据，形成独具风景区特征的经济运行条件。

经济发展引导规划应包括经济现状调查与分析、经济发展的引导方向、经济结构及其调整、空间布局及其控制、促进经济合理发展的措施等内容。

风景区经济引导方向，应以经济结构和空间布局的合理化结合为原则，提出适合风景区经济发展的模式及保障经济持续发展的步骤和措施。

（1）经济结构的合理化

① 明确各主要产业的发展内容、资源配置、优化组合及其轻重缓急变化；

② 明确旅游经济、生态农业和工副业的合理发展途径；

③ 明确经济发展应有利于风景区的保护、建设和管理。

（2）空间布局合理化

① 明确风景区内部经济、风景区周边经济、风景区所在地经济等三者的空间关系和内在联系；应有节律的调控区内经济、发展边缘经济、带动地区经济；

② 明确风景区内部经济的分区分级控制和引导方向；

③ 明确综合农业生产分区、农业生产基地、工副业布局及其与风景保护区、风景游览地、旅游基地的关系。

9. 分期发展规划

风景区总体规划分期规定为 3 个阶段：第一期或近期规划为 5 年以内；第二期或远期规划为 5~20 年；第三期或远景规划大于 20 年。

近期发展规划应提出发展目标、重点、主要内容，并应提出具体建设项目、规模、布局、投资估算和实施措施等；远期发展规划的目标应使风景区内各项规划内容初具规模，并应提出发展期内的发展重点、主要内容、发展水平、投资匡算、健全发展的步骤与措施及风景区规划所能达到的最佳状态与目标。

在安排每一期的发展目标与重点项目时，应兼顾风景游赏、游览设施、居民社会的协调发展，体现风景区自身发展规律与特点。

近期规划项目与投资估算应包括风景游赏、游览设施、居民社会三个智能系统的内容以及实施保护与培育措施所需的投资；远期规划的投资匡算应包括风景游赏、游览设施两个系统的内容。

六、风景名胜区规划成果

风景区规划的成果应包括风景区规划文本、规划图纸、规划说明书、基础资料汇编等四个部分。其中，风景区规划文本，是风景区规划成果的条文化表述，应简明扼要，以法规条文方式率直叙述规划中的主要内容或依据，以便相应的人民政府审查批准后，严格实施和执行。风景区的规划图纸应清晰准确，图文相符，图例一致，应在图纸的明显处标明图名、图例、风玫瑰图、规划期限、规划日期、规划单位及其资质图鉴编号等内容，并符合表 4-1-11 中的规定。

表 4-1-11　风景名胜区规划图纸要求

图纸资料名称	比例尺				制图选择			图纸特征	有些可与下列编号图纸合并
	风景区面积/km²				综合型	复合型	单一型		
	20 以下	20～100	100～500	500 以上					
1. 现状（包括综合现状图）	1：5000	1：10000	1：25000	1：50000	▲	▲	▲	标准地形图上制图	
2. 景源评价与现状分析	1：5000	1：10000	1：25000	1：50000	▲	△	△	标准地形图上制图	1
3. 规划设计总图	1：5000	1：10000	1：25000	1：50000	▲	▲	▲	标准地形图上制图	
4. 地理位置或区域分析	1：25000	1：50000	1：100000	1：200000	▲	△	△	可以简化制图	
5. 风景游赏规划	1：5000	1：10000	1：25000	1：50000	▲	▲	▲	标准地形图上制图	
6. 旅游设施配套规划	1：5000	1：10000	1：25000	1：50000	▲	▲	△	标准地形图上制图	3
7. 居民社会调控规划					▲	△	△		
8. 风景保护培育规划					▲	△	△		
9. 道路交通规划					▲	△	△		
10. 基础工程规划					▲	△	△		
11. 土地利用协调规划					▲	▲	▲		
12. 近期发展规划					▲	△	△		

说明：▲应单独出图；△可作图纸。

七、风景名胜区生态保护与环境管理

风景名胜区具有重要的科学和生态价值，随着城市化和工业化进程的日益加快和自然生态环境冲突的加剧，风景名胜区的生态保育功能更加突显出其重要性。风景名胜区的生态保护和环境管理是风景区规划的关键内容。

1. 分类保护

在生态保护规划中，最常用的规划和管理方法是分类保护和分级保护。分类保护是依据保护对象的种类及其属性特征，并按土地利用方式来划分出相应类别的保护区。在同一个类型的保护区内，其保护原则和措施基本一致，便于识别和管理，便于和其他规划分区相衔接。

风景保护的分类主要包括：生态保护区、自然景观保护区、史迹保护区、风景恢复区、风景游览区和发展控制区等，不同类型保护区的划分及保护规定见本节"五、风景名胜区专项规划"中的"1. 保护与培育规划"。

2. 分级保护

在生态保护规划中，分级保护也是常用的规划和管理方法。这是以保护对象的价值和级别特征为主要依据，结合土地利用方式而划分出相应级别的保护区。

在同一级别保护区内，其保护原则和措施应基本一致。风景保护的分级主要包括特级保护区、一级保护区、二级保护区和三级保护区等。其中，特别保护区也称科学保护区，相当于我国自然保护区的核心区，也类似分类保护中的生态保护区。不同类型保护区的划分及保护规定见本节"五、风景名胜区专项规划"中的"1.保护与培育规划"。

3.环境容量与环境管理

（1）环境容量的概念与分类　早在1838年，环境容量的概念就出现于生态学领域，后被应用于人口、环境等许多领域。1971年，里蒙（Lim）和史迪科（Stankey）提出，游憩环境容量是指某一地区在一定时间内，维持一定水准给旅游者使用，而不破坏环境和影响游客体验的利用强度。

风景区的环境容量，是与风景保护和利用有关的一些具体容量概念的总称。风景区的环境容量取决于以下几个方面：建筑容量、交通容量、场地容量、水源容量、能源容量、景观容量等。根据这些容量的性质，可以划分出以下几个容量类型。

① 心理容量。心理容量指游人在某一地域从事游憩活动时，在不降低活动质量的前提下，地域所能容纳的游憩活动的最大量，也称为感知容量。

② 资源容量。资源容量指保持风景资源质量的前提下，一定时间内风景资源所能容纳的旅游活动量。

③ 生态容量。生态容量指在一定的时间内，保证自然生态环境不至于退化的前提下，风景区所能容纳的旅游活动量。其大小取决于自然生态环境净化与吸收污染物的能力，以及在一定时间内每个游人产生的污染量。

④ 设施容量。设施容量指一定时间一定区域范围内，基础设施与游览服务设施的容纳能力。

⑤ 社会容量。社会容量指当地居民社区可以承受的游人数量。这主要取决于当地社区的人口构成、宗教信仰、民情风俗、生活方式等社会人文因素。

容量不是固定的数值，而是根据条件的变化而不断变化的。其中，设施容量、社会容量、感知容量等变化较快，而资源容量、生态容量变化较慢。另外，游憩活动的特性对容量具有一定的影响，尤其是对于资源容量、生态容量具有非常关键的影响。

（2）资源容量和心理容量的测算　资源容量主要取决于基本空间标准和资源空间规模。

根据环境心理学理论，个人空间受到三个方面影响：活动性质与活动场所的特性、个人的社会经济属性、人际因素，其中，游憩活动的性质和类型是决定基本空间标准的关键。基本空间标准的制订主要来自于长期经验积累或者专项研究结果。表4-1-12所列的基本空间标准可供参考。

表4-1-12　基本空间参考标准

用地类型	允许容量和用地指标		用地类型	允许容量和用地指标	
	人/hm²	m²/人		人/hm²	m²/人
（1）针叶林地	2～3	3300～5000	（6）城镇公园	30～200	50～330
（2）阔叶林地	4～8	1250～2500	（7）专用浴场	小于500	大于20
（3）森林公园	小于20	大于500	（8）浴场水域	1000～2000	10～20
（4）疏林草地	20～25	400～500	（9）浴场沙滩	1000～2000	5～10
（5）草地公园	小于70	大于140			

按照环境心理学，个人空间的值也等于基本空间标准，即游人平均满足程度最大的值，其计算公式可以表达为：

$$C = \frac{A}{A_0} \times \frac{T}{T_0}$$

式中，C 为空间规模；A_0 为基本空间标准；T 为每日开放时间；T_0 为人均每次利用时间。

在实际的规划工作中，资源容量的测算方法主要有三种：面积法、线路法、卡口法。卡口法适用于溶洞类及通往景区、景点必须对游客量具有限制因素的卡口要道；线路法适用于游人只能沿某通道游览观光的地段；游人可进入游览的面积空间，均可采取面积法。

上述三种计算方法常根据实际情况，组合使用。通常采用的计算指标和具体方法如下。

① 线路法。线路法以每个游人所占平均道路面积计，一般为 $5\sim10\,m^2/$人。

② 面积法。面积法以每个游人所占平均游览面积计。其中主景景点 $50\sim100\,m^2/$人（景点面积）；一般景点 $10\sim100\,m^2/$人（景点面积）；浴场海域 $10\sim20\,m^2/$人（海拔 $-2\sim0\,m$ 以内水面）；浴场沙滩 $5\sim10\,m^2/$人（海拔 $0\sim2\,m$ 以内沙滩）。

③ 卡口法。卡口法是实测卡口处单位时间内通过的合理游人量，单位以"人次/单位时间"表示。

（3）生态容量的测算　生态容量的测算，必须把握住生态环境中的关键因子。根据生态学的知识，在一定的生态环境中，不同的环境因子，其脆弱性不同，基于其承载力的生态环境阈值也不相同。计算每一种环境因子承载力的生态环境阈值，过于复杂。风景区内的某些关键性的局部、位置和空间联系，对维护或控制某种生态过程有着非常重要的意义。在生态容量测算中，需要抓住这些起关键作用的环境因子，计算其生态环境阈值，从而得出总体生态环境的容量值。例如：在很多山岳型的风景名胜区，水资源往往是环境中最关键、最脆弱的因子，对这类风景区的水资源的生态环境阈值进行研究，可得到相应的生态容量值。

（4）设施容量的测算　设施容量主要取决于设施的规模，在风景区中，住宿接待和餐饮等设施的规模是其他服务设施配置的关键依据。

（5）风景名胜区的容量　风景名胜区的容量，由资源容量、生态容量、设施容量等各种容量中的较小数值来确定。一般而言，起决定作用的往往是资源容量和设施容量。

（6）容量方法的局限性　容量方法从根本上来说，是一个复杂的概念体系，而不是简单的应用工具。各种容量的确定涉及很多因素，而这些因素本身是不断变化的。在这样的情况下如果局限于计算出精确的容量数字，用于规划和管理，往往难以成功。

容量的确定很大程度上依赖于各种基本空间标准的确定，需要大量的经验、数据支持。而在实际应用中，还需要根据具体地域特点，进行修正调整。

容量从本质上来说，是一种极限的活动量，它包括两个方面：游人数量以及游人的活动，其中，游人活动的性质与强度对于环境的影响非常关键。即使是在游客人数相同的情况下，不同的游客行为、小组规模、游客素质、资源状况、时间和空间等因素对资源环境的影响也会有很大的区别。然而，在具体的研究与应用中，一般都把容量等同于游人数量，严重忽视了游人的活动性质与强度，从而产生误差。

4. LAC 理论

环境容量提出了"极限"这一概念，即任何一个环境都存在一个承载力的极限。但是，这一极限并不能局限于游客数量的极限，考虑到游人的活动性质与强度千差万别，问题可以转化为环境受到影响的极限。

针对容量方法的不足，有关学者提出并发展了 LAC（Limits of Acceptable Change），即可接受的极限理论。史迪科 1980 年提出了解决环境容量问题的 3 个原则：

① 首要关注点应放在控制环境影响方面，而不是控制游客人数方面；

② 应该淡化对游客人数的管理，只有在非直接的方法行不通时，再来控制游客人数；

③ 准确的环境监测指标数据是必需的，这样可以避免规划的偶然性和假定性。

如果允许一个地区开展旅游活动，那么资源状况下降就是不可避免的，关键是要为可容忍的环境改变设定一个极限，当一个地区的资源状况到达预先设定的极限值时，必须采取措施，以阻止进一步的环境变化。

美国国家公园管理局根据 LAC 理论的基本框架，制订了"游客体验与资源保护"技术方法（VERP -Visitor Experience and Resource Protection），在规划和管理实践中，取得了一定的成效。

第二节 森林公园规划

随着世界工业与经济的高速发展，地球生态环境状况不断恶化，人类正面临严峻的环境挑战。正是在这一特定形势下，森林作为重要的自然资源，在保护国土生态环境方面具有不可替代的作用。同时，人们对陶冶情操、修身养性的森林游憩需求日益增长。建设国家森林公园，不仅作为一种保护自然生态环境的新形式为世界各国所公认，而且作为一种发展森林旅游的充满生机和活力的新兴产业，正在世界各国兴起。

风景名胜区与森林公园两大体系，在我国分别由建设部、国家林业局主管。落实到土地时，有时会出现空间上、管理上的交叉或重叠。遇到这种情况，规划管理的依据以高一级别的区划、规划、行政法规和管理条例为准。

一、森林公园概述

1. 森林公园的概念

1993 年，原林业部颁布的《森林公园管理办法》第二条规定："本办法所称森林公园，是指森林景观优美、自然景观和人文景物集中，具有一定规模，可供人们游览、休息或进行科学、文化、教育活动的场所。"1996 年国家颁布的《森林公园总体设计规范》提出森林公园是"以良好的森林景观和生态环境为主体，融合自然景观与人文景观，利用森林的多种功能，以开展森林旅游为宗旨，为人们提供具有一定规模的游览、度假、休憩、保健疗养、科学教育、文化娱乐的场所"。以上这两个定义强调了森林公园的景观特征和主要功能。

1999 年发布的国家标准《中国森林公园风景资源质量等级评定》，指出森林公园是"具有一定规模和质量的森林风景资源和环境条件，可以开展森林旅游，并按法定程序申报批准的森林地域"。该定义明确了森林公园必须具备以下基本条件：

① 具有一定面积和界线的区域范围；

② 区域的特点是以森林景观资源为背景或依托；

③ 该区域须具有游憩价值，有一定数量和质量的自然景观或人文景观，区域内可为人们提供游憩、健身、科学研究和文化教育等活动；

④ 必须经由法定程序申报和批准。其中，国家级森林公园必须经中国森林风景资源评价委员会审议，国家林业局批准。

2. 森林公园的发展概况

国家森林公园的发展已有 100 多年的历史，很多国家在长期的保护、管理和发展中取得了明显的成果，积累了宝贵的经验。据有关资料统计，自 1972 年以来，世界各国森林公园的数量增长很快，近 30 年间增加了 1000 多处，总数达 3000 多处，总面积已达 4 亿公顷。

当前，每年有数十亿人次参与森林旅游，在美国，每年去国家公园旅游的游客超过 10 亿人次，而日本已把国土面积的 1/4 划分为森林公园，每年有 8 亿人次的游客涌向各大森林公园,尽情享受大自然的美丽风光。实践证明,森林公园事业的建设与发展,不仅在保护与改善生态环境、挽救濒危物种、保护自然历史遗产等诸多方面发挥了重要的作用,而且取得了显著的社会、经济效益。

我国地域辽阔,森林旅游资源十分丰富,林区地貌、森林景观和人文景观各具特色,森林公园事业有着广阔的发展前景和巨大的开发潜力。我国发展森林公园是 20 世纪 80 年代初开始的一项新兴事业,虽然起步较晚,但近 20 年来得到了迅速的发展。1980 年,中华人民共和国林业部发出关于"风景名胜区国营林场保护山林和开放旅游事业的通知",标志着林业部门从事旅游业的开端。自 1982 年我国第一个国家森林公园——张家界国家森林公园(图 4-2-1)诞生之日起,一大批各具特色的森林公园先后建立,如陕西的太白山国家森林公园(图 4-2-2)、江苏的虞山国家森林公园(图 4-2-3)、广东的流溪河国家森林公园(图 4-2-4)、安徽的琅琊山国家森林公园(图 4-2-5)等。截至 2015 年年底,我国已建立森林公园 3234 处,其中经国家林业局批准建立的国家级森林公园已达 826 处,总面积已超过 1084 万公顷,分布于全国近 30 个省、市和自治区。其中较早建立的张家界、千岛湖、流溪河、嵩山等森林公园,已基本形成吃、住、行、娱乐、观光、购物一条龙的服务体系,为我国森林旅游业的进一步发展提供了宝贵的经验。2015 年,全国森林公园接待游客超过 7.95 亿人次,直接经济收入超过 705.6 亿元人民币。

图 4-2-1 湖南张家界国家森林公园景观

图 4-2-2 陕西太白山国家森林公园景观

图 4-2-3 江苏虞山国家森林公园景观

图 4-2-4 广东流溪河国家森林公园景观

据统计,在我国 4200 个国有林场中,有 600 多个国有林场具有丰富的森林风景资源。大多位于城镇及风景旅游区附近,历史文化遗迹与人文景观资源极为丰富,具有极大的开发潜力。

近几年来,国家和有关省、市、自治区还先后建立了 400 多处森林和野生动物类型自然区,已经初步形成了以国家森林公园为骨干,国家级、省级和县(市)级森林公园相结合的森林公园体系。

3. 森林公园的类型及特点

(1)森林公园的类型 我国地域辽阔,地形地貌复杂,从南到北跨越热带、亚热带、暖温带、温带和寒温带五个气候带，从东到西横跨平原、丘陵、台地、高原和山地等多种地貌类型，海拔高差达 8000 多米，不同的气候、地貌和水热组合条件，孕育了极丰富的森林生态景观系统和动植物资源类型。为了便于管理经营和规划建设，可以根据管理级别、地貌景观、经营规模、区位特征等，从不同角度对森林公园进行类型划分。

图 4-2-5 安徽琅琊山国家森林公园景观

① 按管理级别分类。包括：国家级森林公园、省级森林公园、市县级森林公园。

② 按地貌景观分类。包括：山岳型、江湖型、海岸—岛屿型、沙漠型、火山型、冰川型、洞穴型、温泉型、瀑布型、草原型。

③ 按经营规模分类。包括：特大型森林公园、大型森林公园、小型森林公园、中型森林公园。

④ 按区域特征分类。包括：城市型森林公园、近郊型森林公园、郊野型森林公园、山野型森林公园。

（2）森林公园的特点　不同森林公园具有不同的特点，具体特点详见表 4-2-1。

表 4-2-1　我国森林公园类型划分

分类标准	主要类型	基 本 特 点
按管理级别分类	国家级森林公园	森林景观特别优美，人文景物比较集中，观赏、科学、文化价值高，地理位置特殊，具有一定的区域代表性，旅游服务设施齐全，有较高的知名度，并经国家林业局批准
	省级森林公园	森林景观优美，人文景物相对集中，观赏、科学、文化价值较高，在各行政区内具有代表性，具备必要的旅游服务设施，有一定的知名度，并经省级林业行政主管部门批准
	市县级森林公园	森林景观有特色，景点景物有一定的观赏、科学、文化价值，在当地有一定知名度，并经市、县级林业行政主管部门批准
按地貌景观分类	山岳型	以奇峰怪石等山体景观为主。如安徽黄山国家森林公园
	江湖型	以江河、湖泊等水体景观为主。如河南南湾国家森林公园
	海岸—岛屿型	以海岸、岛屿风光为主。如河北秦皇岛海滨国家森林公园
	沙漠型	以沙地、沙漠景观为主。如陕西定边沙地国家森林公园
	火山型	以火山遗迹为主。如内蒙古阿尔山国家森林公园
	冰川型	以冰川景观为特色。如四川海螺沟国家森林公园
	洞穴型	以溶洞或岩洞景观为特色。如浙江双龙洞国家森林公园
	草原型	以草原景观为主。如河北木兰围场国家森林公园
	瀑布型	以瀑布风光为特色。如黄果树瀑布国家森林公园
	温泉型	以温泉为特色。如广西龙胜温泉国家森林公园
按经营规模分类	特大型森林公园	面积 6 万公顷以上。如千岛湖国家森林公园
	大型森林公园	面积（2～6）万公顷。如黑龙江乌龙国家森林公园
	中型森林公园	面积（0.6～2）万公顷。如陕西太白国家森林公园
	小型森林公园	面积 0.6 万公顷以下。如湖南张家界国家森林公园
按区位特征分类	城市型森林公园	位于城市的市区或其边缘的森林公园。如上海共青国家森林公园
	近郊型森林公园	位于城市近郊区，一般距离市中心 20km 以内。如苏州市上方山国家森林公园
	郊野型森林公园	位于城市远郊县区，一般距离市区 20～50km。如南京老山国家森林公园
	山野型森林公园	地理位置远离城市。如湖北神农架国家森林公园

二、森林公园风景资源评价

森林风景资源（Forest Landscape Resources）是指森林资源及其环境要素中凡能对旅游者产生吸引力，可以为旅游业所开发利用，并可产生相应的社会效益、经济效益和环境效益的各种物质和因素。

为了客观、全面、正确地反映森林公园的景观资源状况及其开发利用价值，合理确定开发利用时序，需要对森林公园进行全面翔实的风景资源调查和评价。

1. 森林公园风景资源的类型

根据森林风景资源的景观特征和赋存环境，可以划分为五个主要类型（图4-2-6）。

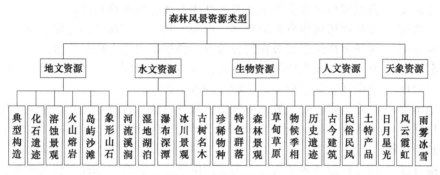

图 4-2-6　森林风景资源类型

（1）地文资源　包括典型地质构造、标准地层剖面、生物化石点、自然灾变遗迹、火山熔岩景观、蚀余景观、奇特与象形山石、沙（砾石）地、沙（砾石）滩、岛屿、洞穴及其他地文景观。

（2）水文资源　包括风景河段、漂流河段、湖泊、瀑布、泉、冰川及其他水文景观。

（3）生物资源　包括各种自然或人工栽植的森林、草原、草甸、古树名木、奇花异草等植物景观；野生或人工培育的动物及其他生物资源及景观。

（4）人文资源　包括历史古迹、古今建筑、社会风情、地方产品及其他人文景观。

（5）天象资源　包括雪景、雨景、云海、朝晖、夕阳、佛光、蜃景、极光、雾凇及其他天象景观。

2. 森林公园风景资源的质量评价

森林公园风景资源的质量评价体系见图4-2-7。

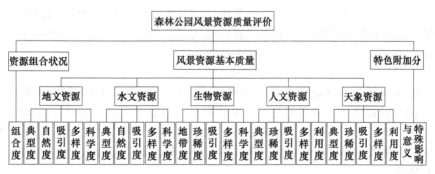

图 4-2-7　森林公园风景资源的质量评价体系

森林公园风景资源质量的评价采取分层多重因子评价方法。风景资源质量主要取决于三个方面：风景资源的基本质量、资源组合状况、特色附加分。其中，风景资源的基本质量按照资源类型分别选取评价因子进行加权评分获得分数；风景资源组合状况评价则主要用资源的组合度进行测算；特色附加分按照资源的单项要素在国内外具有的重要影响或特殊意义计算分数。

森林公园风景资源质量评价的计算公式：

$$M=B+Z+T$$

式中，M 为森林公园风景资源质量评价分值；B 为风景资源基本质量评分值；Z 为风景资源组合状况评分值；T 为特色附加分。

风景资源的评价因子包括：

(1) 典型度　典型度指风景资源在景观、环境等方面的典型程度。

(2) 自然度　自然度指风景资源主体及所处生态环境的保全程度。

(3) 多样度　多样度指风景资源的类别、形态、特征等方面的多样化程度。

(4) 科学度　科学度指风景资源在科普教育、科学研究等方面的价值。

(5) 利用度　利用度指风景资源开展旅游活动的难易程度和生态环境的承受能力。

(6) 吸引度　吸引度指风景资源对旅游者的吸引程度。

(7) 地带度　地带度指生物资源水平地带性和垂直地带性分布的典型特征程度。

(8) 珍稀度　珍稀度指风景资源含有国家重点保护动植物、文物各级别的类别、数量等方面的独特程度。

(9) 组合度　组合度指各风景资源类型之间的联系、补充、烘托等相互关系程度。

3. 森林公园风景资源质量等级评定

森林公园风景资源质量等级评定体系见图 4-2-8。

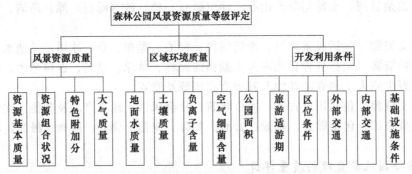

图 4-2-8　森林公园风景资源质量等级评定体系

(1) 基本公式　森林公园风景资源的等级评定根据三个方面来确定：风景资源质量、区域环境质量、旅游开发利用条件。其中风景资源质量总分 30 分，区域环境质量和旅游开发利用条件各占 10 分，满分为 50 分。计算公式为：

$$N=M+H+L$$

式中，N 为森林公园风景资源质量等级评定分值；M 为森林风景资源质量评价分值；H 为森林公园区域环境质量评价分值；L 为森林公园旅游开发利用条件评价分值。

(2) 森林公园区域环境质量　森林公园区域环境质量评价的主要指标包括：大气质量、地表水质量、土壤质量、负离子含量、空气细菌含量等。其评价分值（H）计算由各项指标评分值累加获得。

(3) 森林公园旅游开发利用条件　森林公园旅游开发利用条件评价指标主要包括：公园面积、旅游适游期、区位条件、外部交通、内部交通、基础设施条件。其评价得分（L）按开发利用条件各指标进行评价获得。

（4）森林公园风景资源等级评定　　按照评价的总得分，森林公园风景资源质量等级划分为三级。

① 一级为 40～50 分，符合一级的森林公园风景资源，资源价值和旅游价值较高，难以人工再造，应加强保护，制订保全、保存和发展的具体措施。

② 二级为 30～39 分，符合二级的森林公园风景资源，其资源价值和旅游价值较高，应当在保证其可持续发展的前提下，进行科学、合理的开发利用。

③ 三级为 20～29 分，符合三级的森林公园风景资源，在开展风景旅游活动的同时进行风景资源质量和生态环境质量的改造、改善和提高。

④ 三级以下的森林公园风景资源，应首先进行资源的质量和环境的改善。

三、森林公园规划的程序

从实际工作的步骤来看，森林公园规划工作分为资源调查分析、编制可行性研究文件、总体规划、方案决策、管理实施规划编制五个阶段。

1. 资源调查分析

（1）基本情况调查

① 自然地理。包括森林公园的位置、面积、所属山系、水系及地貌范围，地质形成期及年代，区域内特殊地貌及生成原因，古地貌遗址，山体类型，平均坡度，最陡缓坡度等。

② 社会经济。包括当地社会经济简况（人口、经营业主、人均收入等）、森林公园（林场）经营状况（组织机构、人员结构、固定资产与林木资产、经营内容、年产值、利润等）、旅游概况（已开放的景区、景点、旅游项目、人次、时间、季节、消费水平等）。

③ 旅游气候。包括资源温度、光照、湿度、降水、风、特殊天气气候现象。

④ 植被资源。包括植被种类、区系特点、垂直分布、森林植被类型和分布特点和观赏植物种类、范围、观赏季节及观赏特性、古树名木。

⑤ 野生动物资源。包括动物种类、栖息环境、活动规律等。

⑥ 环境质量。包括大气环境质量、地表水质量。

⑦ 旅游基础设施。包括交通（外部交通条件、内部交通条件）、通信（种类、拥有量、便捷程度）、供电、给排水、旅游接待设施（现有床位数、利用率、档次、服务人员素质、餐饮条件等）。

⑧ 旅游市场。包括调查森林公园 300km 半径内的人口、收入、旅游开支；调查各节假日游客的人数、组成、居住时间及消费水平；调查较长时间在本区内休疗养、度假的人数及其居住时间和消费水平；调查宗教朝拜的时间、人数、消费水平；调查国外游客的情况及发展可能性。

⑨ 障碍因素。包括多发性气候灾害（暴雨、山洪、冰雹、强风、沙暴等）、突发性灾害（地震、火山、滑坡、泥石流等）、其他（传染病、不利于森林旅游的地方、风俗等）。

（2）一般林业调查

① 森林资源调查。森林资源调查可利用现有的二类调查数据，若二类调查年代已久，可结合景观资源调查，进行森林资源调查。

② 林特、林副产品资源调查。

（3）景观资源调查

① 森林景观。包括调查森林景观特征、规模，具有较高观赏价值的林分、观赏特征及季节。

② 地貌景观。包括悬崖、奇峰、怪石、陡壁、雪山、溶洞等。

③ 水文景观。包括海、湖泊、河流、瀑布、溪流、泉水等。

④ 天象景观。包括云海、日出、日落、雾、雾凇、雪凇、佛光等。

⑤ 人文景观。包括名胜古迹、民间传说、宗教文化、革命圣地、民俗风情等。

2. 编制可行性研究文件

按照《森林公园总体设计规范》要求和森林公园可行性研究文件，由可行性研究报告、图面材料和附件三部分组成。

(1) 可行性研究报告编写提纲

① 项目背景。包括项目由来和立项依据、建设森林公园的必要性、建设的指导思想。

② 建设条件。包括论证景观资源条件、旅游市场条件、自然环境条件、服务设施条件、基础设施条件。

③ 方案规划。包括设想森林公园的性质与范围、功能分区、景区及景点建设、环境容量、保护工程、服务设施、基础设施、建设顺序与目标。

④ 投资估算与资金筹措。包括投资估算依据、投资估算、资金筹措。

⑤ 项目评价。包括经济效益评价、生态效益评价、社会效益评价、结论。

(2) 图面材料　包括森林公园现状图、森林公园功能分区及景区景点分布图、森林公园区域环境位置图。

(3) 附件　包括森林公园野生动植物名录、森林公园自然人文景观照片及综述、有关声像资料、有关技术经济论证资料。

3. 总体规划

总体规划以已经评议审批过的可行性研究文件为依据，其编制说明书及图纸因各森林公园的范围、等级、现状基础、服务对象、游人规模、开发程度的不同而有差异。

4. 方案决策

此阶段的工作主要是政府部门组织有关专家，对各项专业规划方案进行专业评议，对总体规划方案进行综合评议，并做出技术鉴定报告，经修改后的总体规划文件再报有关部门审批、定案。

5. 管理实施规划编制

此阶段是森林公园建设及管理的规划，包括管理体制的调整和设置的建设以及人才规划，制定森林公园保护管理条例及执行细则，旅游经营方式及导游组织方案的实施，各项建设的投资落实及设计方案制定，实际规划的具体步骤、计划及措施，经营管理体制及措施的建议规划。

四、森林公园总体规划

1. 森林公园景区和功能区的规划

景区、功能区是国家森林公园经营活动的基地。其中，景区向旅游者提供游览、欣赏的风景。功能区向游人提供其他休闲度假及行、宿、食、购、娱等服务；有的在园区开辟各种野外活动场所，如垂钓、森林浴、日光浴、漂流、水上游乐、狩猎、采集、骑马（驴、骡、骆驼、象等）、登山、攀岩等功能区；还有的提供疗养服务等。但是，无论哪种类型的国家森林公园，都必须既有景区，又有功能区。其区别在于不同的国家森林公园有着不同的发展方向，其景区和功能区所占的面积比重和功能区的类型等也会有所差别。

(1) 景区和功能区规划的原则与依据　景区、功能区规划是总体布局对游览和服务布局的具体落实。其任务是按照各种景物和环境条件的地理分布、不同景物的类型及特征，运用风景构图的原理以及对游人的心理分析，把国家森林公园全境都划进各个景区和功能区。其区划的原则和依据如下。

① 景区划分应充分利用现有的风景资源和环境资源。国家森林公园现有的一切经过评价确定有观赏价值，而只分布较集中的景群及虽然分散、但评分较高的景物都应划入某个景区。凡是适宜发挥某种特殊功能的环境，按总体布局的要求，都应尽量划为相应的功能。

位置孤立的高品级景物，应根据与其他景区的距离和构景条件，尽量划入某个相邻景区。若不便划入某一景区，也可用它做主景，单划景区。但应对其邻近的原未评为景物的景素重新进行筛选，降低要求，从中筛选一些经过较少加工便能提高观赏价值的，列为景物，使该景区不致因景物过少而使游人感到单调乏味。当然，也会有别的处理方法。但无论怎样处理，都应在规划论证中加以说明，并提出处理的方向性意见，供规划时参考。

若分散的孤景品位不高，尽管在资源评价时已被列为有观赏价值的景物，仍可不划入某个景区，而作为所在的某个功能区的环境条件。

a. 景区特色要明显。为充分发挥现有风景资源的特色创造条件，国家森林公园应以开发利用现有景物为主，一般不应多建新的人工景物。为了增强对游人的吸引力，首先要通过区划，将现有景物搭配得当，每个景区都必须有品级较高的主景。为以后通过游路设计构成某种美好的意境创造条件。

b. 景区内景物数量要适宜。景物适量，货真价实，一个景区的景物在质级、数量两方面都应该使人感到物有所"值"。

在景物的质级方面，表现为每个景区都应该有值得看的景物。面积较大的景区，至少应有两个或两个以上高品级的景物。如果游览用时超过半天，最好上下半天都要有高质级景物可供观赏。

在景物的数量方面，表现为适当的时间段内向游人提供的景物数量要适当。所谓适当的时间段，是指便于安排游人游览活动和休息的时间，如半天、一天，或者与紧邻景区共用一天。

所谓景物数量适当，是指在适量的时间段内向游人提供景物的数量，在导游员讲解详略适度的情况下，游人能够勉强将景物观赏完。对少数景物尚未来得及仔细观赏，离开时还有些留恋。

在景区区划时，切忌景物的数量安排过多或过少，或以质级较低的景物滥竽充数。在一个景区内划入的景物过多，将会导致在适量的时间内使游人"走马观花"，看得过粗，"狼吞虎咽"，未能品出滋味。这样，既浪费了风景资源，也不利于提高景区对游人的吸引力。当然，也不能"反其道而行之"，在一个景区内安排景物偏少，使预定的时间用不完，或者是把经过评价被认为未达开放质级的景物，不经加工便供给游人观赏，滥竽充数，敷衍搪塞。后两种做法会使游人有受骗上当的感觉，从而使森林公园的声誉受损。

② 功能区划分应满足游客的特定旅游服务要求，以特定环境条件为依据。

a. 森林浴区。森林浴区（图4-2-9）应选择以针叶树为主要树种的平坦林地，没有病虫害；有溪潭瀑布更佳，空气负氧离子等有益于人体健康的气体分子充盈，环境幽静，周围视野比较窄。其面积根据旅游市场规模（游人数量）及客源区生态环境而定，以满足游人在幽静中充分、自由地享受新鲜空气的要求。

b. 日光浴区。日光浴区（图4-2-10）应选择地势背风向阳，地势无大起伏，环境幽静的林中空地。

c. 漂流河段。漂流河段（图4-2-11）需要落差较大，有一定宽度，水质清洁，流量和深度适中，而且河床起伏较大，缓流、激湍相间，有一定程度的蜿蜒曲折的河段，能达到有惊无险的效果。其长度至少应满足1h以上的自由漂流时间。

图 4-2-9　森林公园的森林浴区

图 4-2-10　森林公园的日光浴区

d. 水上乐园。可选择现有的非饮用水源、天然水面及人工水库，若其他条件合适，均可用于建设水上乐园（图 4-2-12）。如果没有现成水面而必须新建时，选址条件是：地势低平，上游有足量的天然水源，水质清洁，周围有自然地物成坝，边岸不过于平直，面积至少在 1hm² 以上的丘陵谷地或山谷。

图 4-2-11　森林公园的漂流河段

图 4-2-12　森林公园的水上乐园

e. 垂钓区。垂钓区（图 4-2-13）所需条件是：周围视野狭窄，环境幽静，空气清新，风力较小的林区谷地；水面的宽窄不等；谷底有较大起伏，但上下游落差很小；上游有自然水源，入水量充足，水质未受污染。

f. 狩猎场。区划狩猎场（图 4-2-14）时，要求周围有较为高大的山岭封闭谷地。谷底地势起伏不大，谷底平面形状不限，但面积应不小于 100hm²，植被稀疏，最好是以灌木或灌丛为主。

图 4-2-13　森林公园的垂钓区

图 4-2-14　森林公园的狩猎场

g. 放风筝的场地。放风筝的场地（图 4-2-15）应选地势平坦，无高大树木的空旷地，最好是天然草场。

h. 登山锻炼场地。登山锻炼场地（图 4-2-16）需要选择坡度在 0°～15°起伏，15°以上陡坡要少些，作为游人爬山活动的场地；坡路应有曲折，但上下左右视野通畅；坡路长度可步行 1～2h 的时间为宜。上端终点台可设登高远眺的观景点。

图 4-2-15　森林公园的放风筝场地

图 4-2-16　森林公园登山锻炼场地

i. 攀登活动场地。专为青年游人提供攀登活动场地（图 4-2-17）的条件是有一定面积且坡度合适的峭壁悬崖，崖脚处有一定面积的平坦地面。

③ 服务设施选址要恰当。管理、服务设施所在地应选在国家森林公园园区下游，凡是为游人提供行、宿、食、娱、购、服务和各种管理机构的功能区（即管理中心和生活区）的位置均应在全园区的下游，防止污染园区环境，并且内外交通方便，但应与景区、其他功能区隔开，以方便管理。

④ 景区和功能区区划要便于组织管理

a. 景区连片连线。为了便于管理，同一景区在地理位置上必须连成片，如果某个预规划的景区有面积较小的局部与整体之间存在着不易通过的自然间隔物，如水体或湿地、峭壁、峡谷等，而且与其他景区也没有联通的更方便条件，仍可将其暂时划入，待将来规划设计时解决。如果资金情况允许，可将其加工为人工景物。

图 4-2-17　森林公园的
攀登活动场地

b. 区际之间要有明显的分界物。有遮挡线的地物做边界的好处：一是便于组织游人专心致志地在本景区活动，防止游人这山望着那山高，自己到处跑动降低观赏游览效果，也有利于景物知名度的提高；二是游人在一定时间内安心在一个景区内活动，便于组织和管理，有利于景物和景区环境的保护。

c. 区际之间便于交通组织和经营管理。每个景区、功能区最好都与管理区及生活区能直接通行中巴以上汽车或机动船只，以便于游人的观览活动和国家森林公园的管理。

（2）景区和功能区规划设计　森林公园景区、功能区规划设计是在区划工作完成后进行。其任务是为景区、功能区的开发与建设制订具体实施的蓝图，将有限的资源和条件全部开发利用起来。既使游人得到最大限度的满足，又借以增加国家森林公园经济效益，提高森林公园知名度。

与其他建筑工程的规划设计不同，景区开发面对的是现成的景物和良好的森林环境。景物的规划与设计一般仅限于对现成景物的选择、组合与配置，和对游人在游览过程中所必需的支持设施的规划与设计，如景区的进出口、游路、小卖部及休息点、医疗及电讯服务点、厕所，以及纯粹以修饰景观为目的的园林建筑小品等。由于这些附属的支持设施坐落在景区之中，其外貌就是景色的组成因素。因此，其外貌设计应按景物对待。

功能区规划与设计是围绕发挥主要设施的功能进行的。因为是功能区，其主要设施的外貌应符合景色韵律的要求。道路及其他附属支持设施的规划与设计，也应与景区的要求相同。

综上所述，由于无论是景区或功能区的规划与设计，都应符合景观效果方面的要求，所以，景物的规划与设计在工作性质上，属于森林美学或景观生态美学的范畴。

需要提醒的是规划设计所面对的是由森林自然生态系统构成的大环境，范围广阔，包罗万象。通过景物选择、配置，主要影响其中一部分景物的形象在游人视感中的质量，将更具吸引力的形象奉献给游人，对其余类型的美所能产生的作用则要分别具体情况对待。

关于如何构成形象美问题，形象美以形式美为主要表现形式，形式美又有线条美、图形美、形体美、色彩美、朦胧美之分。构成形式美则依靠形态、体量色彩，有时还有声音、气味等多种条件。用这些条件去构成景观或选择、配置景物又必须运用形式美的各种法则，如多样统一法则、对比与协调法则、韵律与节奏法则、比例与尺度法则、稳定与均衡法则等。内容很广博，尽管目前在以现成的自然、人文景物为基础的国家森林公园景观规划设计中实际运用者还不多，但它是不可缺少的美学底蕴。

（3）景区和功能区建筑物造型设计 森林公园以美丽的自然风光和良好的生态环境为游人服务。所以，森林公园内的一切建筑物，包括景区内的休息点、小卖部、厕所和功能区的各项功能设施等建筑物，除了功能符合要求以外，其外形和色彩、神韵等方面，都必须与所在环境的景色协调。

2. 环境容量的确定

环境容量的确定，其根本目的在于确定森林公园的合理游憩承载力，即一定时期条件下，某一森林公园的最佳环境容量。确定环境容量能对风景资源提供最佳保护，使尽量多的游人得到最大满足。因此，确定最佳环境容量时，必须综合比较生态环境容量、景观环境容量、社会经济环境容量及影响容量的诸多因子。

按照《森林公园总体设计规范》，森林公园环境容量的测算可采用面积法、卡口法、游路法三种，应根据森林公园的具体情况，因地制宜地选用或综合运用，森林公园环境容量具体算法可参照本章第四节关于风景名胜区容量的阐述、要求和计算方法。

3. 游客规模的预测

总体规划前，应对可行性研究提出的游客规模进行核实。根据森林公园所处的地理位置、景观吸引能力、公园改善后的旅游条件及客源市场需求程度，按年度分别预测国际与国内游客规模。

已开展森林旅游的森林公园游客规模，可在充分分析旅游现状及发展趋势的基础上，按游人增长速度变化规律进行推算；未开展旅游的新建公园可参照条件类似的森林公园及风景区游客规模变化规律推算，也可依据与游客规模紧密相关的诸因素发展变化趋势预测公园的游客规模。

五、森林公园专项规划

1. 森林公园景观系统规划

森林公园是以森林景观为主体，其用地多为自然的山峰、山谷、林地、水面，是在一定的自然景观资源的基础上，采用特殊的营林措施和景园艺术手法，突出优美的森林景观和自然景观。因此，在进行森林公园的景观规划时，首要的问题是如何充分利用现有林木植被资源，对现有林木进行合理的改造和艺术加工，使原有的天然林和人工林适应森林游憩的需求，突出其森林景观。如果忽视这点，在森林公园中大兴土木，加入过多的人工因素，则会使森林公园丧失其自然、野趣的特征与优势。

在森林公园景观系统规划中，应注意林道及林缘、林中空地、林分季相和透景线、眺望点等几个方面的规划设计。

2. 森林公园游览系统规划

在森林公园内组织开展的各种游憩活动项目应与城市公园有所不同，应结合森林公园的基本景观特点开展森林野营、野餐、森林浴等在城市公园中无法开展的项目，满足城镇居民向往自然的游憩需求。

依据森林公园中游憩活动项目的不同可分为。

（1）典型性森林游憩项目 包括森林野营、野餐、森林浴、林中骑马、徒步野游、自然采集、绿色夏令营、自然科普教育、钓鱼、野生动物观赏、森林风景欣赏等。

（2）一般性森林游憩项目 包括划船、游泳、自行车、越野、爬山、儿童游戏、安静休息等。

开展各种森林游憩活动对森林环境的影响程度不同，不适当的建设项目、不合理的游人密度会对森林游憩环境造成破坏。因此，在游览系统规划中必须预测出各项游憩活动可能对环境产生的影响及影响程度，从而在规划中采用相应的方法，在经营管理上制订不同的措施。

3. 森林公园道路交通系统规划

森林公园除与主要客源地建立便捷的外部交通联系外，其内部道路交通必须满足森林旅游、护林防火、环境保护以及森林公园职工生产、生活等多方面的需求。在森林公园的道路交通系统规划中，应注意游览道路的选线、走向和引导作用，根据游客的游览规律，组织游览程序，形成起、承、转、合的序列布局。应结合森林公园的具体环境特点，开发独具情调和特色的交通工具。

森林公园内应尽量避免有地方交通公路通过，必须通过时，应在公路两侧设置30～50m宽的防护林带。面积较大的森林公园应设有汽车道、自行车道、骑马道及游步道。按其使用性质可将森林公园内的道路分为主干道、次干道、游步道三种。一般道路应占全园面积的2%～3%，在游人活动密集区可占5%～10%。

（1）主干道 主干道是森林公园与国家或地方公路之间的连接道路以及森林公园内的环行主道。其宽度为5～7m，纵坡不得大于9%，平曲线最小半径不得小于30m。

（2）次干道 次干道是森林公园内通往各功能区、景区的道路。宽度为3～5m，纵坡不得大于13%，平曲线最小半径不得小于15m。

（3）游步道 游步道是森林公园内通往景点、景物供游人步行游览观光的道路，应根据具体情况因地制宜地设置。宽度为1～3m，纵坡宜小于18%。

4. 森林公园旅游服务系统规划

森林公园旅游服务系统主要包括餐饮、住宿、购物、医疗、导游标志等。休憩、服务性建筑的位置、朝向、高度、体量等应与自然环境和景观统一协调。建筑高度应服从景观需要，一般以不越过林木高度为宜，休憩服务性建筑用地不应超过森林公园陆地面积的2%。宾馆、饭店、休疗养院、游乐场等大型永久性建筑，必须建立在游览观光区的外围地带，不得破坏、影响景观。

（1）餐饮 餐饮建筑设计应符合《饮食建筑设计规范》（JGJ 64—1989）的有关规定。

（2）住宿 应根据旅客规模及森林旅游业的发展，合理确定旅游床位数。旅游床位建设标准宜符合下列要求：高档 28～30m²/床；低档 8～12m²/床。森林公园中的住宿设施，除建设永久性的宾馆、饭店外，应注重开发森林野营、帐篷等临时性住宿设施，做到永久性与季节性相结合，突出森林游憩的特色。

（3）购物　购物建筑应以临时性、季节性为主，其建筑风格、体量、色彩应与周围环境相协调。应积极开发具有地方特色的旅游纪念品。

（4）医疗　森林公园中应按景区建立医疗保健设施，方便对游客中的伤病人员进行及时救护。医疗保健建筑应与环境协调统一。

（5）导游标志　森林公园的境界、景区、景点、出入口等地应设置明显的导游标志的色彩，形式应根据设置地点的环境、提示内容进行设计。

5．森林公园保护工程规划

（1）森林公园火灾的防护　开展森林游憩活动时，对森林植被最大的潜在威胁是森林火灾，游人吸烟和野炊所引起的森林火灾占有相当大的比例。森林火灾会毁灭森林内动植物，火灾后的木灰有时会冲入河流造成大批鱼群死亡，森林火灾还会使游憩设施受损、游客受到伤害。

（2）森林公园病虫害防护　防止森林病虫害的发生，保障林木的健康生长，给游人一个优美的森林环境是森林公园管理的一个重要方面。

6．森林公园基础设施系统规划

森林公园内的水、电、通信、燃气等布置，不得破坏、影响景观，同时应符合安全、卫生、节约和便于维修的要求。电气、上下水工程的配套设施应设在隐蔽的地带。森林公园的基础设施工程应尽量与附近城镇联网，如果联网有困难，可部分联网或自成体系，并为今后联网创造条件。

（1）给排水　森林公园给水工程包括生活用水、生产用水、造景用水和消防用水。给水方式可采用集中管网给水，也可利用管线自流引水，或采用机井给水。给水水源可采用地下水或地表水，水源水质要求良好，应符合《生活饮用水卫生标准》（GB 5749—1985），水源地应位于居住区和污染源的上游。排水工程必须满足生活污水、生产污水和雨水排放的需要。排水方式一般可采用明渠排放，有条件的应采用暗管渠排放。生产、生活污水必须经过处理后排放，不得直接排入水体或洼地。给排水工程设计包括确定水源，确定给、排水方式，布设给、排水管网等。

（2）供电　森林公园的供电工程，应根据电源条件、用电负荷、供电方式，本着节约能源、经济合理、技术先进的原则设计，做到安全适用，维护方便。供电电源应充分利用国家和地方现有电源，在无法利用现有电源时，可考虑利用水利或风力自备电源。供电线路铺设一般不用架空线路，必须采用时尽量沿路布设，避开中心景区和主要景点。供电工程设计内容包括用电负荷计算、供电等级、电源、供电方式确定、变（配）电所设置、供电线路布设等。

（3）供热　森林公园的供热工程，应贯彻节约保护环境、节省投资、经济合理的原则。热源选择应首先考虑利用余热，供热方式以区域集中供热为主。集中供热产生的废渣、废水、烟尘应按"三废"进行处理和排放。供热工程设计内容主要包括热负荷计算、供热方案确定、锅炉房主要参数确定等。

（4）通讯　森林公园的通讯包括电讯和邮政两部分。森林公园的通讯工程应根据其经营布局、用户量、开发建设和保护管理工作的需要，统筹规划，组成完整的通讯网络。电讯工程应以有线为主，有线与无线相结合。邮政网点的规划应方便职工生活，满足游客要求，便于邮递传送。通讯工程设计内容包括方案选定、通讯方式确定、线路选定、设施设备选型等。

六、森林公园的规划成果要求

根据《森林公园总体设计规范》，森林公园规划设计的成果包括设计说明书、设计图纸和附件三部分。

1. 设计说明书

设计说明书包括总体设计说明书和单项工程设计说明书。其中，总体设计说明书编写的主要内容如下。

(1) 基本情况　包括森林公园的自然地理概况、社会经济概况、历史沿革、公园建设与旅游现状等。

(2) 森林旅游资源与开发建设条件评价　主要包括森林旅游资源评价、开发建设条件评价。

(3) 规划依据和原则　主要包括规划依据、指导思想和规划原则。

(4) 总体布局　包括森林公园性质、森林公园范围、总体布局。

(5) 环境容量与游客规模　包括环境容量测算和游客规模确定。

(6) 景点与游览线路设计　包括景点设计与游览线路设计。

(7) 植物景观规划设计　包括设计原则与植物景观设计。

(8) 保护工程规划设计　包括设计原则、生物资源保护、景观资源保护、生态环境保护、安全卫生工程。

(9) 旅游服务设施规划设计　包括餐饮、住宿、娱乐、购物、医疗设施、导游标志的规划设计。

(10) 基础设施工程规划设计　包括道路交通设计、给水工程设计、排水工程设计、供电工程设计、供热工程设计、通信工程设计、广播电视工程设计、燃气工程设计等。

(11) 组织管理　包括管理体制、组织机构、人员编制等。

(12) 投资概算与开发建设顺序　包括概算依据、投资概算、资金筹措、开发建设顺序等。

(13) 效益评价　包括经济效益评价、生态效益评价、社会效益评价等。

2. 设计图纸

(1) 森林公园现状图　比例尺一般为1：10000～1：50000，主要内容有：森林公园境界、地理要素（山脉、水系、居民点、道路交通等）、森林植被类型及景观资源分布、已有景点景物、主要建（构）筑设施及基础设施等。

(2) 森林公园总体布局图　比例尺一般为1：10000～1：50000。主要内容有：森林公园境界及四邻、内部功能分区、景区、景点、主要地理要素、道路、建（构）筑物、居民点等。

(3) 景区景点设计图　比例尺一般为1：1000～1：10000。主要内容有：游览区界、景区划分、景点景物平面布置、游览线路组织等。

(4) 单项工程规划图　比例尺一般为1：500～1：10000。主要内容应按有关专业标准、规范、规定执行。具体图纸包括：植物景观规划图、保护工程规划图、道路交通规划图、给水工程规划图、排水工程规划图、供电工程规划图、供热工程规划图、通信工程规划图、广播电视工程规划图、燃气工程规划图、旅游服务设施规划图、其他图纸。

3. 附件

① 森林公园的可行性研究报告及其批准文件；

② 有关会议纪要和协议文件；
③ 森林旅游资源调查报告。

第三节　自然保护区规划

一、自然保护区概述

自然保护区，是指对有代表性的自然生态系统、珍稀濒危野生动植物物种的天然集中分布区、有特殊意义的自然遗迹等保护对象所在的陆地、陆地水体或者海域，依法划出一定面积予以特殊保护和管理的区域。

到 2015 年年底，我国已建成各类自然保护区 2228 个，其中国家级 345 个。各类自然保护区总面积达 1.24 亿公顷，占国土面积的 12.95% 左右，初步形成了全国性的保护区网络。其中长白山、鼎湖山、卧龙、武夷山、梵净山、锡林郭勒、博格达峰、神农架、盐城、西双版纳、天目山、茂兰、九寨沟、丰林、南麂列岛等 33 个自然保护区被联合国教科文组织列入"国际人与生物圈保护区网络"（MAB），其中，南麂列岛（图 4-3-1）是中国唯一的国家级贝藻类海洋自然保护区，被誉为"贝藻王国"；扎龙、向海、鄱阳湖、东洞庭湖、东寨港、青海湖及香港米埔等 49 处自然保护区被列入《国际重要湿地名录》，其中，扎龙（图 4-3-2）主要保护对象是丹顶鹤和其他野生珍禽及湿地生态系统，被誉为鸟和水禽的"天然乐园"；向海（图 4-3-3）作为国家级自然保护区，为典型的草原地貌。这些自然保护区保护着我国70% 的陆地生态系统种类、80% 的野生动物和 60% 的高等植物，也保护着约 2000 万公顷的原始天然林、天然次生林和约 1200 万公顷的各种典型湿地，特别是国家重点保护的珍稀濒危动植物绝大多数都与自然保护区有关。

图 4-3-1　南麂列岛自然保护区

图 4-3-2　扎龙自然保护区

图 4-3-3　向海自然保护区

设立自然保护区，需要符合以下的标准：

① 典型的自然地理区域、有代表性的自然生态系统区域以及已经遭受破坏但经保护能够恢复的同类自然生态系统区域；

② 珍稀、濒危野生动植物物种的天然集中分布区域；

③ 具有特殊保护价值的海域、海岸、岛屿、湿地、内陆水域、森林、草原和荒漠；

④ 具有重大科学文化价值的地质构造、著名溶洞、化石分布区、冰川、火山、温泉等自然遗迹。

符合上述标准、需要予以特殊保护的自然区域，经国务院或者省、自治区、直辖市人民政府批准，可设立自然保护区。

1. 自然保护区的主要类型

按照主要保护对象，我国的自然保护区可以划分为三大类别九个类型，见表 4-3-1。

表 4-3-1　我国自然保护区类型划分表

类　别	类　　型	举　　例
自然生态系统类	森林生态系统类型	湖北神农架国家自然保护区
	草原与草甸生态系统类型	内蒙古锡林郭勒草原国家自然保护区
	荒漠生态系统类型	宁夏灵武国家自然保护区
	内陆湿地和水域生态系统类型	江西鄱阳湖国家自然保护区
	海洋和海岸生态系统类型	海南文昌国家自然保护区
野生生物类	野生动物类型	辽宁盘锦兴隆台国家自然保护区
	野生植物类型	广西防城国家自然保护区
自然遗迹类	地质遗迹类型	黑龙江五大连池国家自然保护区
	古生物遗迹类型	湖北郧县自然保护区

（1）自然生态系统自然保护区　自然生态系统类自然保护区，是指以具有一定代表性、典型性和完整性的生物群落和非生物环境共同组成的生态系统作为主要保护对象的一类自然保护区，分为 5 个类型。

① 森林生态系统类型自然保护区。森林生态系统类型自然保护区是指以森林植被及其生境所形成的自然生态系统作为主要保护对象的自然保护区，代表着各种森林植被类型，如湖北神农架国家自然保护区。

② 草原与草甸生态系统类型自然保护区。草原与草甸生态系统类型自然保护区是指以草原植被及其生境所形成的自然生态系统作为主要保护对象的自然保护区，如内蒙古锡林郭勒草原国家自然保护区。

③ 荒漠生态系统类型自然保护区。荒漠生态系统类型自然保护区是指以荒漠生物和非生物环境共同形成的自然生态系统作为主要保护对象的自然保护区，如宁夏灵武国家自然保护区。

④ 内陆湿地和水域生态系统类型自然保护区。内陆湿地和水域生态系统类型自然保护区是指以水生和陆栖生物及其生境共同形成的湿地和水域生态系统作为主要保护对象的自然保护区，如江西鄱阳湖国家自然保护区。

⑤ 海洋和海岸生态系统类型自然保护区。海洋和海岸生态系统类型自然保护区是指以海洋、海岸生物与其生境共同形成的海洋和海岸生态系统作为主要保护对象的自然保护区，如海南文昌国家自然保护区。

（2）野生生物类自然保护区　野生生物类自然保护区，是指以野生生物物种，尤其是珍稀濒危物种种群及其自然生境为主要保护对象的一类自然保护区，分为 2 个类型。

① 野生动物类型自然保护区。野生动物类型自然保护区是指以野生动物物种，特别是

珍稀濒危动物和重要经济动物种群及其自然生境作为主要保护对象的自然保护区，如四川卧龙自然保护区。

② 野生植物类型自然保护区。野生植物类型自然保护区是指以野生植物物种，特别是珍稀濒危植物和重要经济植物种群及其自然生境作为主要保护对象的自然保护区。

（3）自然遗迹类自然保护区　自然遗迹类自然保护区，是指以特殊意义的地质遗迹和古生物遗迹等作为主要保护对象的一类自然保护区，分为2个类型。

① 地质遗迹类型自然保护区。地质遗迹类型自然保护区是指以特殊地质构造、地质剖面、奇特地质景观、珍稀矿物、奇泉、瀑布、地质灾害遗迹等作为主要保护对象的自然保护区，如黑龙江五大连池自然保护区。

② 古生物遗迹类型自然保护区。古生物遗迹类型自然保护区是指以古人类、古生物化石产地和活动遗迹作为主要保护对象的自然保护区，如湖北郧县自然保护区。

2. 自然保护区的等级

我国的自然保护区分为国家级、省（自治区、直辖市）级、市（自治州）级和县（自治县、旗、县级市）级共四级。其中，国家级自然保护区是指在全国或全球具有极高的科学、文化和经济价值，并经国务院批准建立的自然保护区。

（1）国家级自然生态系统类自然保护区应具备的条件

① 其生态系统在全球或在国内所属生物气候带中具有高度的代表性和典型性；

② 其生态系统中具有在全球稀有、在国内仅有的生物群或生境类型；

③ 其生态系统被认为在国内所属生物气候带中具有高度丰富的生物多样性；

④ 其生态系统尚未遭到人为破坏或破坏很轻，保持着良好的自然性；

⑤ 其生态系统完整或基本完整，保护区拥有足以维持这种完整性所需的面积，包括具备 1000hm² 以上面积的核心区和相应面积的缓冲区。

（2）国家级野生生物类自然保护区应具备的条件

① 国家重点保护野生动、植物的集中分布区，主要栖息地和繁殖地；或国内或所属生物地理界中著名的野生生物物种多样性的集中分布区；或国家特别重要的野生经济动、植物的主要产地；或国家特别重要的驯化栽培物种其野生亲缘种的主要产地；

② 生境维持在良好的自然状态，几乎未受到人为破坏；

③ 保护区面积要求足以维持其保护物种种群的生存和正常繁衍，并要求具备相应面积的缓冲区。

（3）国家级自然遗迹类自然保护区应具备的条件

① 其遗迹在国内外同类自然遗迹中具有典型性和代表性；

② 其遗迹在国际上稀有，在国内仅有；

③ 其遗迹保持良好的自然性，受人为影响很小；

④ 其遗迹保存完整，遗迹周围具有相当面积的缓冲区。

国家级自然保护区的建立，由自然保护区所在的省、自治区、直辖市人民政府或者国务院有关自然保护行政主管部门提出申请，经国家级自然保护区评审委员会评审后，由国务院环境保护行政主管部门进行协调并提出审批建议，报国务院批准。

地方级自然保护区的建立，由自然保护区所在县、自治县、市、自治州人民政府或者省、自治区、直辖市人民政府有关自然保护区行政主管部门提出申请，经地方级自然保护区评审委员会评审后，由省、自治区、直辖市人民政府环境保护行政主管部门进行协调并提出审批建议，报省、自治区、直辖市人民政府批准，并报国务院环境保护行政主管部门和国务院有关自然保护区行政主管部门备案。

跨两个以上行政区域的自然保护区的建立，由有关行政区域的人民政府协商一致后提出申请，并按照前两款规定的程序审批。

建立海上自然保护区，须经国务院批准。

二、自然保护区规划的基本理论与原则

在 20 世纪初，为了防止物种灭绝和生物多样性消失，维护自然生态系统的完整，人们开始建立自然保护区，以避免人类对自然的过度干扰。20 世纪 70 年代，黛蒙德（Diamond）等学者根据岛屿生物地理学的"平衡理论"，提出了一套自然保护区规划原则，并在实践中得到了广泛应用。同时，也引起了后续的一系列争论，其中著名的是"SLOSS"辩论。20 世纪 80 年代以来，种群生态学蓬勃发展起来，种群生存力分析方法对于自然保护区规划的理论和实践具有重要作用。

1. 基于"平衡理论"的规划原则

根据岛屿生物地理学的"平衡理论"，岛屿物种的迁入速率随隔离距离增加而降低，灭绝速率随面积减小而增加，岛屿物种数是物种迁入速率与物种灭绝速率平衡的结果。相同面积的岛屿，距离物种源的距离越大，拥有的物种数越少。小岛不但物种较少，而且物种的灭绝速率也高。隔离岛屿（不存在物种迁入的岛屿）上的每个物种都有灭绝的可能。如果物种在岛屿之间能迁移和定居，尽管某个岛屿上的某一物种会暂时灭绝，但很快会从其他岛屿迁入。这样整个群岛物种的灭绝概率很低，物种可以长期存活。

根据平衡理论可以推演出，岛屿或大陆上某一区域的物种数量与面积之间存在数量关系，黛蒙德（Diamond）等学者认为，可以用下面的数学形式来表达这样的种与面积关系：

$$S = KA^z$$

式中，S 表示物种数；A 表示面积；K、z 均为常数。

"平衡理论"及其推演出来的种——面积关系，在岛屿生物地理学中占有重要地位，并在实践中得到应用。总体上看来，平衡理论作为一个基础性理论框架，其具体形式尚须根据实际地域、数据和条件，选择合适的模型和相应的统计标准。

从生态学角度看，自然保护区类似于岛屿，其周围被人类创造的人工环境包围，保护区内的物种受到不同程度隔离。黛蒙德（Diamond）等学者根据"平衡理论"和种——面积关系，以保护自然保护区的最大物种多样性为目标，提出自然保护区的规划原则如下。

① 保护区的面积越大越好。若保护区的物种迁入速率和绝灭速率平衡时，拥有的物种更多，而且大保护区的物种绝灭速率低。

② 尽量避免分成不相连的保护区。如果只能分成几个不相连的保护区，则最好相互靠近。大保护区物种存活概率高，且大保护区比几个小保护区（总面积之和等于该大保护区）拥有较多物种。

③ 不相连的保护区之间，最好保持等距离排列，以方便每一个保护区的物种可以在保护区之间迁移和再定居。如果在不相连的保护区之间建立生态走廊，可以方便物种在保护区间扩散，从而增加物种存活机会。

④ 保护区的形态以圆形为佳，以缩短保护区内物种的扩散距离。如果保护区太长，当局部发生种群绝灭时，物种从中间区域向边远区域扩散的速率较低，无法阻止类似于岛屿效应的局部绝灭。

2. 基于种群生存力的规划原则

上述"平衡理论"及其规划原则，首次对保护区的规划设计问题进行了比较系统的阐述，对于自然保护区的发展产生了重要影响。但是，它侧重于关注保护区的大小、保护区的形态和排列方式，而对于如何确定保护区的面积、如何保证物种和生态系统在保护区的生存力等关键问题，却没有作出明确的理论解释。

从 20 世纪 80 年代以来，种群生存力分析对于自然保护区的规划理论产生了重要影响。种群生存力分析的基本方法是用分析和模拟技术估计物种以一定概率、存活一定时间的过程。分析得出的主要结论是最小可存活种群，相应的规划原则如下：

① 着重保护特有种、稀有种和最脆弱的物种；

② 保护整个功能群落；

③ 保护整个生物多样性或物种的最大数量。

一般来说，最脆弱的物种通常是群落或生态系统中最大的捕食者或者最稀有的物种。在确定了最脆弱的物种以后，可以通过种群生存力分析，确定保证这些物种以较高概率存活的最小种群数量（最小可存活种群），再通过已知密度，估算维持最小种群数量所需的面积大小，这个面积是自然保护区规划中需要确定的最小面积。

三、自然保护区的结构与布局

1. 空间结构模式

按现行《中华人民共和国自然保护区条例》的规定，自然保护区可划分核心区、缓冲区和实验区。自然保护区内保存完好的天然状态的生态系统以及珍稀、濒危动植物的集中分布地，应当划为核心区。核心区外围可以划定一定面积的缓冲区，只准进入从事科学研究观测活动。缓冲区外围划为实验区，可以进入从事科学试验、教学实习、参观考察、旅游以及驯化、繁殖珍稀、濒危野生动植物等活动。在面积较大的自然保护区内部以及相邻保护区之间，可以设立生态走廊，以提高生态保护效果。

1984 年，联合国教科文组织提出将生物由保护区的"核心区——缓冲区"模式变为"核心区——缓冲区——过渡区"模式。这种模式主张对核心区内的生态系统和物种进行严格保护，对缓冲的限制则比核心区少，要求在缓冲区内开展的科研和培训等活动不影响核心区内的生态系统和物种。过渡区内允许开展各种实验性经济活动，这些经济活动应当是可持续的。该结构模式与我国目前提倡采用的核心区——缓冲区——实验区模式类似。

此外，还有一些其他的类型，如"核心区——缓冲区——过渡区 1/过渡区 2"型、"核心区——外围缓冲区——廊道"型、"多个核心区由一个共同的缓冲区包围"型，或者多个核心区分别有不同的缓冲区，最后通过共同的过渡区和廊道联系在一起的类型等。

2. 核心区的规划布局要求

核心区应是最具保护价值或在生态进化中起到关键作用的保护地区，须通过规划确保生态系统以及珍稀、濒危动植物的天然状态，总面积（国家级）不能小于 $10km^2$，所占面积不得低于该自然保护区总面积的 1/3。界线划分不应人为割断自然生态的连续性，可尽量利用山脊、河流、道路等地形地物作为区划界线。

3. 缓冲区的规划布局要求

（1）生态缓冲 将外来影响限制在核心区之外，加强对核心区内生物的保护，是缓冲区最基本的规划要求。实践证明：缓冲区能直接或者间接地阻隔人类对自然保护区的破坏；能遏制外来植物通过人类或者动物的活动进行传播和扩散；能降低有害野生动物对自然保护区周边地区农作物的破坏程度；能起到过滤重金属、有毒物质的作用，防止其扩散到保护区内；还能扩大野生动物的栖息地，缩小保护区内外野生动物生境方面的差距。此外，缓冲区还能为动物提供迁徙通道或者临时栖息地。

（2）协调周边社区利益 在我国，规划和建设缓冲区需要特别重视社区参与。我国大多数自然保护区地处偏远的欠发达地区，缓冲区是周边居民、地方政府、自然保护区管理部门等各种利益关系容易发生冲突的地带。为了创造良好的大环境，提高生态保护效果，在确定缓冲区的位置和范围时，需要与当地社区充分沟通，听取意见，寻求理解，适当补偿居民因不能进入核心区而造成的损失，鼓励当地居民主动参与缓冲区的管理与保护，与地方的社会经济发展要求相协调。

（3）突出重点　从生态保护的要求出发，明确被保护的生态系统的类型及重要物种，对保护对象的生物学特征、保护区所在地区的生物地理学特征、社会经济特征开展研究，确定缓冲区的具体形状、宽度和面积，根本目标是将不利于自然保护区的因素隔离在自然保护区之外。

（4）因地制宜　根据生态保护要求、可利用的土地、建设成本等因素，确定最佳的缓冲区大小。如果现状土地利用矛盾较大，宜建立内部缓冲区，反之则建立外部缓冲区。

4. 区间走廊的规划布局

多个保护区如果连成网络，能促进自然保护区之间的合作。例如，巴西西部的 15 个核心区（由国家公园和自然保护区组成）借助缓冲区和过渡区而连接成为一个大的潘塔纳尔（Pantanal）生物圈保护区。

在自然保护区间建立走廊，能减少物种的绝灭概率，亚种群间的个体流能增加异质种群的平均存活时间，保护遗传多样性和阻止近交衰退。建立生态走廊能够满足一些种群进行正常扩散和迁移的需要。

区间走廊的规划布局，除了考虑动物扩散和迁移运动的特点外，还须考虑走廊的边际效应，以及走廊本身成为一个成熟栖息地所需要的条件。关于走廊连接保护区的方式、走廊建成以后对于生物多样性的影响、走廊适宜的宽度、长度、形态、自然环境、生物群落等，这些问题还需要深入的理论研究和实践检验。

四、自然保护区规划编制的内容

1. 基本概况

依据该自然保护区科学考察资料和现有信息进行的基本描述和分析评价，资料信息不够的应予补充完善。评价应重科学依据，使结论客观、公正，内容包括：

① 区域自然生态/生物地理特征及人文社会环境状况；

② 自然保护区的位置、边界、面积、土地权属及自然资源、生态环境、社会经济状况；

③ 自然保护区保护功能和主要保护对象的定位及评价；

④ 自然保护区生态服务功能/社会发展功能的定位及评价；

⑤ 自然保护区功能区的划分、适应性管理措施及评价；

⑥ 自然保护区管理进展及评价。

2. 自然保护区保护目标

保护目标是对建立该自然保护区根本目的的简明描述，是保护区永远的价值观表达与不变的追求。

3. 影响保护目标的主要制约因素

① 内部的自然因素：如土地沙化、生物多样性指数下降等；

② 内部的人为因素：如过度开发、城市化倾向等；

③ 外部的自然因素：如区域生态系统劣变、孤岛效应等；

④ 外部的人为因素：如公路穿越、截留水源、偷猎等；

⑤ 政策、社会因素：如未受到足够重视、处境被动等；

⑥ 社区/经济因素：如社区对资源依赖性大或存在污染等；

⑦ 可获得资源因素：如管理运行经费少、人员缺乏培训等。

4. 规划期目标

规划期目标是该自然保护区总体规划目标的具体描述，是保护目标的阶段性目标。

① 规划期 一般可确定为 10 年，并应有明确的起止年限。

② 确定规划目标的原则 确定规划目标要紧紧围绕自然保护区保护功能和主要保护对象的保护管理需要，坚持从严控制各类开发建设活动，坚持基础设施建设简约、实用并与当地景观相协调，坚持社区参与管理和促进社区可持续发展。

③ 规划目标的内容。

④ 自然生态，主要保护对象状态目标。

⑤ 人类活动干扰控制目标。

⑥ 工作条件/管护设施完善目标。

⑦ 科研/社区工作目标。

5. 总体规划的主要内容

① 管护基础设施建设规划；

② 工作条件/巡护工作规划；

③ 人力资源/内部管理规划；

④ 社区工作/宣教工作规划；

⑤ 科研/监测工作规划；

⑥ 生态修复规划（非必需时不得规划）；

⑦ 资源合理开发利用规划；

⑧ 保护区周边污染治理/生态保护建议。

6. 重点项目建设规划

重点项目为实施主要规划内容和实现规划期目标提供支持，并将作为编报自然保护区能力建设项目可行性研究报告的依据。重点项目建设规划中基础设施如房产、道路等，应以在原有基础上完善为主，尽量简约、节能、多功能；条件装备应实用高效；软件建设应给予足够重视。

重点项目可分别列出项目名称、建设内容、工作/工程量、投资估算及来源、执行年度等，并列表汇总。

7. 实施总体规划的保障措施

① 政策/法规需求；

② 资金（项目经费/运行经费）需求；

③ 管理机构/人员编制；

④ 部门协调/社区共管；

⑤ 重点项目纳入国民经济和社会发展计划。

8. 效益评价

效益评价是对规划期内主要规划事项实施完成后的环境、经济和社会效益的评估和分析，如所形成的管护能力、保护区的变化及对社区发展的影响等。

9. 附录

包括自然保护区位置图、区划总图、建筑/构筑物分布图等。

地方自然保护区的规划编制内容可以参照上述内容要点，根据该保护区的等级、规模和特殊条件，作适当的调整。

参 考 文 献

[1] 鲁敏等著. 园林景观设计 [M]. 北京：科学出版社，2005.
[2] 鲁敏主编. 风景园林规划设计 [M]. 北京：化学工业出版社，2016.
[3] 鲁敏等著. 居住区绿地生态规划设计 [M]. 北京：化学工业出版社，2016.
[4] 鲁敏等著. 风景园林生态应用设计 [M]. 北京：化学工业出版社，2015.
[5] 史晓松等编. 屋顶花园与垂直绿化 [M]. 北京：化学工业出版社，2011.
[6] 王先杰主编. 城市园林绿地规划 [M]. 北京：气象出版社，2008.
[7] 施冰等主编. 城市广场绿地植物配植 [M]. 哈尔滨：东北林业大学出版社，2002.
[8] 曹洪虎主编. 园林规划设计 [M]. 上海：上海交通大学出版社，2007.
[9] 刁俊明主编. 园林绿地规划设计 [M]. 北京：中国林业出版社，2007.
[10] 周初梅编. 园林规划设计 [M]. 重庆：重庆大学出版社，2006.
[11] 李铮生编. 城市园林绿地规划与设计 [M]. 北京：中国建筑工业出版社，2006.
[12] 宁妍妍等编. 园林规划设计学 [M]. 沈阳：白山出版社，2003.
[13] 宋会访主编. 园林规划设计 [M]. 北京：化学工业出版社，2011.
[14] 兰思仁编. 国家森林公园理论与实践 [M]. 北京：中国林业出版社，2009.
[15] 刘福智主编. 景观园林规划与设计 [M]. 北京：机械工业出版社，2007.
[16] 杨赉丽主编. 城市园林绿地规划. 第3版. [M]. 北京：中国林业出版社，2012.

参考文献